职业教育技能型人才培养“十三五”规划教材

机械常识

（第2版）

主　编　苏学辉

副主编　马冰清　王美珍　王晓霞　石　丹
江　辉　刘　蜀　李珊珊　李金萍
吴雯雯　陈本锋　陈　雷　房　好
罗　婷　郑怀海　郑艳萍　黄　伟

西南交通大学出版社
·成　都·

图书在版编目（CIP）数据

机械常识／苏学辉主编．—2版．—成都：西南交通大学出版社，2017.1（2023.7重印）
ISBN 978-7-5643-5167-0

Ⅰ．①机… Ⅱ．①苏… Ⅲ．①机械学－中等专业学校－教材 Ⅳ．①TH11

中国版本图书馆CIP数据核字（2016）第298560号

机械常识
（第2版）
主编 苏学辉

责任编辑	李 伟
封面设计	墨创文化
出版发行	西南交通大学出版社 （四川省成都市金牛区二环路北一段111号 西南交通大学创新大厦21楼）
发行部电话	028-87600564 028-87600533
邮政编码	610031
网址	http://www.xnjdcbs.com
印刷	成都中永印务有限责任公司
成品尺寸	185 mm × 260 mm
印张	24.5
字数	612千
版次	2017年1月第2版
印次	2023年7月第5次
书号	ISBN 978-7-5643-5167-0
定价	59.00元

课件咨询电话：028-87600533

第 2 版前言

本课程是中等职业学校机械类相关专业的一门技术基础综合课程，其内容包含了机械制图、机械知识、金属材料、极限配合与技术测量、金属切削加工机床等方面的基础知识，内容丰富，综合性强。课程的目标是让学生理解并掌握必要的机械基础知识和基本技能，并培养学生综合职业能力，为学生学习一体化课程打下一定的基础。

本书围绕中等职业教育一体化课程改革的精神，针对中等职业学生的特点，对机械专业基础课程的相关内容按照实用性和基础性的原则进行了整合，注重理论知识在实际工作中的应用，注重培养学生的学习能力和学习方法，注重培养学生的职业素养。本书内容包括认识减速器、组合积木、简单零件尺寸的测量、组合体视图绘制、带传动、链传动、制作雨刮器、形位公差的检测、制作液压千斤顶模型、组装车床模型、组装铣床模型、认识金属材料、金属的热处理、零件的测绘等，具有以下几方面的特点：

（1）汲取了多位教师近几年在教改实验教学过程中取得的经验和成果，保证了教学实施的可行性。

（2）以任务引领和引导文的形式，突出以学生为学习主体的中心思想，改变了传统教材模式。

（3）设置的项目兼顾趣味性和实用性，提升了学生学习的兴趣。

（4）以具体任务引领学习活动，理论与实践并重，体现了在“做中学，学中做”的教学思路。

（5）图文并茂，可读性强，学生自主学习的可操作性强。

（6）采用了新标准，使学生的学习与实际相结合。

（7）学习活动采用分小组自主学习的形式进行，既注重对知识和技能的掌握，又注重对学生综合职业能力的培养。

本次修订工作主要体现在以下几个方面：

（1）对书中不妥之处进行了修改。

（2）针对新的国家标准，对书中相关内容进行了更新。

（3）根据实际教学效果和教学条件，对部分内容和难度进行了局部调整。

（4）对教学中的一些关键点，增加了微课、视频、动画、图片等电子素材，适应了现在学习方式的多元化。

参加本书编写的有成都市技师学院陈本锋（编写项目一），苏学辉、石丹（编写项目二），江辉、马冰清（编写项目三），吴雯雯、黄伟（编写项目四），李珊珊、李金萍（编写项目五），郑怀海、罗婷、陈本锋（编写项目六），刘蜀、房好（编写项目七），罗婷（编写项目八），王晓霞（编写项目九），陈雷（编写项目十、十一），郑艳萍、王美珍（编写项目十二）。全书由苏学辉担任主编。本书在编写和实验教学过程中，得到了成都市技师学院机械系主任徐健、副主任傅惠琴、教务主任周皇卫等同志的大力支持。另外，编者还参考了有关书籍和相关文献，同时得到了许多专家、学者的帮助和支持，在此深表感谢。

由于编者水平有限，书中难免存在不妥之处，恳请各位读者批评指正。

编　者

2016 年 6 月

第1版前言

本课程是中等职业学校机械类相关专业的一门技术基础综合课程，其内容包含了机械制图、机械知识、金属材料、极限配合与技术测量、金属切削加工机床等方面的基础知识，内容丰富，综合性强。课程的目标是让学生理解并掌握必要的机械基础知识和基本技能，并培养学生的综合职业能力，为学生学习一体化课程打下一定的基础。

本书围绕中等职业教育一体化课程改革的精神，针对中等职业学生的特点，对机械专业基础课程的相关内容按照实用性和基础性的原则进行了整合，注重理论知识在实际工作中的应用，注重培养学生的学习能力和学习方法，注重培养学生的职业素养。本书内容包括认识减速器、组合积木、简单零件尺寸的测量、组合体视图绘制、带传动、链传动、制作雨刮器、形位公差的检测、制作液压千斤顶模型、组装车床模型、组装铣床模型、认识金属材料、金属的热处理、零件的测绘等，具有以下几方面的特点：

（1）汲取了多位教师近几年在教改实验教学过程中取得的经验和成果，保证了教学实施的可行性。

（2）以任务引领和引导文的形式，突出以学生为学习主体的中心思想，改变了传统教材模式。

（3）设置的项目兼顾趣味性和实用性，提升了学生学习的兴趣。

（4）以具体任务引领学习活动，理论与实践并重，体现了在“做中学，学中做”的教学思路。

（5）图文并茂，可读性强，学生自主学习的可操作性强。

（6）采用了新标准，使学生的学习与实际相结合。

（7）学习活动采用分小组自主学习的形式进行，既注重对知识和技能的掌握，又注重对学生综合职业能力的培养。

参加本书编写的有成都市技师学院陈本锋（编写项目一），苏学辉、石丹（编写项目二），江辉、马冰清（编写项目三），吴雯雯、黄伟（编写项目四），李珊珊（编写项目五），郑怀海（编写项目六），刘蜀（编写项目七），罗婷（编写项目八），王晓霞（编写项目九），陈雷（编写项目十、十一），郑艳萍、王美珍（编写项目十二）。全书由苏学辉、陈本锋担任主编。在本书编写和实验教学过程中，得到了成都市技师学院机械系主任徐健、副主任傅慧琴同志的指导和大力支持。另外，编者还参考了有关书籍和相关文献，同时得到了许多专家、学者的帮助和支持，在此深表感谢。

由于编者水平有限，书中难免存在不妥之处，恳请各位读者批评指正。

编　者

2014年6月

目　录

项目一　认识变速箱

学习目标

（1）能说出齿轮的种类、作用及其他标准件的用法。
（2）了解标准直齿圆柱齿轮轮齿部分的名称与尺寸关系。
（3）能正确运用机械制图的基本规定，理解投影法的投影原理。
（4）能按照国家标准的规定画法画出标准直齿圆柱齿轮的投影图。
（5）能说出齿轮传动的原理、啮合条件，能计算齿轮传动的传动比。
（6）能理解螺纹、滚动轴承、键、销等标准件的工作原理、结构标记及画法。

学习任务

任务一　拆装变速箱
任务二　计算齿轮的分度圆直径
任务三　绘制基本线型图
任务四　绘制直齿圆柱齿轮的特征视图
任务五　认识常用件和标准件

学习准备

（1）教材：《机械制图》《极限配合与技术测量》《机械知识》《金属材料与热处理》。
（2）练习：各教材配套练习册。
（3）教学资源：相关 PPT 多媒体课件。
（4）教具：变速箱、各种教具模型。
（5）学材准备：A4 白纸每人 6 张。

建议学时

建议学时：20 学时。

任务一　拆装变速箱

学习目标

- 能说出变速箱的工作原理。
- 能说出标准直齿圆柱齿轮的用途及分类。
- 能说出变速箱中其他标准件的种类和用途。
- 能熟练进行变速箱的拆装。

学习重难点

▲ 让学生对机械传动有初步的认识。
▲ 让学生建立学习本课程的信心。
▲ 理解变速箱的工作原理。

学习准备

★ 教师准备：教案、学生学习任务书、练习册、活动扳手、圆柱销、榔头；布置多功能教室，按照 5～6 人一组布置绘图板和椅子；未拆卸的变速箱 6～8 个；拆装变速箱评分表；课堂提问评分表。
★ 学生准备：教材、绘图工具、课堂笔记本。

建议学时

建议学时：4 课时。

一、任务要求

（1）分组拆装变速箱。
（2）分组查阅教材，填写图表。

二、学习引导

（一）填　空

（1）拆卸安全：企业要遵循“安全为了生产，生产必须安全”的工作理念，必须把______工作放在一切工作的首位。在拆装变速箱的过程中，请勿野蛮操作，避免损坏零件。

（2）注意事项：在拆卸变速箱的过程中，要把所有零件按拆卸时的顺序放在干净的工作台上，并用________标记上“1、2、3、4、5”等顺序。这样便于装配，又可避免零件丢失。

（3）准备知识：查看机构的铭牌，得出零件的名称是____________。变速箱是箱体类零件，该教学模型材质为_________材料。该材料的特点是_____________________________________。

（二）变速箱的图解

1. 整体图（见图 1.1.1）

图 1.1.1　二级同轴式圆柱齿轮变速箱实物图

变速箱齿轮铭牌标记见表 1.1.1。

表 1.1.1　变速箱齿轮铭牌标记参数表

设备名称	二级同轴式圆柱齿轮变速箱		
参数	m=3	z_1=22	z_2=26
	z_3=78	z_4=82	α=20°
	β=15°	a=160.5 mm	i=11.181 8
	h=159 mm		

2. 折开图（见图 1.1.2）

图 1.1.2 二级同轴式圆柱齿轮变速箱内部结构图

二级同轴式圆柱齿轮变速箱各零件名称、种类、规格及数量见表 1.1.2。

表 1.1.2 各零件名称、种类、规格及数量一览表

零件明细				
序号	名称	数量	规格	备注
1	箱体	1		
2	箱盖	1		
3	观察孔盖	1		
4	螺栓	4	M6×8	GB/T 5782—2000
5	通气塞	1		
6	螺母	1		
7	轴承端盖	2	ϕ72	
8	垫圈	2		塑料
9	轴端盖	1	ϕ80	
10	垫圈	1		塑料
11	轴端盖	1	ϕ62	塑料
12	垫圈	1		
13	齿轮	1	$z_4=82$	
14	齿轮轴	1	$z_2=26$	
15	键	1	10×8×20	GB/T 1096—2003
16	轴承	2	30207	GB/T 297—2015
17	挡圈	1	ϕ35	
18	齿轮	1	$z_3=78$	
19	轴	1		
20	键	1	10×8×26	GB/T 1096—2003
21	轴承	2	30208	GB/T 297—2015
22	挡圈	2	ϕ40	
23	轴承支座盖	1		
24	齿轮轴	1	$z_1=22$	
25	轴承	2	30206	GB/T 297—2015

续表

零件明细				
序号	名称	数量	规格	备注
26	挡圈	1	$\phi 30$	
27	螺栓	6	M10×74	GB/T 5782—2000
28	螺栓	4	M10×34	GB/T 5782—2000
29	螺栓	4	M8×40	GB/T 5782—2000
30	螺母	10	M10	GB/T 41—2000
31	垫圈	11	10	GB/T 95—2002
32	垫圈	10	10	GB/T 93—1987
33	销	2	7×30	GB/T 117—2000
34	螺栓	16	M6×20	GB/T 5782—2000
35	螺栓	1	M8×16	GB/T 5782—2000

三、任务实施

（一）拆装变速箱

第一步：拆螺栓。

（1）图 1.1.3 中已经标明了什么是螺栓，数一数变速箱上一共有________个螺栓，其中大螺栓________个，小螺栓_________个。

（2）在拆螺栓的过程中要用到的工具是_____________，拆卸过程中要注意扳手活动的方向，如果方向拧反，则会使螺栓连接越来越紧。

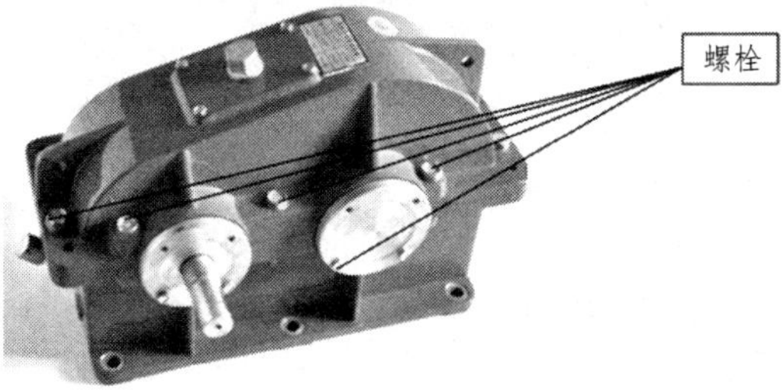

图 1.1.3　二级同轴式圆柱齿轮变速箱中螺栓位置示意图

第二步：拆圆锥销。

图 1.1.4 中已经标明了什么是圆锥销，数一数变速箱上一共有______个 $\phi 7\times30$ 的圆锥销。

图 1.1.4　二级同轴式圆柱齿轮变速箱中销位置示意图

第三步：拆卸变速箱。

（1）根据图 1.1.5 中已经标明的齿轮和轴承，找一找在变速箱中结构形状类似的齿轮有____个，数一数在变速箱中结构形状类似的轴承一共有_____个。

（2）观察变速箱内部，轴和齿轮通过_____零件进行连接。

（3）观察齿轮与齿轮的相对运动，得出齿轮传动的变速原理__________________。

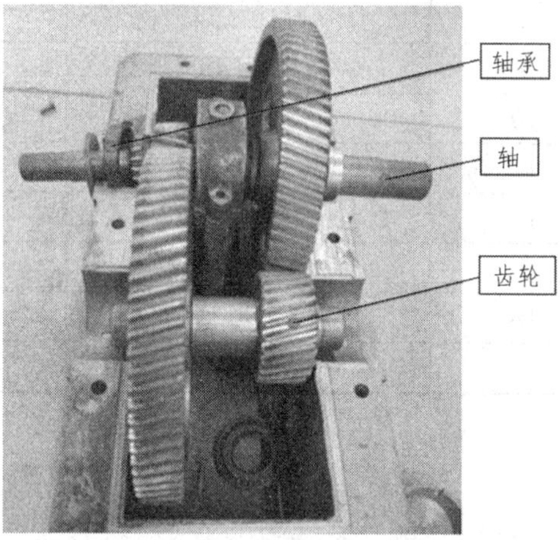

图 1.1.5　二级同轴式圆柱齿轮变速箱中轴承、轴、齿轮位置示意图

（二）装变速箱

第一步：安装轴承座上的单个齿轮，如图 1.1.6 所示。

图 1.1.6　二级同轴式圆柱齿轮变速箱中首先安装的带轴齿轮

根据动手操作的实际情况，描述装配过程：______________________________

____

____

第二步：安装轴承座上的一组齿轮，如图 1.1.7 所示。

图 1.1.7　二级同轴式圆柱齿轮变速箱中轴承座上的一组齿轮

根据动手操作的实际情况，描述装配过程：________________________________

____

____

第三步：组装变速箱上的另外一组齿轮，如图 1.1.8 所示。

图 1.1.8 二级同轴式圆柱齿轮变速箱内部全景图

根据动手操作的实际情况，描述装配过程：________________________________

____

____

第四步：盖上变速箱盖子，拧上螺栓，如图 1.1.9 所示。

图 1.1.9 二级同轴式圆柱齿轮变速箱安装完成图

（三）填写图表

（1）根据图 1.1.10 所示模型的结构形状，在下列空格中填写直齿、斜齿和人字齿圆柱齿轮。

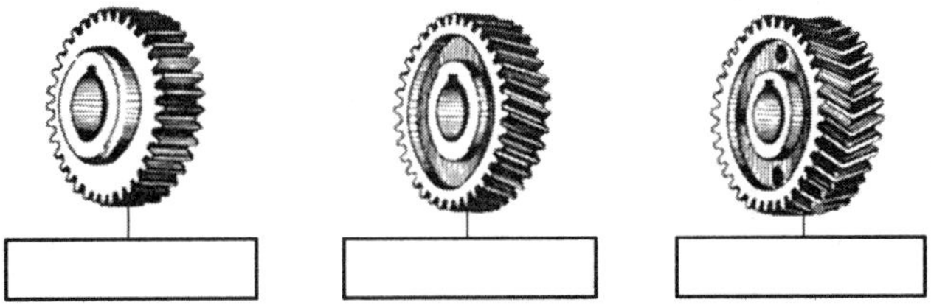

图 1.1.10 单个齿轮的三种齿形

（2）根据图 1.1.11 所示模型的结构，在下列空格中填写平行轴、相交轴、交错轴齿轮传动。

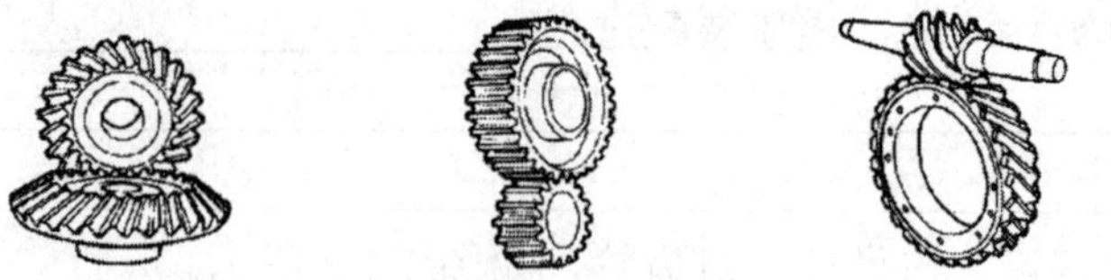

图 1.1.11 齿轮啮合的三种空间位置关系

（3）根据拆装变速箱的过程，填写表 1.1.3。

表 1.1.3 零件造型图、名称、作用问答表

零件造型图	名 称	作 用

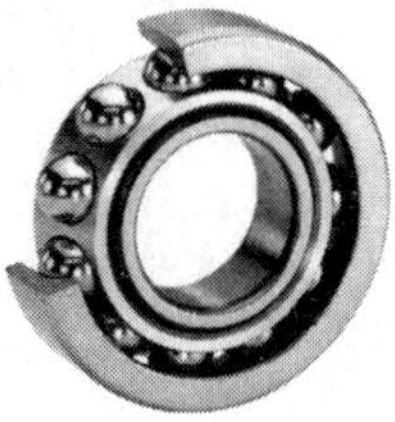		

（4）根据拆装变速箱的过程，查阅“知识链接”，填写表 1.1.4。

表 1.1.4 拆装变速箱问答表

序号	问 题	解 答
1	齿轮传动的换向是怎么实现的？	
2	键连接与销连接有什么区别？	
3	变速箱为什么要密封？	
4	垫圈的作用是什么？	

四、知识链接

在机器或部件中，有些零件的结构和尺寸已全部实行了标准化，这些零件称为标准件，如螺栓、螺母、螺钉、垫圈、键、销等。同一规格的一批零部件，不经任何挑选、调整或修配就能相互替代地安装在机器上，并能满足其使用功能要求的特性叫作互换性。

还有一些零件的结构和参数实行了部分标准化，这些零件称为常用件，如齿轮、蜗轮、蜗杆等。齿轮传动是机械传动中最重要的传动之一，形式很多，应用广泛，传递的功率可达数十万千瓦，圆周速度可达 200 m/s。

（一）常用件和标准件

1. 齿 轮

齿轮是广泛用于机器或部件中的传动零件。齿轮的参数中只有模数、压力角已经标准化，因此它属于常用件。齿轮不仅可以用来传递动力，还能改变转速和回转方向。圆柱齿轮的轮齿有直齿、斜齿和人字齿等，是应用最广的一种齿轮。

（1）圆柱齿轮通常用于平行两轴之间的传动。

作用：传递运动和动力，改变轴的转速与转向。

（2）圆锥齿轮通常用于相交两轴之间的传动。

作用：用于两轴相交时的传动，改变轴的转速和方向。

（3）齿轮传动的类型。

齿轮传动是利用两齿轮的轮齿相互啮合传递动力和运动的机械传动，如图 1.1.12 所示。齿轮传动具有结构紧凑、效率高、寿命长等特点。

2. 键和销

键主要用于轴和轴上零件（如齿轮、带轮）之间的周向连接，以传递扭矩和运动。常用的键有平键、半圆键和勾头锲键 3 种。

销主要用于连接和固定零件，或在装配时作定位元件。

3. 轴 承

轴承是支承相对旋转的轴的部件。轴承分为滑动轴承和滚动轴承两种。滚动轴承是支承轴的一种标准组件，按其所受的载荷方向可分为向心轴承、推力轴承和向心推力轴承。

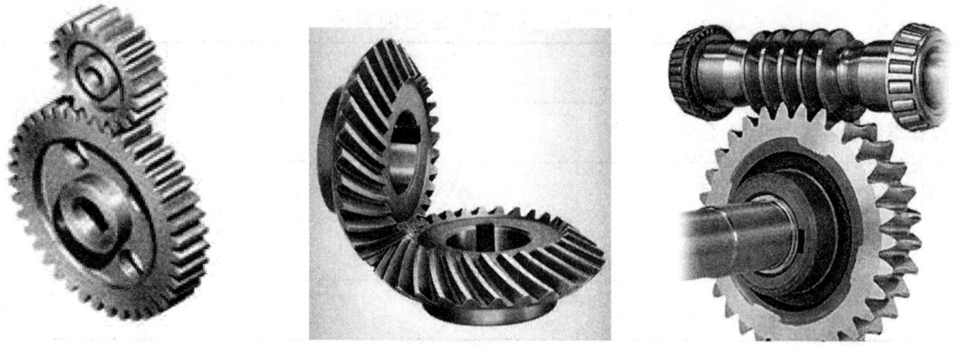

（a）圆柱齿轮　　（b）圆锥齿轮　　（c）蜗轮蜗杆

图 1.1.12　齿轮啮合的三种空间位置关系

4. 螺　纹

螺纹按其截面形状（牙型）可分为三角形螺纹、矩形螺纹、梯形螺纹和锯齿形螺纹等。其中，三角形螺纹主要用于连接（见螺纹连接），矩形、梯形和锯齿形螺纹主要用于传动。

螺纹的作用就是用一对内、外螺纹来连接和紧固一些零部件。常用的螺纹紧固件有螺栓、螺柱、螺钉、螺母和垫圈等，它们的结构和尺寸均已标准化，由专门的标准件厂成批生产。

（二）变速箱

变速箱通过调整齿轮齿数来改变传动比，达到加速或减速的作用。有级式变速箱通过更换不同直径的齿轮组，具有若干个定值传动比。为了完成功能要求，机械式变速箱一般由成组齿轮、轴承、螺栓、键、销等零件组成。

五、课后练习

根据图 1.1.2，写出二级同轴式圆柱齿轮变速箱部分零件的个数及作用，并填入表 1.1.5。

表 1.1.5　二级同轴式圆柱齿轮变速箱部分零件

序号	常用件或标准件种类	个　数	作　用
1	齿轮		
2	螺栓		
3	轴承		
4	键		
5	销		

任务二　计算齿轮的分度圆直径

学习目标

- 能说出渐开线标准直齿圆柱齿轮各部分的名称及尺寸关系。
- 能说出齿轮传动的啮合条件。
- 能计算齿轮的传动比。
- 能计算标准直齿圆柱齿轮的分度圆、齿顶圆、齿根圆直径。

学习重难点

▲ 了解齿轮的铭牌、参数等基本知识。
▲ 掌握一对齿轮相互啮合的条件。
▲ 计算标准直齿圆柱齿轮的分度圆、齿顶圆、齿根圆直径。

学习准备

★ 教师准备：教案、任务书、齿轮模型、投影仪、计算机、相机；单个齿轮模型 6～8 个；课堂教学图表 6～8 个。
★ 学生准备：教材、绘图工具、课堂笔记本。

建议学时

建议学时：4 课时。

一、任务要求

（1）了解齿轮的主要参数。
（2）识记齿轮主要部分的名称。
（3）分组阅读，填写图表。
（4）计算齿轮传动比及分度圆直径。

二、学习引导

（1）看图回答问题。

如图 1.2.1 所示，一个直齿圆柱齿轮从齿根到齿顶由名称为齿根圆、分度圆、齿顶圆的 3 个假想圆组成，其中，齿轮齿根所在的假想圆称为__________圆，用字母表示为__________；用来分度（分齿）的圆称为________圆，用字母表示为__________；齿轮齿顶所在的假想圆称为_________圆，用字母表示为__________。

图 1.2.1　单个直齿圆柱齿轮的模型

（2）根据齿轮的铭牌参数表（见表 1.1.1），回答下列问题。

① 变速箱各齿轮中最大的齿数是__________________________。

② 变速箱各齿轮中最小的齿数是__________________________。

③ 该组齿轮的模数是____________________________________。

④ 该组齿轮的齿形角是__________________________________。

（3）传动比的概念。

机构中瞬时输入速度与输出速度的比值称为机构的传动比，在该齿轮变速箱机构中主要是指两转动构件角速度的比值。设主动轴（输入轴）的转速为 n_1，主动齿轮齿数为 z_1；从动轴（输出轴）转速为 n_2，从动齿轮齿数为 z_2，则其传动比 $k=n_1/n_2=z_2/z_1$，即

传动比=（　　　）转速/（　　　）转速=（　　　）齿数/（　　　）齿数

（请在空中填写“主动轴”“从动轴”“主动齿轮”和“从动齿轮”4 个关键词）

三、任务实施

（一）看图回答问题

（1）如图 1.2.2 所示，查阅知识链接，一对直齿圆柱齿轮的正确啮合条件是它们的________和________分别相等，也可以写成________和________。齿轮传动是机械传动的主要类型之一，其优点是能够承受较大的冲击载荷，工作可靠性高，传递的瞬时传动比________（恒定或不恒定）；其缺点是不适合远距离传输。

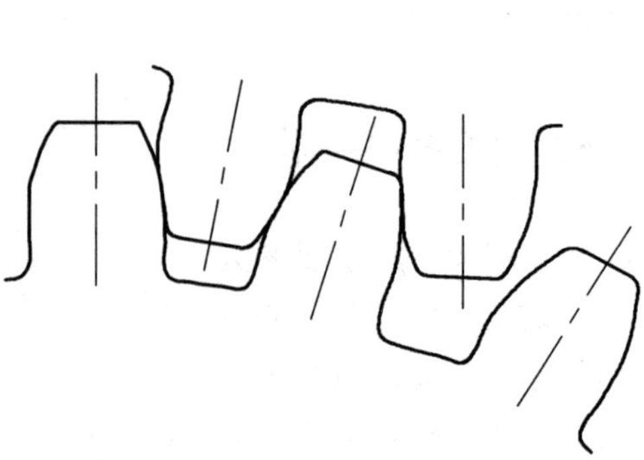

图 1.2.2　两个齿轮啮合的示意图

（2）如图 1.2.3 所示，分度曲面为圆锥面的齿轮称为__________，它是分布在圆锥面上的齿轮，主要用于__________之间的传动，最常用的是两轴成______________的场合。圆锥齿轮按齿形不同可分为：直齿锥齿轮、斜齿锥齿轮和螺旋锥齿轮。它广泛应用于印刷设备、汽车差速器和水闸上，也较多用在机车、船舶、电厂、钢厂、铁路轨道检测等方面。

图 1.2.3　两个锥齿轮啮合的示意图

（3）在一对齿轮传动中，主动轮转速与从动轮转速之比称为__________。由于相啮合齿轮的传动关系是一齿对一齿，因此传动比__________（恒定或不恒定），两啮合齿轮的转速与其齿数成________。

图 1.2.4 所示为圆柱直齿齿轮传动的示意图，$z_1=20$，为主动轮，$z_2=60$，为从动轮，则其传动比为_____________。假设 z_1 的旋转方向如箭头所示，请在图中标出 z_2 的旋转方向。

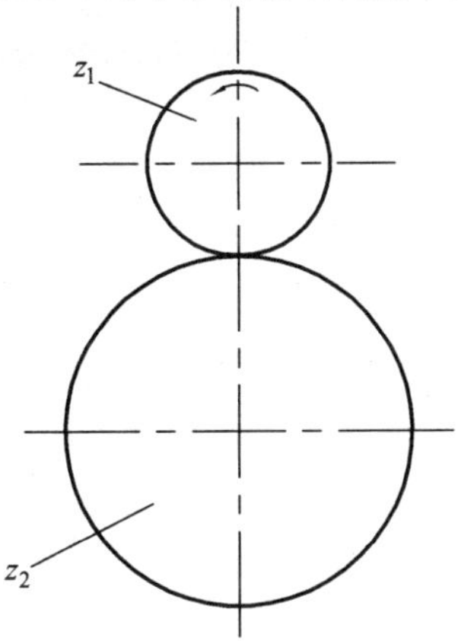

图 1.2.4　圆柱直齿齿轮传动的示意图

（二）齿轮的概述

（1）直齿圆柱齿轮的主要参数为___________、____________、_____________。

（2）齿轮上具有标准模数和标准齿形角的圆称为_______，其直径通常以字母______表示。

（3）一个齿轮的轮齿总数称为_______________，用字母__________表示。为了防止根切，齿轮最小的齿数应该为____________。

（4）模数是齿轮几何尺寸计算时的一个基本参数，用字母__________表示。齿数相等的齿轮，模数越大，齿轮尺寸就越________，齿轮就越________，承载能力____________。

（5）根据图 1.2.5 并查阅知识链接，填写下面空格。

在端平面上，通过端面齿廓上任意一点的径向直线与齿廓在该点的切线所夹的锐角称为_________，用字母________表示。国家标准规定，渐开线齿轮分度圆上的齿形角一般为____________。

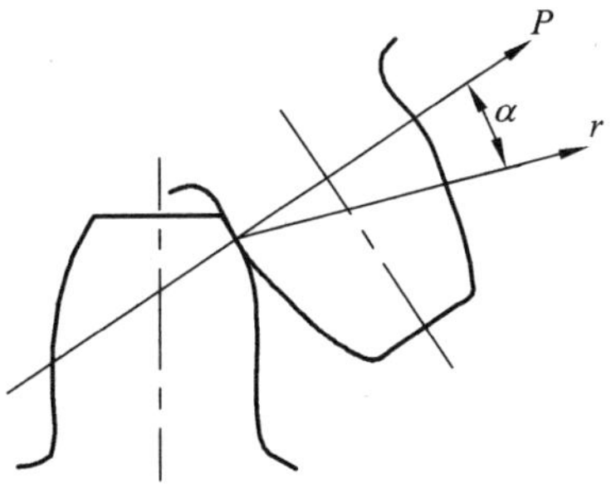

图 1.2.5　压力角示意图

（6）根据图 1.2.6 所示模型的结构，在下列方框中填入“外齿轮”“内齿轮”“齿条”。

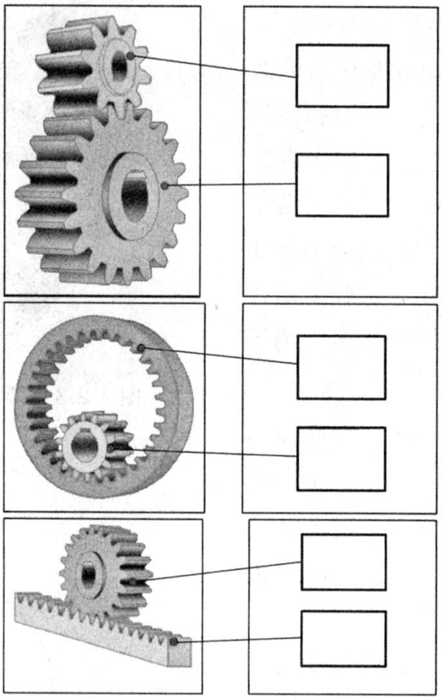

图 1.2.6　齿轮传动机构组图

（三）分组看书，填写图表

（1）阅读标准直齿圆柱齿轮各部分的代号并填写表 1.2.1。

表 1.2.1　齿轮的参数代号公式表

名　称	代　号	计算公式
分度圆直径		
齿顶圆直径		
齿根圆直径		
传动比		
中心距		

（2）查阅知识链接，完成表 1.2.2。

表 1.2.2　齿轮概念填空表

序　号	定　义	名　称	代　号
1	通过轮齿顶部的圆周		
2	通过轮齿根部的圆周		
3	齿轮上具有标准模数和标准齿形角的圆		
4	齿顶圆与分度圆之间的径向距离		
5	齿根圆与分度圆之间的径向距离		
6	齿顶圆与齿根圆之间的径向距离		
7	一个齿轮的轮齿总数		
8	端平面上，通过端面齿廓上任意一点的径向直线与齿廓在该点的切线所夹的锐角		

（2）如图 1.2.3 所示，分度曲面为圆锥面的齿轮称为__________，它是分布在圆锥面上的齿轮，主要用于__________之间的传动，最常用的是两轴成______________的场合。圆锥齿轮按齿形不同可分为：直齿锥齿轮、斜齿锥齿轮和螺旋锥齿轮。它广泛应用于印刷设备、汽车差速器和水闸上，也较多用在机车、船舶、电厂、钢厂、铁路轨道检测等方面。

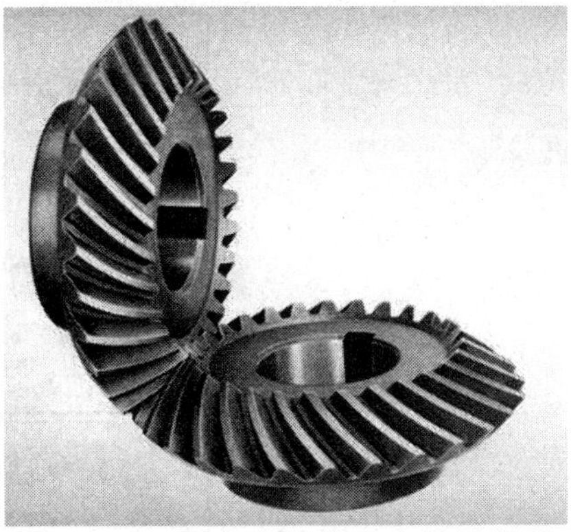

图 1.2.3　两个锥齿轮啮合的示意图

（3）在一对齿轮传动中，主动轮转速与从动轮转速之比称为__________。由于相啮合齿轮的传动关系是一齿对一齿，因此传动比__________（恒定或不恒定），两啮合齿轮的转速与其齿数成________。

图 1.2.4 所示为圆柱直齿齿轮传动的示意图，$z_1=20$，为主动轮，$z_2=60$，为从动轮，则其传动比为______________。假设 z_1 的旋转方向如箭头所示，请在图中标出 z_2 的旋转方向。

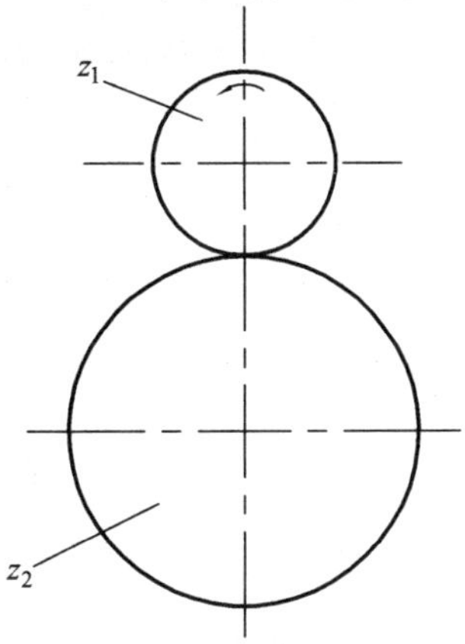

图 1.2.4　圆柱直齿齿轮传动的示意图

（二）齿轮的概述

（1）直齿圆柱齿轮的主要参数为__________、____________、______________。

（2）齿轮上具有标准模数和标准齿形角的圆称为________，其直径通常以字母______表示。

（3）一个齿轮的轮齿总数称为________________，用字母__________表示。为了防止根切，齿轮最小的齿数应该为_____________。

（4）模数是齿轮几何尺寸计算时的一个基本参数，用字母__________表示。齿数相等的齿轮，模数越大，齿轮尺寸就越________，齿轮就越________，承载能力____________。

（5）根据图 1.2.5 并查阅知识链接，填写下面空格。

在端平面上，通过端面齿廓上任意一点的径向直线与齿廓在该点的切线所夹的锐角称为_________，用字母________表示。国家标准规定，渐开线齿轮分度圆上的齿形角一般为_____________。

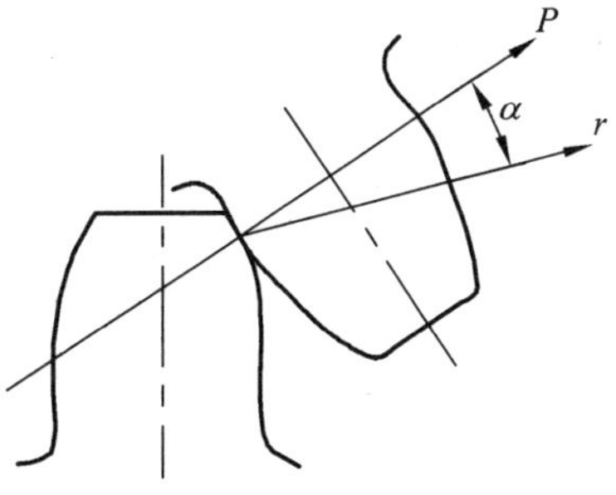

图 1.2.5　压力角示意图

（6）根据图 1.2.6 所示模型的结构，在下列方框中填入“外齿轮”“内齿轮”“齿条”。

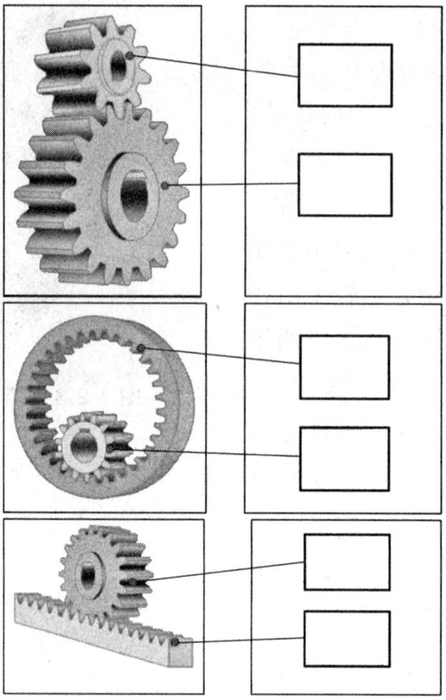

图 1.2.6　齿轮传动机构组图

（三）分组看书，填写图表

（1）阅读标准直齿圆柱齿轮各部分的代号并填写表 1.2.1。

表 1.2.1　齿轮的参数代号公式表

名　称	代　号	计算公式
分度圆直径		
齿顶圆直径		
齿根圆直径		
传动比		
中心距		

（2）查阅知识链接，完成表 1.2.2。

表 1.2.2　齿轮概念填空表

序　号	定　义	名　称	代　号
1	通过轮齿顶部的圆周		
2	通过轮齿根部的圆周		
3	齿轮上具有标准模数和标准齿形角的圆		
4	齿顶圆与分度圆之间的径向距离		
5	齿根圆与分度圆之间的径向距离		
6	齿顶圆与齿根圆之间的径向距离		
7	一个齿轮的轮齿总数		
8	端平面上，通过端面齿廓上任意一点的径向直线与齿廓在该点的切线所夹的锐角		

（四）课堂计算

（1）已知一标准直齿圆柱齿轮的模数 m=4 mm，齿数 z=40，试求该齿轮的分度圆直径 d、齿根圆直径 d_f、齿顶圆直径 d_a。

解：

（2）已知一标准直齿圆柱齿轮的齿数 z=30，齿根圆直径 d_f=192.5 mm。试求齿距 p、齿顶圆直径 d_a、分度圆直径 d 和齿高 h。

解：

四、知识链接

（一）渐开线及渐开线齿轮

当一直线沿一圆周做纯滚动时，此直线上任一点的轨迹即称为该圆的渐开线，该圆称为渐开线的基圆，而该直线则称为发生线。用渐开线作为齿廓的齿轮称为渐开线齿轮。渐开线齿轮能保持恒定的传动比。

（二）齿轮的主要参数

1. 齿　数

在齿轮的整个圆周上轮齿的总数称为齿数，用小写字母 z 表示。为了防止根切，齿轮的齿数应该不少于 17。

2. 模　数

模数 m 是决定齿轮尺寸的一个基本参数，单位为毫米。齿数相同的齿轮，模数越大，则其尺寸也越大。为了便于制造、检验和互换使用，齿轮的模数值已经标准化。

3. 齿形角（压力角）

对单个齿轮叫作齿形角，两个齿轮啮合时叫作压力角。在两齿轮节圆相切点 P 处，两齿廓曲线的公法线（即齿廓的受力方向）与两节圆的公切线（即 P 点处的瞬时运动方向）所夹的锐角称为压力角，也称啮合角，用符号 α 表示。单个标准齿轮的齿形角一般为20°，在某些场合也有采用 α=14.5°、15°、22.5°及25°等情况。

（三）齿轮的结构要素（见图 1.2.7）

1. 齿顶圆

齿轮齿顶所在的假想圆称为齿顶圆，其直径用 d_a 表示。

2. 齿根圆

齿轮齿槽底所在的假想圆称为齿根圆，其直径用 d_f 表示。

3. 分度圆

用来分度（分齿）的圆称为分度圆，该圆位于齿厚和槽宽相等的地方，其直径用 d 表示。

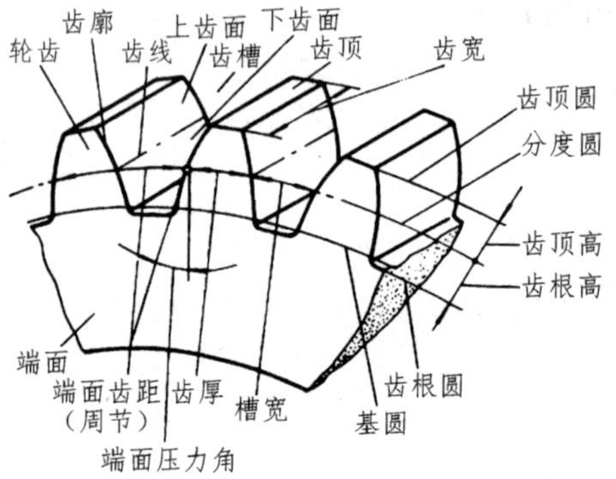

图 1.2.7　直尺圆柱齿轮的结构要素

（四）齿轮啮合的条件

两齿轮啮合的条件：两齿轮的模数和齿形角分别相等，即 $m_1=m_2$，$\alpha_1=\alpha_2$。

（五）圆柱齿轮的几何尺寸计算

分度圆直径：$d=mz$。

齿顶圆直径：$d_a=m(z+2)$。

齿根圆直径：$d_f=m(z-2.5)$。

中心距：$a=d_1/2+d_2/2=m(z_1+z_2)/2$。

（六）齿轮的传动比

机构中瞬时输入速度与输出速度的比值称为机构的传动比。在两根轴组成的啮合齿轮传动系统中，设主动轴（输入轴）的转速为 n_1，齿轮齿数为 z_1；从动轴（输出轴）转速为 n_2，齿轮齿数为 z_2，则其传动比 $k=n_1/n_2=z_2/z_1$，即

传动比=主动轴转速/从动轴转速=从动齿轮齿数/主动齿轮齿数

五、课后练习

（1）填写表 1.2.3 中的计算公式。

表 1.2.3 圆柱齿轮的几何尺寸计算

序号	问 题	解 答
1	分度圆的计算公式	
2	齿顶圆的计算公式	
3	齿根圆的计算公式	
4	中心距的计算公式	
5	传动比的计算表达式	

（2）已知直齿圆柱齿轮模数为 5 mm，齿数为 20，求其分度圆直径 d、齿顶圆直径 d_a 和齿根圆直径 d_f，并写出计算公式和计算过程。

（3）相互啮合的一对标准直齿圆柱齿轮，齿数分别为 z_1=20、z_2=32，模数 m=10 mm，试计算两齿轮的分度圆直径 d、齿顶圆直径 d_a、齿根圆直径 d_f 和中心距 a。

任务三 绘制基本线型图

学习目标

- 能熟记制图的基本规定。
- 能正确使用铅笔、圆规等绘图工具。
- 能理解投影法的概念。
- 能绘制基本线型图。

学习重难点

▲ 掌握 4 种常用基本线型的画法及用法。
▲ 掌握基本绘图工具的使用。
▲ 掌握基本线型和图形的抄画。

学习准备

★ 教师准备：教案、任务书、立体模型 12～16 个、绘图展示评分表、白纸 45 张。
★ 学生准备：教材、绘图工具、练习册、课堂笔记本。

建议学时

建议学时：4 课时。

一、任务要求

（1）学习绘图工具的使用。
（2）学习制图的国家标准规定。
（3）按照国家标准绘制基本线型图。

二、学习引导

（1）图样的作用。
在现代工业生产中，机械、化工和建筑工程都是根据图样进行制造和施工的。
设计者通过图样表达____；
制造者通过图样了解____；
使用者通过图样____。
（2）制图的国家标准。

为了适应现代化生产、管理的需要和便于技术交流，我国制定并发布了一系列国家标准，简称“国标”，包括强制性国家标准（代号__________）、推荐性国家标准（代号__________）和国家标准化指导性技术文件（代号 GB/Z）。

（3）北宋大诗人苏轼在其诗《题西林壁》中写道：

横看成岭侧成峰，
远近高低各不同。

这首诗说明物体的观看方位和成像的关系，也是投影法中重要的理论原理。即从不同的方向看同一个物体，看到的成像______________（不一样或一样）。

三、任务实施

（一）绘图工具的使用

（1）铅笔的使用方法。

如图 1.3.1 所示，在绘图铅笔的标识中，用 B 和 H 表示铅芯的______________。B 表示______________，B 前面的数字越大表示铅芯______________；H 表示______________，H 前面的数字越大，表示铅芯______________。

用 H 或 HB 的铅笔画__________（细实线或粗实线），用 2B 铅笔加粗或画粗实线。要经常对笔尖进行修整，以保证正确的线条宽度。硬的铅芯一般磨成锥形，画粗实线的软铅芯笔磨成矩形断面。

图 1.3.1　铅笔实物图

（2）在画图时，根据使用要求，不同型号的铅笔适合画不同的线条，请将下面铅笔的型号与适合的用途连接起来。

H 或 2H	加深粗实线
HB 或 H	画底稿
HB 或 B	画细实线、细点画线、细虚线及写字

（3）圆规的使用方法。

圆规一般有大圆规、弹簧圆规和点圆规 3 种。

圆规用来画______________和______________。画圆时，圆规的钢针应使用有台阶的一端，并使笔尖与纸面______________（垂直或倾斜），如图 1.3.2 所示；用尺子量出圆规两脚之间的距离，作为________________（直径或半径）；把带有针的一端固定在一个地方，作为____________；把带有铅笔的一端旋转一周。

AR　图 1.3.2　圆规实物图

（二）制图的基本规定

（1）认识基本线型。

最常用的绘图线型有粗实线、细实线、细点画线、细虚线 4 种。请根据图 1.3.3 中线的粗细程度和线的形状，将对应线型填入方框内，并回答下列问题。

① 粗实线一般用于____。

② 细虚线一般用于____。

③ 细点画线一般用于______________________________________。

④ 细实线一般用于____。

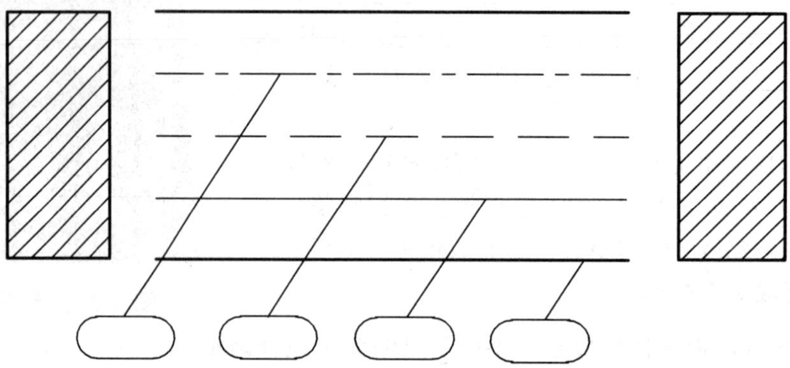

图 1.3.3 基本线型示意图

（2）比例。

比例是指图样中图形与其实物相应要素的________。比例可分为_________ 、放大比例和____________。按此定义，1∶2 是________比例，2∶1 是_________比例。如果某人身高 175 cm，以该人为原型的画像为 17.5 cm，则此画像的比例为____________。

（3）根据实物模型填写比例（见表 1.3.1）。

表 1.3.1 比例模型图

实物原图	变形图1	变形图2	变形图3
$\phi10\times10$	$\phi5\times5$	$\phi10\times10$	$\phi20\times20$
比 例			

（4）图纸幅面。

国标规定的常用 5 种图纸基本幅面尺寸由小到大依次有 A4、A3、_________________，其中，A4 图纸的纸张大小为______mm×______mm。

（5）在表 1.3.2 中的括号里面填写尺寸，单位为毫米。

表 1.3.2　图纸幅面比例图

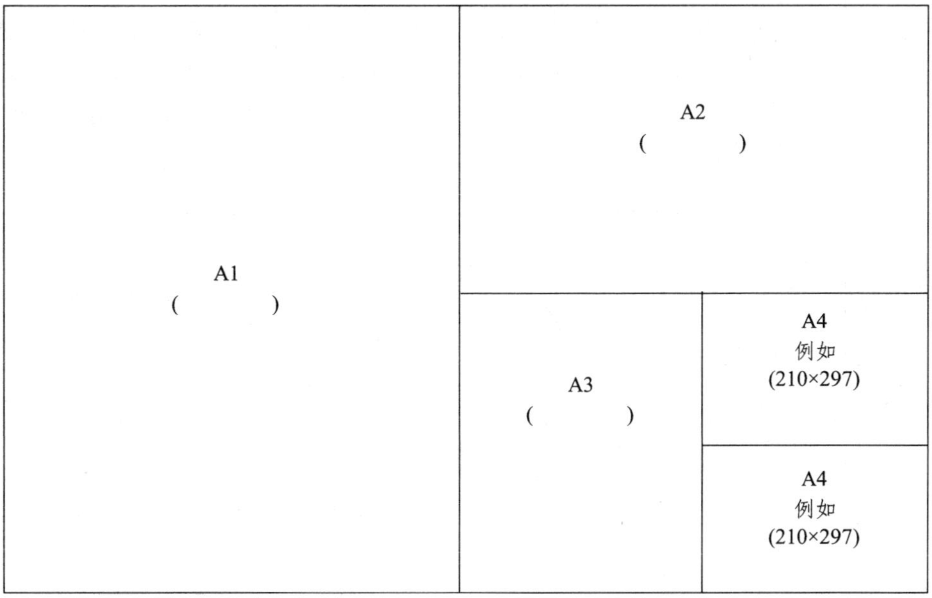

（6）线型。

① 绘图时应采用国家标准规定的图线线型和画法。国家标准规定，粗实线一般用于______________，虚线一般用于__________，细点画线一般用于______________，细实线主要用于尺寸线和尺寸界线、剖面线、重合断面的轮廓线、过渡线。

② 虚线、细点画线的每个线段长度和间隔应大致相等，相交点画线不能相交于________，两平行线之间的距离不能小于____________。

③ 两条图线重合时，只需要画出其中一条，优先顺序为____________________（在空线处将粗实线、细虚线、细点画线、细实线 4 种线型按正确的顺序排列）。

④ 国家标准规定，细点画线应超出轮廓线________________ mm。

（7）抄画表 1.3.3 中的同心圆以练习线型。

表 1.3.3　抄画同心圆图形

示例图	抄画图	步骤叙述
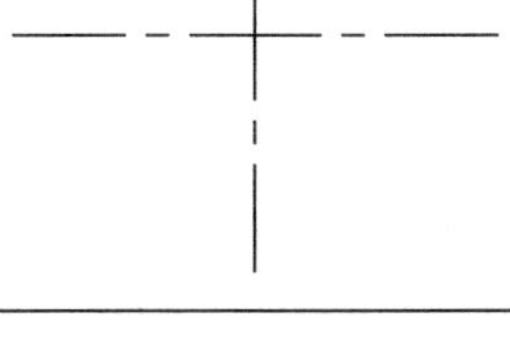		步骤 1：画两条垂直的点画线确定圆心。点画线应交于长画处，不能交于点或间隔

续表

示例图	抄画图	步骤叙述
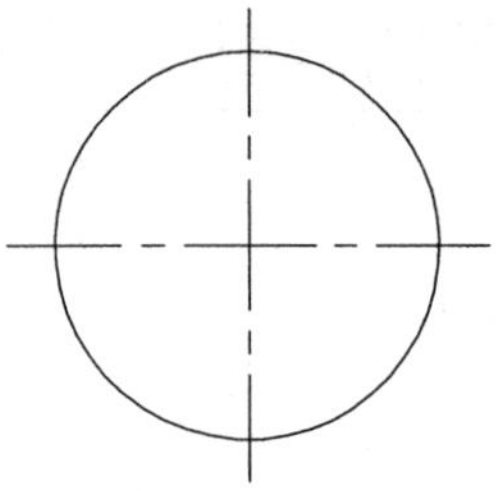	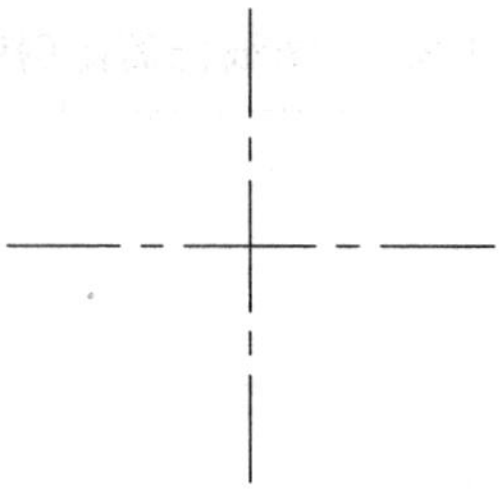	步骤 2：从左图上用直尺或圆规量取圆的半径，用圆规按照 1∶1 的比例画细实线圆
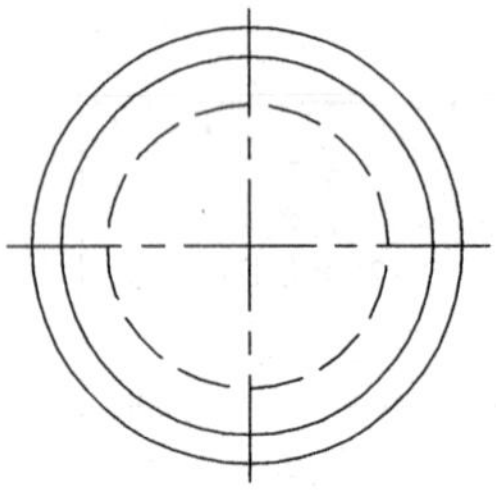	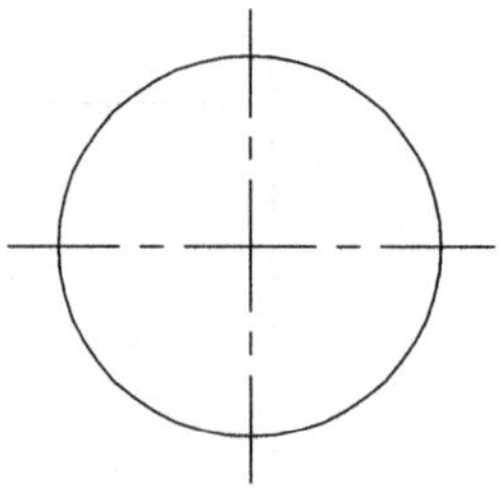	步骤 3：以现有圆心为圆心，按 1∶1 的比例画另一个直径稍小的细虚线圆，按 1∶1 的比例画另一个直径稍大的细实线圆
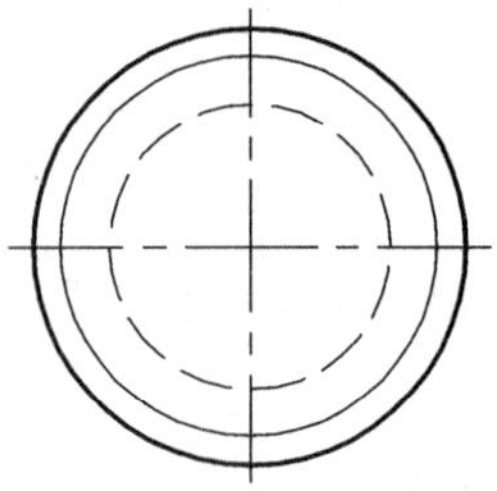	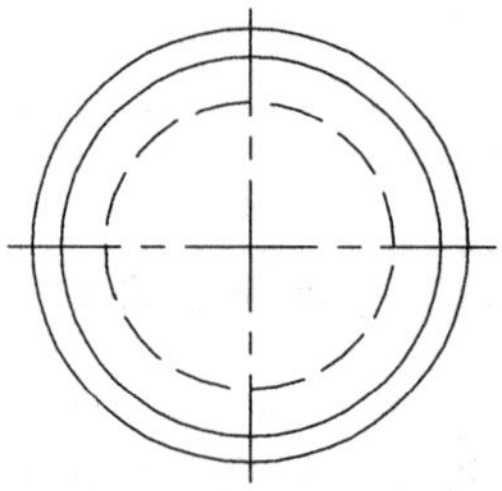	步骤 4：底稿完成，校对后擦去多余的线条，按要求进行描深。其中大圆用粗实线加深，中圆用细实线加深，小圆用虚线加深

（三）命题画图

（1）分组画图，各组同学根据所学的变速箱及线型部分的知识设计一对传动比为 1∶4 的标准直齿圆柱齿轮传动的示意图，每组推荐 2 幅作品进行展示。

（2）展示过程中要解释作品中每条图线的含义。

（3）全体同学参与评价，选出最能反映真实意境的图，并将评分填入表 1.3.4 中。

表 1.3.4　绘图展示评分表

小组	线条规范（20 分）	数字清晰（20 分）	图形易懂（20 分）	总体效果（40 分）	总得分（100 分）
1					
2					
3					
4					
5					
6					
7					
8					

四、知识链接

（一）绘图工具的使用

1. 使用铅笔的注意事项

绘图铅笔一端的字母和数字表示铅芯的软硬程度。

H（Hard）表示硬的铅芯，有 H、2H 等多种，数字越大，铅芯越硬，通常用 H 或 2H 的铅笔打底稿或加深细线。

B（Black）表示软（黑）的铅芯，有 B、2B 等多种，数字越大，铅芯越软，通常用 B 或 2B 的铅笔描深粗实线。

HB 表示铅芯软硬适中，多用于写字。

2. 使用圆规的注意事项

圆规主要用于画圆和圆弧，一般有大圆规、弹簧圆规和点圆规 3 种。使用时，应先调整针脚，使针尖略长于铅芯，且插针和铅芯脚都与纸面大致保持垂直。使用时：

（1）圆规两脚之间的高度要一致。

（2）画圆的过程中圆规要稍微倾斜，使画出的圆的线条流畅。

（3）画圆的过程中带有针的一端（即圆心）不能移动。

（4）画圆的过程中两脚距离（即半径）应保持不变。

（二）国家标准的基本规定

工程图样是设计与制造过程中重要的交流工具，为保证技术交流的准确性，工程界制定了相关的标准，包括国际标准、国家标准、行业标准、企业标准等。其中，国际标准用 ISO 表示，强制性国家标准用 GB 表示，推荐性国家标准用 GB/T 表示。

1. 图纸幅面

（1）GB/T 14689—2008。

GB/T 14689—2008 的含义：2008 年通过的第 14689 号推荐性国标。

（2）图纸幅面的几种类型见表 1.3.5。

表 1.3.5　图纸幅面

A4	A3	A2	A1	A0
210 mm×297 mm	297 mm×420 mm	420 mm×594 mm	594 mm×841 mm	841 mm×1 189 mm

2. 比　例

（1）定义：图形与实物相应要素的线性尺寸之比。

（2）类型：分为原值比例、放大比例、缩小比例 3 种，如 1∶1 为原值比例、2∶1 为放大比例、1∶5 为缩小比例。

3. 线　型

（1）基本线型：共有 15 种，常用的有粗实线、细实线、细虚线、细点画线 4 种。

（2）粗细标准：粗线的宽度应在 0.5～2 mm，细线的宽度约为粗线的 $\frac{1}{2}$。

（3）线型用法：

粗实线：主要表示可见轮廓线、棱边线、剖切面起止的剖切符号。

细实线：主要表示尺寸线、尺寸界线、剖面线、指引线。

细虚线：主要表示不可见轮廓线、棱边线。

细点画线：主要表示轴线、对称中心线。

4. 图线的应用（见图 1.3.4、图 1.3.5、图 1.3.6）

（1）虚线、细点画线的每个线段长度和间隔应大致相等。

（2）当虚线成为实线的延长线时，在虚、实线的连接处，虚线应留出空隙。

（3）原则上，两平行线之间的距离不能小于 7 mm。

（4）虚线与其他图线相交时，都应在线段处相交，不应在空隙处或短画处相交。细点画线和双点画线中的“点”应画成约 1 mm 长的短画线，细点画线的首尾两端应是线段而不是短画线。

（5）细点画线，应超出轮廓线 2～5 mm。

（6）在绘制圆形时，必须作出两条互相垂直的细点画线，作为圆的对称中心线，细点画线的交点应为圆心。

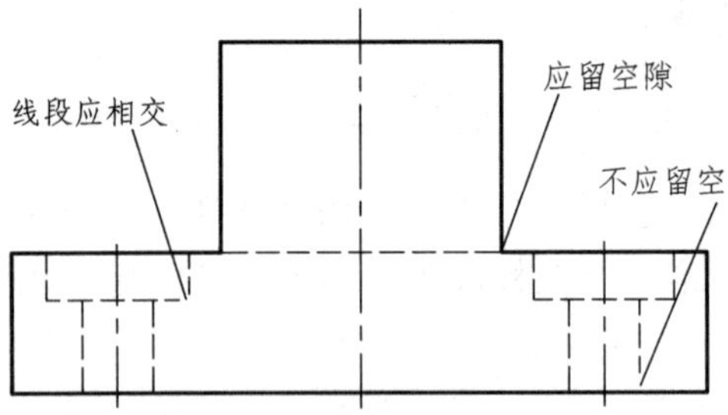

图 1.3.4 基本线型交叉图

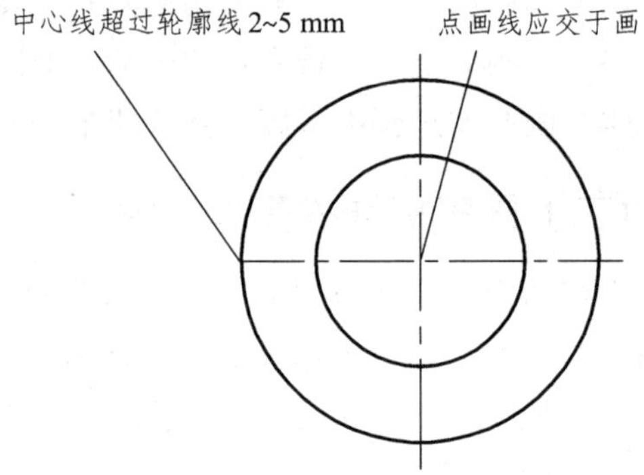

图 1.3.5 点画线与轮廓线相交图

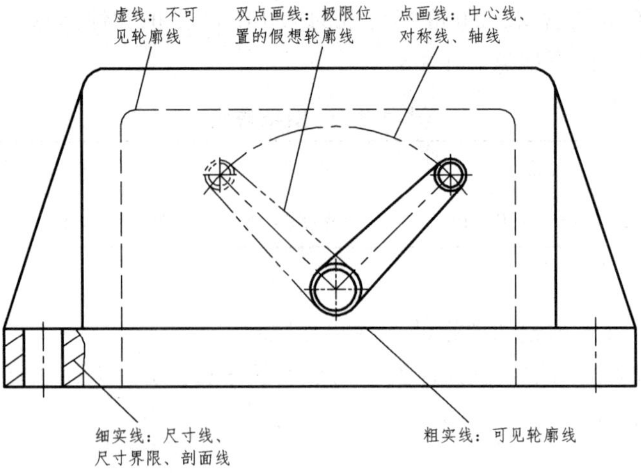

图 1.3.6 基本线型混合应用图

5. 注意事项

粗实线宽度约为 0.7 mm，虚线线段长度约为 4 mm，短画与短画之间的间隙为 1 mm，点画线线段长度为 15～20 mm，间隙及短画线共 3 mm。

五、课后练习

用 A4 纸张按照 1∶1 的比例画出图 1.3.7 所示的线型。

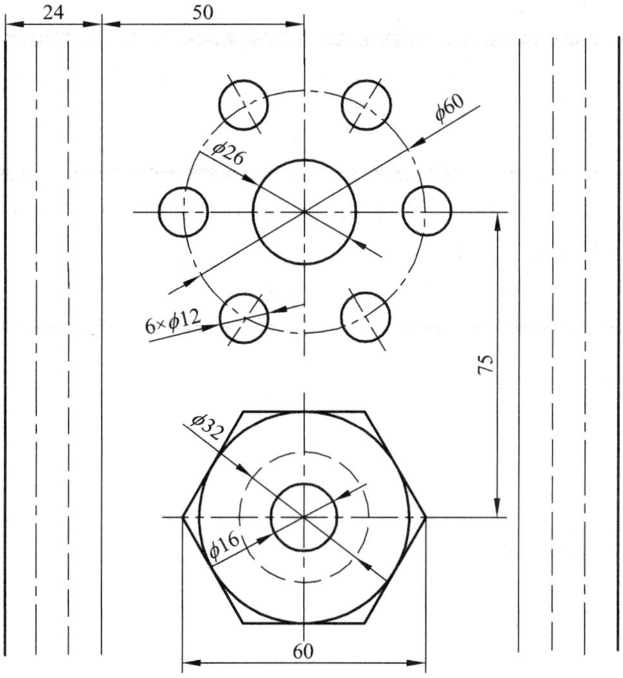

图 1.3.7 绘制线型

任务四 绘制直齿圆柱齿轮的特征视图

学习目标

- 能利用公式正确计算齿轮各主要尺寸。
- 能说出单个齿轮的画法原理。
- 能按照国标规定画出单个直齿圆柱齿轮的视图。
- 能理解剖视图的概念，画出简单的全剖视图。
- 掌握尺规作图方法。

学习重难点

- ▲ 会运用分度圆、齿顶圆、齿根圆的计算公式。
- ▲ 能按照齿轮的规定画法画齿轮。
- ▲ 标准直齿圆柱齿轮的投影作图。
- ▲ 图幅和标题栏识读。
- ▲ 剖视图的画法。

学习准备

★ 教师准备：教案、任务书、投影仪、计算机、齿轮的模型6～8个、齿轮的挂图1张、白纸45张。

★ 学生准备：教材、绘图工具、课堂笔记本。

建议学时

建议学时：4课时。

一、任务要求

（1）熟悉齿轮的主要参数及计算公式。
（2）理解齿轮的规定画法。
（3）认识零件图的图框格式和标题栏。
（4）掌握单个直齿圆柱齿轮的规定画法。

二、学习引导

1. 根据齿轮实物，完成表1.4.1

表1.4.1 直齿圆柱齿轮结构名称与表示

序号	结构名称	字母表示	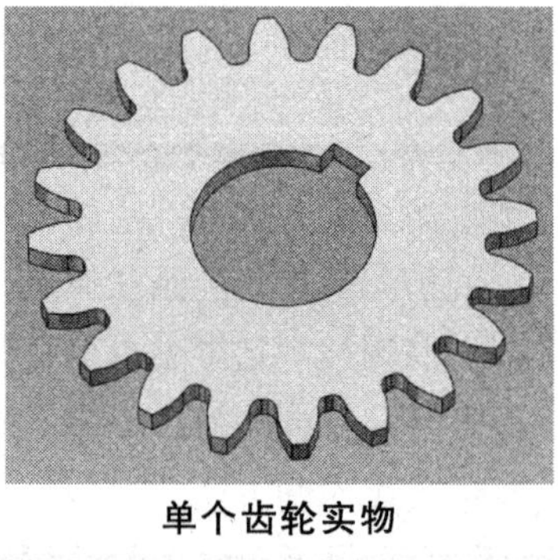
1	齿数		
2	模数		
3	分度圆		
4	齿顶圆		
5	齿根圆		**单个齿轮实物**

2. 图框格式

图框格式分为不留装订边和留装订边两种，图框线用__________（粗实线或细实线）绘制。在图 1.4.1 所示不留装订边的图框格式中，*B* 表示_____，*L* 表示_____，*e* 表示长度为_____mm。

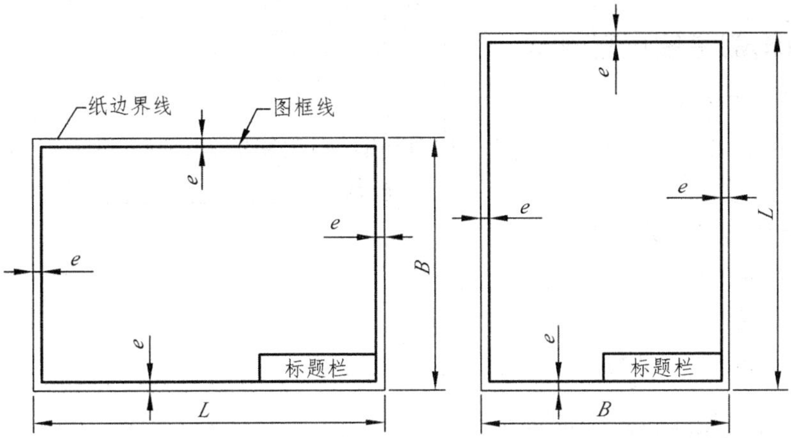

图 1.4.1　零件图的图幅类型

3. 标题栏

（1）标题栏的模板见表 1.4.2，总长为 180 mm，每行宽为 8～10 mm。

表 1.4.2　标题栏模板

齿轮（零件名称）			比例	1∶1	A4	
			材料	Cu		
制图	张三（姓名）	2016．01．01（日期）	数量	1	成绩	
描图	李四（姓名）	2016．01．05（日期）	成都市技师学院			
审核	王五（姓名）	2016．01．08（日期）				

（2）假如零件名称为齿轮，比例为 1∶1，图纸数量 1 张，材料为 45 号钢，图号为 A4，制图、描图都是你本人，审核是你的老师，请按上述信息参照表 1.4.2 的模板填写表 1.4.3。

表 1.4.3　标题栏填空

			比例			
			材料			
制图			数量		成绩	
描图						
审核						

4. 国家标准规定的直齿圆柱齿轮的画法原理

根据 GB/T 4459.2—2003 规定的齿轮画法，单个圆柱齿轮一般用两个视图表示。应注意齿轮轮齿部分并不是按真实结构投影画出，而是用简单的_____________来表示。

国标规定：齿顶圆和齿顶线用__________绘制；分度圆和分度线用__________绘制；齿根圆和齿根线用_____________绘制，也可省略不画。

在剖视图中，当剖切平面通过齿轮的轴线时，轮齿部分一律按不剖处理，此时齿根线则要用____________（粗实线或细实线）来绘制，齿轮的其他部分仍按照实际形状投影绘制。

三、任务实施

（一）齿轮的主要尺寸计算

1. 齿轮的主要参数

根据变速箱的铭牌参数表（见表 1.1.1）可知，变速箱的各种齿轮中：

齿数 z_1=____________ 模数 m=____________

2. 齿轮 z_1 的主要计算公式

分度圆直径 $d=mz_1$=____________________

齿顶圆直径 $d_a=m(z_1+2)$=____________________

齿根圆直径 $d_f=m(z_1-2.5)$=____________________

（二）图纸幅面和线型的选择

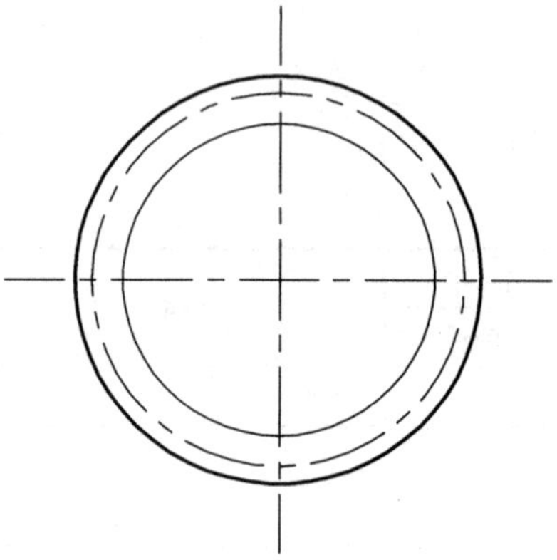

图 1.4.2 齿轮的特征视图

（1）图 1.4.2 为直齿圆柱齿轮的特征视图。根据国家标准规定，本图一共用到了________、________、________3 种线型。

（2）图 1.4.2 中的 3 个圆分别称为分度圆、齿顶圆和齿根圆。其中，分度圆直径的计算公式为________。

（3）圆的画法是先画两条相交的点画线确定_____，再根据半径用圆规画圆。

（三）图框和标题栏的画法

按照标题栏的格式按顺序将图 1.4.3、图 1.4.4、图 1.4.5 所示线框抄画在 A4 纸上。

图 1.4.3 圆弧 1

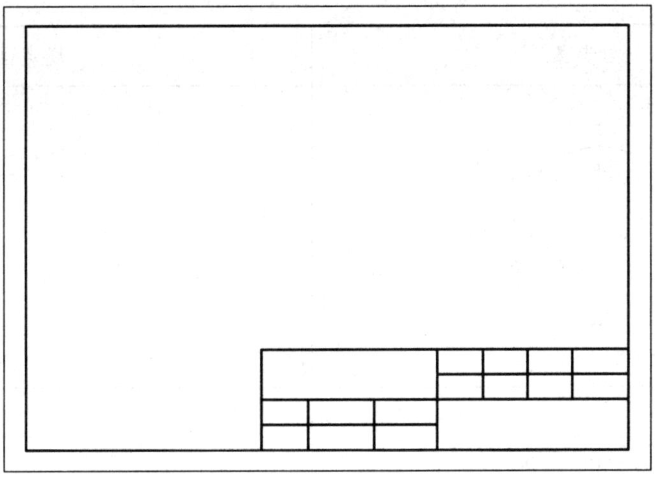

图 1.4.4 圆弧 2

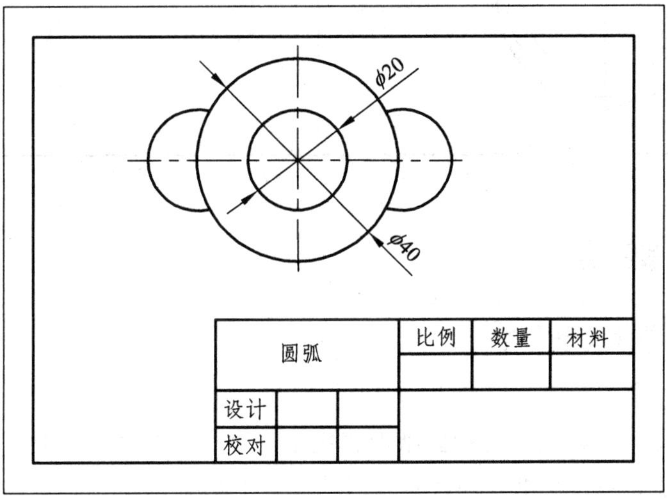

图 1.4.5 圆弧 3

(四) 齿轮的画法 (根据表 1.4.4 左边的作图步骤在右边画出齿轮的规定画法)

表 1.4.4 齿轮的特征视图画法

作图步骤	规定画法
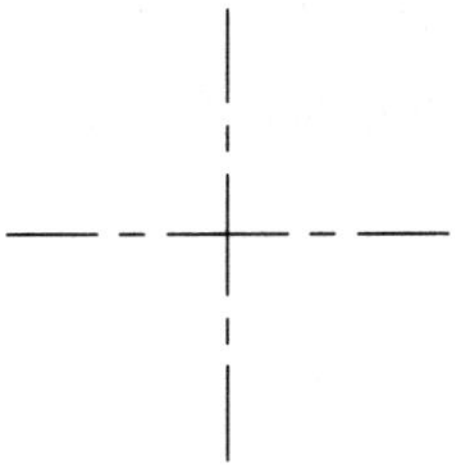	

续表

作图步骤	规定画法
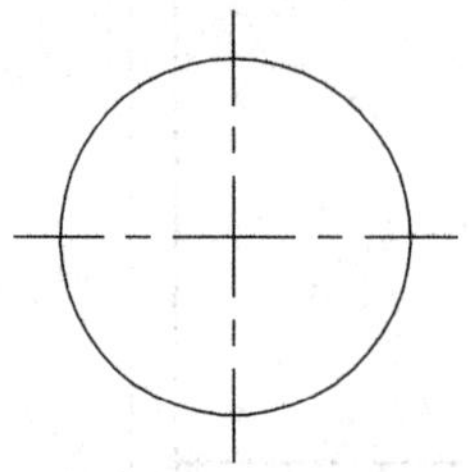	
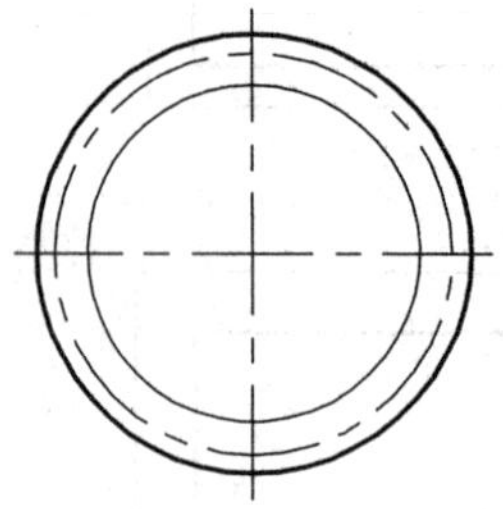	

四、知识链接

（一）图纸幅面和标题栏

1. 图纸幅面

图纸幅面简称图幅或幅面，是指图纸面积规格的大小。绘制图样时，应优先采用规定的基本幅面和图框尺寸。各种图纸幅面代号及尺寸见表 1.4.5。

表 1.4.5　幅面代号表　　mm

幅面代号	A0	A1	A2	A3	A4
$B \times L$	841×1 189	594×841	420×594	297×420	210×297
e	20		10		

2. 标题栏

每张图纸上都必须画出标题栏，标题栏的外框线用粗实线绘制，内框线用细实线绘制。标题栏的格式和尺寸在国标中都有规定。例如，国标规定标题栏的长度为 180 mm，但是在实际教学画图中，学生可将其简化为 130 mm（见图 1.4.6）。

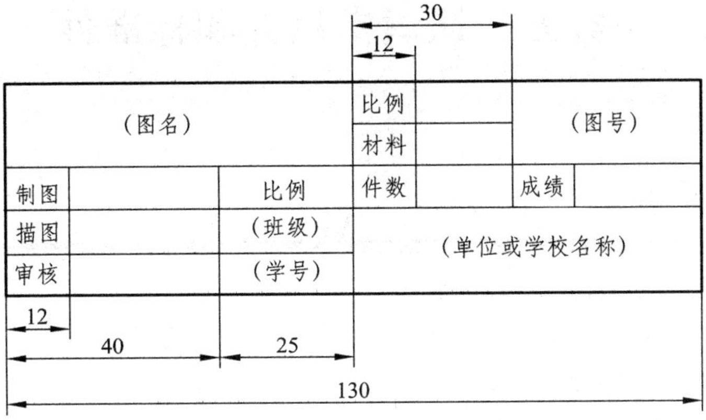

图 1.4.6　简化标题栏

(二)单个齿轮的画法

应注意齿轮轮齿部分并不是按真实结构投影画出，而是用简单的规定画法来表示。

单个圆柱齿轮一般用两个视图表达，规定画法中规定齿顶圆和齿顶线用粗实线绘制，分度圆和分度线用点画线绘制，齿根圆和齿根线用细实线绘制（也可省略不画）。

在剖视图中，当剖切平面通过齿轮的轴线时，轮齿部分一律按不剖处理，此时齿根线则要用粗实线来绘制，齿轮的其他部分仍按照实际形状投影绘制（见图 4.1.7）。注意：齿根高与齿顶高相差 0.25m（模数），因此，两齿轮的根线与顶线之间应有 0.25m 的间隙。

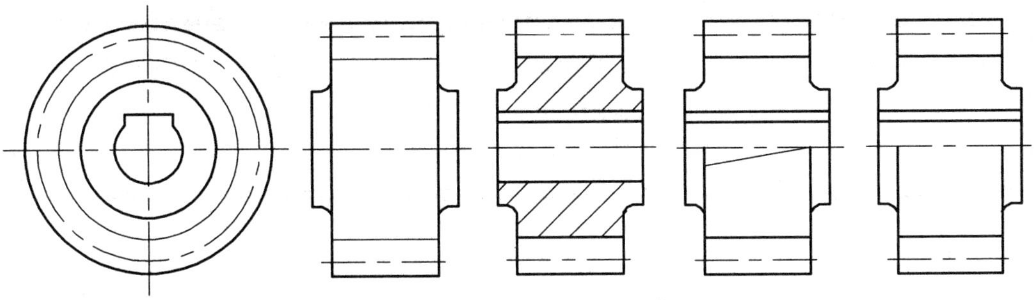

图 1.4.7　齿轮的规定画法图

五、课后练习

已知一标准直齿圆柱齿轮，齿数 z=30，齿根圆直径 d_f=192.5 mm。

（1）试计算其分度圆直径 d 和齿顶圆直径 d_a；

（2）按 1∶5 的比例画出该标准直齿圆柱齿轮的规定画法，并标出图框和标题栏。

任务五　认识常用件和标准件

学习目标

- 能说出常见的常用件和标准件。
- 能说出滚动轴承的用途及分类。
- 能说出螺纹的形成、结构、要素。
- 能熟悉螺纹紧固件的用途。

学习重难点

▲ 滚动轴承的用途及分类。

▲ 螺纹的形成、结构、要素及螺纹紧固件。

▲ 键与销的装配实验。

学习准备

★ 教师准备：教案、任务书；轴承 6～8 个、螺纹连接件 6～20 个、普通平键 6～8 个、圆柱销 12～16 个、齿轮废品 6～8 个。

★ 学生准备：教材、绘图工具、课堂笔记本。

建议学时

建议学时：4 课时。

一、任务要求

（1）认识轴承的用途、结构、分类及铭牌。

（2）认识螺纹的形成、结构、要素、标记及螺纹紧固件。

（3）认识键与销的用途。

二、学习引导

在机械仪表及设备中，经常会用到如螺栓、螺母、螺钉、键、销、齿轮、弹簧等常用零件。由于这些零件及组件应用广泛，使用量大，为了便于设计、制造和使用，国家标准将这些零件的结构、尺寸标准化。凡结构尺寸全部符合标准规定的零件称为________，如前面提到的________、________、螺纹连接件、________。有些零件部分参数实行了标准化，称为常用件。如________、弹簧等，国家规定了它们的________________、代号和标记。

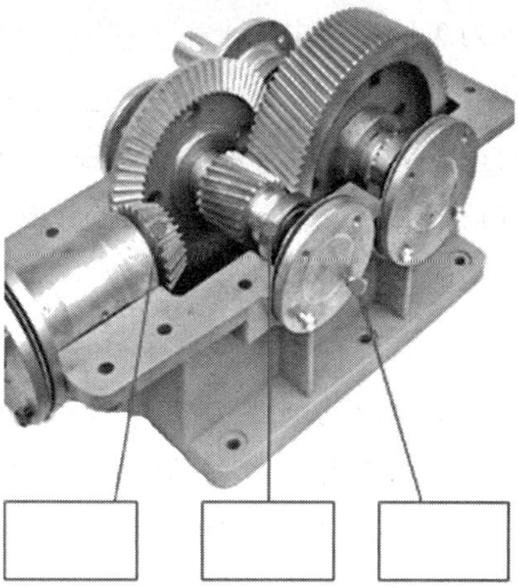

图 1.5.1　齿轮变速箱内部结构图

图 1.5.1 所示为齿轮变速箱内部结构图，请将细线所指零件的名称填入方框内。

轴承由内圈、外圈、滚动体、保持架四部分组成。其主要的作用是__________。生活中用到轴承的产品有轿车、变速箱等。以图 1.5.2 所示的结构可以看出，滚动体为____________形状。

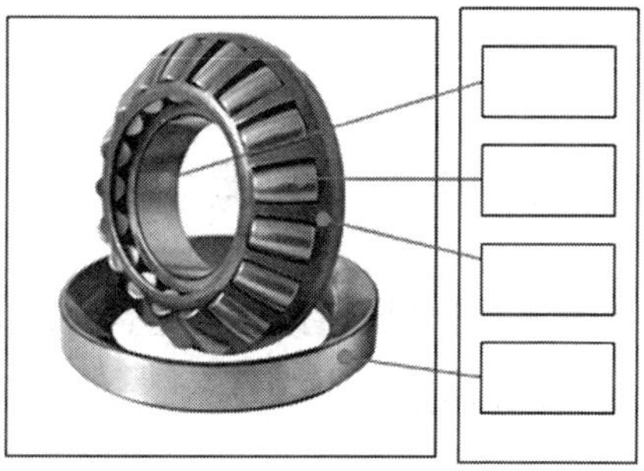

图 1.5.2　滚动轴承内部结构图

滚动轴承是一种支承旋转轴的组件，它具有摩擦力小、结构紧凑的优点，在传动机构中尤为常用。

图 1.5.2 所示为滚动轴承内部结构图，请将细线所指零件的名称填入方框内。

键主要用于轴和轴上的零件（如带轮、齿轮等）之间的连接，起着____________的作用。如图 1.5.3 所示，将键嵌入轴上的键槽中，再将带有键槽的齿轮装在轴上，当轴转动时，因为键的存在，齿轮就与 __________同步转动，达到传递动力的目的。

请将图 1.5.3 中细线所指零件名称填入方框内。

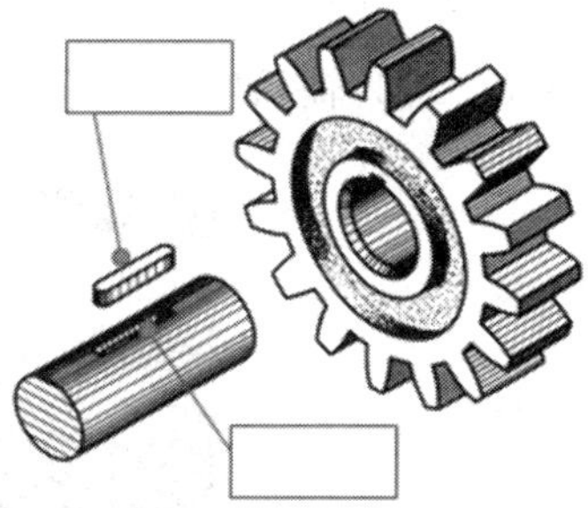

图 1.5.3　键和键槽拆出图

销通常用于零件的连接和定位。常用的销有圆柱销、圆锥销和开口销 3 种，图 1.5.4 所示为 3 种类型中的____________，该销主要用来固定零件之间的___________，起作用；也可用于轴与轮毂的连接，传递不大的载荷；还可作为安全装置中的过载剪断元件。销的常用材料为 45 钢。

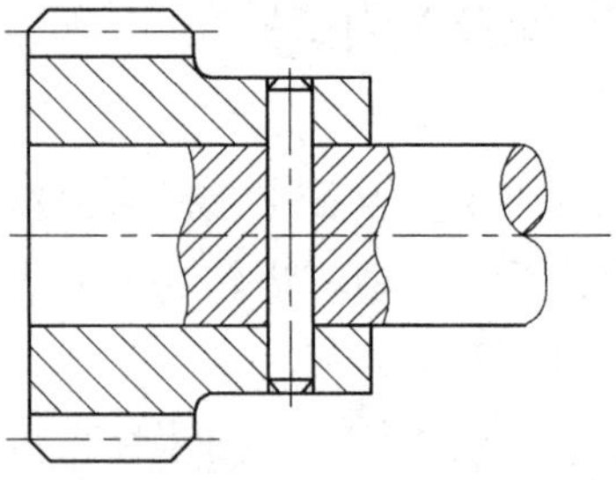

图 1.5.4　销连接图例

螺纹紧固件连接（见图 1.5.5）是工程上应用最广泛的一种________（可拆或不可拆）连接方式。螺纹紧固件一般属于（常用件或标准件），它的结构形式很多，可根据需要在有关的标准中查出其尺寸，一般无须画出它们的零件图，只需按照规定进行标记。

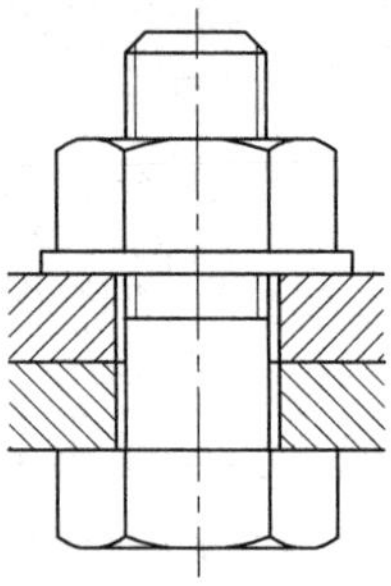

图 1.5.5　螺纹紧固件连接图

三、任务实施

（一）轴承的用途、结构及分类

1. 滚动轴承

机械设备上常用的滚动轴承一般由________、_______、滚动体和_______4 个元件组成。外圈一般装在机座的孔中，外圈与基座孔是__________配合；而内圈套在转动的轴上，与轴一起同步转动，内圈与轴是__________配合。

图 1.5.6 所示为轴承座和轴承的装配关系。请将图中细线所指零件名称填入方框内。

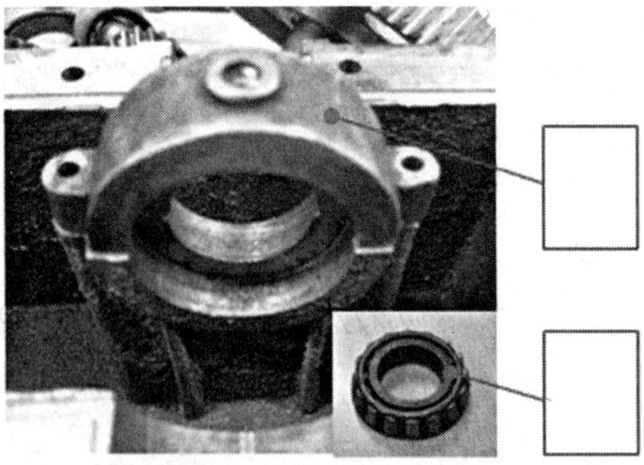

图 1.5.6　轴承座和轴承

2. 滚动轴承的代号

国标规定，滚动轴承的代号主要由基本代号、__________和__________构成。基本代号又包括轴承类型代号、尺寸系列代号和内径代号三部分。

图 1.5.7 所示轴承代号为 30207。其中，3 表示轴承的类型为__________轴承，07 表示该轴承的内圈直径为________mm。

图 1.5.7　轴承实物

（二）螺纹的形成和结构要素

1. 螺纹的形成

螺纹是在圆柱或圆锥表面上，沿着螺旋线所形成的______________。在圆柱或圆锥外表面上所形成的螺纹称为__________，在圆柱或圆锥内表面上所形成的螺纹称为________。如图 1.5.8 所示是车削________螺纹。

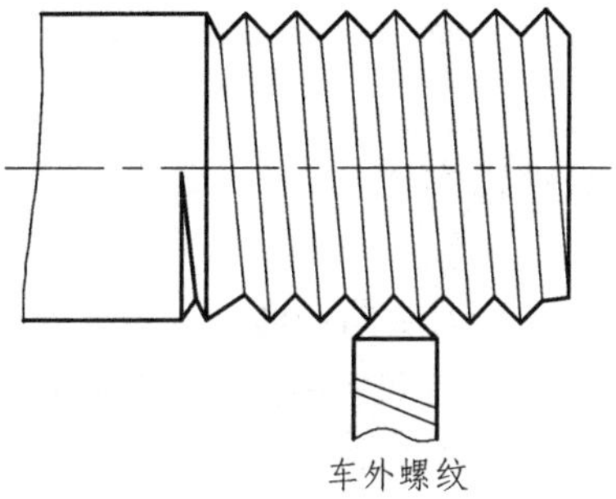

图 1.5.8　车外螺纹

2. 螺纹的结构

（1）螺纹的牙型。

在通过螺纹轴线的剖面上，螺纹的牙型主要有三角形螺纹、梯形螺纹和锯齿形螺纹，如图 1.5.9 所示。请将相应的螺纹牙型填到图下横线上。

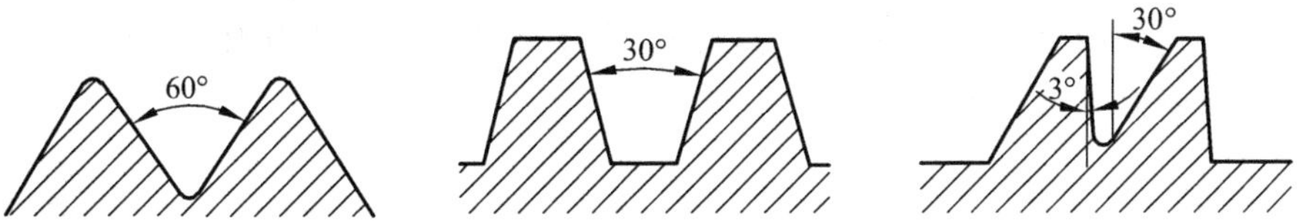

________螺纹　　________螺纹　　________螺纹

图 1.5.9　螺纹的牙型示意图

（2）螺纹的大径和小径。

大径：与外螺纹牙顶或内螺纹牙底相切的假想圆柱面的直径，用______或______表示。

小径：与外螺纹牙底或内螺纹牙顶相切的假想圆柱面的直径，用______或______表示。

在图 1.5.10 中，请将相应的螺纹类型填到图下横线上。

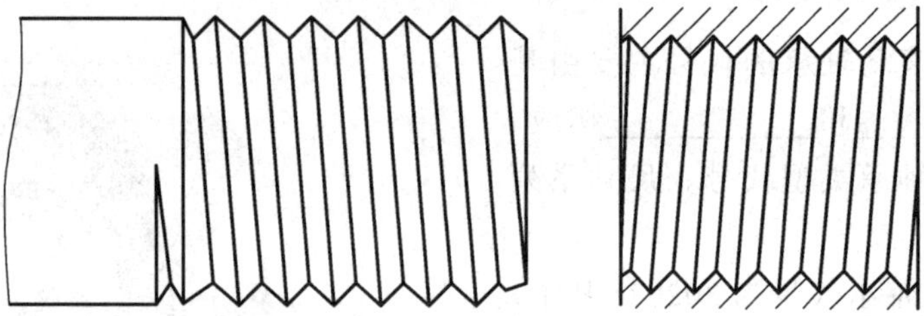

______________ ______________

图 1.5.10 内外螺纹的剖面图

（3）螺距和导程。

螺纹上相邻两牙在中径线上对应两点之间的轴向距离 P 称为_________。同一条螺纹上相邻两牙在中径线上对应两点之间的轴向距离 L 称为_________，如图 1.5.11 所示。

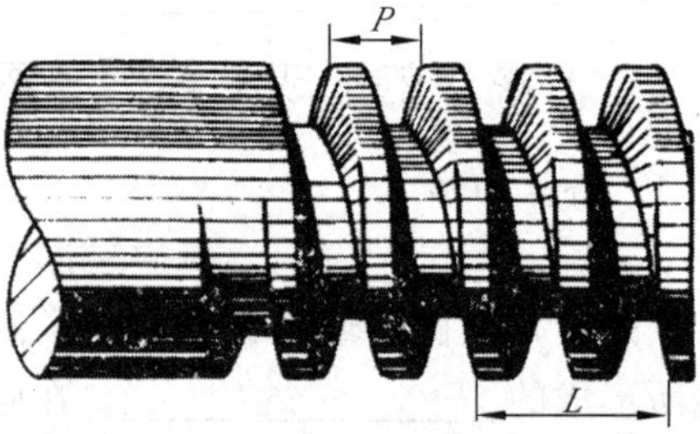

图 1.5.11 螺纹的螺距和导程示意图

导程与螺纹的螺距和线数有关，表达式为螺距=________________。

如果螺距为 3 mm，线数为 2，则导程为______________。

（4）螺纹的旋向和线数。

螺纹有单线和多线之分。若圆柱面上只有一条螺纹盘绕时，叫作______________。若同时有两条或两条以上螺纹盘绕时，就叫作_______________。

螺纹按照旋向分可分为左旋螺纹和右旋螺纹两类。如图 1.5.12 所示，左边的螺纹为_______旋；右边的螺纹为_______旋。

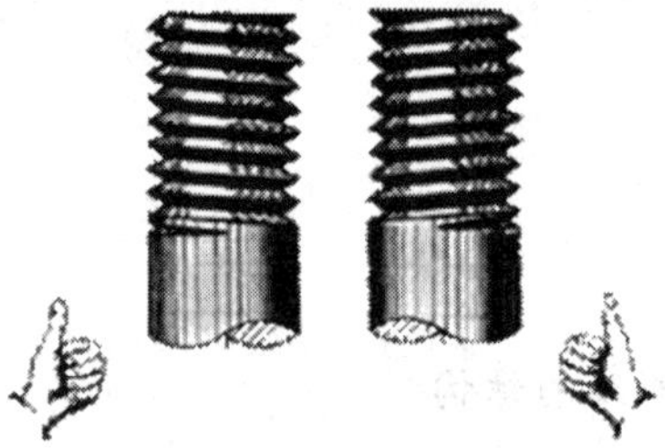

图 1.5.12 螺纹的旋向图

（三）螺纹紧固件

1. 螺纹紧固件分类

螺纹紧固件通常由螺栓、螺母、弹簧垫圈、平垫圈等组成。请根据表 1.5.1 中的结构形状填写相应的螺纹紧固件名称。

2. 螺纹紧固件的用法

（1）螺栓连接。

螺栓是由_________和__________两部分组成的紧固件，需与螺母配合，用于紧固连接两个带有_________（盲孔或通孔）的零件。

图 1.5.13 螺栓连接图

由图 1.5.13 可知，螺栓连接组件中的常用零件分别为螺栓、_________、垫圈。如把螺母从螺栓上旋下，又可以使这

2. 滚动轴承的代号

国标规定，滚动轴承的代号主要由基本代号、__________和__________构成。基本代号又包括轴承类型代号、尺寸系列代号和内径代号三部分。

图 1.5.7 所示轴承代号为 30207。其中，3 表示轴承的类型为__________轴承，07 表示该轴承的内圈直径为________mm。

图 1.5.7　轴承实物

(二）螺纹的形成和结构要素

1. 螺纹的形成

螺纹是在圆柱或圆锥表面上，沿着螺旋线所形成的______________。在圆柱或圆锥外表面上所形成的螺纹称为__________，在圆柱或圆锥内表面上所形成的螺纹称为________。如图 1.5.8 所示是车削________螺纹。

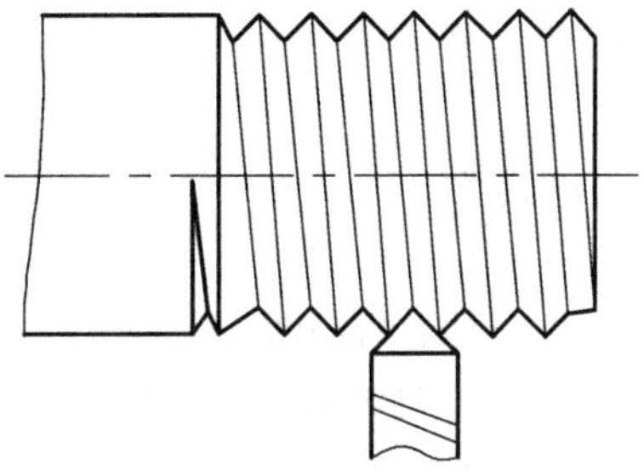

图 1.5.8　车外螺纹

2. 螺纹的结构

（1）螺纹的牙型。

在通过螺纹轴线的剖面上，螺纹的牙型主要有三角形螺纹、梯形螺纹和锯齿形螺纹，如图 1.5.9 所示。请将相应的螺纹牙型填到图下横线上。

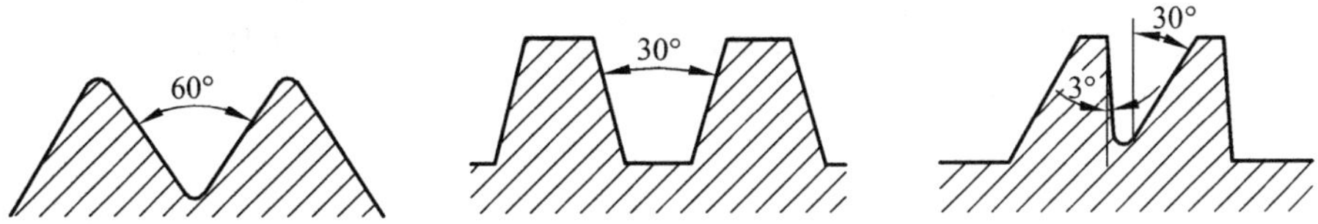

________螺纹　________螺纹　________螺纹

图 1.5.9　螺纹的牙型示意图

（2）螺纹的大径和小径。

大径：与外螺纹牙顶或内螺纹牙底相切的假想圆柱面的直径，用______或______表示。

小径：与外螺纹牙底或内螺纹牙顶相切的假想圆柱面的直径，用______或______表示。

在图 1.5.10 中，请将相应的螺纹类型填到图下横线上。

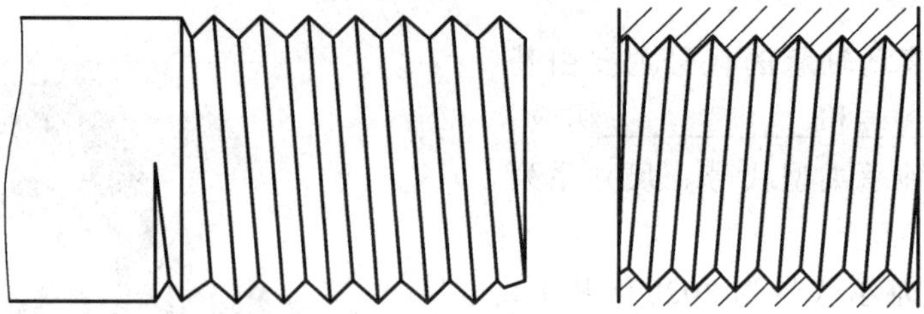

__________　　　　__________

图 1.5.10　内外螺纹的剖面图

（3）螺距和导程。

螺纹上相邻两牙在中径线上对应两点之间的轴向距离 P 称为________。同一条螺纹上相邻两牙在中径线上对应两点之间的轴向距离 L 称为________，如图 1.5.11 所示。

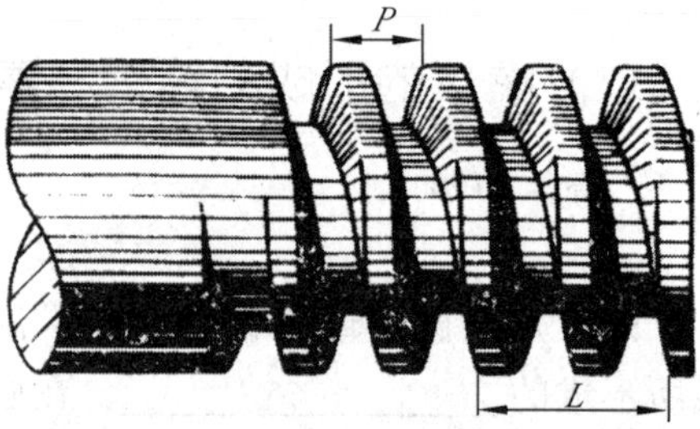

图 1.5.11　螺纹的螺距和导程示意图

导程与螺纹的螺距和线数有关，表达式为螺距=______________。

如果螺距为 3 mm，线数为 2，则导程为____________。

（4）螺纹的旋向和线数。

螺纹有单线和多线之分。若圆柱面上只有一条螺纹盘绕时，叫作____________。若同时有两条或两条以上螺纹盘绕时，就叫作____________。

螺纹按照旋向分可分为左旋螺纹和右旋螺纹两类。如图 1.5.12 所示，左边的螺纹为_______旋；右边的螺纹为_______旋。

图 1.5.12　螺纹的旋向图

（三）螺纹紧固件

1. 螺纹紧固件分类

螺纹紧固件通常由螺栓、螺母、弹簧垫圈、平垫圈等组成。请根据表 1.5.1 中的结构形状填写相应的螺纹紧固件名称。

2. 螺纹紧固件的用法

（1）螺栓连接。

螺栓是由________和_________两部分组成的紧固件，需与螺母配合，用于紧固连接两个带有________（盲孔或通孔）的零件。

由图 1.5.13 可知，螺栓连接组件中的常用零件分别为螺栓、________、垫圈。如把螺母从螺栓上旋下，又可以使这

图 1.5.13　螺栓连接图

两个零件分开，故螺栓连接是属于__________（可拆卸或不可拆卸）连接。

表 1.5.1　常见螺纹紧固件汇总表

（2）双头螺柱连接。

双头螺柱没有头部，两端均外带螺纹，如图 1.5.14 所示。其主要用于被连接零件之一____________（较厚或较薄）、要求结构紧凑，或因拆卸频繁，不宜采用螺栓连接的场合。

连接时，螺柱的一端必须旋入带有内螺纹孔的零件中，另一端穿过带有____________（螺纹孔或通孔）的零件中，旋上螺母，这两个零件紧固连接成整体。这种连接形式属于____________（可拆卸或不可拆卸）连接。

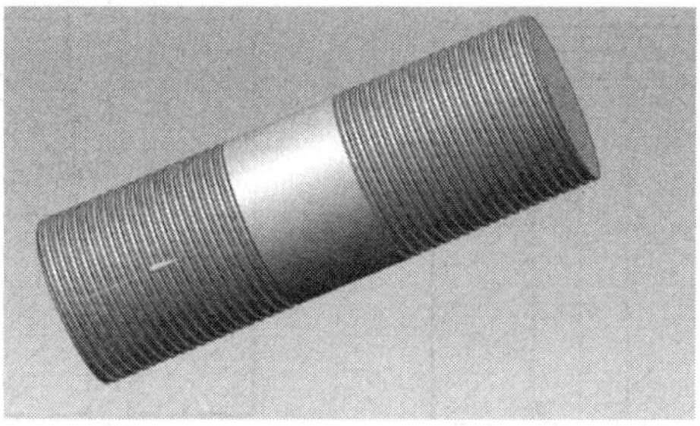

图 1.5.14　螺柱实物图

（3）螺钉连接。

螺钉按用途可分为______________和______________两类，如图 1.5.15 所示。紧定螺钉主要用于固定两个零件之间的______________，作用相当于定位销的作用。螺钉连接属于______________（可拆卸或不可拆卸）连接。

图 1.5.15　螺钉实物图

（四）键与销的用途

（1）键连接是通过键实现轴和轴上零件间的________（周向固定或轴向固定）以传递运

动和转矩。

平键按用途可分为 3 种：__________、___________和__________。平键的________（上下底面或两侧面）为工作面，平键连接是靠键和键槽侧面挤压传递转矩，键的上表面和轮毂槽底之间______________。平键连接具有结构简单、装拆方便、对中性好等优点，因而应用广泛。

普通平键根据其头部结构的不同可以分为圆头普通平键（A 型）、平头普通平键（B 型）、和单圆头普通平键（C 型）3 种形式，如图 1.5.16 所示。请在图下横线上填写键的类型。

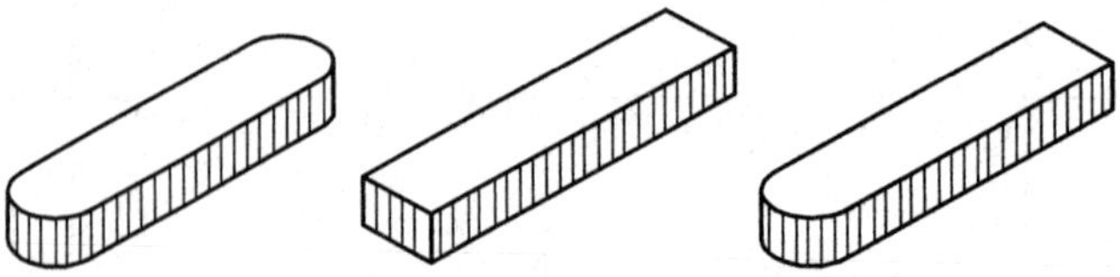

________________　________________　________________

图 1.5.16　键的分类图

（2）销有圆柱销和圆锥销两种基本类型，如图 1.5.17 所示。请在图下横线上填写销的类型。

圆柱销利用微量过盈固定在销孔中，经过多次装拆后，连接的紧固性及精度降低，故只常用于________________（经常拆卸或不常拆卸）的场合。圆锥销有 1∶50 的锥度，装拆比圆柱销方便，多次装拆对连接的紧固性及定位精度影响较小，因此应用广泛。

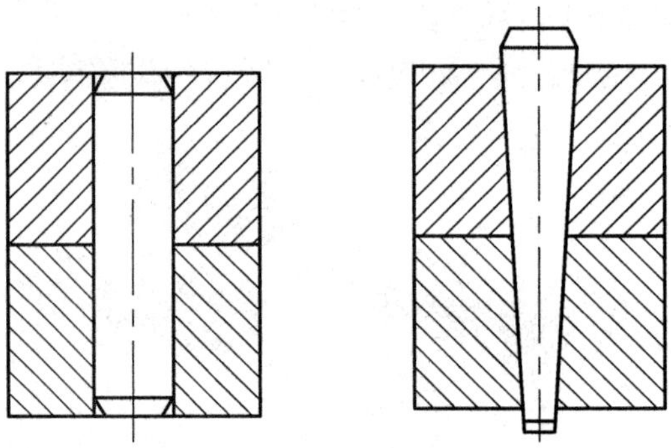

____________________　____________________

图 1.5.17　圆柱销和圆锥销的连接图

四、知识链接

（一）滚动轴承

1. 滚动轴承概述

滚动轴承是一种支承旋转轴的组件。它具有摩擦力小、结构紧凑的优点，是标准件。滚动轴承一般由外圈、内圈、滚动体及保持架组成，如图 1.5.18 所示。在一般情况下，外圈装在机座的孔内，固定不动，而内圈套在转动的轴上，随轴转动。

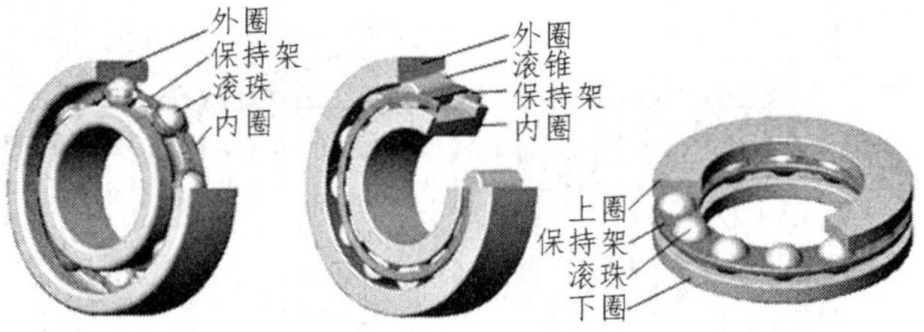

图 1.5.18 轴承分类图

2. 滚动轴承的代号

为了便于选用，国家标准规定了滚动轴承的类型、规格、性能代号。滚动轴承代号由前置代号、基本代号和后置代号构成。当轴承的结构形状、尺寸和技术要求等有改变时，增加补充代号。

滚动轴承的基本代号由轴承类型代号、尺寸系列代号、内径代号三部分组成，一般为 7 位数字。基本代号最左边的一位数字为类型代号；接着是尺寸系列代号，由宽度和直径系列代号组成，可按 GB/T 272—1993 查取；最后为内径代号，当内径大于或等于 20 mm 时，内径代号为轴承内径除以 5 的商，当商为个位数时，需在左边添 0，补为两位数；当内径小于 20 mm 时，另有相应的规定。下面举例说明代号为 6204 滚动轴承的各位数字的含义：

6 ——类型代号，表示深沟球轴承（3 表示圆锥滚子轴承，5 表示推力球轴承）。

2 ——尺寸系列代号，应为“02”，0 代表宽度系列，省略不写，2 代表直径系列，故两者写为 2。

04 ——内径代号，表示直径为 $4\times5=20$，即轴承的内径为 20 mm。

（二）螺纹及螺纹紧固件

1. 螺纹的形成

螺纹是在圆柱（或圆锥）表面上，沿着螺旋线所形成的、具有相同轴向剖面的连续凸起和沟槽。在圆柱（或圆锥）外表面上所形成的螺纹称为外螺纹；在圆柱（或圆锥）内表面上所形成的螺纹称为内螺纹。内、外螺纹都可以通过车削获得，而内螺纹还可以通过钻孔后攻丝获得。

2. 螺纹的结构要素

螺纹的主要要素有牙型、公称直径、螺距（导程）、线数、旋向等，如图 1.5.19 所示。其中，公称直径分为螺纹大径和螺纹小径。

3. 螺纹紧固件

螺纹紧固件连接是工程上应用最广泛的连接方式之一，其实物形式如图 1.5.20 所示。按照所使用的螺纹紧固件的不同，螺纹连接可分为螺栓连接、螺柱连接、螺钉连接。以螺栓为例，它由头部和螺杆（带有螺纹的圆柱体）两部分组成，与螺母配合用于连接两个带有通孔的零件。

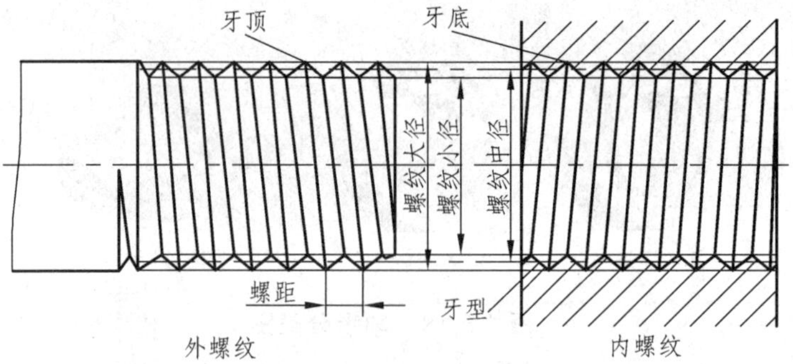

图 1.5.19　螺纹的结构图

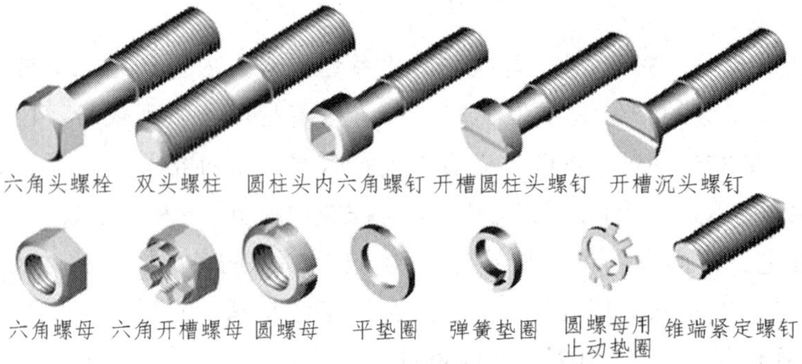

图 1.5.20　螺纹紧固件组图

五、课后练习

根据图 1.5.21、图 1.5.22 所示连接回答下列问题。

在图 1.5.21 中：

（1）螺栓连接的组成件有____________

____

____

____

（2）螺栓连接的主要用途是__________

____

（3）该连接中平垫圈的作用是________

____

____

____

在图 1.5.22 中：

（1）螺柱连接的组成件有____________

____

____

____

（2）螺柱连接的主要用途是__________

____

（3）该连接中弹簧垫圈的作用是______

____

____

____

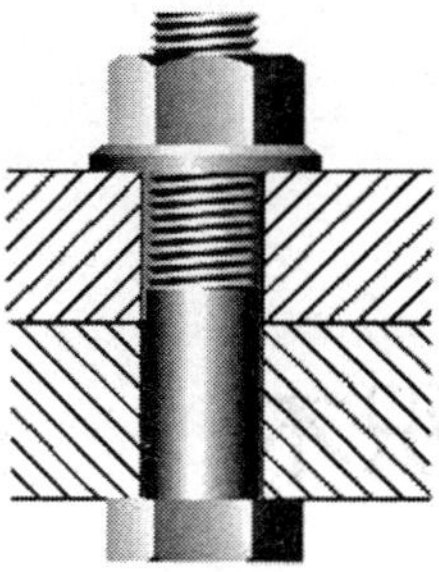

图 1.5.21　螺栓连接的剖面图

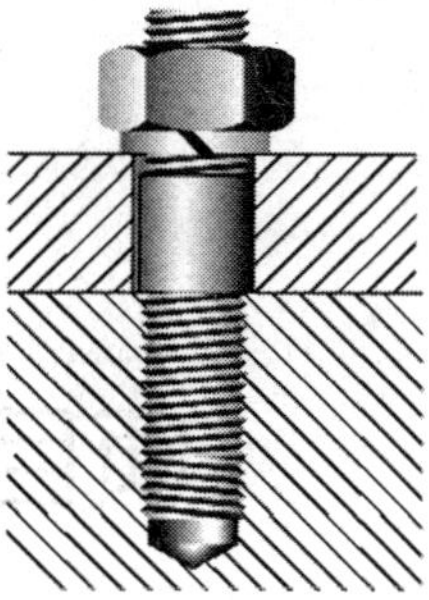

图 1.5.22　螺柱连接的剖面图

项目二 组合积木

学习目标

（1）能正确地绘制平面图形。
（2）能正确标注图形尺寸。
（3）能正确绘制基本体三视图。
（4）能根据三视图，正确组合积木。

学习任务

任务一 绘制挂轮架零件平面图
任务二 制作基本体模型
任务三 绘制基本体三视图
任务四 制作积木模型
任务五 组合积木

学习准备

（1）A4 打印纸、卡板纸。
（2）绘图工具。
（3）剪刀、胶水、胶带纸。

建议学时

建议学时：52 课时。

任务一　绘制挂轮架零件平面图

学习目标

- 能用圆弧连接不同角度的直线。
- 能用圆弧连接直线与圆弧。
- 能用圆弧连接两段圆弧。
- 能独立完成挂轮架零件的平面图绘制。

学习重难点

▲ 圆弧连接的概念、步骤及画法。
▲ 基本线型的应用。
▲ 独立完成挂轮架零件的平面图。

学习准备

★ 教师准备：教案、任务书、活页练习、相关模型。
★ 学生准备：教材、绘图工具、课堂笔记本。

建议学时

建议学时：8 课时。

一、任务要求

（1）如图 2.1.1 所示，机件外轮廓都很圆滑，那么在绘制它们的零件图时，应该怎么描绘那些零件圆弧的连接部分呢？

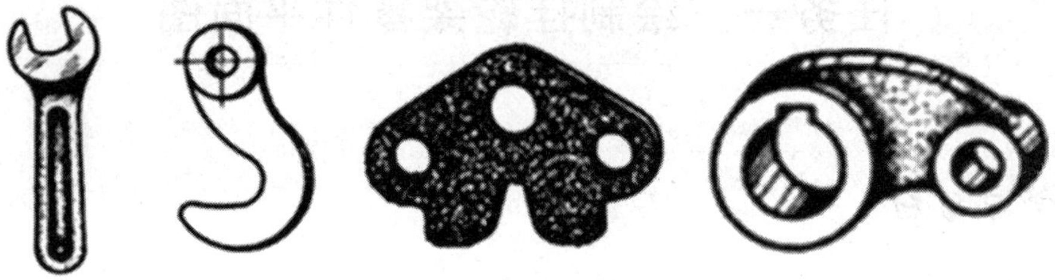

图 2.1.1　机件

（2）在 A4 标准图纸上抄画挂轮架零件的平面图，如图 2.1.2 所示。

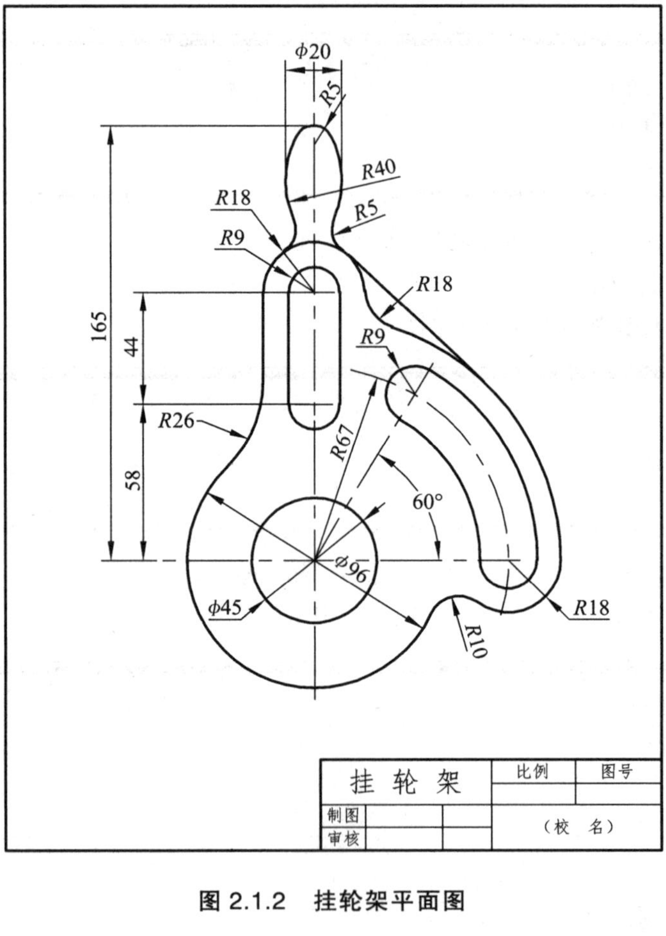

图 2.1.2　挂轮架平面图

二、学习引导

（1）根据表 2.1.1 中直线间的圆弧连接画法的示例，在最右边空格处依据步骤完成圆弧连接练习图。

表 2.1.1　圆弧连接画法

作图步骤	图　例	作图方法说明	练习图
题图	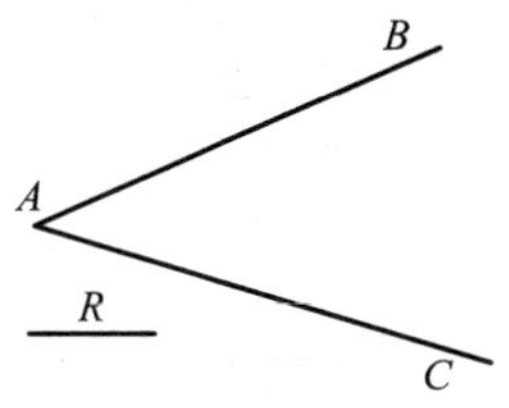	作半径为 R 的圆弧，使两相交斜线 AB、AC 实现光滑圆弧连接	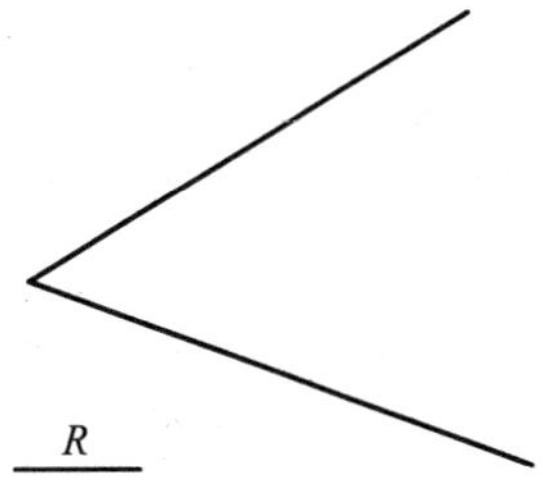
1	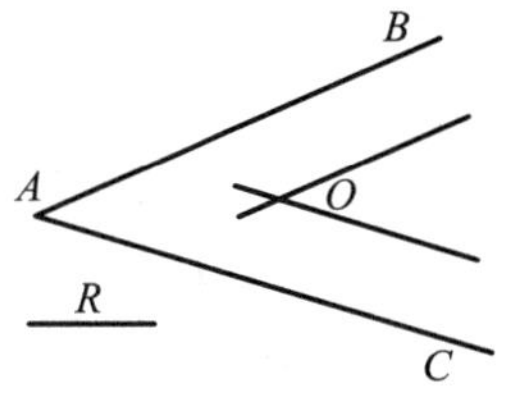	分别作出与 AB、AC 两直线平行且相距为 R 的两直线，其交点 O 即为所求圆弧的圆心	
2	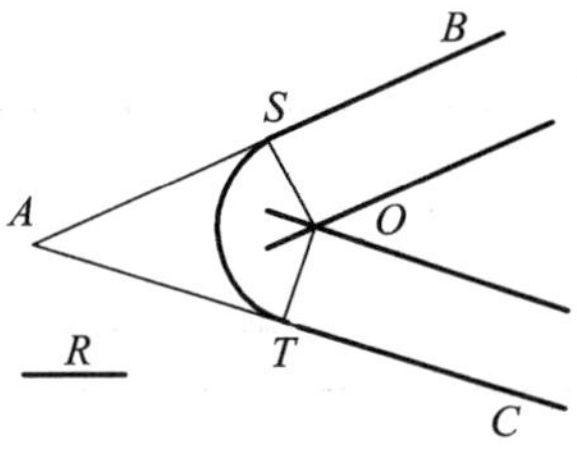	过 O 分别作 AC、AB 的垂线，垂足为 S、T，即为所求圆弧与直线的切点，以 O 为圆心、R 为半径作连接圆弧 ST	思考题：试试完成两直线是钝角相交的圆弧连接。
3	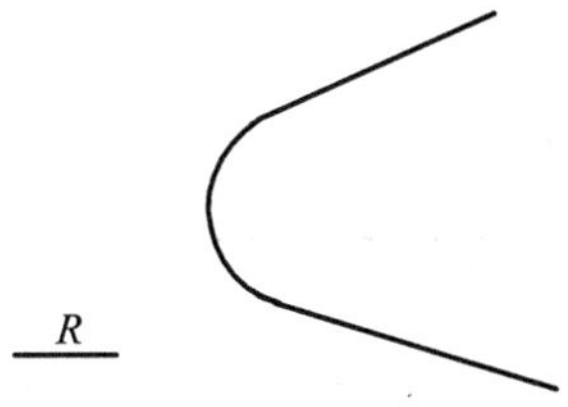	清洁图纸，加粗描深	

（2）根据表 2.1.2 中直线与圆弧间的外接圆弧连接（外接）画法的示例，在最右边空格处依据步骤完成圆弧连接绘制。

表 2.1.2　外接圆弧画法

作图步骤	图　例	作图方法说明	练习图
题图	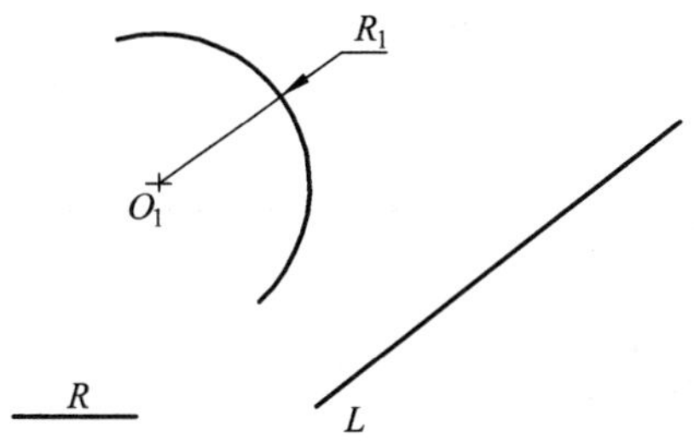	作半径为 R 的圆弧与直线 L 及半径为 R_1、圆心为 O_1 的圆弧的圆弧连接（外接）	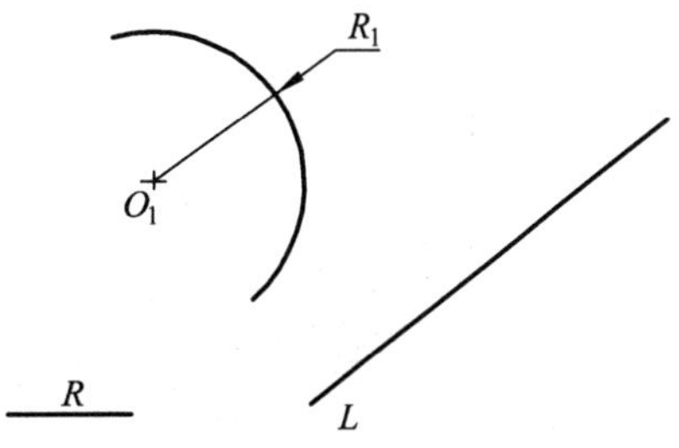

续表

作图步骤	图例	作图方法说明	练习图
1	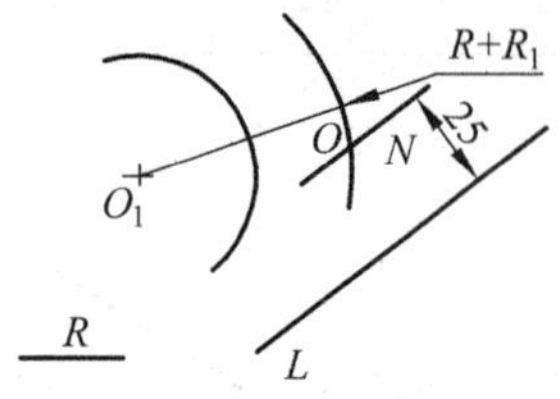	作与直线 L 平行、相距为 R 的直线 N； 以 O_1 为圆心，($R+R_1$)为半径，作圆弧交直线 N 于 O	
2	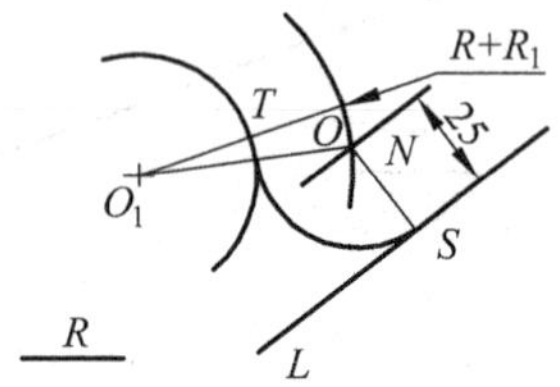	连接 OO_1，交已知圆弧于切点 T； 过 O 作直线垂直于 L，则垂足 S 为另一切点； 以 O 为圆心，R 为半径，作连接圆弧 ST	思考题：通过查找相关资料，试试完成圆弧与直线的内接。 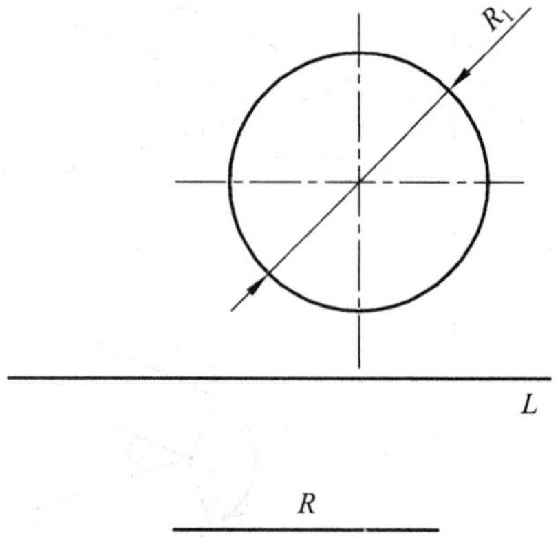
3	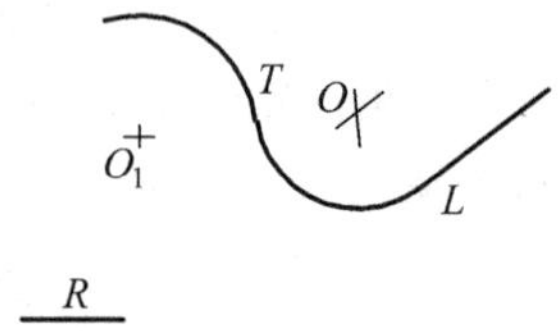	清洁图纸，加粗描深	

（3）根据表 2.1.3 中两圆弧的圆弧连接（内切）画法的示例，在最右边空格处依据步骤完成圆弧连接练习图。

表 2.1.3　内切圆弧画法

作图步骤	图例	作图方法说明	练习图
题图	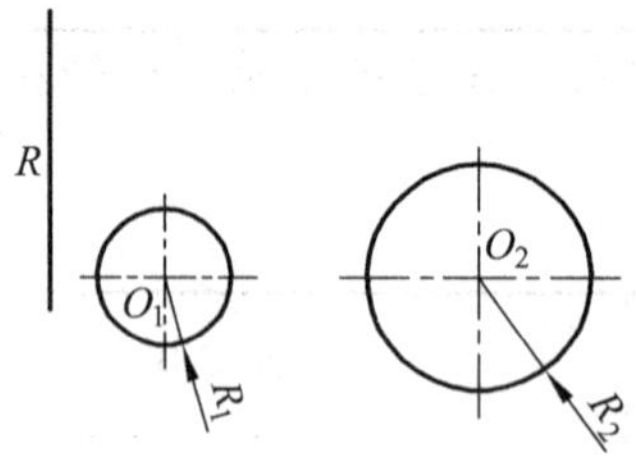	作半径为 R 的圆弧，与半径为 R_1、R_2，圆心为 O_1、O_2 的两圆弧内接	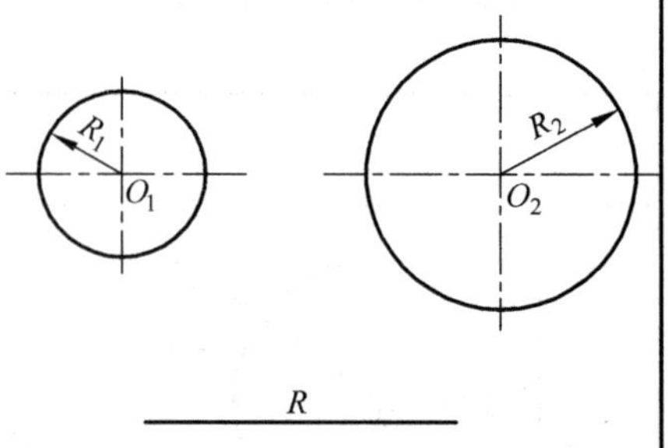
1	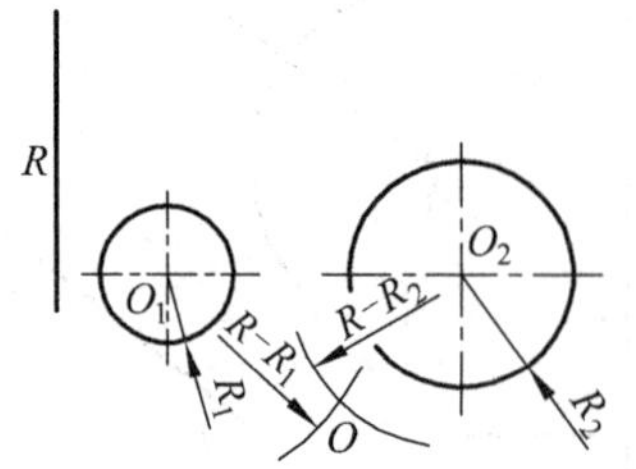	以 O_1 为圆心，($R-R_1$)为半径作圆弧；以 O_2 为圆心，($R-R_2$)为半径作圆弧；两圆弧交于 O 点	

续表

作图步骤	图　例	作图方法说明	练习图
2	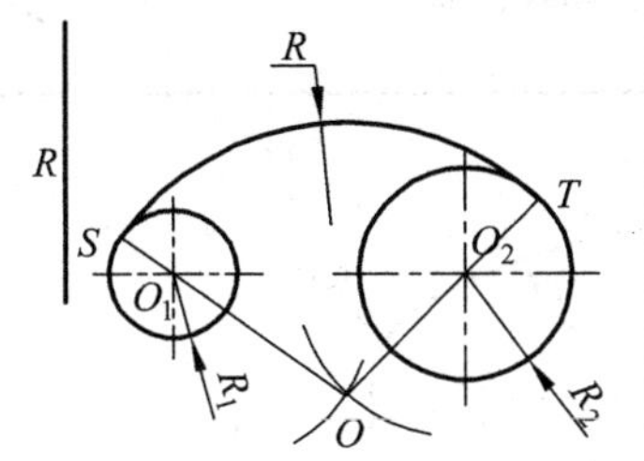	连接 OO_1，延长至圆心为 O_1 的圆，交于切点 S； 连接 OO_2，延长至圆心为 O_2 的圆，交于切点 T； 以 O 为圆心，R 为半径，画连接弧 ST	
3	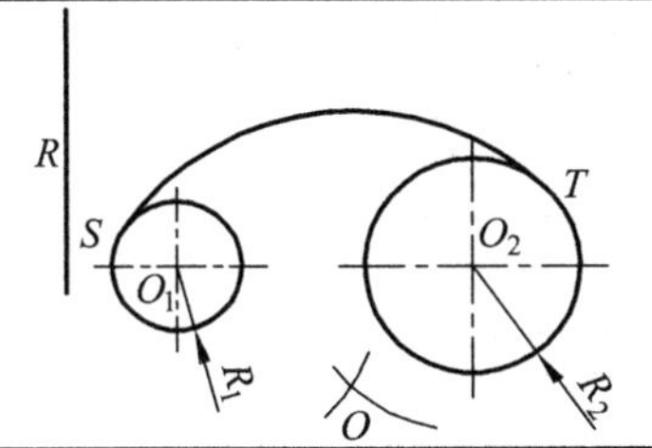	清洁图纸，加粗描深	

（4）根据表 2.1.4 中两圆弧的圆弧连接（外切）画法的示例，在最右边空格处依据步骤完成圆弧连接练习图。

表 2.1.4　外切圆弧画法

作图步骤	图　例	作图方法说明	练习图
题图	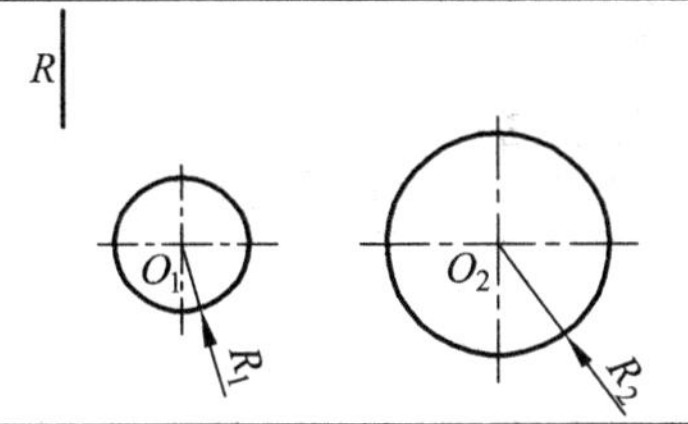	作半径为 R 的圆弧，与半径为 R_1、R_2，圆心为 O_1、O_2 的两圆弧外接	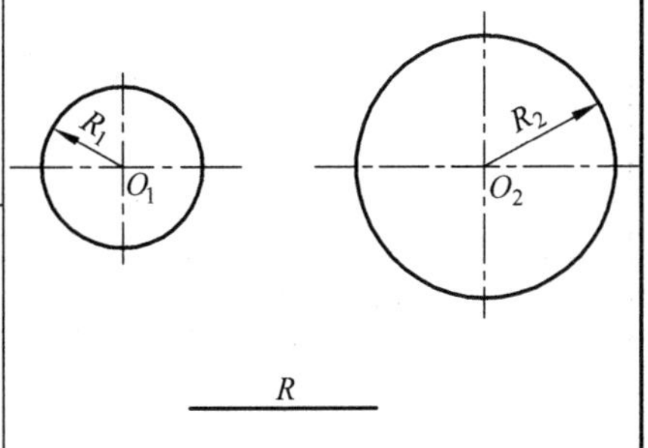
1	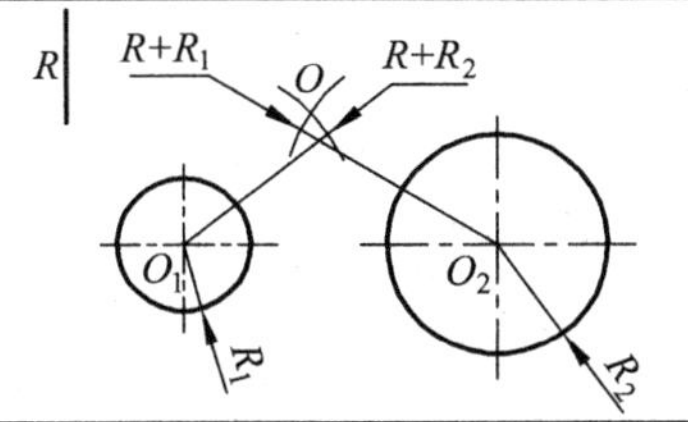	以 O_1 为圆心，（$R+R_1$）为半径作圆弧；以 O_2 为圆心，（$R+R_2$）为半径作圆弧；两圆弧交于 O 点	
2	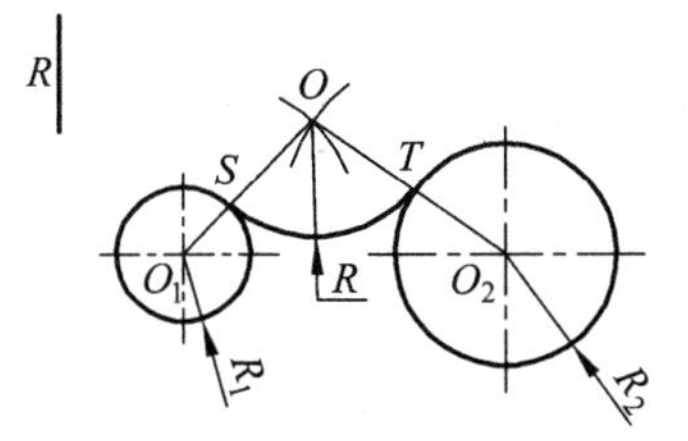	连接 OO_1，与圆弧 O_1 交于切点 S； 连接 OO_2，与圆弧 O_2 交于切点 T； 以 O 为圆心，R 为半径，画连接弧 ST	
3	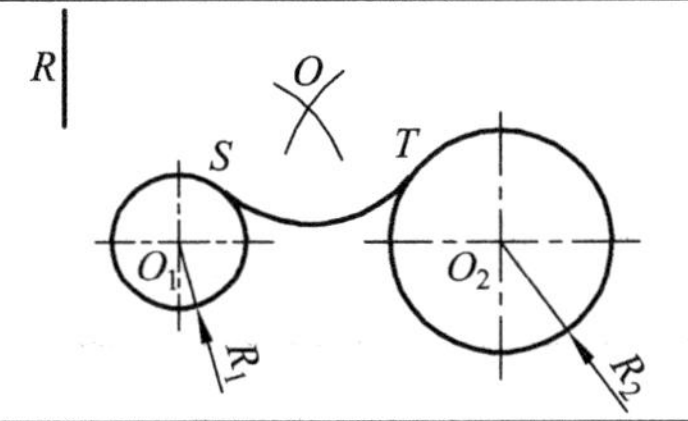	清洁图纸，加粗描深	

（5）根据表 2.1.5 中所提示的步骤独立绘制完成圆弧连接平面图形。

表 2.1.5　作图的基本步骤

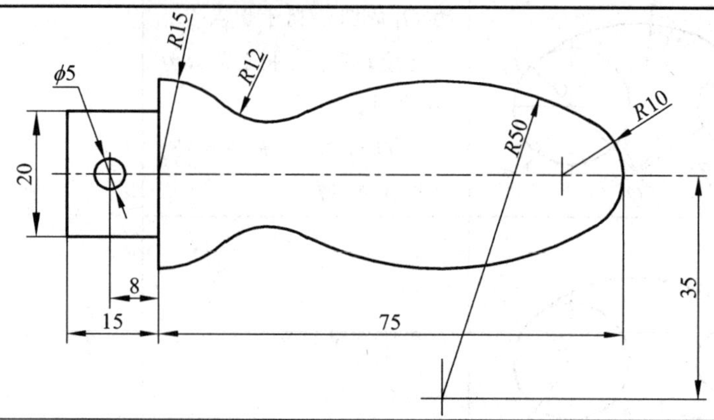

手柄平面图的绘制步骤

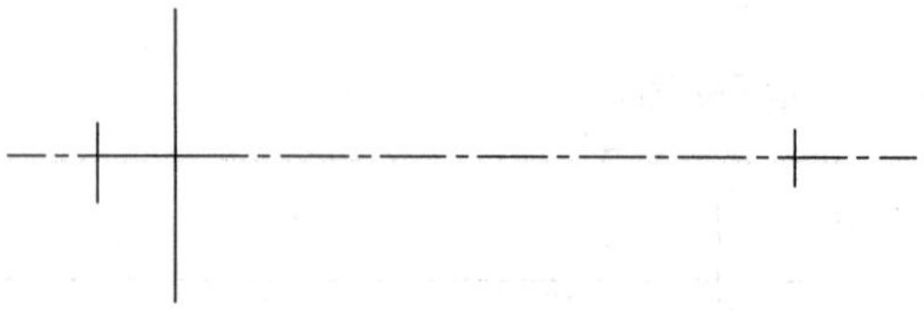

（1）画出基准线，并根据定位尺寸画出定位线

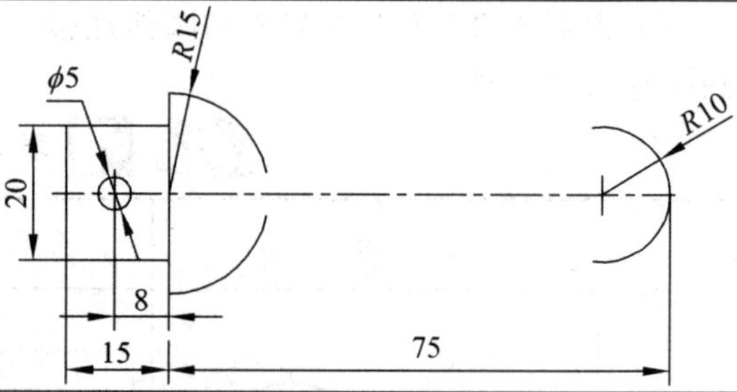

（2）画出上图中标注的已知线段

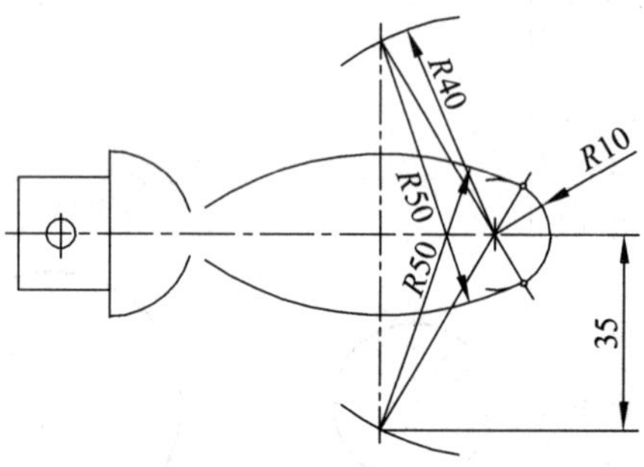

（3）画出 *R*50 的圆弧（中间线段）

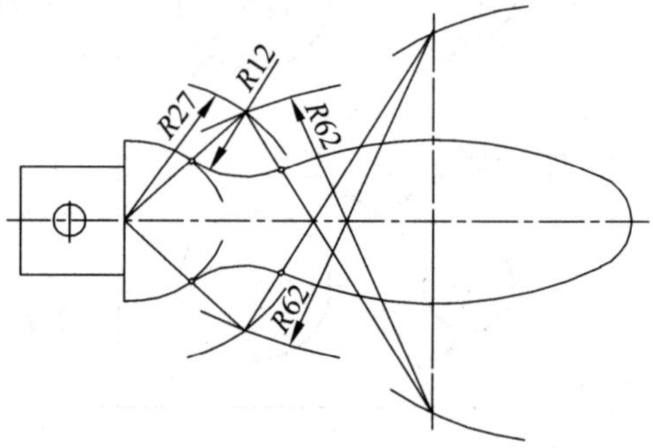

（4）画出圆弧连接线段并加深

三、任务实施

(一) 填　空

（1）A4图纸选择无装订边格式，图框距离图纸边缘______mm，且使用线型为______线。

（2）“1∶1”的比例是指_______和_______的比例为“1∶1”。如果比例为“2∶1”，则图形尺寸是实物大小的______倍；如果比例为“1∶3”，则图形尺寸是实物大小的_______倍。

（3）A4图纸的尺寸为210 mm×297 mm，标题栏的总高为_____mm，而图形的总高为____mm，总长为_______mm，如何将图形摆放在图纸的正中央？请在图2.1.3中空白方框内标注所需尺寸大小。

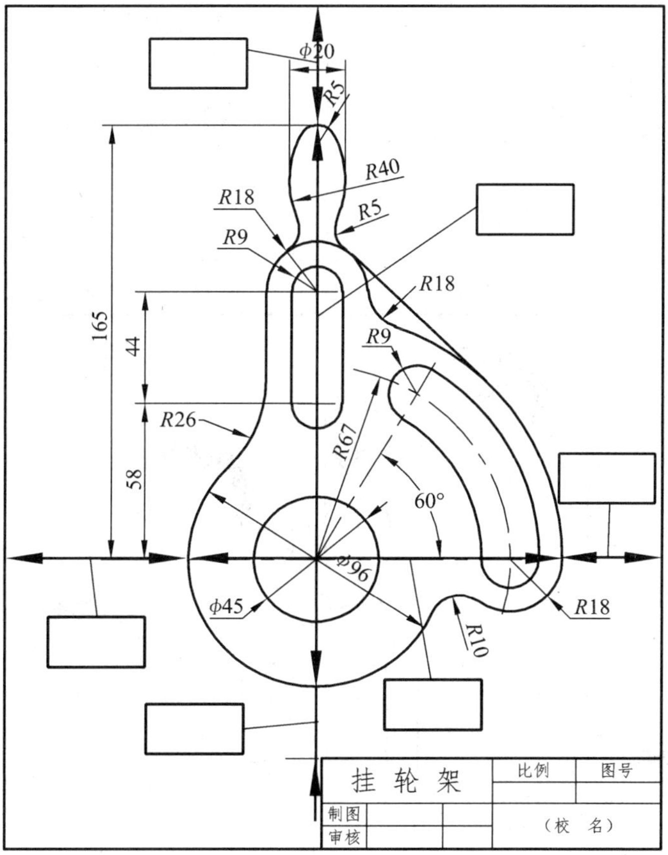

图2.1.3　图纸

（4）底稿线应轻、细、准确、线型分明。绘图时，先画________、对称中心线或轴线，再画________，按照由大到小、由外到内、由整体到局部、最后画细节的顺序，画出所有轮廓线。

（5）对称中心线和对称轴使用_________线，图形中的轮廓线使用________线，尺寸标注使用________线。（选填：粗实线、细实线、细点画线）

（6）在绘图时，应该先画___________线段，然后画中间线段，最后再画___________线段。

（7）判断表2.1.6中所标注出的圆弧连接类型，并且在图2.1.4相应位置填入连接类型代号。

表 2.1.6　圆弧连接类型

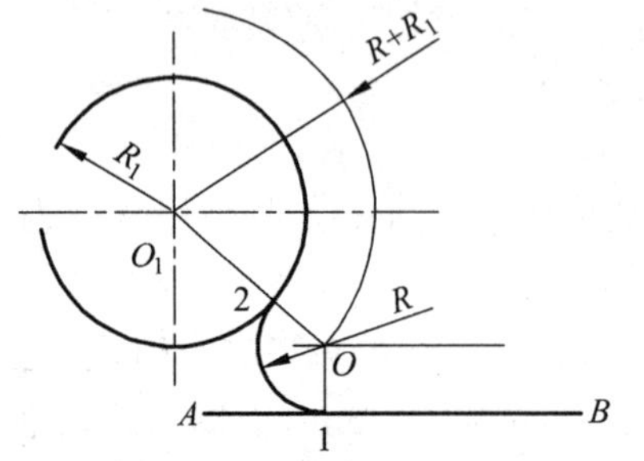	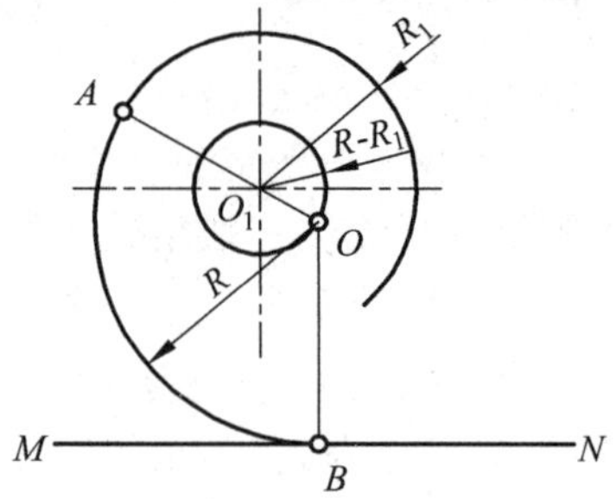
A. 圆弧与直线的____连接	B. 圆弧与直线的____连接
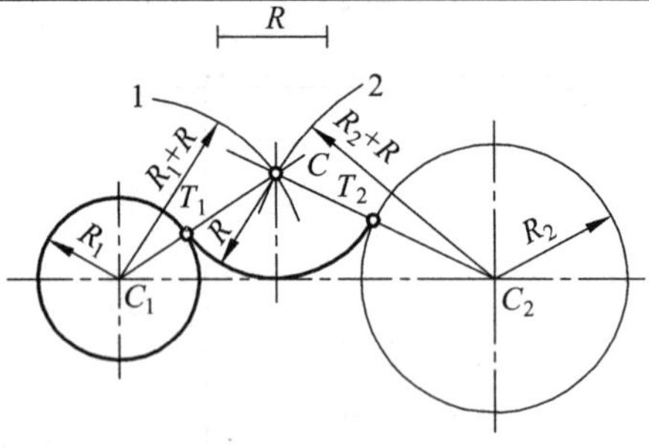	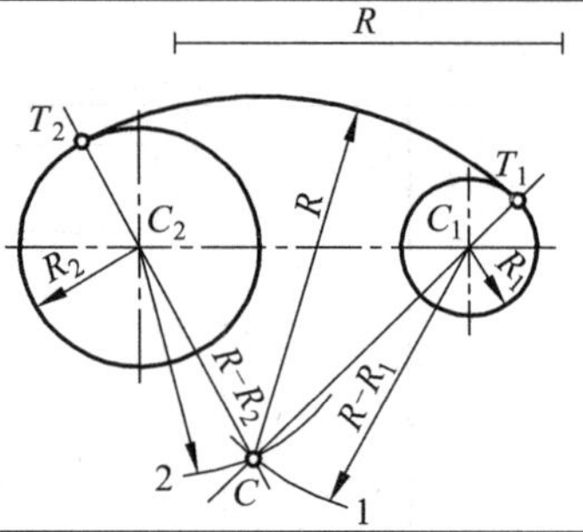
C. 两圆弧间的____连接	D. 两圆弧间的____连接

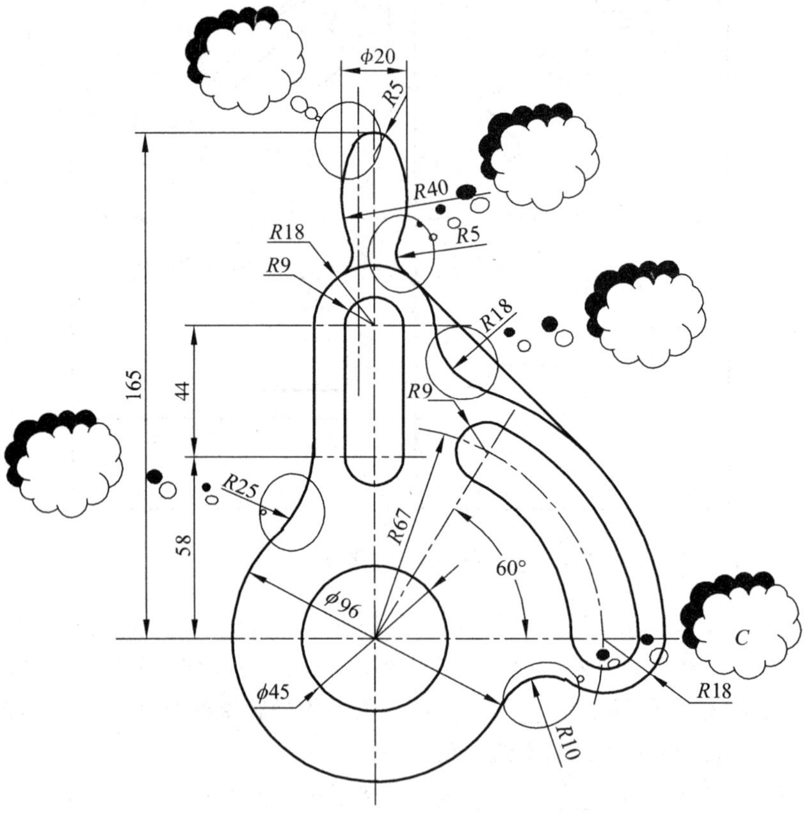

图 2.1.4　圆弧连接类型

（二）学习成果

在 A4 标准图纸上抄画挂轮架零件的平面图，并附在此页。

四、知识链接

1. 圆弧与直线的圆弧连接画法

作图步骤（见图 2.1.5）：

（1）定圆心：作直线 MN 的平行线，距离为 R；以 O_1 为圆心，以（$R-R_1$）为半径画圆弧；圆弧与平行线的交点 O，即为连接弧的圆心。

（2）找切点：过 O 点作 MN 的垂线 OB，得交点为 B，画连心线 OO_1 并延长，得交点 A；A、B 即为圆弧连接的两个切点。

（3）画连接弧：以 O 为圆心、R 为半径，从点 A 到点 B 画弧，即完成作图。

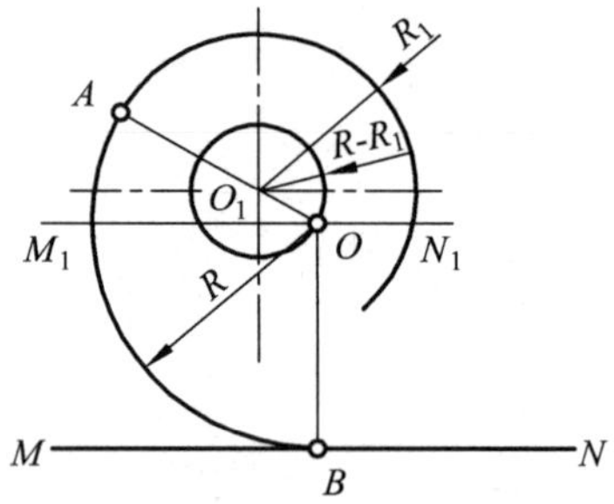

图 2.1.5 圆弧与直线的圆弧连接

2. 线段分析

（1）已知线段：定形、定位尺寸齐全的线段。

作图时该类线段可以直接根据尺寸作图，如图 2.1.6 中的 $\phi 5$ 的圆，R10、R15 的圆弧，长度为 20 和 15 的线段均属已知线段。

（2）中间线段：只有定形尺寸和一个定位尺寸的线段。

作图时必须根据该线段与相邻已知线段的几何关系，通过几何作图的方法求出，如图 2.1.6 中的 R50 的圆弧。

（3）连接线段：只有定形尺寸没有定位尺寸的线段。

其定位尺寸需根据与线段相邻的两线段的几何关系，通过几何作图的方法求出，如图 2.1.6 中的 R12 圆弧段。

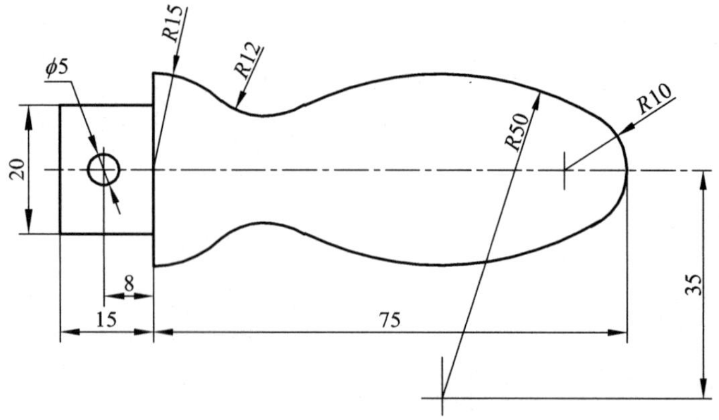

图 2.1.6 线段分析图

3. 绘图的一般步骤

（1）制图前的准备。

画前应准备好图板、圆规、三角板、铅笔等绘图工具及其他绘图用品。工具及用品应干净。根据图形的大小和比例选取图纸幅面，将图纸固定在图板上。

（2）画图框和标题栏。

按国标规定画出图框线和标题栏框格。

（3）图形布局。

根据需画图形的大小、数量和比例，合理布置各视图及文字说明的位置。图形布置应留有标注尺寸的位置，布局应做到匀称适中，不偏置或过于集中。

（4）画底稿。

底稿线应轻、细、准确、线型分明。

绘图时，先画基准线、对称中心线或轴线，再画主要轮廓线。按照由大到小、由外到内、由整体到局部、最后画细节的顺序，画出所有轮廓线。完成底图后，仔细检查全图，修正错误，擦去多余的线。

（5）描深图线。

描深时，按线型选用铅笔，描深细实线以及线宽约 $b/2$ 的各类图线，用削尖的 H 或 HB 铅笔，写字用 HB 铅笔；描深粗实线用 B 型铅笔；描圆弧所用的铅芯应比同类直线的铅芯软一号。

加深图线时，应是先曲线后直线；线型加深按细点画线、细实线、细虚线、粗实线的顺序。同类图线应保持粗细、深浅一致。加深直线的顺序应是"先横后竖再斜"，按"水平线从上到下、垂直线从左到右"的顺序一次完成。画出的图线应做到线型正确、粗细分明、连接光滑、图面整洁。

描深图线后，一次性画出尺寸界限、尺寸线、箭头，最后填写尺寸数值。

（6）全面检查，填写标题栏。

描深后再次全面检查，确认无误后，填写标题栏及文字说明，完成全图。

五、课后练习

（1）根据图 2.1.7（a）所示例图标注的尺寸，补全图 2.1.7（b）所示平面图形所缺的图线。

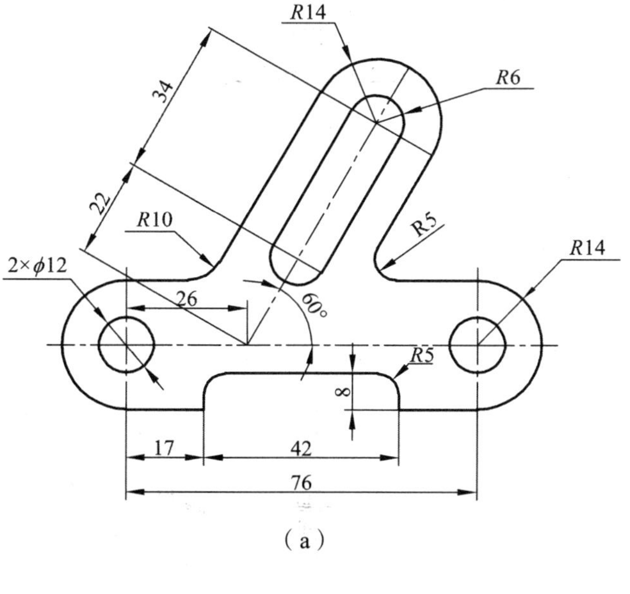

（a）

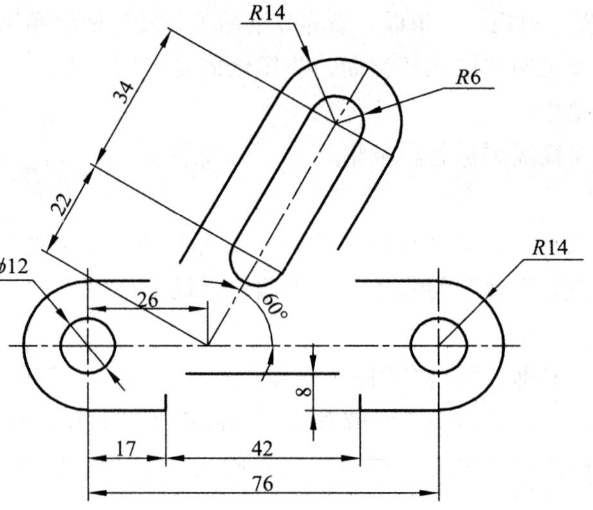

（b）

图 2.1.7　练习图

（2）根据图 2.1.8 所示例图标注的尺寸，在老师的指导下抄画平面图形。

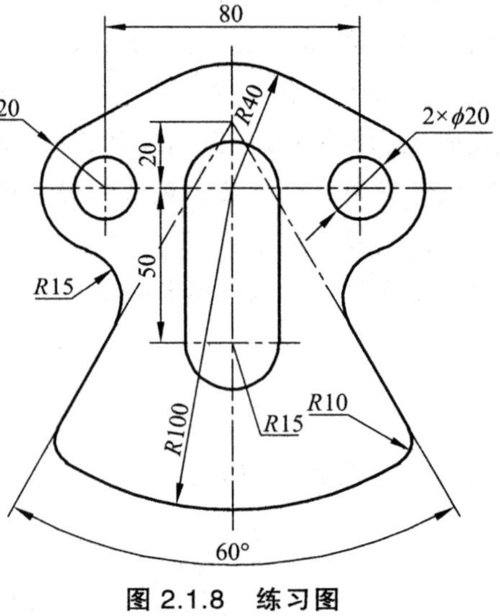

图 2.1.8　练习图

（3）根据图 2.1.9（b）所示标注，在图下空白处绘制圆弧连接平面图形。

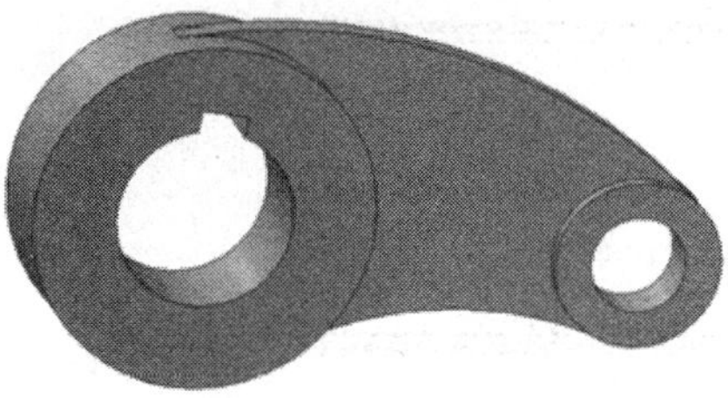

（a）

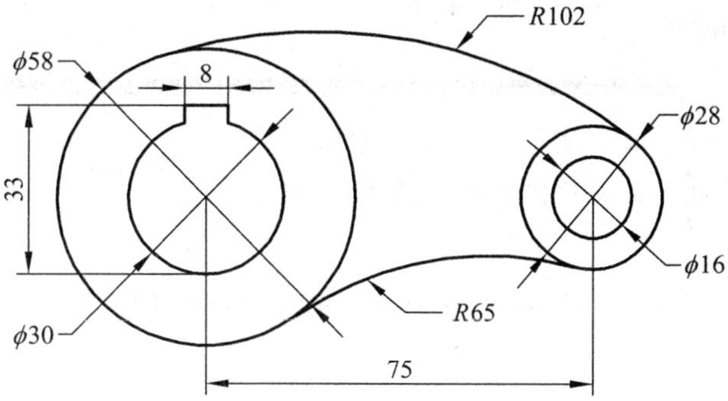

（b）

图 2.1.9　练习图

任务二　制作基本体模型

学习目标

- 能正确标注图形尺寸。
- 能正确确定绘制平面图形的基准线。
- 能用正确的线型绘制平面图形。
- 能用正确的步骤绘制平面图形。
- 能正确识别各基本体。
- 能正确制作基本体模型。

学习重难点

▲ 图形尺寸的正确标注。
▲ 绘图基准线的确定。
▲ 圆的等分。

学习准备

★教师准备：教材、教案、板图工具、多媒体课件。
★学生准备：教材、绘图工具、卡纸、课堂练习本、剪刀、胶水、胶带纸。

建议学时

建议学时：8 课时。

一、任务要求

（1）在卡板纸上抄画图 2.2.1～2.2.5 所示基本体的展开图。

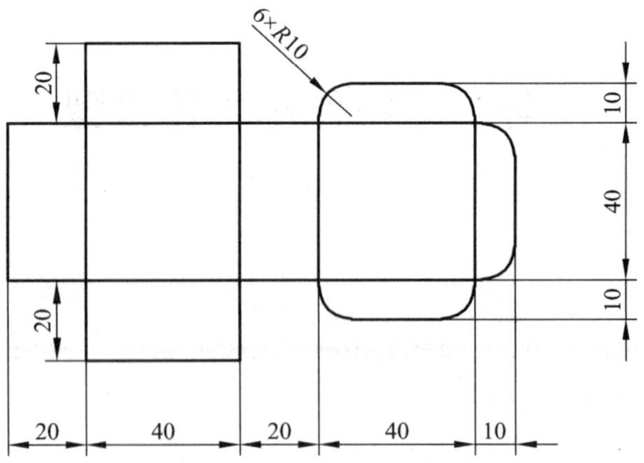

图 2.2.1　四棱柱展开图

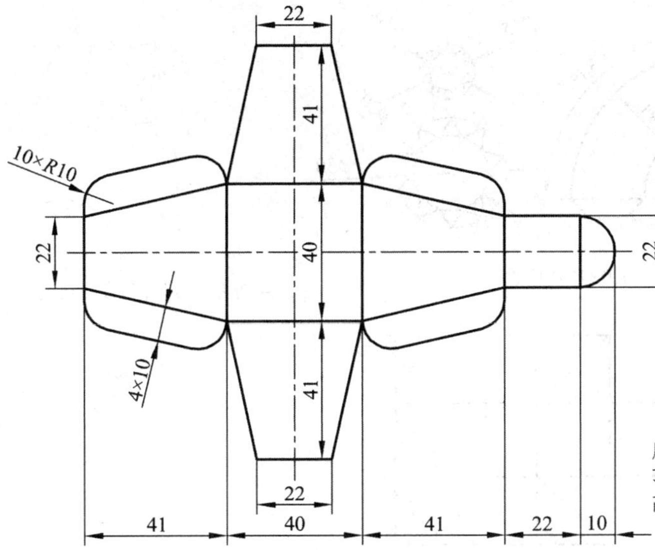

图 2.2.2　四棱台展开图

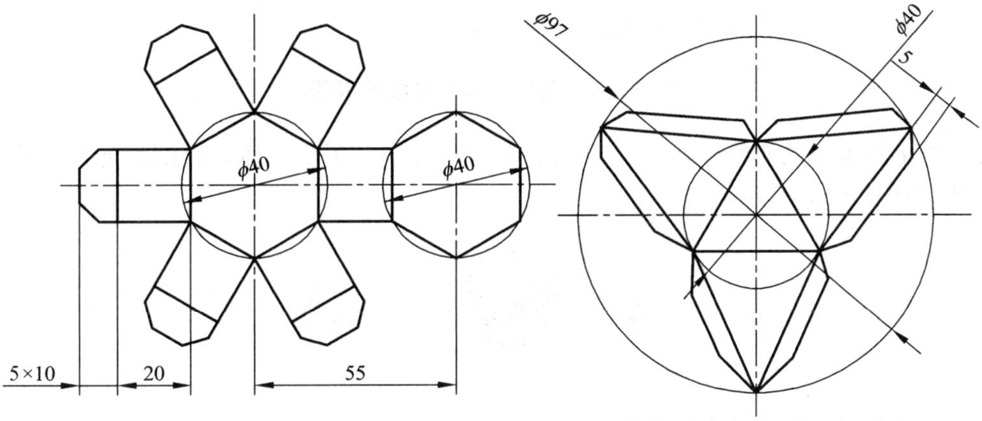

外接圆直径为40，高20的六棱柱　　外接圆直径为40，高37的三棱锥

倒角C5

图 2.2.3　六棱柱和三棱锥展开图

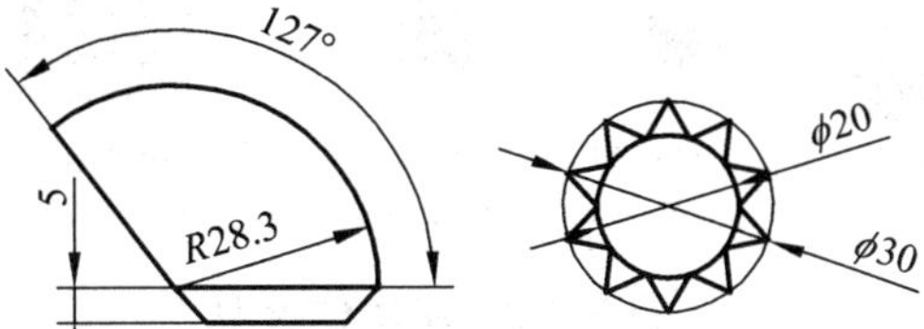

φ20×20的圆锥　　倒角C5

注：尖角为粘接用，可自行确定尺寸。

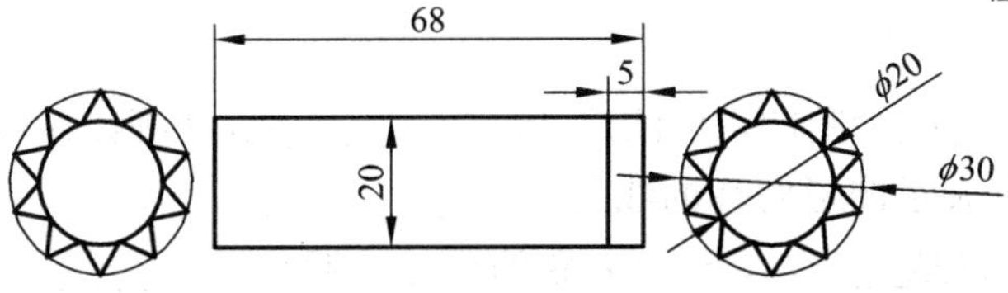

φ20×20的圆柱体

图 2.2.4　圆锥和圆柱体展开图

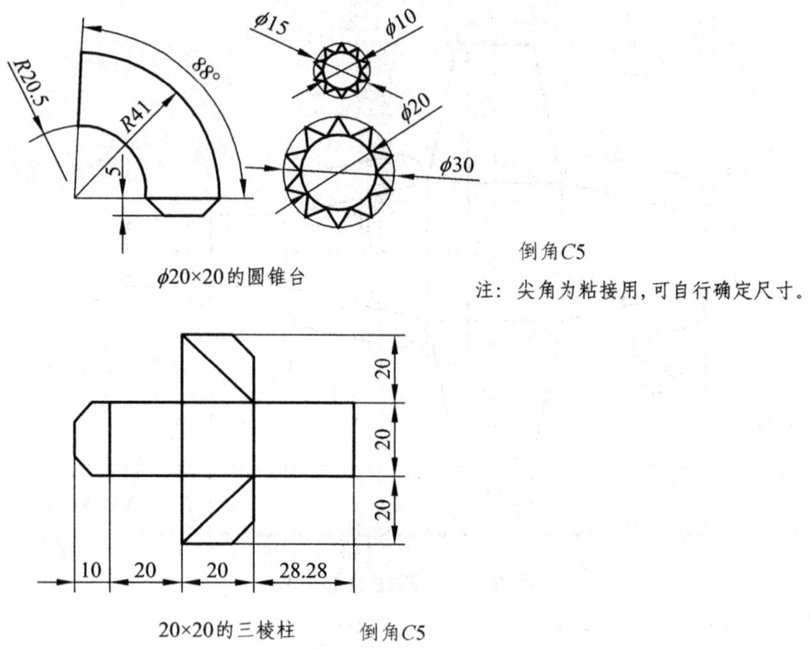

图 2.2.5 圆锥台和三棱柱展开图

（2）制作基本体的模型（用剪刀沿图线剪下展开图，折出实体，将倒角处涂上胶水，粘接成模型，如图 2.2.6 所示。

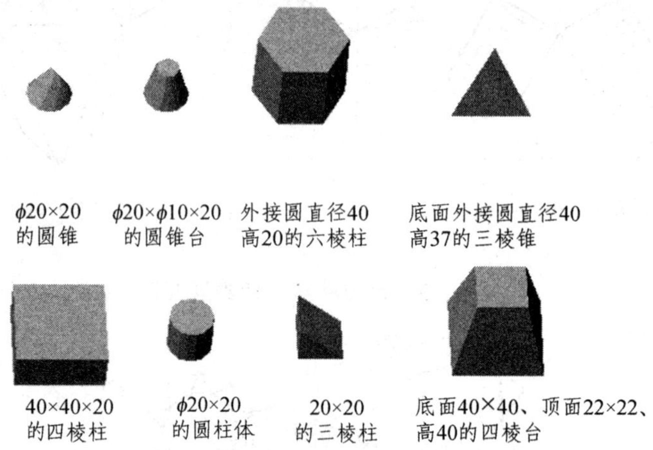

图 2.2.6 基本体模型

二、学习引导

（1）图形的外轮廓线是用______线绘制的，标注尺寸时用______线，根据国标规定，粗、细线的线宽比为_____，图 2.2.2 中表示图形对称的线用______。

（2）图中标注的尺寸数字的单位是______，一个完整的尺寸一般是由________、________、______等要素组成。尺寸线、尺寸界线用_______线绘制。

（3）指出图 2.2.7 中尺寸标注的要素名称。

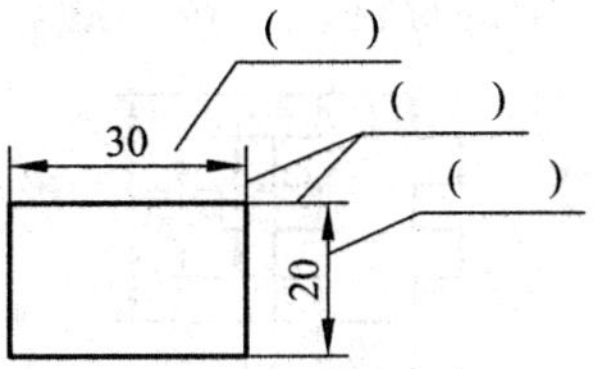

图 2.2.7　尺寸标注要素名称

（4）以下箭头画法中，正确的是（　　）

（5）国标规定，当尺寸线为水平方向时，尺寸数字写在尺寸线_____；当尺寸线为竖直方向时，尺寸数字写在尺寸线_____；尺寸数字由____向____书写，字头向____。

（6）改正图 2.2.8（a）中尺寸标注的错误，将正确的标注在图 2.2.8（b）上。

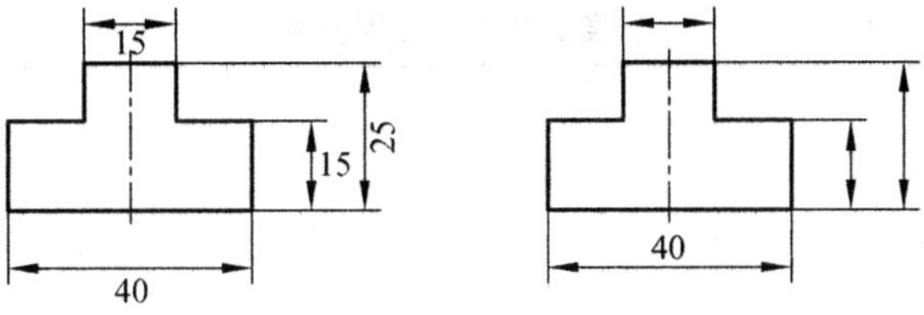

（a）　　　　　　　　（b）

图 2.2.8　尺寸标注

（7）尺寸标注中数字前的符号“ϕ”代表____，字母 R 代表____。$6\times R10$ 是指有_____段_______为 10 的圆弧。

（8）指出基本体模型中哪些是平面立体？哪些是曲面立体？

（9）图 2.2.9 中“倒角 *C*5”是什么意思？按倒角 *C*5 的含义，在图中标注正确的尺寸。

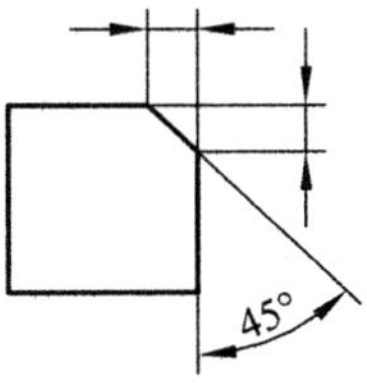

图 2.2.9　倒角标注

（10）分别绘制外接圆直径为 30 的正六边形、正三边形。

（11）仔细观察并分析图 2.2.10 中的标注，完成习题。

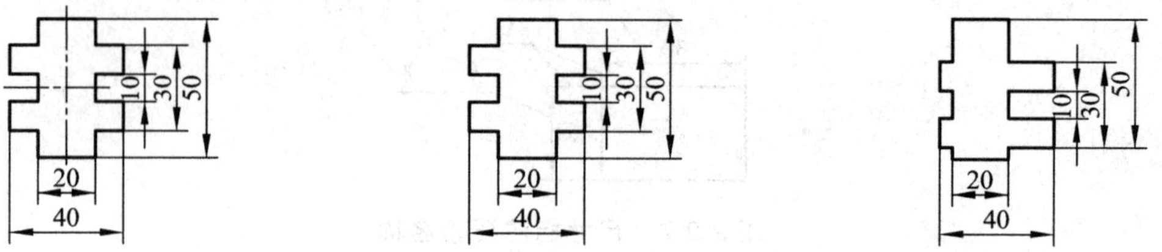

（a）　　　　（b）　　　　（c）

图 2.2.10　尺寸标注

图 2.2.10（a）中的细点画线称为_______线，竖直的对称线表示该图形______方向对称，水平的对称线表示该图形______方向对称。如果没有对称线，按图（b）所标注的尺寸，（是、否）______可以绘制成图（c）的形状。绘图的基准是指_____________________。绘图应首先绘制出图形的_______。

图 2.2.10（a）的绘制步骤见表 2.2.1。

表 2.2.1　绘制步骤

一、绘制草图	第 1 步：绘制上下、左右方向绘图的基准	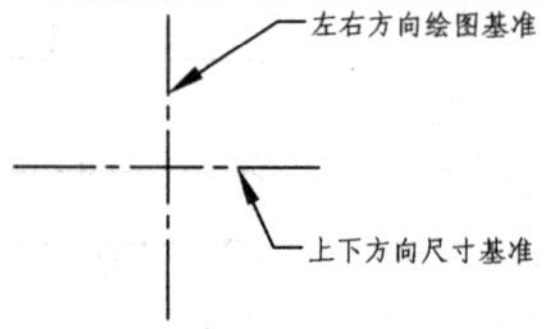
	第 2 步：绘制整体尺寸线框（草图用细实线）	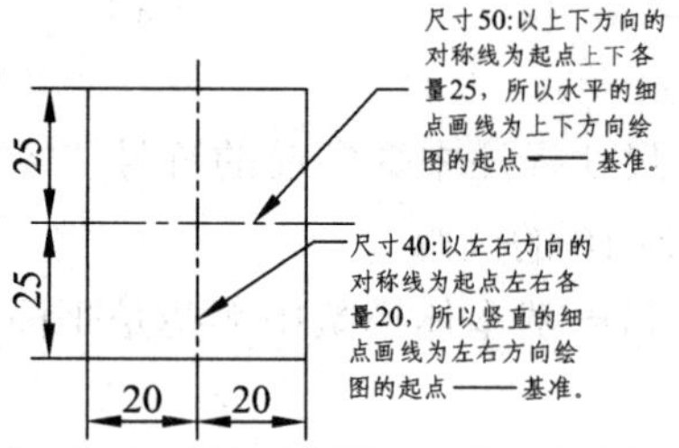
	第 3 步：按第 2 步的方法依次绘出尺寸为 10，20，30 的线（草图用细实线）	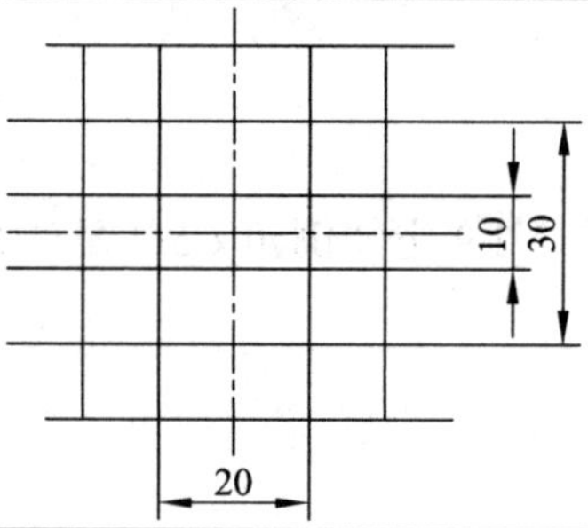
	第 4 步：清洁图纸，擦去多余的线（草图绘制完毕）	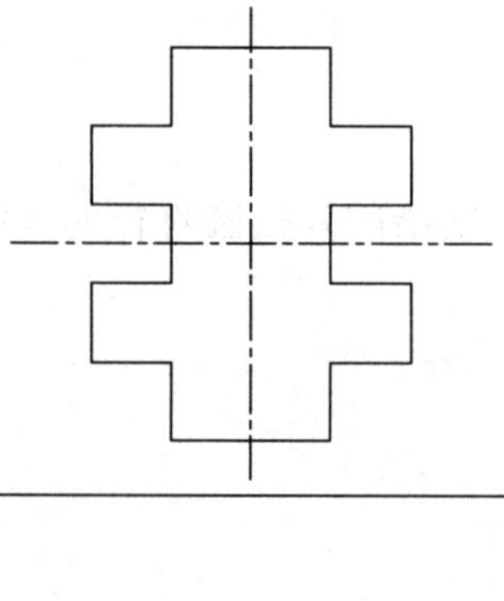

续表

二、完成图形绘制	检查核对，加粗描深	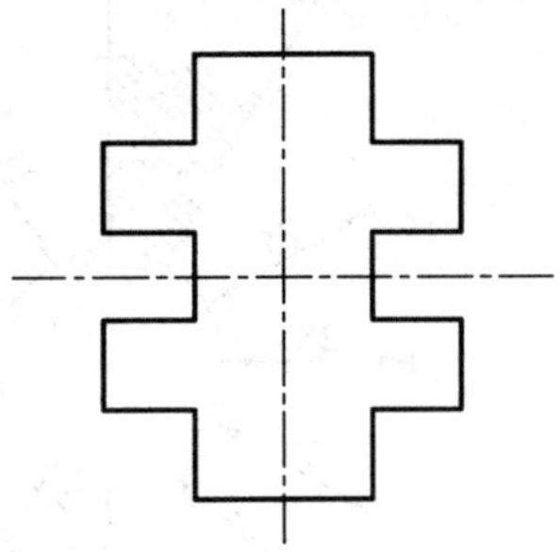

（12）想一想，应该以怎样的步骤绘制图 2.2.2 所示四棱台的展开图形。

三、知识链接

（一）尺寸标注的基本规则（见图 2.2.11）

（1）机件的真实大小应以图样上所注的尺寸数值为依据，与图形的大小及绘图的准确性无关；

（2）图样中的尺寸凡以毫米为单位时，不需标注其计量单位的代号或名称，否则需标注；

（3）图样中所标注的尺寸为该图样所示机件的最后完工尺寸，否则应另附说明；

（4）机件的每一尺寸，在图样上一般只标注一次，并应标注在反映该结构最清晰的图形上；此外，为了使标注的尺寸清晰易读，标注尺寸时可按下列尺寸绘制：尺寸线到轮廓线、尺寸线和尺寸线之间的距离取 6～10 mm，尺寸线超出尺寸界限 2～3 mm。

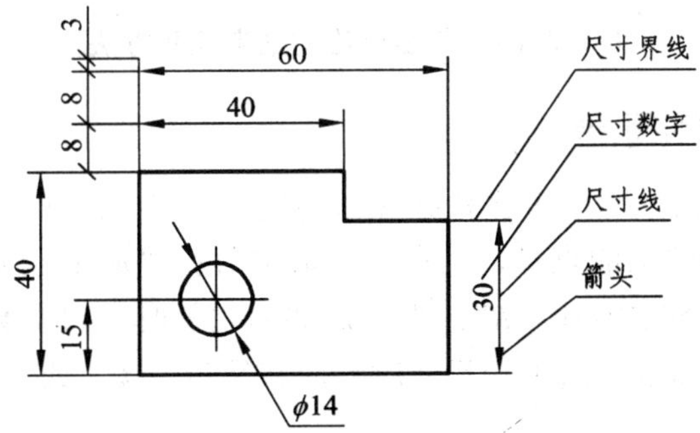

图 2.2.11　尺寸标注的基本规则

（二）尺寸数字的注写方法

线性尺寸数字通常写在尺寸线的上方或中断处，尺寸数字应按图 2.2.12 所示的方向注写，并尽可能避免在图示 30°范围内标注尺寸，当无法避免时，应引出标注。水平方向的尺寸，数字通常写在尺寸线上方中间处；对于非水平方向上的尺寸，数字写在尺寸线上方，也可水平注写在尺寸线的中断处。竖直方向的尺寸，数字通常写在尺寸线左方，字体左转 90° 字头向下，如图 2.2.11 中 30、15、40 所示。另外，尺寸数字不允许被任何图线所通过，否则，需要将图线断开。

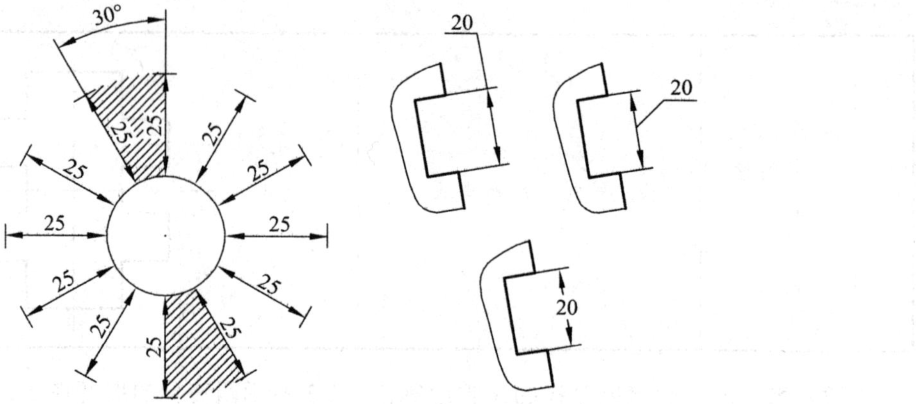

图 2.2.12 线性尺寸数字的方向

标注角度时，尺寸线应画成圆弧，其圆心是该角的顶点。角度的数字一律写成水平方向，一般注写在尺寸线的中断处，也可写在尺寸线的上方，或引出标注，如图 2.2.13 所示。

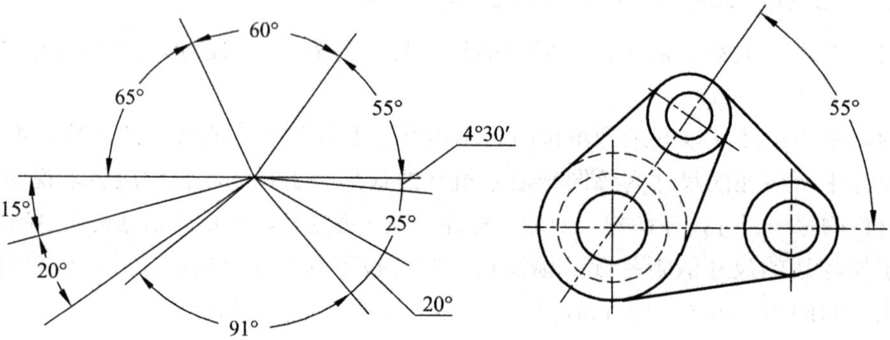

图 2.2.13 角度标注的数字注写方法

（三）尺寸标注中的符号

标注圆及圆弧的尺寸时，一般可将轮廓线作为尺寸界线，尺寸线或其延长线要通过圆心。圆心角大于 180°时，要标注圆的直径，且在尺寸数字前加“ϕ”；圆心角小于或等于 180°时，要标注圆的半径，且尺寸数字前加“*R*”；没有足够的空位时，尺寸数字也可写在尺寸界线的外侧或引出标注；标注球面直径或半径尺寸时，应在符号“ϕ”或“*R*”前再加符号“*S*”，如图 2.2.14 所示。

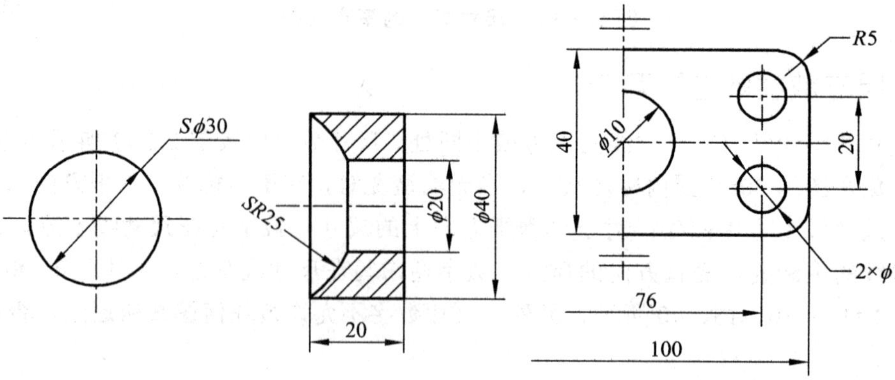

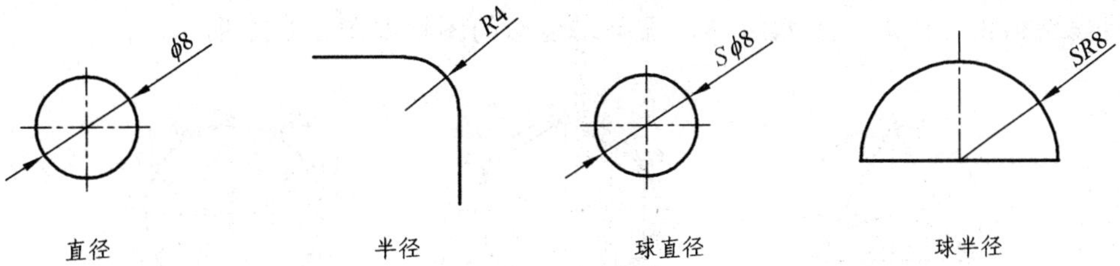

图 2.2.14 直径和半径标注

45°倒角符号为“C”，可按图 2.2.15 所示形式标注。C 表示 45°，2 表示直角边的长度。

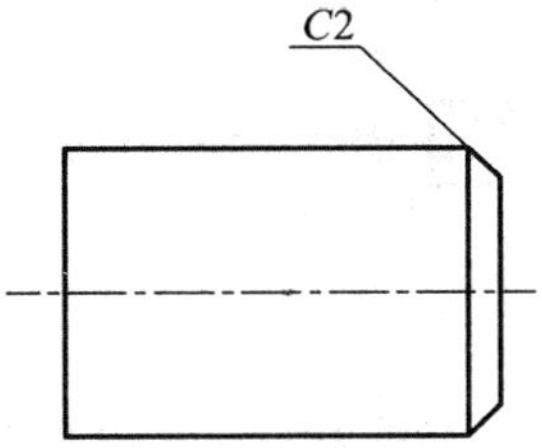

图 2.2.15 倒角标注

(四) 圆的六等分（绘制正六边形）

方法一：用圆规作图。

分别以已知圆与水平中心线上的两处交点 A、D 为圆心，以 $R = D/2$ 作圆弧，与圆交于 B、F、C、E 四点，依次连接 A、B、C、D、E、F 点即得圆内接正六边形，如图 2.2.16 所示。

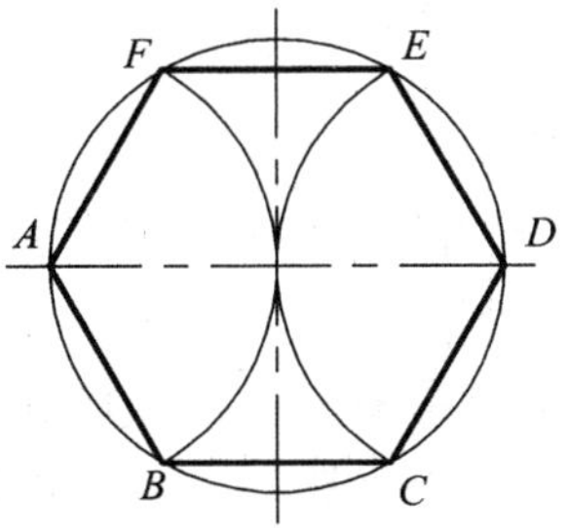

图 2.2.16 用圆规六等分圆

方法二：用三角板作图。

以 60º 三角板配合直尺作平行线，画出四条斜边，再作上、下水平线，即得圆内接正六边形，如图 2.2.17 所示。

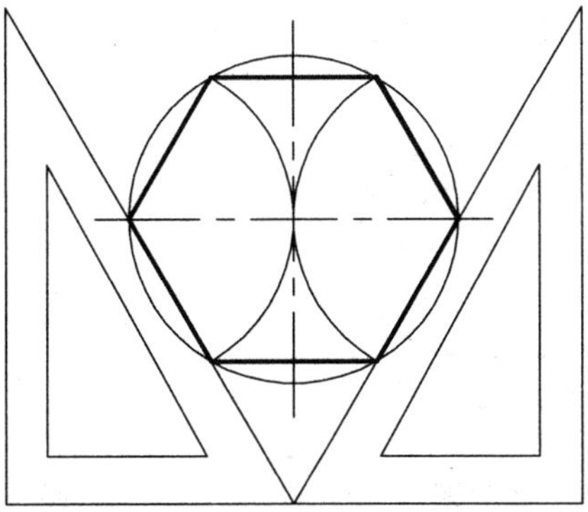

图 2.2.17 用三角板六等分圆

用圆规绘制正三边形、正六边形、正十二边形的图解如图 2.2.18 所示。

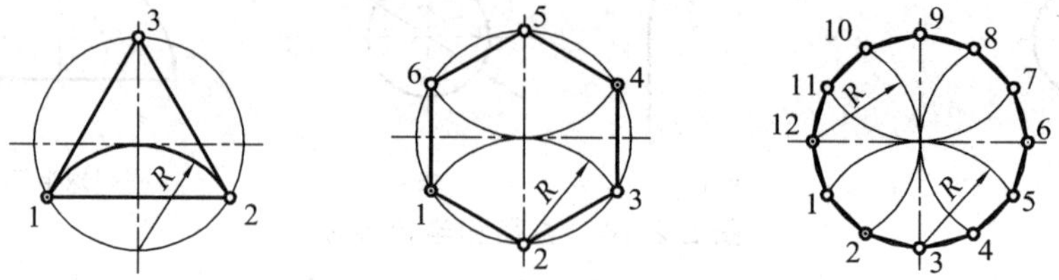

图 2.2.18　用圆规等分圆

（五）基本体分类

机器上的零件，不论形状多么复杂，都可以看作是由基本几何体按照不同的方式组合而成的。

基本几何体——表面规则而单一的几何体。按其表面性质，可以分为平面立体和曲面立体两类。

（1）平面立体——立体表面全部由平面所围成的立体，如棱柱和棱锥等。

（2）曲面立体——立体表面全部由曲面或由曲面和平面所围成的立体，如圆柱、圆锥、圆球等。

（六）绘图步骤

绘图总的步骤分为三大步：

（1）绘制草图。（用硬笔轻轻绘制）

（2）检查清洁图纸。（擦去多余线）

（3）加粗描深。（加粗描深时应采用先曲线后直线的顺序）

在绘制草图时应先绘制基准线。基准线是指度量尺寸的起点。任何一个平面图形都包含两个方向的尺寸，每一个方向的尺寸都应有一个测量的起点，即基准。若图形沿某一方向对称，则该对称线就是这一方向的基准；若图形不对称，则以图形水平和竖直方向的边界线或重要的孔、轴的轴线作为尺寸的基准。

四、课后练习

按 1∶1 绘制图 2.2.19～2.2.22 所示的图形，并标注尺寸。

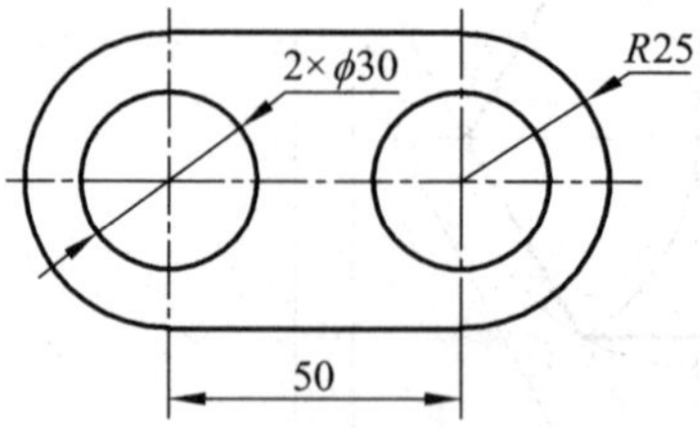

图 2.2.19　练习题

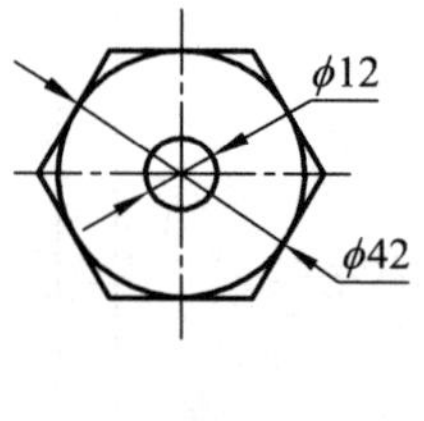

图 2.2.20　练习题

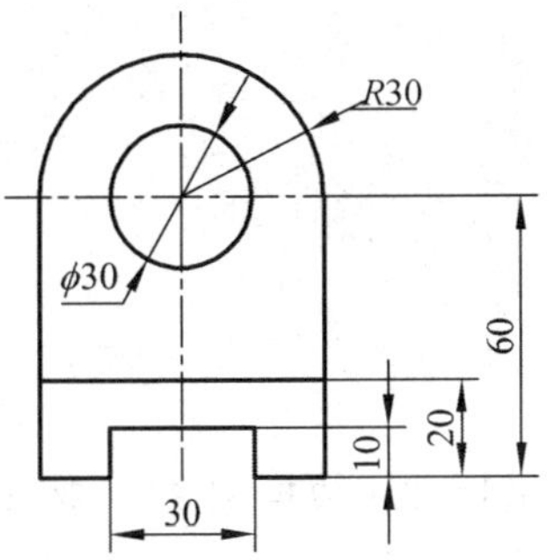

图 2.2.21　练习题

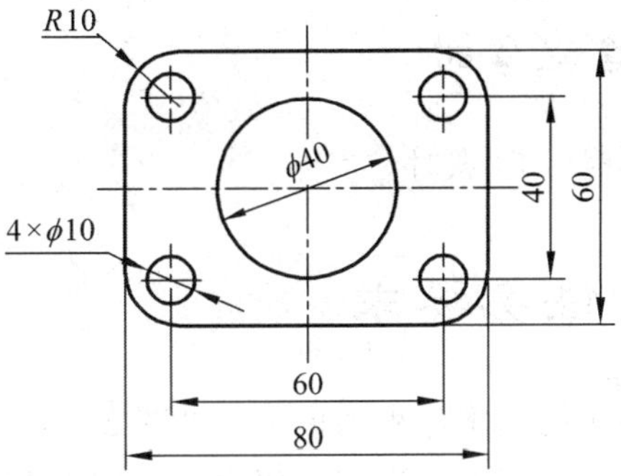

图 2.2.22　练习题

任务三　绘制基本体三视图

学习目标

- 能正确解释正投影法的概念及特性。
- 能正确写出三投影面体系的投影面名称、坐标轴的名称、各坐标轴所代表的空间方位关系。
- 能正确解释三视图的形成、展开及投影规律。
- 能正确写出每一视图所反映的物体的空间方位关系。
- 能正确绘制各基本体的三视图。

学习重难点

▲ 正投影法的特性。

▲ 三视图中每个视图所反映的物体空间方位关系。

▲ 三视图的投影规律。

学习准备

★教师准备：教材、教案、板图工具、多媒体课件。

★学生准备：教材、绘图工具、课堂笔记本、A4 图纸、自制模型

建议学时

建议学时：12 课时。

一、任务要求

根据制作的基本体积木模型（见图 2.2.6），用直尺测量尺寸（数据取整），按 1∶1 比例分别绘制每一个模型的三视图，要求先绘制平面立体的三视图，再绘制曲面立体的三视图。

二、学习引导

（1）投影形成必备的 3 个要素是______、_______和_______。用投影线通过物体，在给定投影平面上作出物体投影的方法称为投影法。在图 2.3.1～2.3.3 的括号中分别填入“投射线”“物体”“投影面”和“物体的投影”。

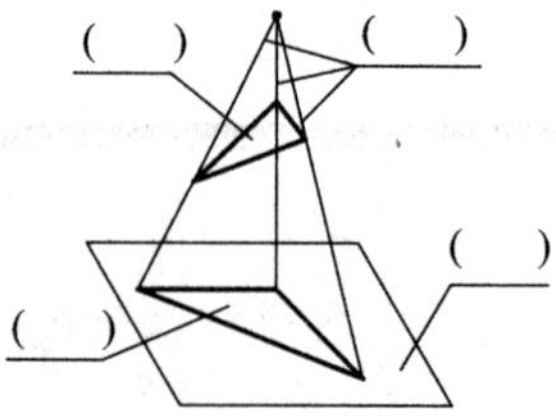

图 2.3.1　投影图

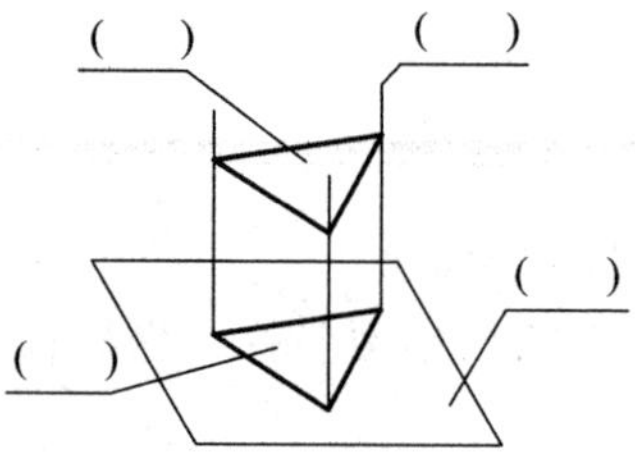

图 2.3.2　投影图

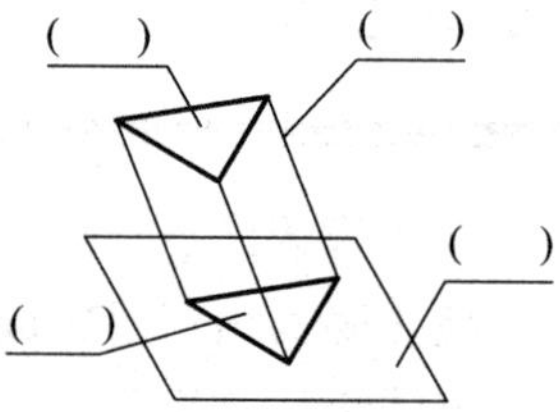

图 2.3.3　投影图

（2）在图 2.3.1 中，投射线是由中心一点发散而出的，这种投影方法称作（　　　　　）；图 2.3.2 与图 2.3.3 的投射线是互相平行的，这种投影法称为（　　　　　）；而图 2.3.2 的互相平行的投射线与投影面互相垂直，这种投影法称为（　　　　　）；图 2.3.3 的互相平行的投射线与投影面倾斜（其与投影面的夹角不等于 90°），这种投影法称为（　　　　　）。

（3）正投影法能够表达物体的真实形状和大小，作图方法也较简单，所以常用来绘制机械图样。正投影法具有真实性、集聚性、类似性 3 个特性。请根据“知识链接”完成表 2.3.1。

表 2.3.1　正投影法

正投影法的三个特性		
真实性	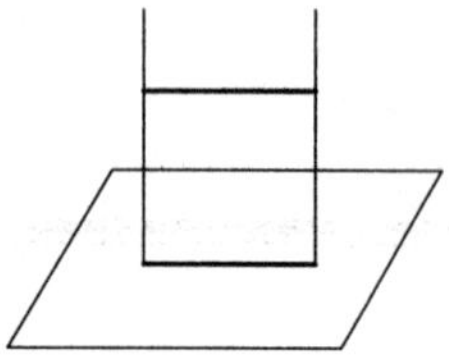 图 1 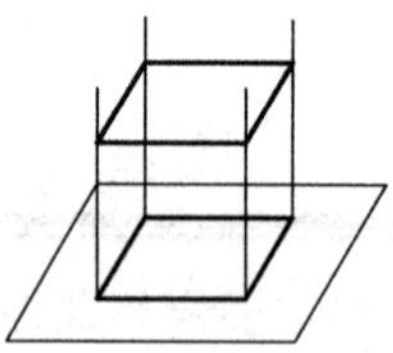 图 2	图 1 所示为当空间直线段与投影面______时，该直线段在投影面上的投影反映其_______。 图 2 所示为当一平面与投影面_____时，该平面在投影面上的投影反映其_____

续表

正投影法的三个特性		
集聚性	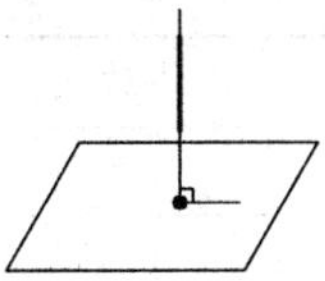 图 3 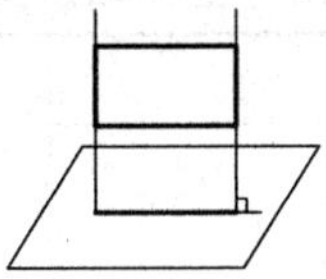 图 4	图 3 所示为当空间直线段与投影面______时，该直线段在投影面上的投影集聚成______。 图 4 所示为当一平面与投影面______时，该平面在投影面上的投影集聚成________
类似性	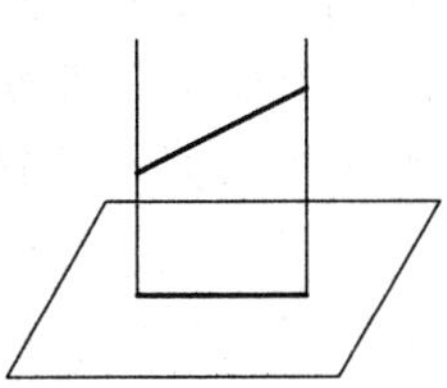 图 5 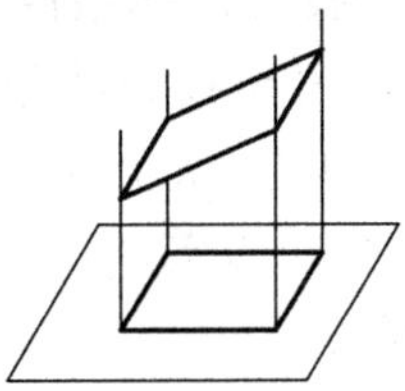 图 6	图 5 所示为当空间直线段与投影面______时，该直线段在投影面上的投影为比该直线段_____的线段。 图 6 所示为当空间平面与投影面_______时，该平面在投影面上的投影为该平面的________类似性

（4）根据图 2.3.4 所示的步骤，用 A4 图纸制作三投影面体系。

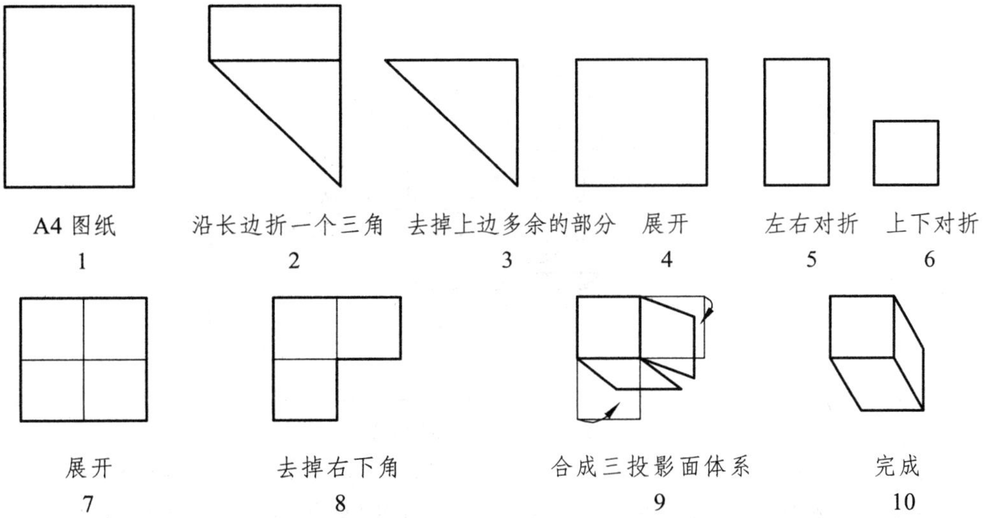

图 2.3.4　制作三投影面体系模型

（5）对照图 2.3.5，在图 2.3.6 上标记正投影面、水平投影面、侧投影面以及 *X*、*Y*、*Z* 轴。

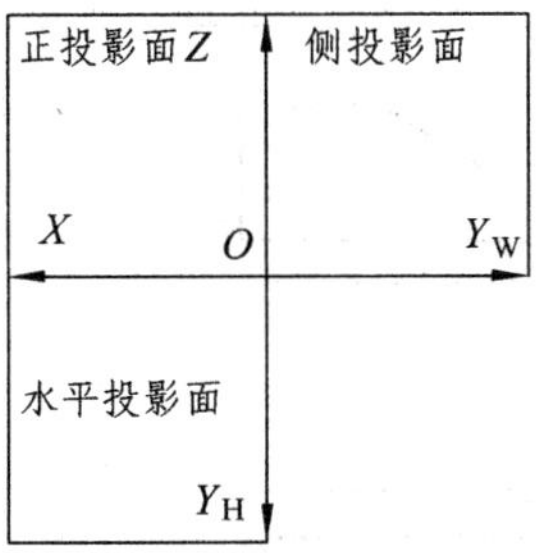

图 2.3.5　投影面

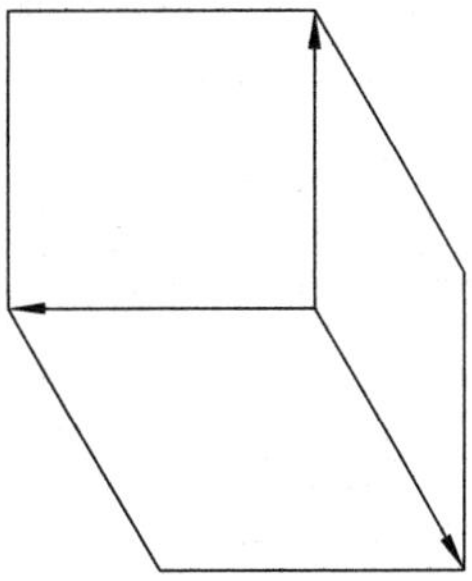

图 2.3.6　投影面及投影轴

（6）任何一个空间的立体都包括长、宽、高 3 个方向的尺寸，在机械制图中，将 *X* 轴所指示的方向的尺寸，即空间物体左右方向的距离，定义为物体的____度；将 *Z* 轴所指示的方向的尺寸，即空间物体上下方向的距离，定义为物体的____度；将 Y 轴所指示的方向的尺寸，即空间物体前后方向的距离，定义为物体的____度。请根据“知识链接”完成表 2.3.2。

表 2.3.2　坐标轴意义

轴	代表空间物体的方向	定义物体的长、宽、高
X		
	前、后	
		高度

（7）如图 2.3.7 所示，将物体固定在三投影面体系内（一旦将物体放到三投影面体系内，物体与投影面的相对位置就不能再改变），用正投影法分别向 3 个投影面进行投影。从前向____在正投影面上得到的投影图称为____视图，从上向___在水平投影面上得到的投影图称为____视图，从_____向右在侧投影面上得到的投影图称为_____视图。正投影面是由 X 轴和___轴组成的，所以主视图能反映物体左右和______的位置关系，即主视图能反映物体的长度和____度；水平投影面是由 X 轴和___轴组成的，所以俯视图能反映物体左右和________的位置关系，即俯视图能反映物体的长度和____度；侧投影面是由 Y 轴和___轴组成的，所以左视图能反映物体_______和上下的位置关系，即左视图能反映物体的____度和高度。

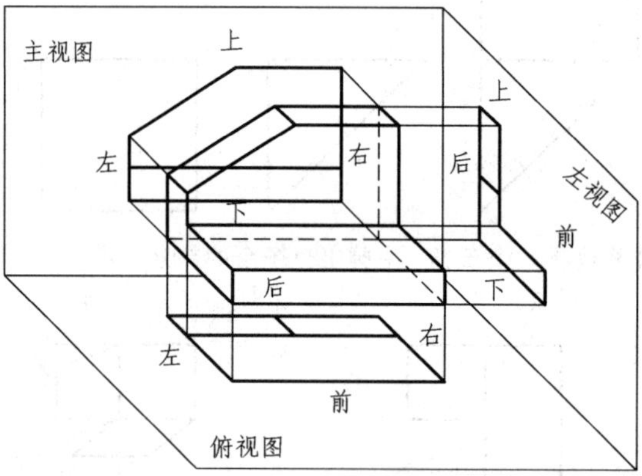

图 2.3.7　三投影面体系

（8）如图 2.3.8 所示，在三投影面体系完成物体的投影后，将主视图保持不动，左视图向右后方转 90°，俯视图向下后方转 90°，即将俯、左视图都转到与主视图同一平面，就成了平常看到的图纸上的三视图。在图 2.3.9 中画出 X、Y、Z 轴，用文字标出主、俯、左视图和每一视图所反映的物体的上下、左右、前后位置关系。

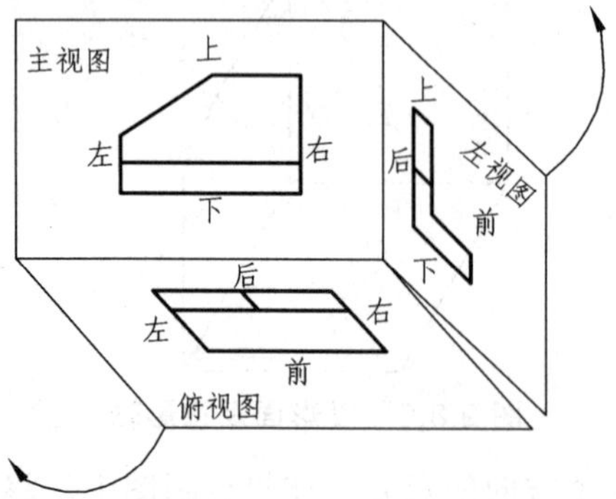

图 2.3.8　投影图

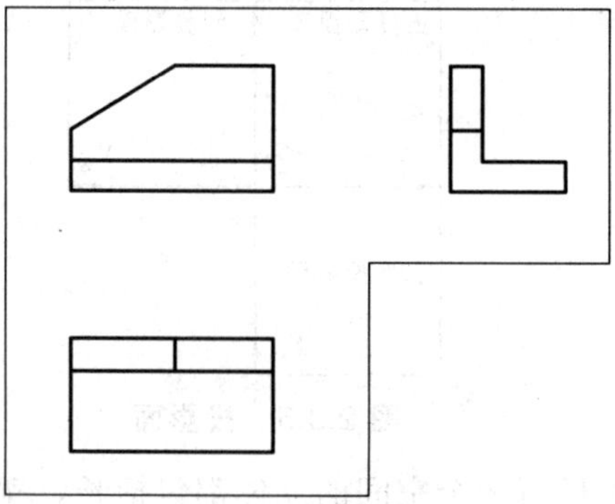

图 2.3.9　三视图

（9）图 2.3.10 所示为展开的三视图中主、俯、左视图的位置，请选择正确的位置图。

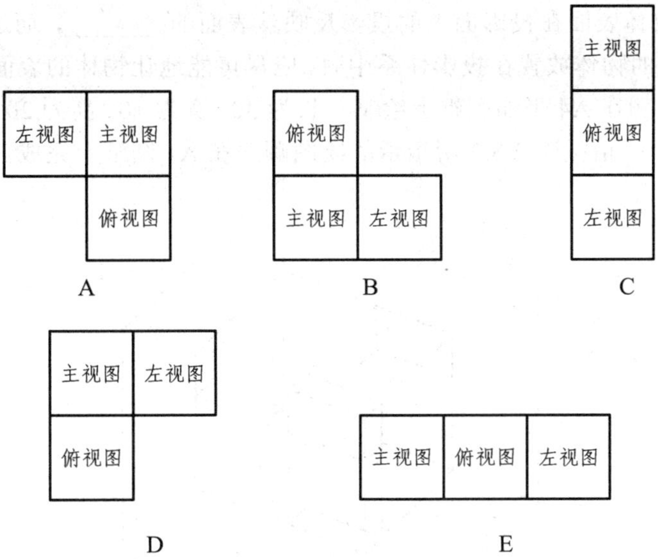

图 2.3.10　三视图的正确位置

（10）三视图是同一物体用正投影法在三投影面体系内投影而得的 3 个投影图，即____视图、俯视图和____视图。3 个视图都反映的是同一个物体，所以 3 个视图之间存在着必然的联系。如图 2.3.11 所示，主视图和左视图都能反映物体的_____度，主视图和左视图都是同一个物体的投影，而同一物体的高度只有一个，所以主、左视图的高应相等；又由于物体在三投影面体系内的位置是固定不动的，所以物体在空间的高度位置是一定的，那么主左视图的高度不仅要相等，而且其投影图的位置也应该在同一高度上，如图 2.3.12 所示，称为主、左视图________。高平齐不仅有视图高度相等的含义，还包括视图的高度位置应一致的含义。

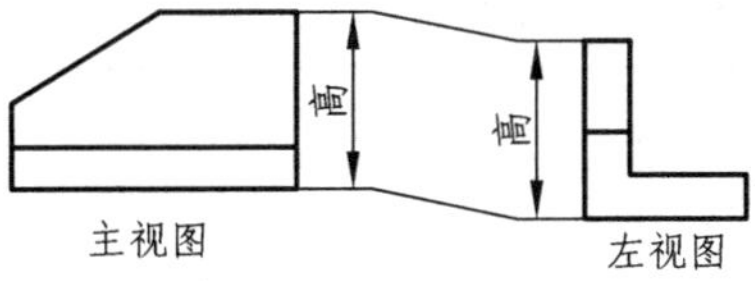

图 2.3.11　主、左视图高度相等但位置不平齐，投影视图关系错误

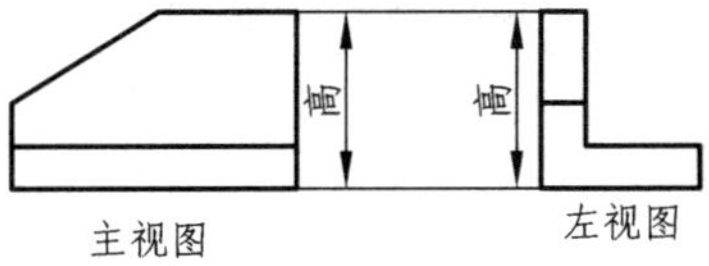

图 2.3.12　主、左视图高度相等且位置平齐，投影视图关系正确

（11）根据三视图的投影关系和每一视图所反映的物体长度、宽度和高度信息，完成图 2.3.13 所示图形的标注（在尺寸线处填写“长度”“高度”“宽度”），并填空。

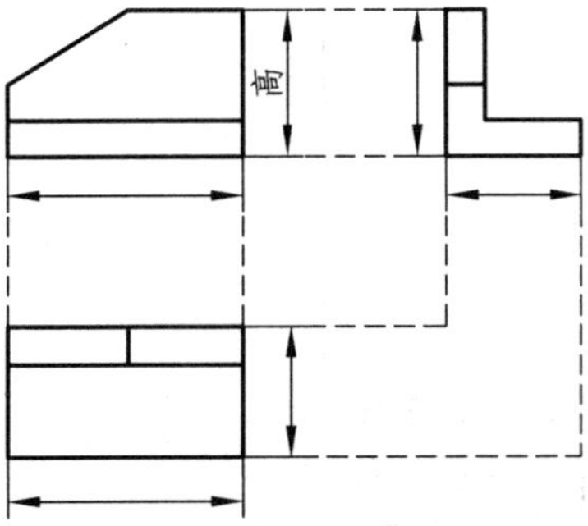

三视图投影关系：
主视图与左视图高平齐；
主视图与俯视图_______；
俯视图与左视图_______。

图 2.3.13　图形标注

（12）三视图是用正投影法获得的，正投影法的特性之一是真实性，即当物体上的表面与投影面平行时，该物体表面在投影面上的投影反映该表面的________，而这正是设计绘图所需要的，所以将要表达的物体放置在投影体系中时，应尽可能地让物体的表面与投影面________。

（13）按 1∶1 比例在 A4 平面图纸上绘制一长为 30、宽为 10、高为 20 的四棱柱的三视图，原理如图 2.3.14 所示。请按表 2.3.3 所指示的绘图顺序在 A4 图纸上完成三视图的绘制。

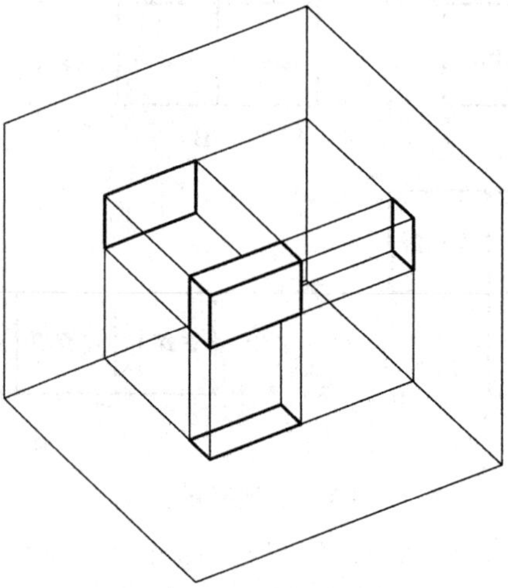

图 2.3.14　三视图原理

表 2.3.3　三视图绘制

步骤	任　务	图　例
分析： 四棱柱在 3 个投影面上的投影都是矩形：从前向后投影得到的主视图是反映四棱柱的长 30 和高 20 的矩形；从上向下投影得到的俯视图是反映四棱柱的长 30 和宽 10 的矩形；从左向右投影得到的左视图是反映四棱柱的高 20 和宽 10 的矩形		
一	用细实线绘制出主、俯、左视图的基准线： 每一视图都包括两个方向的尺寸，主视图包括长度和高度，俯视图包括长度和宽度，左视图包括高度和宽度，所以每个视图都应该有两个基准。 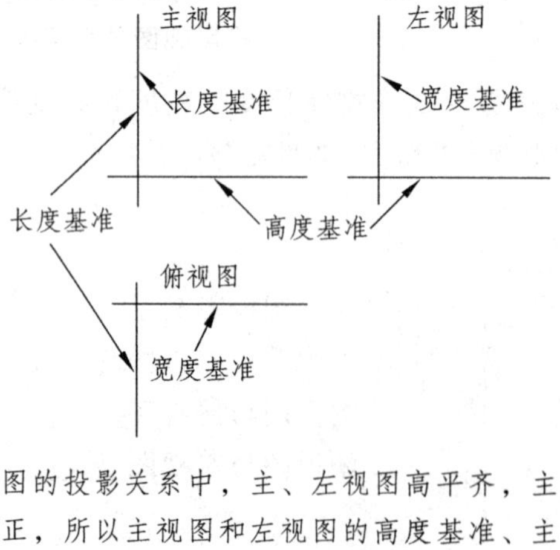 三视图的投影关系中，主、左视图高平齐，主、俯视图长对正，所以主视图和左视图的高度基准、主视图和俯视图的长度基准可一笔绘出，第一步完成图如右图所示	

续表

步骤	任务	图例
二	用细实线绘制主视图草图： 主视图反映的是物体的长和高，从竖直的长度基准从左向右量 30，从水平的高度基准从下向上量 20，绘出主视图草图。 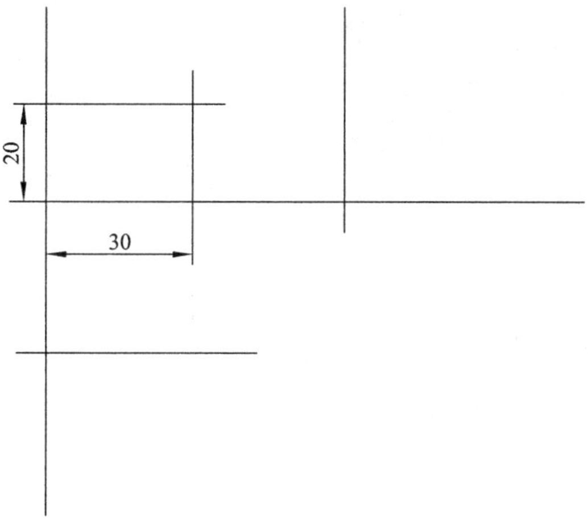 第二步完成图如右图所示	
三	用细实线绘制俯视图草图： 根据主俯视图“长对正”的投影规律，从主视图的右边直接绘制一竖直线到俯视图，作为俯视图的长度边界；再从俯视图水平的宽度基准线向前量 10，绘制出俯视图代表物体前面的边界线。（想一想为什么不说向下量 10？） 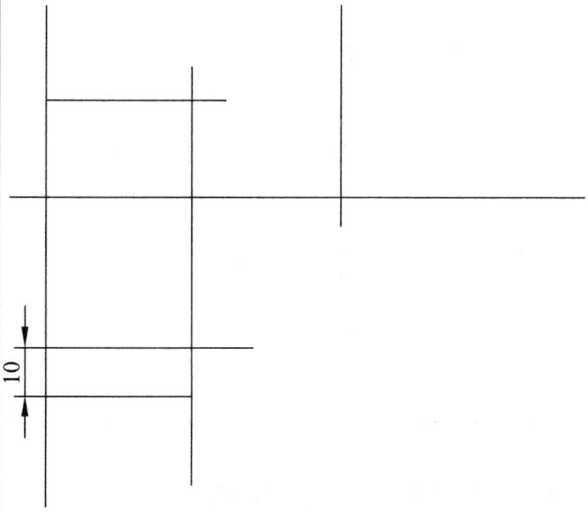 第三步完成图如右图所示	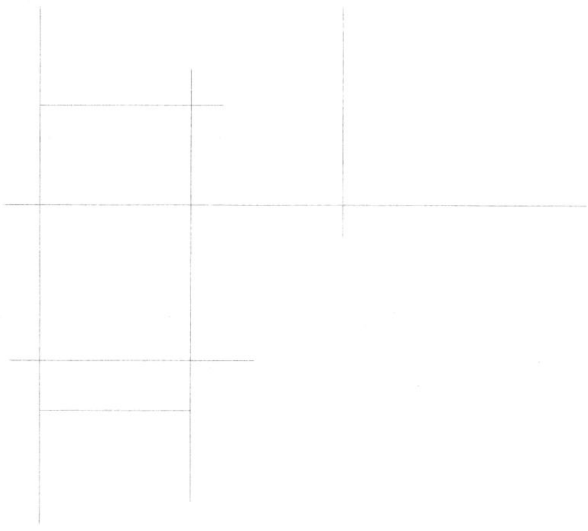

续表

步骤	任　务	图　例
四	用细实线绘制左视图草图： 根据主、左视图“高平齐”的投影规律，从主视图的右边直接绘制一水平线到左视图，作为左视图的高度边界线；再从俯视图上用分规直接卡取宽度 10，根据俯、左视图宽相等的投影规律从左视图的宽度基准线向前量 10，绘制出左、俯视图物体前面投影的边界线。（想一想为什么不说向右量 10？） 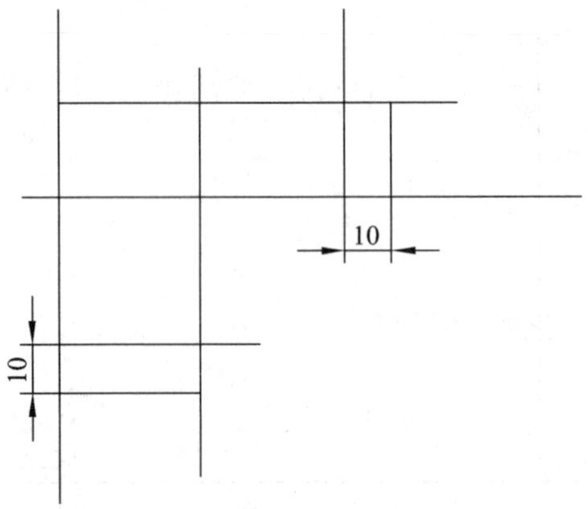 第四步完成图如右图所示	
五	清洁图纸，擦除多余的线。 第五步完成图如右图所示	
六	检查图纸，加粗描深，完成三视图的绘制。 第六步完成图如右图所示	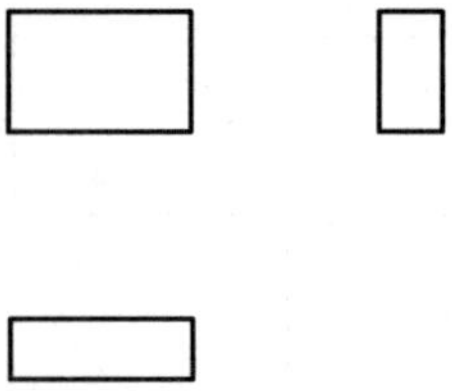 该三视图唯一地表达了一个长 30、高 20、宽 10 的四棱柱

（14）按 1∶1 比例在平面图纸上绘制一高度为 40、底圆直径为 30 的正立放置的圆锥的三视图，原理如图 2.3.15 所示。想一想，圆锥的三视图每个视图的基准是什么？然后按表 2.3.4 所指示的绘图顺序完成该圆锥的三视图。

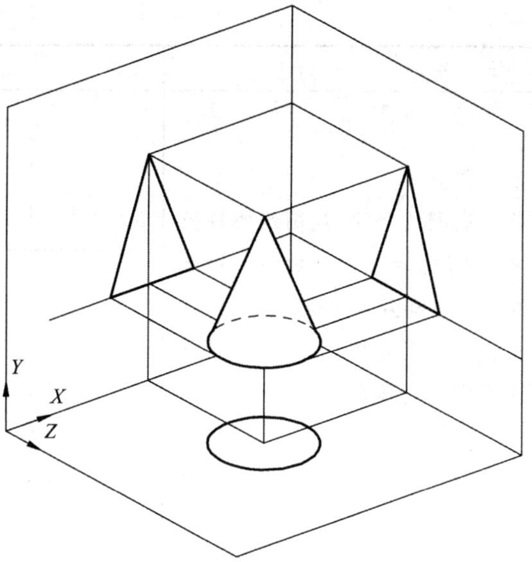

图 2.3.15　圆锥的三视图

表 2.3.4　圆锥的三视图绘制

<table>
<tr><th>步骤</th><th>任　务</th><th>图　例</th></tr>
<tr><td colspan="3">分析：
圆锥投影时，从前向后投影得到的主视图是反映圆锥高 40 和圆锥的长（底圆直径）30 的等腰三角形；从上向下投影得到的俯视图是反映圆锥的长 30 和宽 30（都等于底圆直径）的圆；从左向右投影得到的左视图是反映圆锥高 40 和圆锥的宽（底圆直径）30 的等腰三角形。
想一想，圆锥的长度和宽度的尺寸都等于圆锥的直径 30，长和宽有什么不同？</td></tr>
<tr><td>一</td><td>用细实线和细点画线绘制出主、俯、左视图的基准线。
由于圆锥是回转体，具有轴线，所以当圆锥正立放置时，其主视图的等腰三角形是左右方向对称于轴线的投影，其左视图的等腰三角形是前后方向对称于轴线的投影。当视图在某方向对称时，该对称线就是该方向的基准线，在机械制图中规定，对称线、轴线用细点画线绘制。想一想，俯视图的基准如何定？
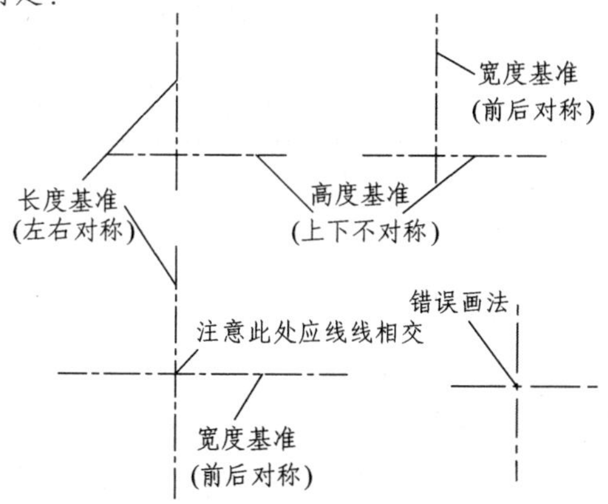
第一步完成图如右图所示</td><td>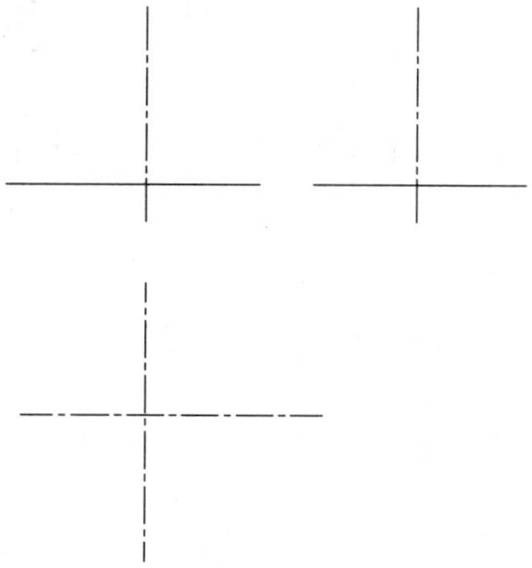</td></tr>
</table>

续表

步骤	任　务	图　例
二	用细实线绘制俯视图草图： 俯视图反映的是圆锥的底圆的形状，是圆锥的特征视图，绘图应先绘制特征视图。且回转体的最大特性是关于轴线对称，回转半径是绘图的主要尺寸，可以用圆规直接量取而不需再用直尺测量，节约了绘图时间，请在下面的作图步骤中认真体会。 第二步完成图如右图所示	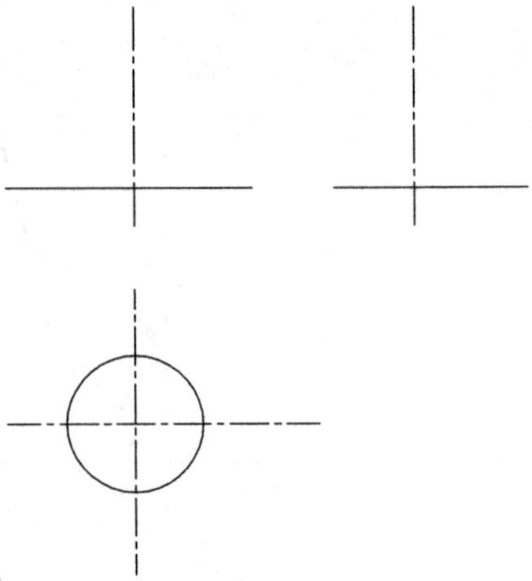
三	用细实线绘制主视图草图： 根据主、俯视图“长对正”的投影规律，从俯视图圆的左、右边界点（圆的象限点）直接绘制竖直线到主视图，作为主视图的长度边界，如图 1 所示。此步骤可以简化为用上一步绘制俯视图的圆规（半径不变）直接以主视图轴线和高度基准的交点为起点，在高度基准线向左右各绘制一点；再在长度基准线（轴线）上量取高度 40；最后连接三点，完成主视图草图，如图 2 所示。 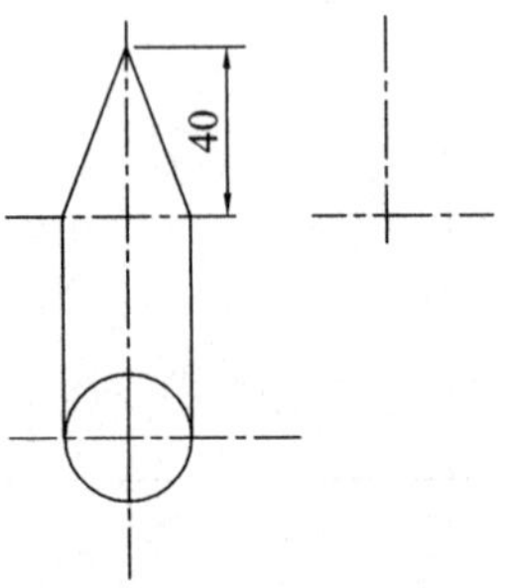 **图 1** 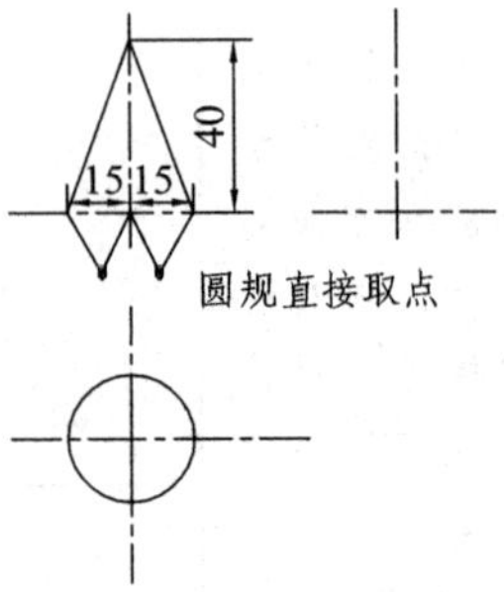 **图 2** 第三步完成图如右图所示	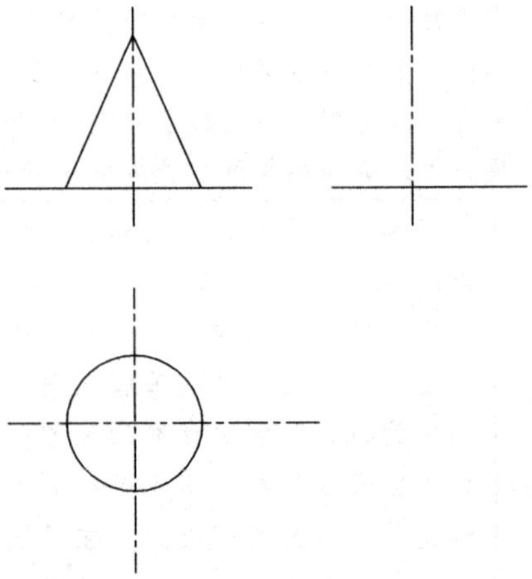
四	用细实线绘制左视图草图： 根据主、左视图“高平齐”的投影规律，从主视图高度的顶点处向右边直接绘制一水平线到左视图作为左视图的高度边界线，用上一步绘制俯视图的圆规（半径不变）直接以左视图轴线和高度基准的交点为起点，在宽度基准线向前后各取一点；最后连接三点，完成左视图。	

续表

<table>
<tr><th>步骤</th><th>任务</th><th>图例</th></tr>
<tr><td>四</td><td>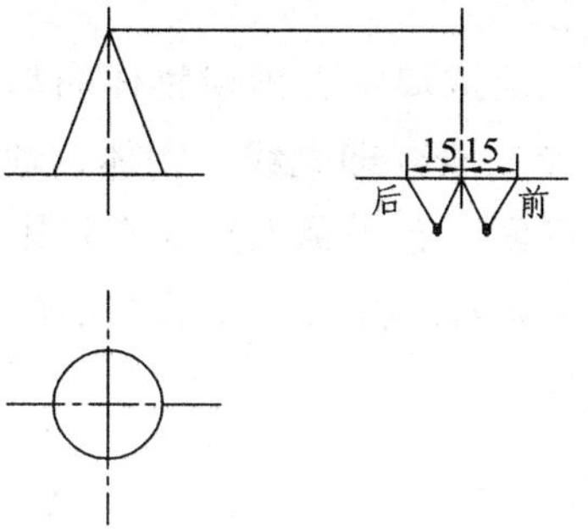

第四步完成图如右图所示</td><td>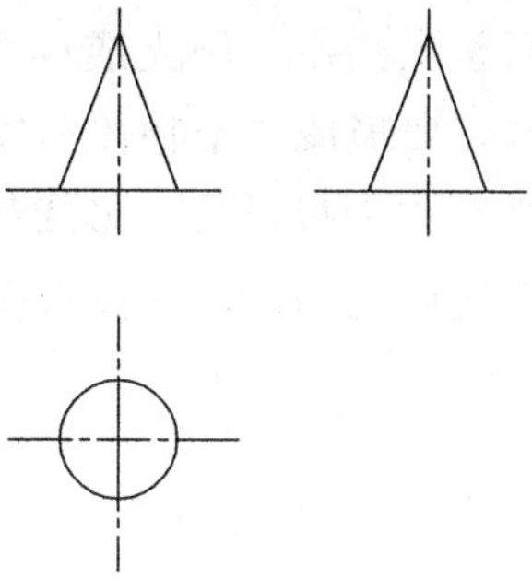</td></tr>
<tr><td>五</td><td>清洁图纸，擦除多余的线。
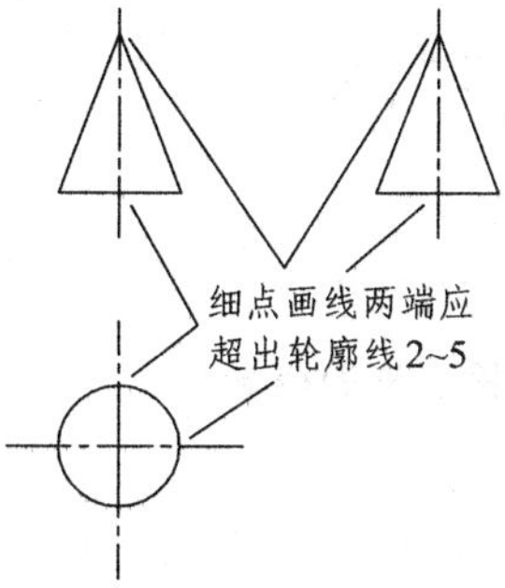

第五步完成图如右图所示</td><td>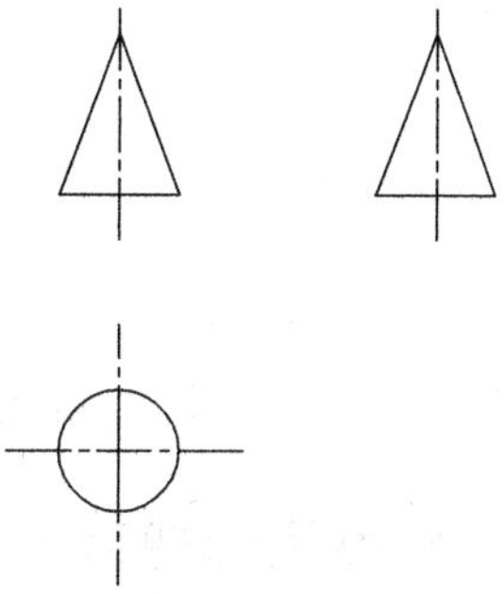</td></tr>
<tr><td>六</td><td>检查图纸，加粗描深，完成三视图的绘制。
第六步完成图如右图所示</td><td>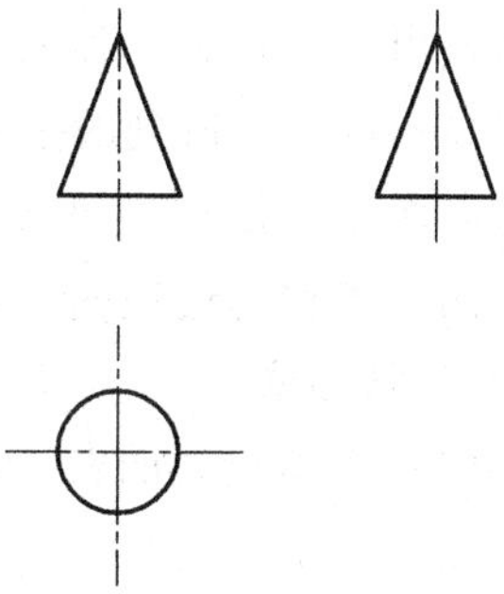
该三视图唯一地表达了一个底圆直径为 30、高为 40 的正立放置的圆锥体</td></tr>
</table>

三、任务实施

根据制作的基本体积木模型，用直尺测量尺寸（数据取整），按 1∶1 比例在 A4 图纸上分别绘制每一个模型的三视图，要求先绘制平面立体的三视图，再绘制曲面立体的三视图。

四、知识链接

（一）投影法的概念

在日常生活中，阳光或灯光照射物体时，在地面或墙壁上出现物体的影子，这就是一种投影现象。要形成一个物体的投影，必需包括 3 个要素，即光线、物体、地面。在投影体系内，将光线称为投射线，形成投影的平面称为投影面，影子称为物体在投影面上的投影。这种用投射线通过物体，在投影面上得到图形的方法称为投影法，如图 2.3.16 所示。

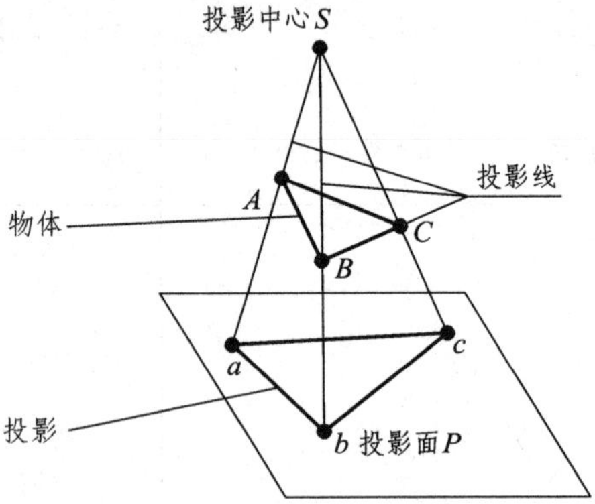

图 2.3.16　投影法的概念

（二）投影法的种类

1. 中心投影法

投影中心距离投影面在有限远的地方，投影时投影线汇交于投影中心（即投影线从投影中心一点发出）的投影法称为中心投影法，如图 2.3.16 所示。该投影法的特点是，物体离投影面的距离不同时，得到的投影的大小不同。由于中心投影法不能够真实地反映物体的大小，所以机械制图不采用这种投影法绘制；但中心投影法具有立体感强的特点，常用于绘制建筑物的外观图，也称为透视图。

2. 平行投影法

投影中心距离投影面在无限远的地方，投影时投射线都相互平行的投影法称为平行投影法，如图 2.3.17 所示。

平行投影法的特点是，物体的投影与物体距投影面的距离无关，投影都能够真实地反映物体的形状和大小。

根据投影线与投影面是否垂直，平行投影法又可以分为两种：

（1）斜投影法——投影线与投影面相倾斜的平行投影法，如 2.3.17（a）所示。

（2）正投影法——投影线与投影面相垂直的平行投影法，如 2.3.17（b）所示。

正投影法的优点：能够表达物体的真实形状和大小，作图方法也较简单，所以广泛用于绘制机械图样。

正投影法具有以下 3 个基本性质：

（1）真实性：平面图形或线段平行于投影面时，其投影反映实际形状及大小，这种特性称为真实性，如图 2.3.18 所示。

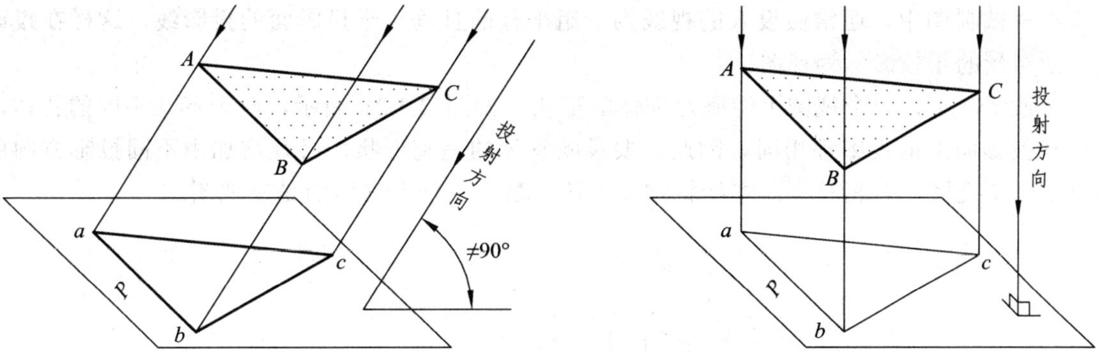

（a）斜投影法　　　　（b）正投影法

图 2.3.17　平行投影法

（a）线平行于投影面，投影反映实长　　（b）面平行于投影面，投影反映实际形状和大小

图 2.3.18　真实性

（2）积聚性：平面图形或线段垂直于投影面时，其投影积聚成一条线或一点，这种特性称为积聚性，如图 2.3.19 所示。

（a）线垂直于投影面，投影积聚成一点　　（b）平面垂直于投影面，投影积聚成一线

图 2.3.19　积聚性

（3）类似性：平面图形或线段倾斜于投影面时，其投影缩小（或变短），但投影的形状与原来图形类似，这种特性称为类似性，如图 2.3.20 所示。

（a）直线倾斜于投影面，投影缩短　　（b）平面倾斜于投影面，投影为缩小类似形

图 2.3.20　类似性

（三）三视图的形成、展开与投影规律

在机械制图中，通常假设人的视线为一组平行的且垂直于投影面的投影线，这样在投影面上所得到的正投影称为视图。

一般情况下，一个视图不能确定物体的形状。如图 2.3.21 所示，两个形状不同的物体，它们在投影面上的投影都相同。因此，要反映物体的完整形状，必须增加由不同投影方向所得到的几个视图，互相补充，才能将物体表达清楚。工程上常用的是三视图。

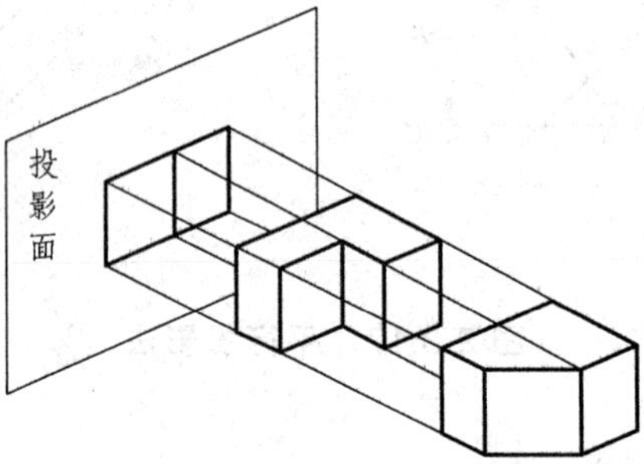

图 2.3.21　一个视图不能确定物体的形状

1. 三投影面体系与三视图的形成

（1）三投影面体系。

三投影面体系由三个互相垂直的投影面所组成，如图 2.3.22 所示。在三投影面体系中，三个投影面分别叙述如下：

正投影面：简称为正面，用 V 表示；

水平投影面：简称为水平面，用 H 表示；

侧投影面：简称为侧面，用 W 表示。

三个投影面的相互交线称为投影轴，它们分别是：

OX 轴：V 面和 H 面的交线，它代表长度（左右）方向；

OY 轴：H 面和 W 面的交线，它代表宽度（前后）方向；

OZ 轴：V 面和 W 面的交线，它代表高度（上下）方向。

三个投影轴垂直相交的交点 O，称为原点。

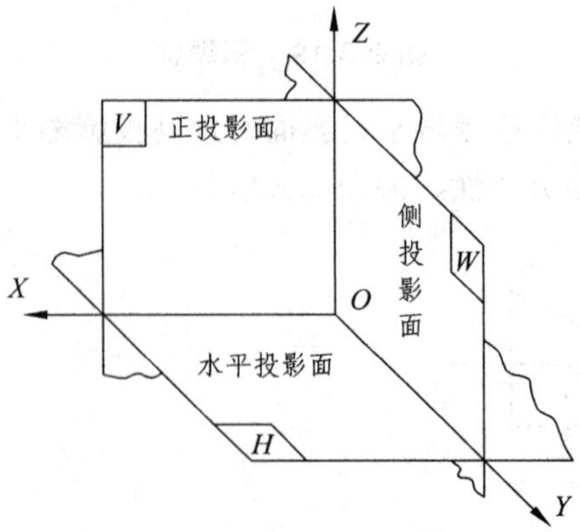

图 2.3.22　三投影面体系

（2）三视图的形成。

将物体放在三投影面体系中，物体的位置处在人与投影面之间，然后将物体对各个投影面用正投影法进行投影，得到三个视图，这样才能把物体的长、宽、高三个方向，上下、左右、前后六个方位的形状表达出来，如图 2.3.23 所示。三个视图分别叙述如下：

主视图：从前往后进行投影，在正投影面（*V* 面）上所得到的视图。

俯视图：从上往下进行投影，在水平投影面（*H* 面）上所得到的视图。

左视图：从左往右进行投影，在侧立投影面（*W* 面）上所得到的视图。

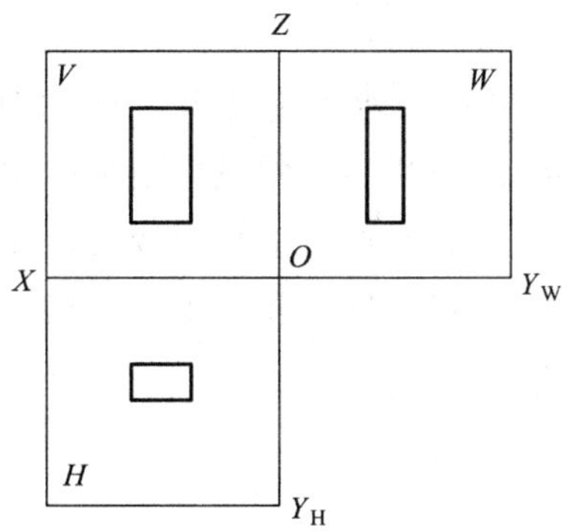

图 2.3.23　三视图

（3）三投影面体系的展开。

在实际作图中，需要将三个投影在一个平面（纸面）上表示出来，所以制图标准规定：*V* 面（主视图）不动，*H* 面（俯视图）绕 *OX* 轴向下旋转 90°与 *V* 面重合，*W* 面（左视图）绕 *OZ* 轴向右旋转 90°与 *V* 面重合，如图 2.3.24 所示。这样就得到了在同一平面上的三视图，如图 2.3.25 所示，这就是图纸上的三视图。三视图形成展开后，俯视图在主视图的下方，左视图在主视图的右方，其位置是固定的。

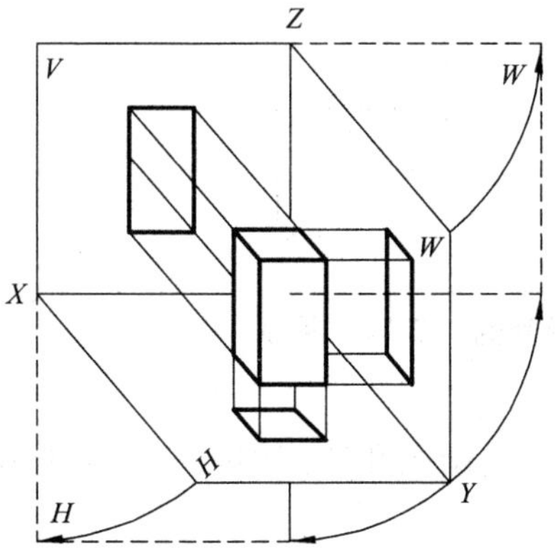

图 2.3.24　投影图

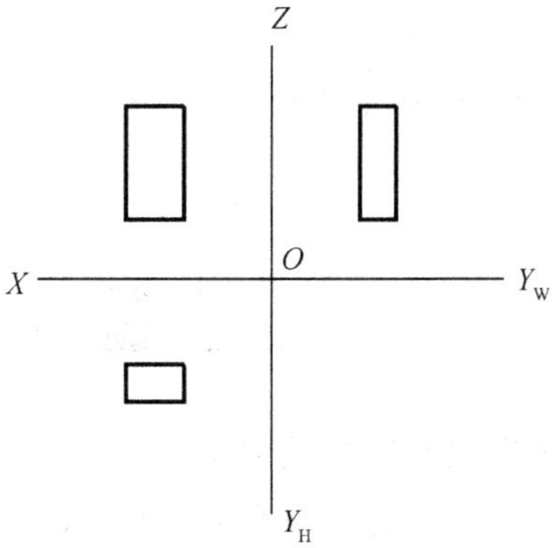

图 2.3.25　三视图

为了作图简便，投影图中不必画出投影面的边框，由于画三视图时主要依据投影规律，所以投影轴也可以进一步省略，如图 2.3.26 所示。

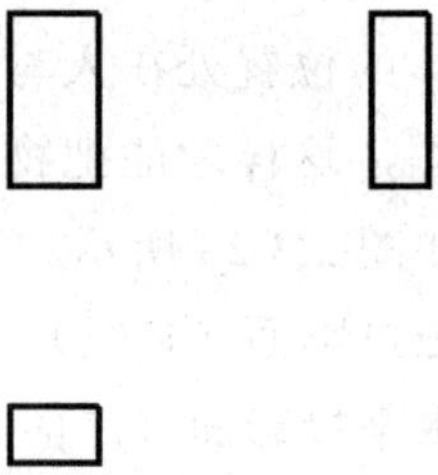

图 2.3.26　三视图

（4）三视图的投影规律。

从图 2.3.27 中可以看出，一个视图只能反映物体两个方向的尺寸，正投影面是由 X 轴和 Z 轴形成的，所以主视图能反映物体的长和高；侧投影面是由 Y 轴和 Z 轴形成的，所以左视图能反映物体的宽和高；水平投影面是由 X 轴和 Y 轴形成的，所以俯视图能反映物体的长和宽。而一个物体只有一个长度尺寸、一个宽度尺寸和一个高度尺寸，所以三视图具有以下规律：

主、俯视图“长对正”；

主、左视图“高平齐”；

俯、左视图“宽相等”。

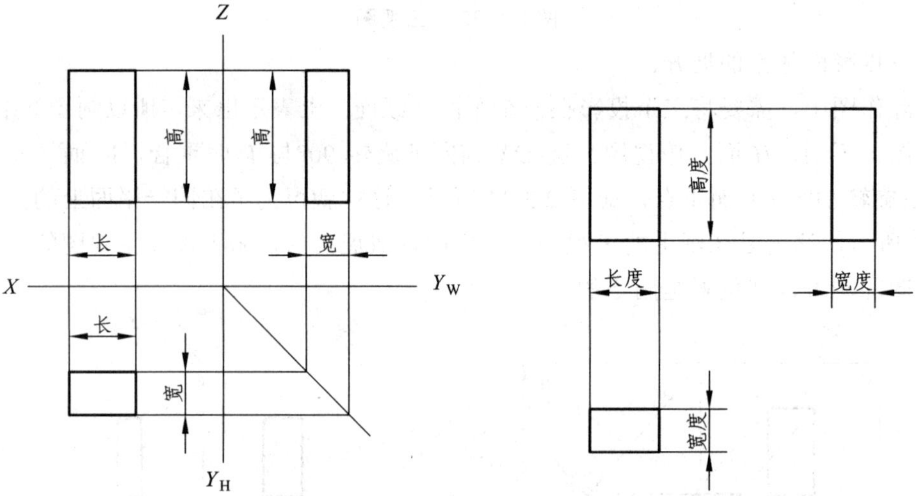

图 2.3.27　视图间的“三等”关系

三视图的投影规律反映了三视图的重要特性，也是画图和读图的依据。无论是整个物体还是物体的局部，其三面投影都必须符合这一规律。

（四）三视图与物体方位的对应关系

物体有长、宽、高三个方向的尺寸，有上下、左右、前后六个方位关系，如图 2.3.28（a）所示。六个方位在三视图中的对应关系如图 2.3.28（b）所示。

主视图能反映物体的高和长，即反映物体的上下和左右方向的尺寸；左视图能反映物体的宽和高，即反映物体的前后和上下方向的尺寸；俯视图能反映物体的长和宽，即反映物体的左右和前后方向的尺寸。需要注意的是，同一条 Y 轴旋转后出现了两个位置，因为 Y 轴是 H 面和 W 面的交线，也就是两投影面的共有线，所以 Y 轴随着 H 面旋转到 Y_H 的位置，展开后的俯视图的下上方向表达的是物体空间的前后方向，即俯视图的下方表现的是物体空间位置的前方，俯视图的上方表现的是物体空间位置的后方；同时 Y 轴又随着 W 面旋转到 Y_W 的位置，展开后的三视图上，物体空间的前后方向，变成了左视图的左右方向，即左视图的右方表现的是物体空间位置的前方，左视图的左方表现的是物体空间位置的后方。在机械制图中，都以物体的方向来表述，所以俯视图的下方称为物体的前方，俯视图的上方称为物体的后方；左视图的右方称为物体的前方，左视图的左方称为物体的后方。总结：以主视图为中心，俯视图、左视图靠近主视图的一侧为物体的后面，远离主视图的一侧为物体的前面。

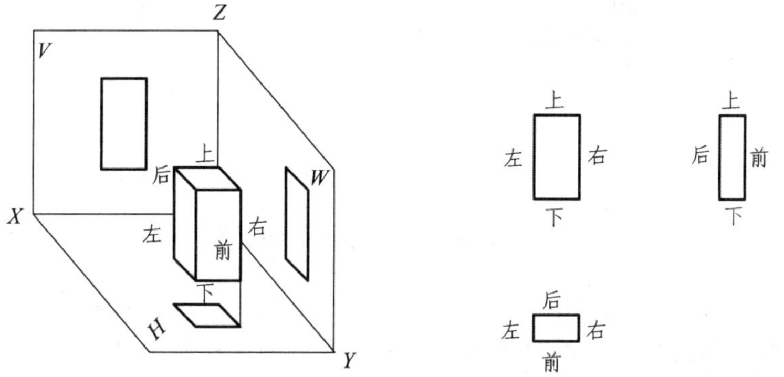

（a）三视图的方位关系　　（b）三视图的方位关系

图 2.3.28　三视图的方位关系

（五）三视图的画图步骤

根据物体或立体图画三视图时，应把物体摆平放正（使物体上尽可能多的表面与投影面平行，以反映物体的实际形状和尺寸），选择形体主要特征明显的方向作为主视图的投影方向，一般画图步骤如下：

（1）用点画线或细实线画出各视图的作图基准线。

（2）用细实线、虚线，根据物体的构成，按先大后小，先整体后局部的顺序，用三视图的投影规律，画出物体三视图的草图。

（3）草图画完后，需经过检查，确定没有错误后清理图面，再按图线要求加粗描深。图线的描深顺序为：先曲线，后直线；水平线应自上而下，依次描深，垂线应自左向右依次描深。按照这种描深顺序，可以保证曲线与直线的正确连接，提高描深速度，保证图面的清洁。

（六）平面立体的投影

1. 棱　柱

棱柱由顶面、底面和棱面组成，棱面与棱面的交线称为棱线，棱线互相平行。棱线与底面垂直的棱柱称为正棱柱。现仅讨论正棱柱的投影。

以六边形外接圆直径为40、高为20的正六棱柱为例，如图2.3.29所示，由上、下两个底面（正六边形）和六个棱面（长方形）组成，设将其放置在上、下底面与水平投影面平行，并有两个棱面平行于正投影面的投影体系中。

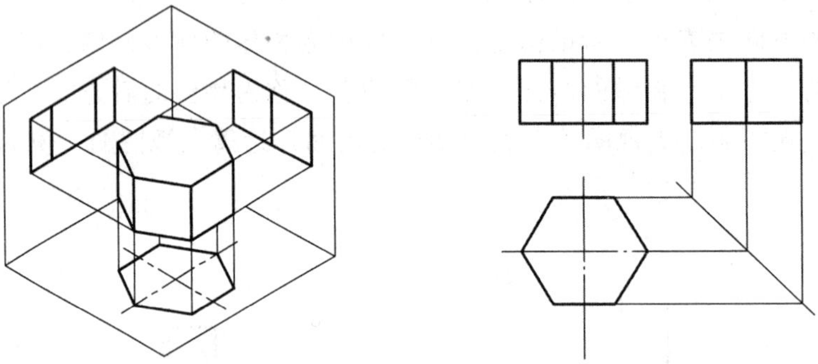

（a）立体图　　　　（b）投影图

图 2.3.29　正六棱柱的投影

上、下两底面均与水平投影面平行，它们的水平投影重合并反映实形（正六边形），它们与正投影面和侧投影面垂直，正面及侧面投影积聚为两条相互平行的直线；六个棱面中的前、后两个面与正投影面平行，它们的正面投影重合反映实形，为矩形；同时它们与水平投影面及侧面投影面垂直，其水平投影与侧面投影积聚为一直线；其他四个棱面与正投影面和侧投影面倾斜，其正面投影与侧面投影均为缩小的矩形，同时与水平投影面垂直，其水平投影为四条倾斜的直线。

作图步骤见表2.3.5。

表 2.3.5　作图步骤

步　骤	图　例	说　明
一、绘制基准线	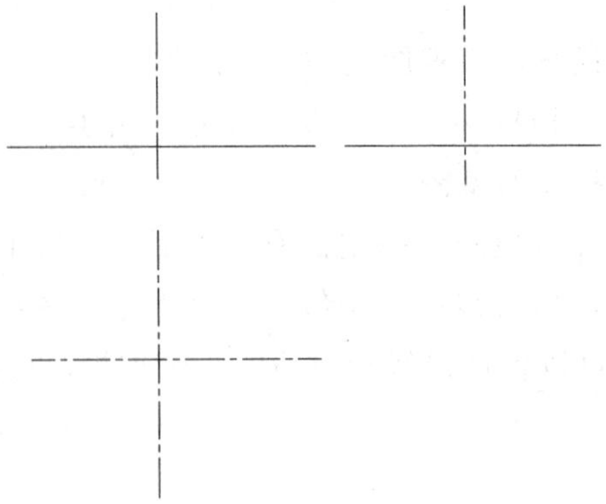	用硬笔绘制细线草图。正六棱柱有中心，且左右、前后对称，所以其前后、左右的基准线用细点画线绘制

续表

步　骤	图　例	说　明
二、绘制俯视图 （1）绘制半径为 20 的圆； （2）以左右两象限点（1、2 点）为圆心，20 为半径绘制两圆弧，与圆相交于 3、4、5、6 点； （3）连接 1～6 点，完成正六边形的绘制； （4）清洁图纸，擦去多余线，完成俯视图草图的绘制	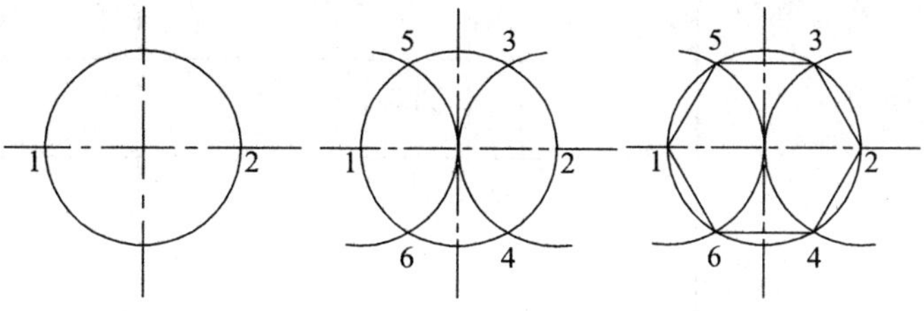 1　2　3 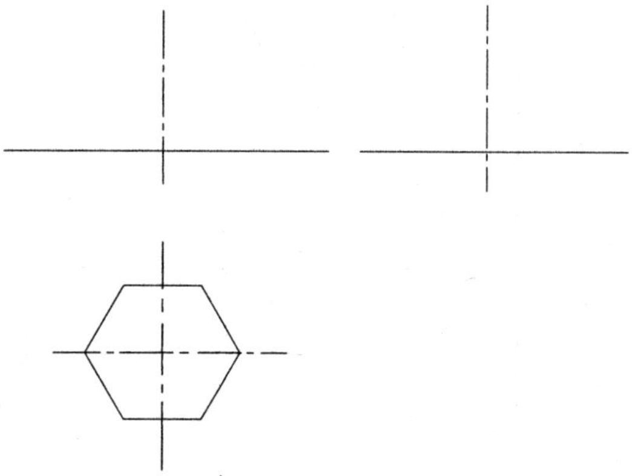 4	俯视图反映六棱柱的特征视图，应先绘制
三、绘制主视图草图 （1）按主、俯视图“长对正”的投影规律，从俯视图的四个交点引四条竖直线到主视图； （2）绘制高度为 20 的水平线； （3）清洁图纸，完成主视图草图	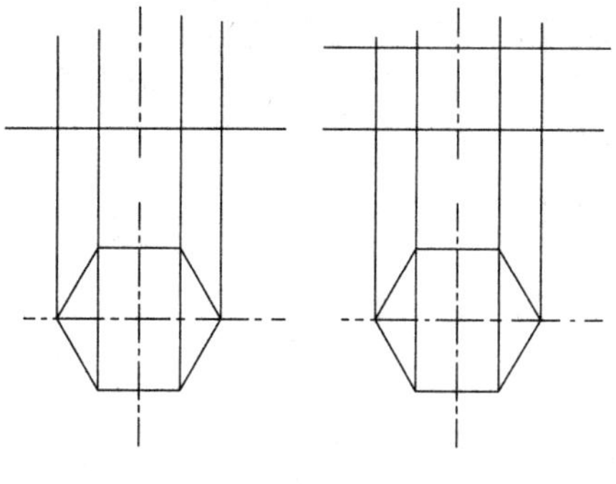 1　2 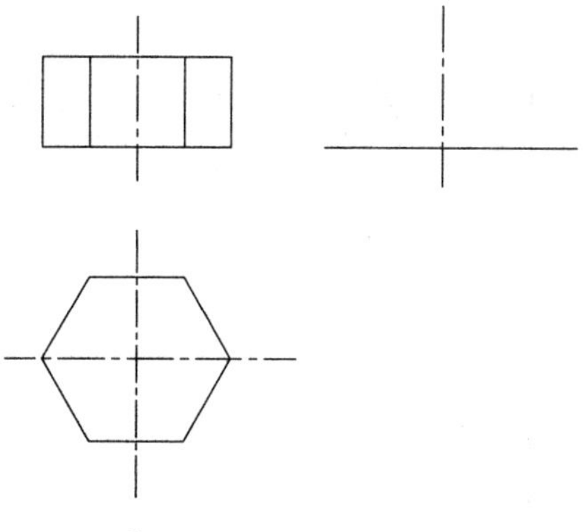 3	

续表

步　骤	图　例	说　明
四、绘制左视图草图 （1）按主、左视图“高平齐”的投影规律，从主视图引一条水平直线到左视图； （2）按俯、左视图“宽相等”的投影规律，从俯视图中心（前后的基准）向前后用分规卡取宽度(对于正六棱柱来讲，其前后距离一样)，再以左视图的前后基准线（细点画线）与高度基准线的交点为起点，向前后各量取宽度，并绘制投影图线； （3）清洁图纸，完成左视图草图	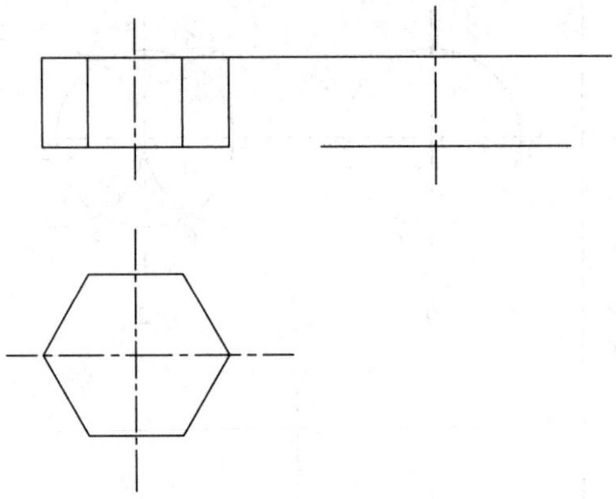 1 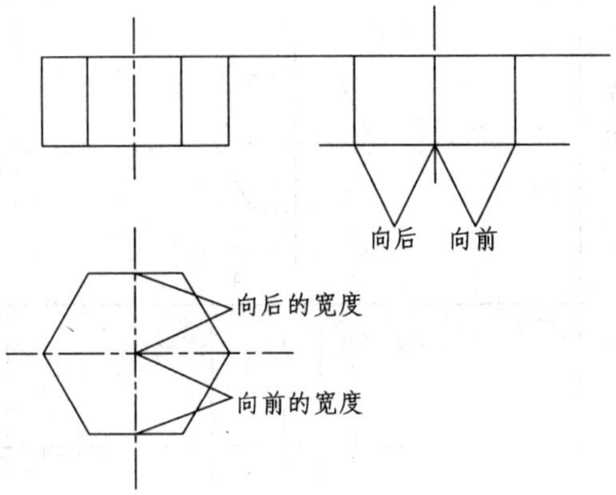 2 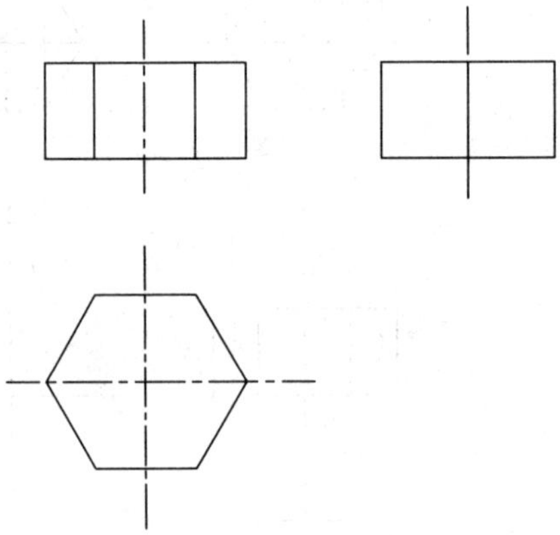 3	

续表

步 骤	图 例	说 明
五、检查清洁图纸，加粗描深，完成三视图	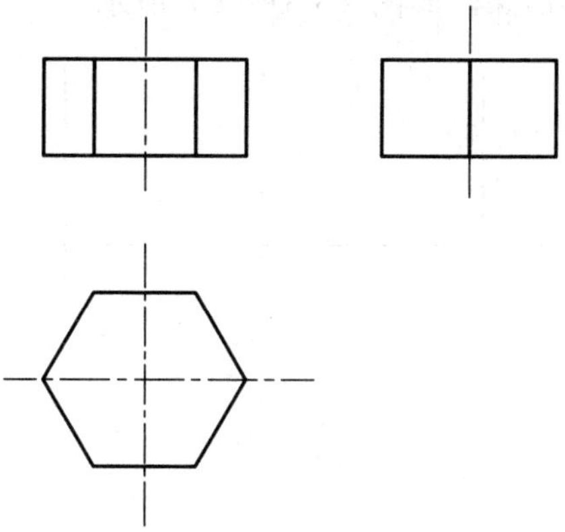	

2. 棱 锥

以底面外接圆直径为 30、高为 30 的正三棱锥为例，如图 2.3.30 所示，它的表面由一个底面（正三边形）和三个侧棱面（等腰三角形）围成，设将其放置在底面与水平投影面平行，并且后棱面垂直于侧投影面的投影体系中。

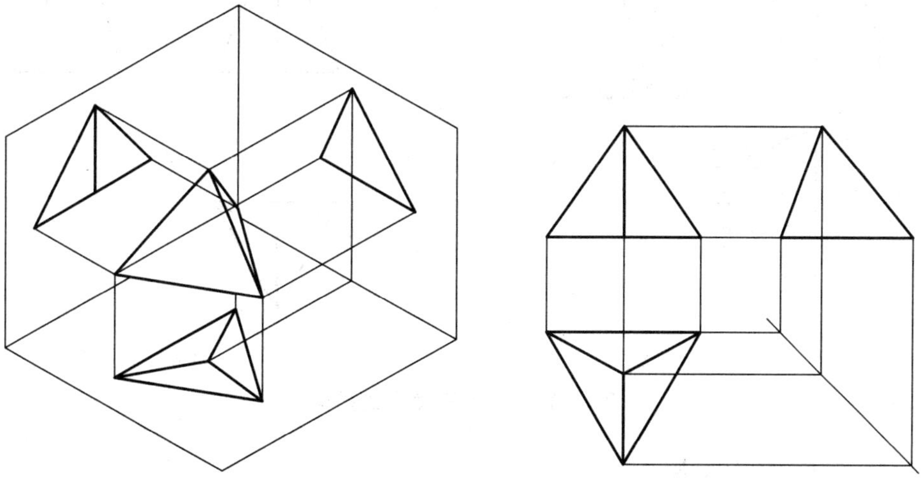

（a）立体图 （b）投影图

图 2.3.30 正三棱锥的投影

由于棱锥底面正三角形平行于水平面，所以它的水平投影（俯视图）反映实形；同时底面垂直于正投影面和侧投影面，底面的正面投影和侧面投影分别积聚为直线段；后棱面三角形垂直于侧投影面，它的侧面投影积聚为一段斜线，正面投影和水平投影为缩小的类似形；前面的左右两棱面三角形倾斜于各投影面，它们的三面投影均为缩小的类似形。

作图步骤如下：

（1）作基准线，如图 2.3.31（a）所示；（想一想为何如此定基准线？）

（2）作俯视图草图，如图 2.3.31（b）所示；

（3）作主视图草图，如图 2.3.31（c）所示；

（4）作左视图草图，如图 2.3.31（d）所示；

（5）检查，清洁，描深，如图 2.3.31（e）所示。

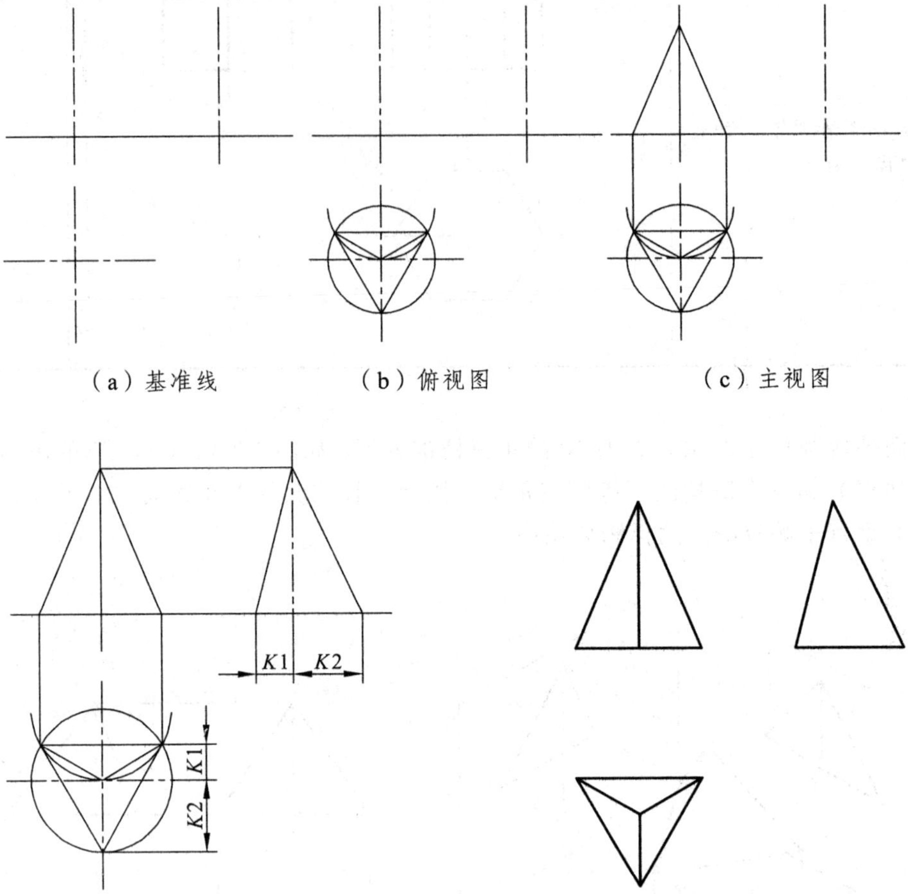

（a）基准线　（b）俯视图　（c）主视图

（d）左视图　（e）三视图

图 2.3.31　正三棱锥的投影

（七）曲面立体的投影

曲面立体是指立体表面全部由曲面或由曲面和平面所围成的立体。曲面立体中有一类称为回转体，其曲面是由一条直线或曲线绕一固定直线回转而形成的，如圆柱面就是一直线绕另一与之平行的直线定距离旋转一周形成的。固定不动的直线称为轴线，绕轴线旋转的动线称为母线。

1. 圆　柱

圆柱表面由圆柱面和上下底面所围成。圆柱面可看作一条直母线围绕与它平行的轴线作定距离的回转而成。圆柱面上任意一条平行于轴线的直线，称为圆柱面的素线。

圆柱的轴线垂直于水平面，圆柱的顶面和底面都平行于水平投影面，且垂直于侧投影面和正投影面，一个直径为 20 的圆柱，其水平投影是一个反映实形的直径为 20 的圆，其正面投影和侧面投影为一长度为 20 的直线段。圆柱面是垂直于水平投影面的，所以其水平面的投影积聚成为一个直径为 20 的圆（与上下面的投影重合）；圆柱面的正面投影是一个矩形，圆柱面前半部与后半部的重合投影，其上下两边也是顶面与底面的积聚线，左右两边分别是圆柱最左、最右素线的投影，正面投影中可见的是前半圆柱面，左右两边的素线是前后半圆柱面的分界线，也称为转向轮廓素线，即从前往后，过了左右的轮廓素线就转到圆柱面的后面。同理，圆柱侧面投影矩形，是圆柱左半部与右半部的重合投影，其上下两边分别为顶面与底面圆的积聚线，前后两边分别是圆柱最前、最后素线的投影，侧面投影中可见的是左半圆柱面，不可见的是右半圆柱面，前后轮廓素线是圆柱左右两边的转向轮廓素线。

轴线是圆柱形成的要素，圆柱的正面投影和侧面投影也关于轴线对称，所以绘制圆柱的三视图必须绘制轴线，它既是圆柱面构成要素，也是视图的基准。

作图过程如下：

（1）作基准线，如图 2.3.32（a）所示；

（2）作俯视图草图，如图 2.3.32（b）所示；

（3）作主视图草图，如图 2.3.32（c）所示；

（4）作左视图草图，如图 2.3.32（d）所示；

（5）检查，清洁，描深，如图 2.3.32（e）所示。

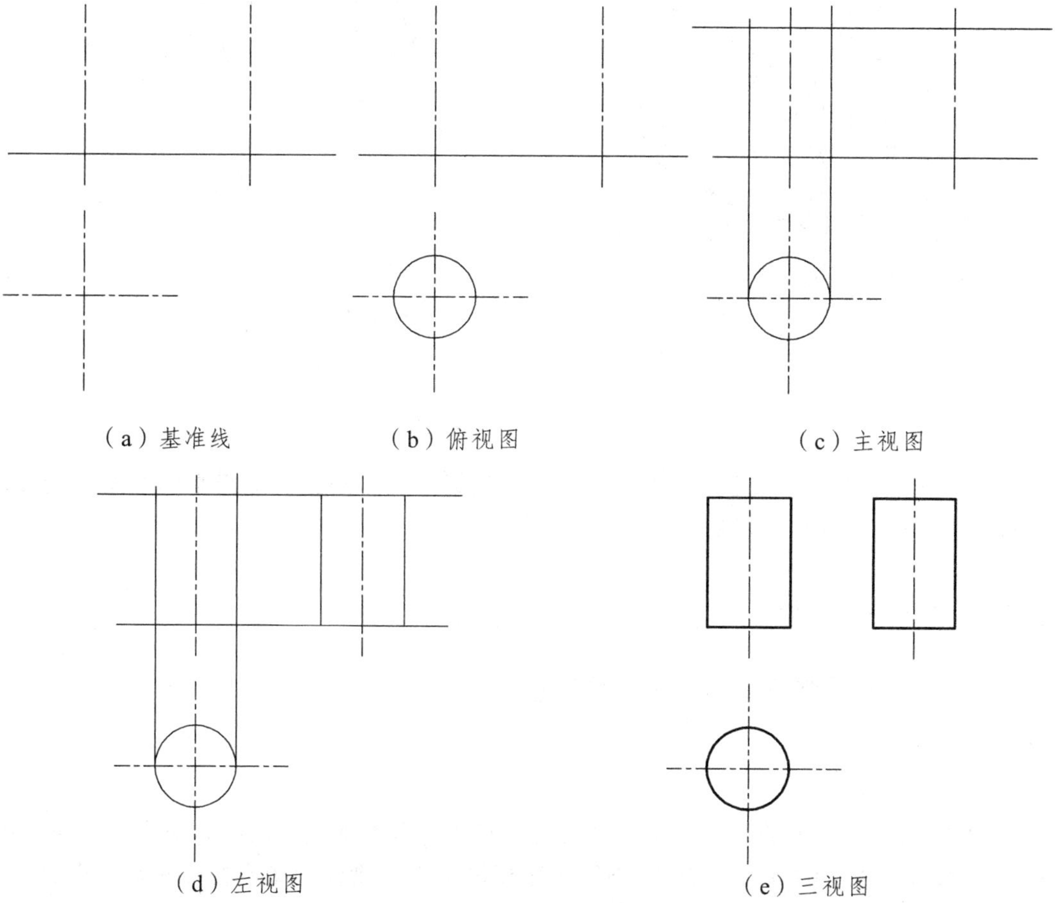

图 2.3.32　圆柱的投影

圆柱的投影特征：当圆柱的轴线垂直于某一个投影面时，圆柱在该投影面的投影为圆，另外两个投影为全等的矩形。

2. 圆 锥

圆锥表面由圆锥面和底面所围成。圆锥面可看作是一条直母线围绕与它相交的轴线回转而成。在圆锥面上，锥顶与底圆上任一点的连线为直线，称为圆锥的素线。

画圆锥面的投影时，也常使它的轴线垂直于某一投影面，如图 2.3.33（a）所示。圆锥轴线垂直于水平投影面，圆锥底面平行于水平投影面，图 2.3.33（b）所示为圆锥的投影图。圆锥的水平投影（俯视图）为一个圆，反映底面的实形，同时也表示圆锥面的投影。圆锥的正面、侧面投影均为等腰三角形，其底边均为圆锥底面的积聚投影，正面投影（主视图）的底边反映的是圆锥左右之间的距离，为圆锥底面的长度，其值等于底圆的直径；侧面投影（左视图）的底边反映的是圆锥前后之间的距离，为圆锥的宽度，其值也等于底圆的直径。正面投影中三角形的两腰分别表示圆锥面最左、最右轮廓素线的投影，而侧面投影中三角形的两腰分别表示圆锥面最前、最后轮廓素线的投影。

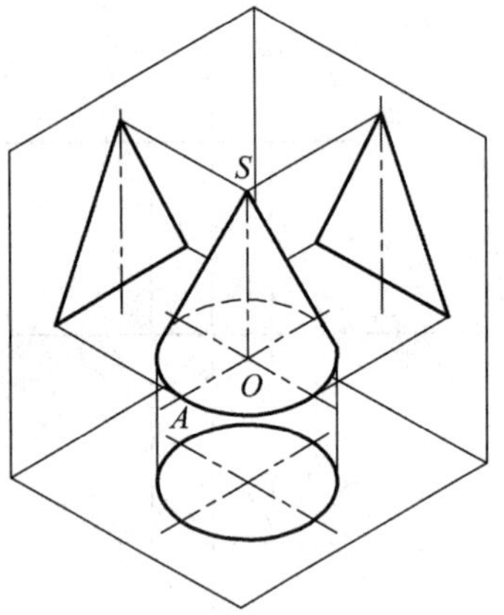

（a）立体图

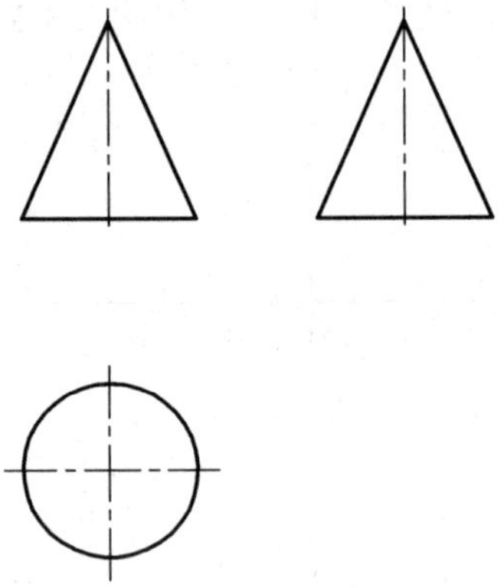

（b）投影图

图 2.3.33 圆锥的投影

圆锥的投影特征：当圆锥的轴线垂直某一个投影面时，圆锥在该投影面的投影为圆，另外两个投影为全等的等腰三角形。

五、知识扩展

（一）俯、左视图宽相等的作图方法

1. 45°辅助线法

（1）原理。

图 2.3.34 所示正方形的四条边是相等的，其左上与右下顶点的连线与底边的夹角为 45°，竖直的 *AB* 边等于水平的 *AC* 边；而三视图中俯视图上表示物体的宽度的方向是竖直的，左视图上表示物体宽度的方向是水平的，如图 2.3.35 所示。

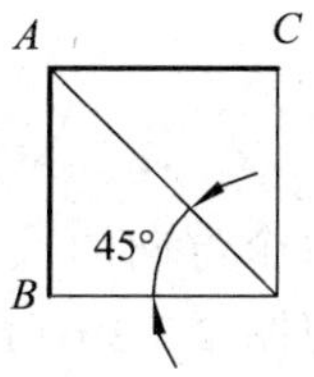

图 2.3.34　正方形

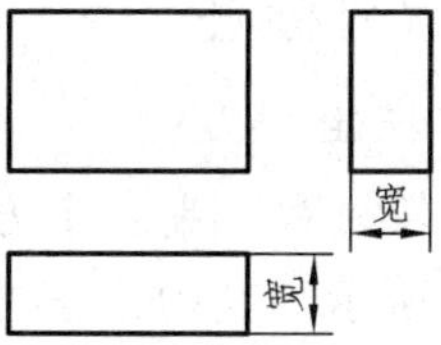

图 2.3.35　三视图

（2）作图。

为作图方便，可以在俯视图右方，左视图下方位置作一 45°辅助线，按图 2.3.36 所示的方式保证俯视图与左视图的宽度尺寸相等。注意：辅助线与水平线的夹角必须为 45°，辅助线应先绘出。

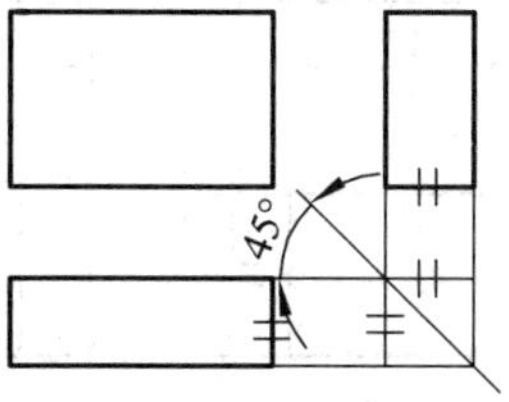

图 2.3.36　45°辅助线

2. 半径相等法

（1）原理。

图 2.3.37 所示圆的半径是相等的，竖直的半径 *OA* 应等于水平的半径 *OB*。

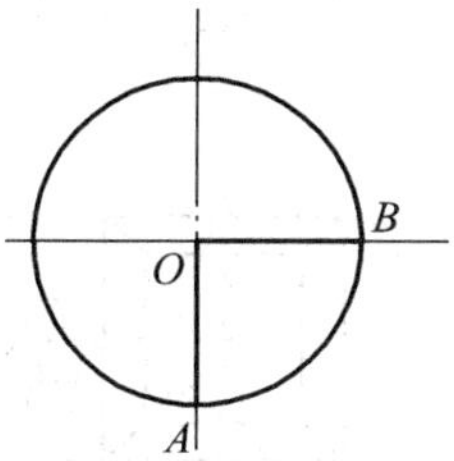

图 2.3.37　圆

（2）作图。

学习绘制三视图时，为了便于理解和应用三视图的投影规律，作图时可以先保留坐标轴，俯、左视图“宽相等”的投影关系可以通过如图 2.3.38 所示的方式保证。

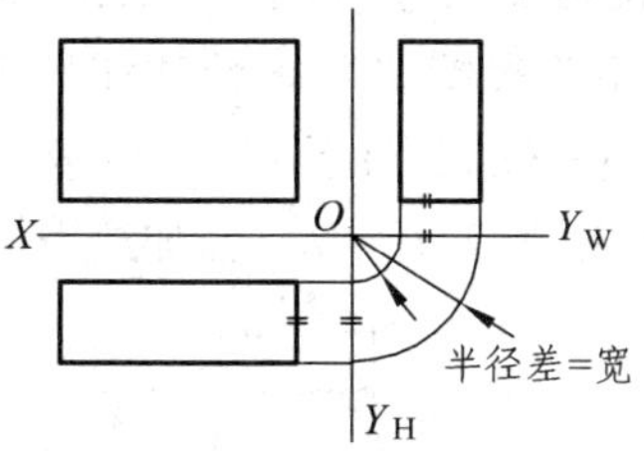

图 2.3.38　宽相等

3. 直接用分规卡取

宽度尺寸可用分规在俯视图或左视图上直接量取，如“学习引导”中的例题所示。注意：俯视图上宽度尺寸是竖直量取的，而左视图上宽度尺寸是水平量取的，这是由于三视图展开时，代表宽度方向的 *Y* 轴分开，俯视图 *Y* 轴竖直向下，左视图 *Y* 轴水平向右而形成的。

直接用分规卡取法是最常用的方法。

（二）基本体的尺寸标注

1. 平面立体的尺寸标注

平面立体一般标注长、宽、高三个方向的尺寸，但每个方向的尺寸只能标注一次，不能重复标注，如图 2.3.39 所示。其中，正方形的尺寸可采用图 2.3.39（f）所示的形式注出，即在边长尺寸数字前加注“□”符号。图 2.3.39（d）、（g）中加“( )”的尺寸称为参考尺寸。

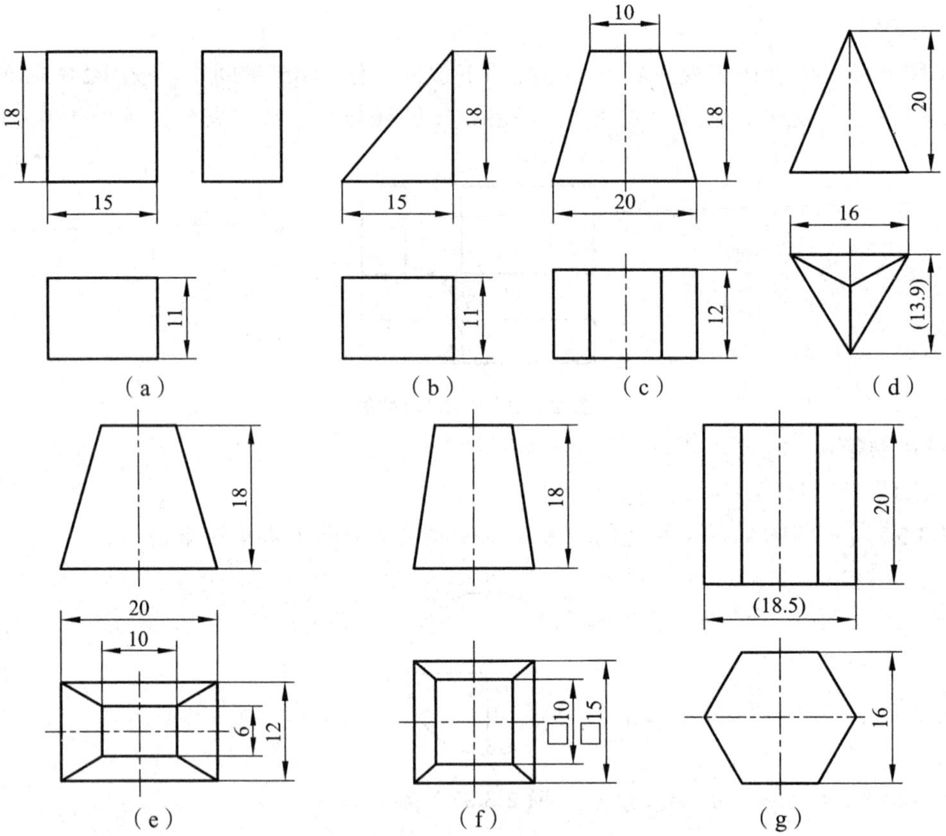

图 2.3.39　平面立体的尺寸注法

2. 曲面立体的尺寸标注

圆柱和圆锥应注出底圆直径和高度尺寸，圆锥台还应加注顶圆的直径。直径尺寸应在其数字前加注符号“ϕ”，一般注在非圆视图上。这种标注形式用一个视图就能确定其形状和大小，其他视图就可省略，如图 2.3.40（a）、（b）、（c）所示。

标注圆球的直径和半径时，应分别在“ϕ”“R”前加注符号“S”，如图 2.3.40（d）、（e）所示。

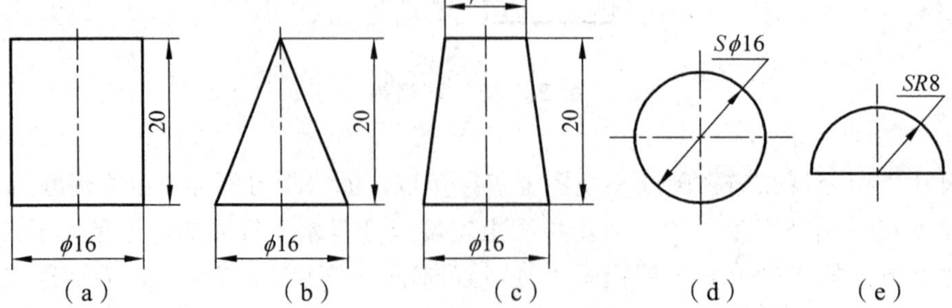

图 2.3.40　曲面立体的尺寸注法

六、课后练习

（1）投影法分为________和________，平行投影法是指投射线互相________的投影法。按投射线与投影面的角度关系（倾斜还是垂直），平行投影法又分为_________和__________，投射线与投影面垂直的投影法称为_________，机械制图中使用的是__________。

（2）正投影法具有三个基本性质，分别是__________、___________、___________。真实性是指当空间线段或平面与投影面______时，该线段或平面在该投影面上的投影反映其实际长度和形状；积聚性是指当空间直线段或平面与投影面______时，该直线段或平面在该投影面上的投影积聚成___________或__________；类似性是指当空间线段或平面与投影面___________时，该线段或平面在该投影面上的投影为该线段或平面缩小的类似形。

（3）三投影面体系由三个互相垂直的投影面构成，这三个面分别为________、________、_________。在正投影面上形成的视图称为___视图，在水平投影面上形成的视图称为___视图，在侧投影面上形成的视图称为___视图。V 面与 H 面的交线定义为___轴，代表物体的长度方向；V 面与 W 面的交线定义为 Z 轴，代表物体的_____度方向；H 面与 W 面的交线定义为___轴，代表物体的____度方向。

（4）三视图的投影规律为主俯视图________，_________视图高平齐，俯左视图___相等。

（5）在机械制图中关于长、宽、高的定义为：物体左右之间的距离称之为长，上下之间的距离称之为___，______之间的距离称之为宽。

（6）三视图中每一视图都能反映空间物体两个方向的位置关系，主视图反映物体上下左右的位置关系，___视图反映物体前后左右的位置关系，左视图反映物体________的位置关系。

（7）在图 2.3.41 所示三视图的括号中填写物体的“上”“下”“左”“右”“前”“后”方位。

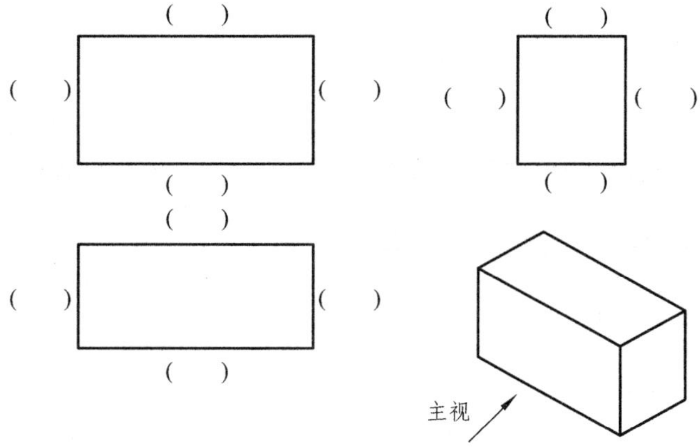

图 2.3.41　三视图

（8）写出图 2.3.42 所示三视图所表达的基本体名称。

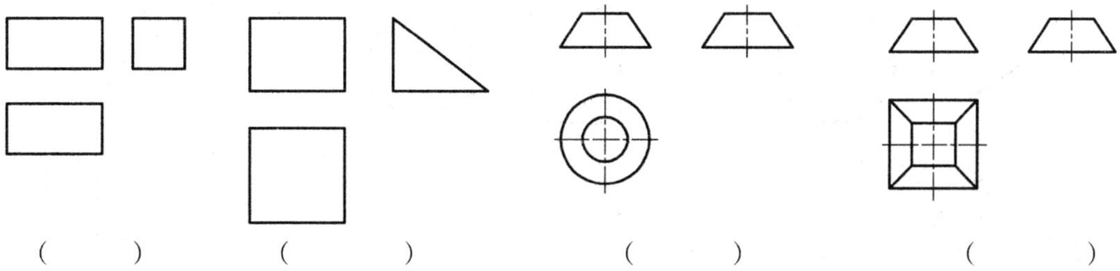

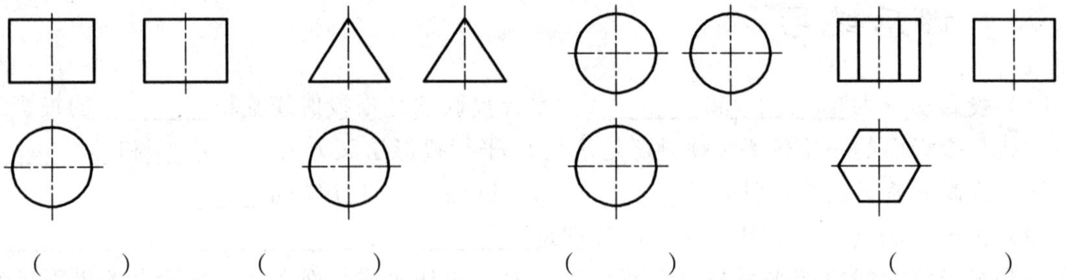

图 2.3.42　三视图

（9）绘制一长为 10、高为 20、宽为 30 的四棱柱。根据长、宽、高的定义，绘图前想一想该四棱柱在投影体系中是怎样摆放的。

（10）绘制直径为 16、长为 25 的、轴线垂直于侧投影面的圆柱的三视图。

（11）绘制一尖端垂直向下、底圆直径为 16、高为 25 的圆锥的三视图。

（12）将制作的四棱台和圆锥台倒立放置（上大下小），分别绘制其三视图。

（13）已知两视图，如图 2.3.43 所示，想象物体的形状，补画第三视图。

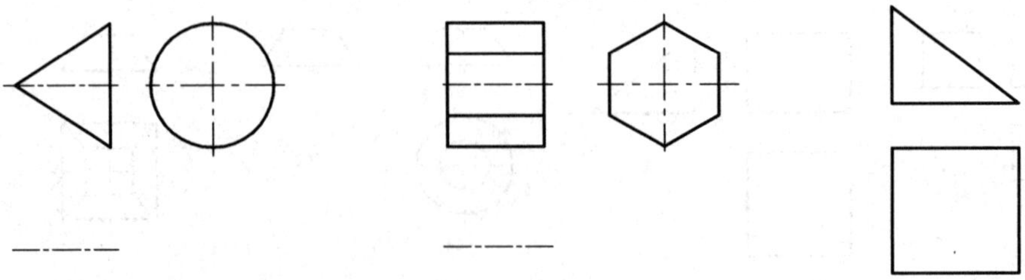

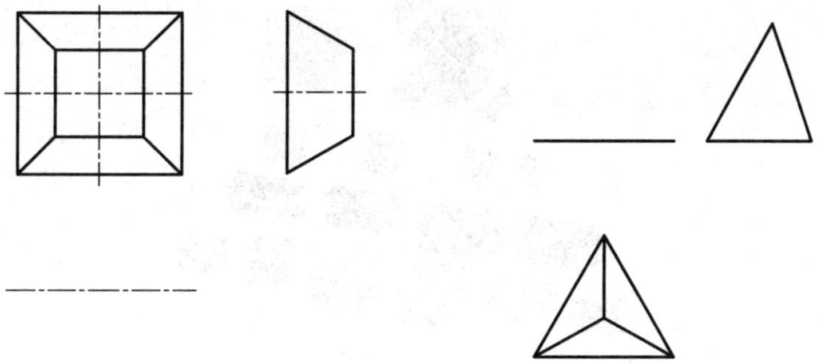

图 2.3.43　补画第三视图

任务四　制作积木模型

学习目标

- 能正确抄绘图形。
- 能正确制作积木模型。

学习重难点

▲ 回转体制作。

学习准备

★教师准备：教材、教案、板图工具、多媒体课件。
★学生准备：绘图工具、卡纸、教材、课堂练习本、剪刀、胶水、胶带纸。

建议学时

建议学时：8 课时。

一、任务要求

用卡板纸制作 21 件套积木模型，如图 2.4.1 所示。

图 2.4.1 积木模型图

二、任务实施

（1）在卡板纸上用 1∶1 比例抄绘积木模型展开图，如图 2.4.2～2.4.7 所示。图中有数量要求的按数量要求作，整套积木共 21 个。

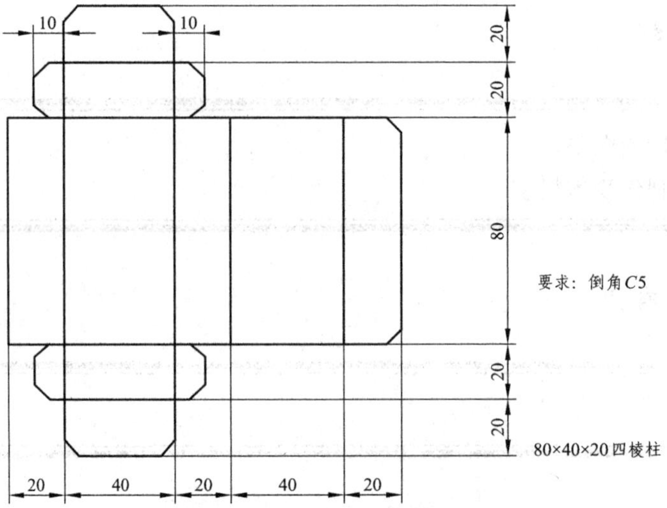

图 2.4.2 积木模型展开图

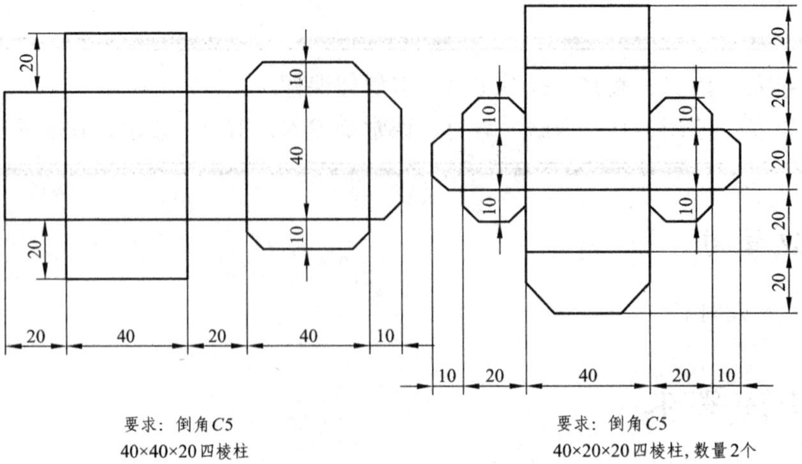

图 2.4.3 积木模型展开图

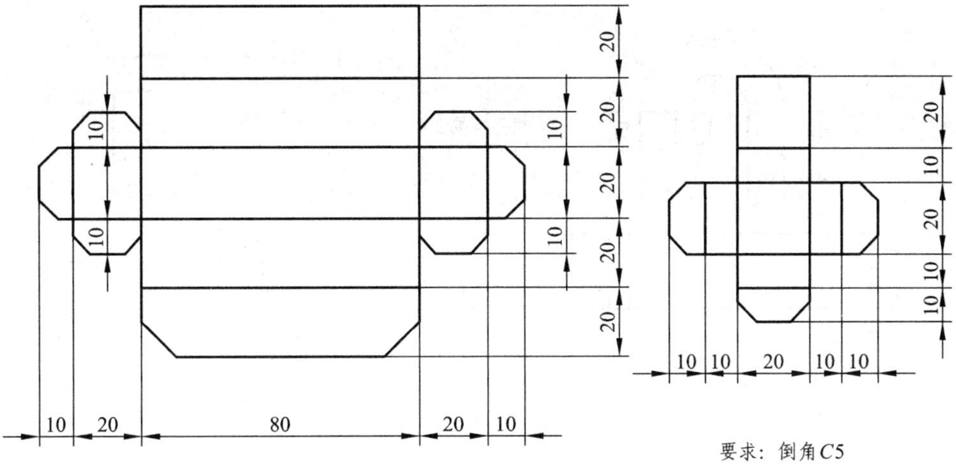

要求：倒角$C5$
80×20×20四棱柱

要求：倒角$C5$
20×20×10四棱柱，数量2个

图 2.4.4　积木模型展开图

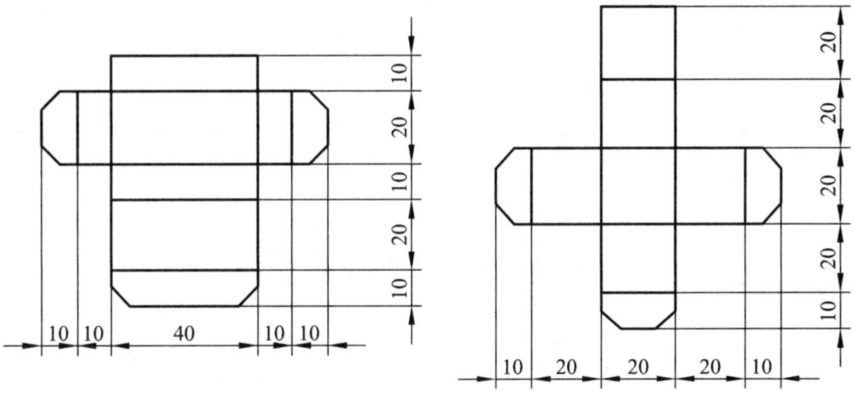

要求：倒角$C5$
40×20×10四棱柱，数量2个

要求：倒角$C5$
20×20×20四棱柱，数量2个

图 2.4.5　积木模型展开图

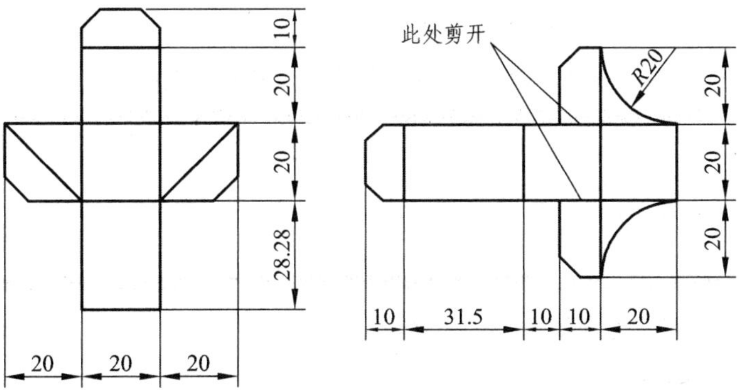

要求：倒角$C5$
20×20三棱柱，数量2个

要求：倒角$C5$
外角，数量4个

图 2.4.6　积木模型展开图

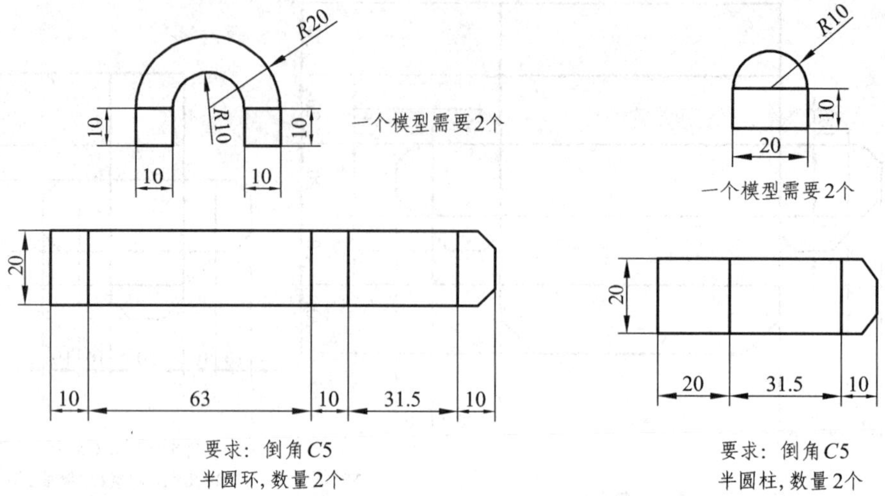

图 2.4.7　积木模型展开图

（2）制作积木的模型。（用剪刀剪下展开图，沿图线折出实体，将倒角处涂上胶水或用胶带纸粘接成模型）

（3）制成的积木模型如图 2.4.1 所示。

（4）根据制作的积木，自己设计制作一纸盒，能将积木模型紧凑地放置在盒内。

任务五　组合积木

学习目标

- 能举例解释组合体的三种形式。
- 能举例解释组合体表面连接方式。
- 能正确理解三视图所表达的物体，组合出正确的物体。

学习重难点

▲ 组合体是一个不可分割的整体的概念。

▲ 用形体分析法读图。

学习准备

★ 教师准备：教材、教案、木质积木、多媒体课件。

★ 学生准备：教材、自制积木。

建议学时

建议学时：16 课时。

一、任务要求

（1）根据图 2.5.1～2.5.10 所示的三视图，组合三维实体。

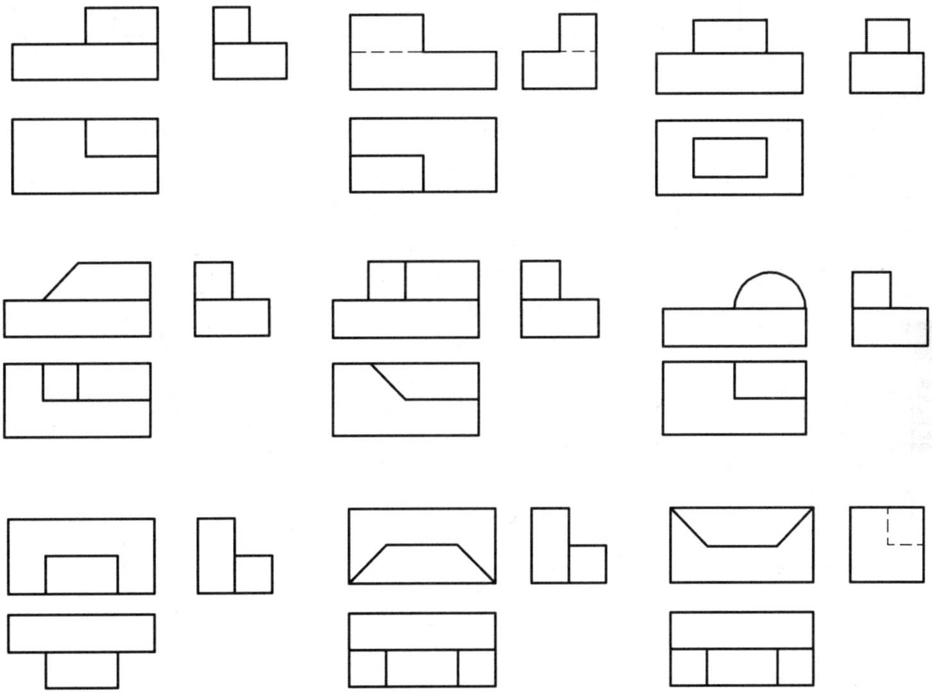

图 2.5.1　三视图

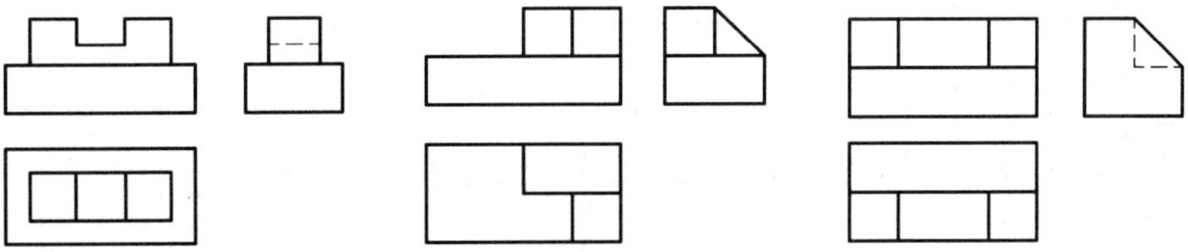

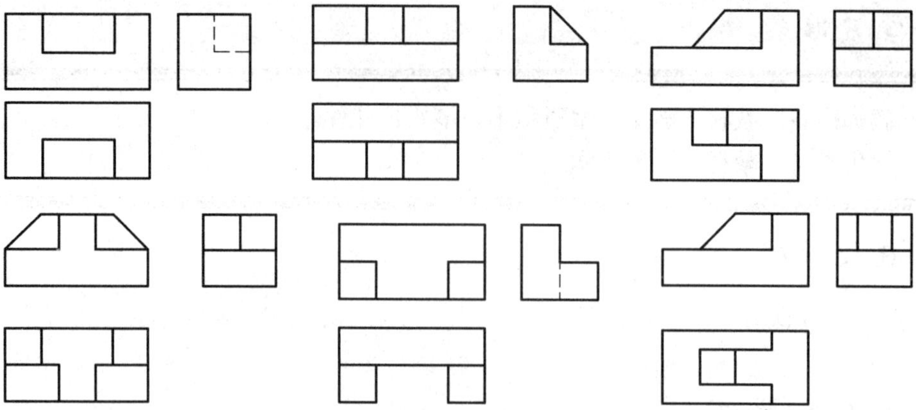

图 2.5.2　三视图

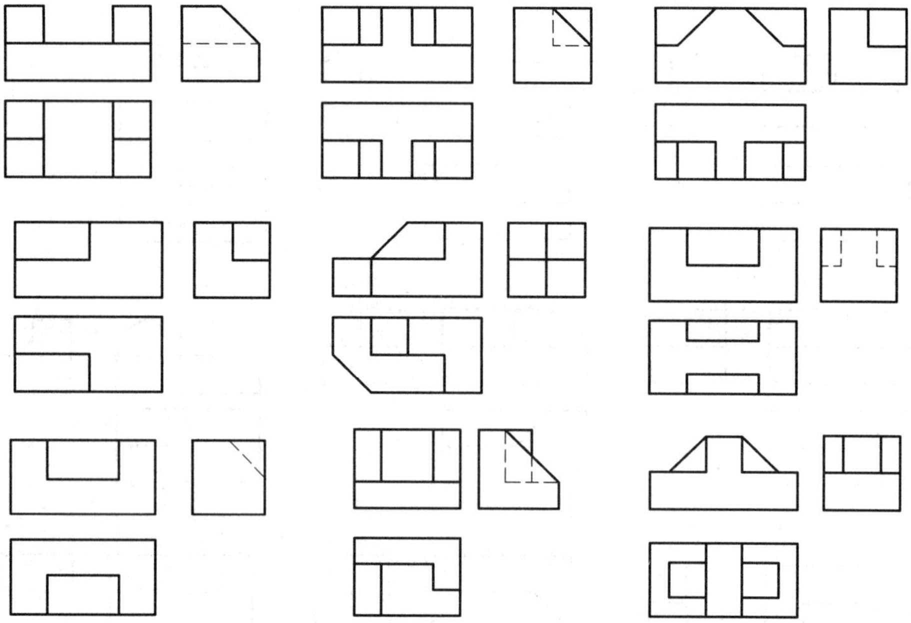

图 2.5.3　三视图

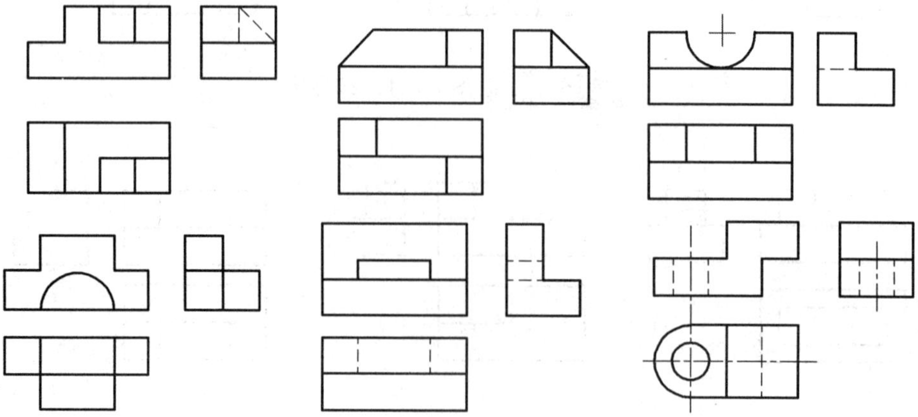

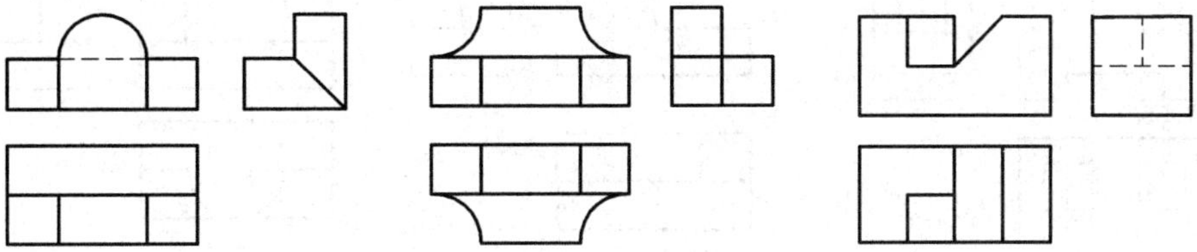

图 2.5.4　三视图

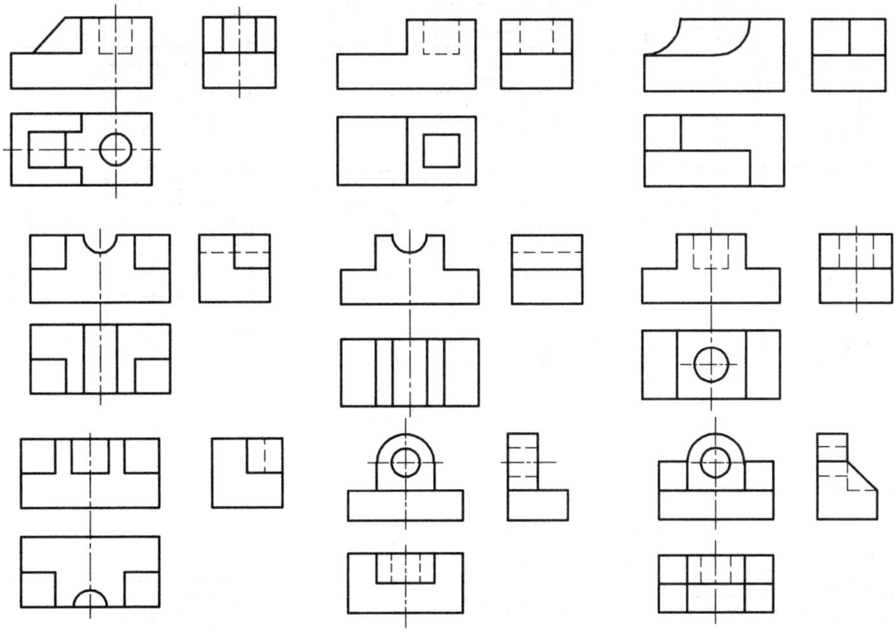

图 2.5.5　三视图

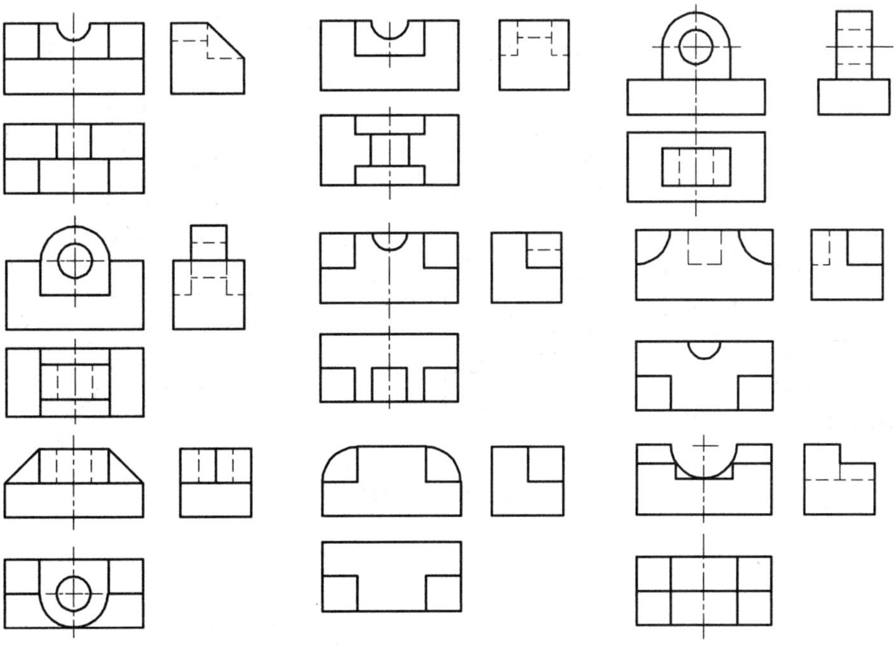

图 2.5.6　三视图

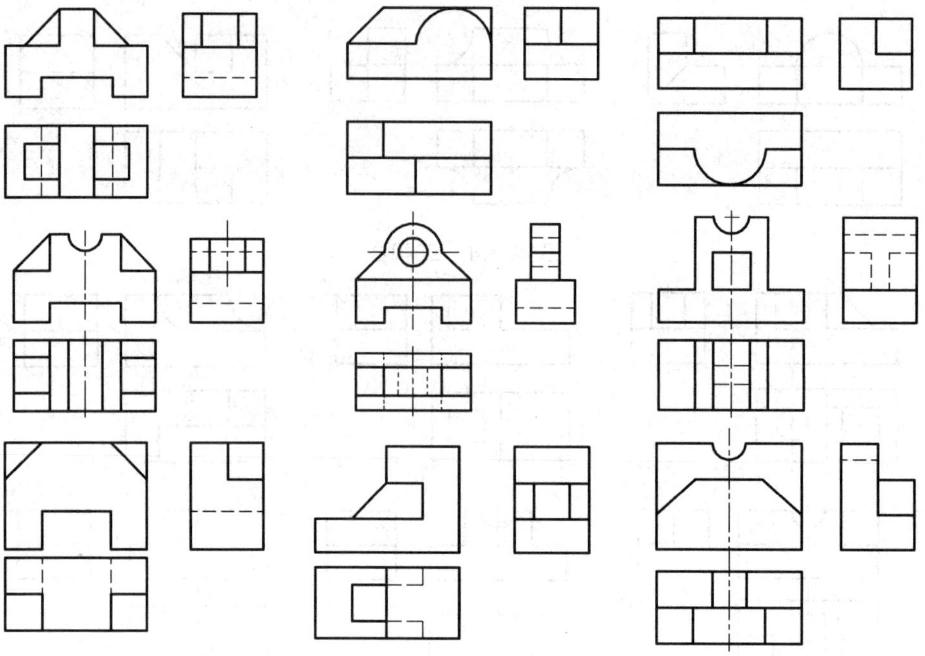

图 2.5.7 三视图

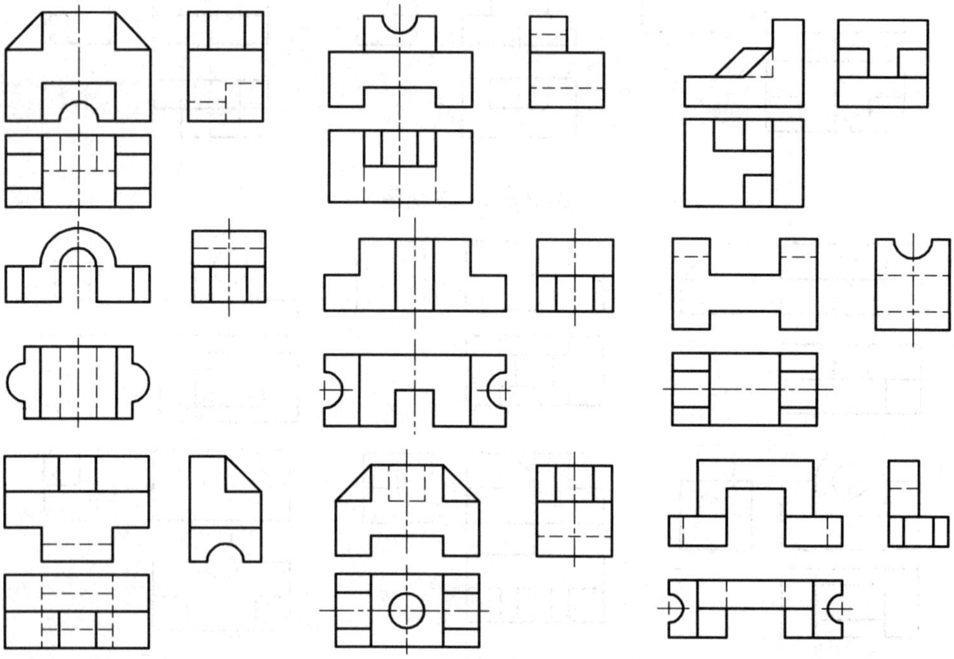

图 2.5.8 三视图

图 2.5.9　三视图

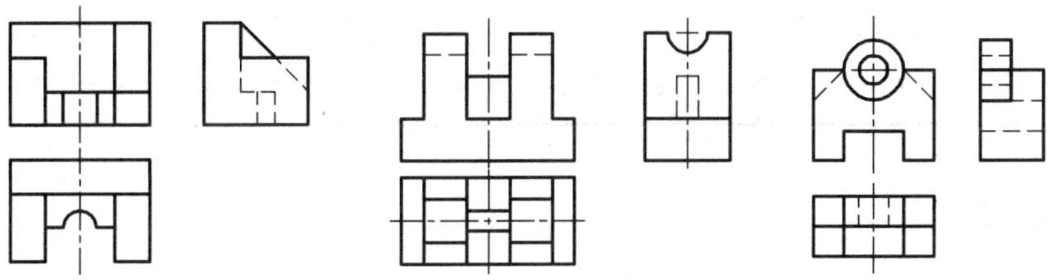

图 2.5.10　三视图

二、学习引导

（1）由两个或两个以上的基本体组成的物体称为________。

（2）对组合体进行识读、绘制的过程中，通常假想将组合体分解成若干个基本体，分析各个基本体的________________、________________以及________________关系，这种分析方法称为形体分析法。

（3）组合体的组合形式有____________、____________、_____________三种。

（4）三视图中的图线，物体上可见轮廓线用________线绘制，不可见轮廓线用________线绘制，中心线、对称线、轴线用_________绘制。

（5）完成表 2.5.1 分析。

表 2.5.1 三视图分析

物 体	三视图	分 析
	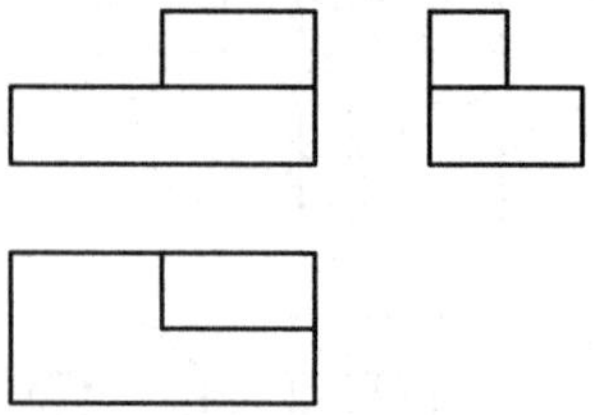	该物体是______式组合体，由两个______组成。小四棱柱位于大四棱柱的______方；大小四棱柱的后面、右面______，前面和左面相离
	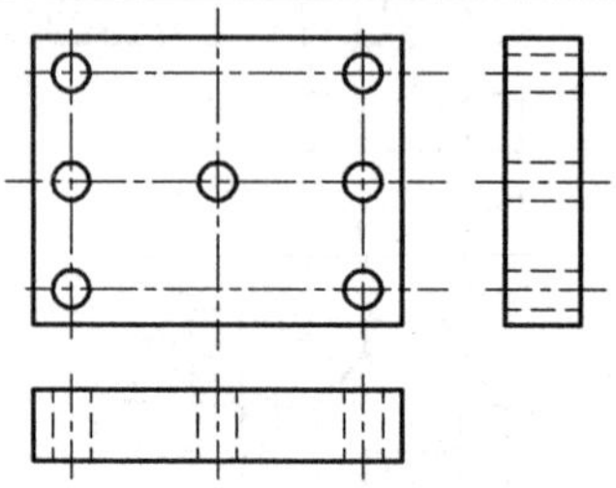	该物体是______式组合体，由一个四棱柱切割掉七个______体组成。该物体上下对称，左右______，用______线表示，各个圆孔的中心线、轴线用______线表示
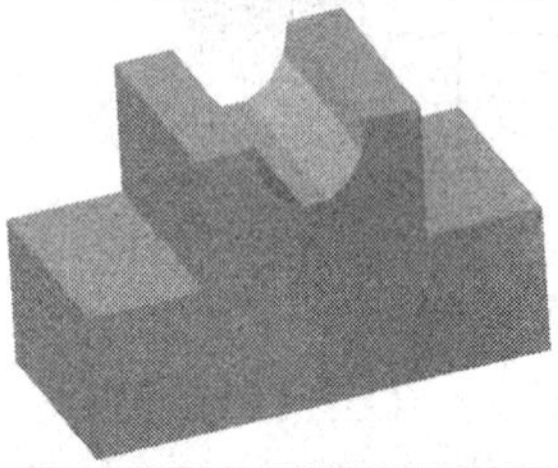	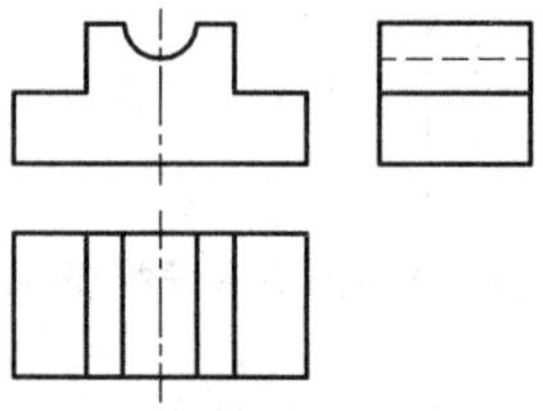	该物体是______式组合体，下方大的四棱柱上方中间叠加一个切割掉半个圆柱体的小四棱柱。两部分前后面______，结合处______交线
注：形体分析法是识图的一种思维分析方法，而不是真的将物体分割，应始终将物体看成一个整体，特别是在组合积木过程中，虽然物体是由若干基本体组成，但组成的物体是一个整体，不可分割		

三、任务实施

（1）小组自主学习完成引导问题。

（2）用自制积木依次完成图 2.5.1～2.5.10 所示三视图所表达的物体的组合。

（3）小组成员互相检查，交互随机抽查。

（4）小组成员间随机抽查五图，记录时间进行比赛并作记录。

四、知识链接

（一）组合体的概念及形体分析法

任何复杂的机件都可以看成由若干小的部分组合而成。我们把由两个或两个以上的基本体组成的物体称为组合体。

在对组合体进行识读、绘制的过程中，通常假想将组合体分解成若干个基本体，分析各个基本体的形状、相对位置以及表面连接关系，这种分析方法称为形体分析法。

图 2.5.11 所示为支座零件，可以将它分解成底板、肋板、大圆筒、小圆筒四个部分。大圆筒又可以分解成三个圆柱体，即一个竖立的大圆柱体减去一个小的圆柱体形成一个大圆筒，在此基础上再减去一个横向的小圆柱。

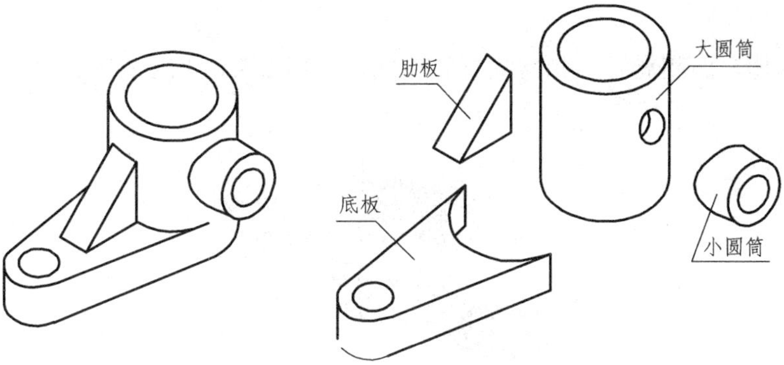

图 2.5.11　支座

（二）组合体的组合形式及其表面的连接关系

1. 组合体的组合形式

（1）叠加：物体可以看成由两个或多个基本体叠加而形成，如图 2.5.12 所示。

（2）切割：物体可以看成由基本体经过一次或多次切割而形成，如图 2.5.13 所示。

（3）综合：由叠加和切割两种基本组合形式综合而形成的物体，如图 2.5.14 所示。

注意：无论是叠加式组合体、切割式组合体还是综合式组合体，其物体都是一个整体，不能分割，仅仅是分析时将其分解简化，便于理解。

图 2.5.12　叠　加

图 2.5.13　切　割

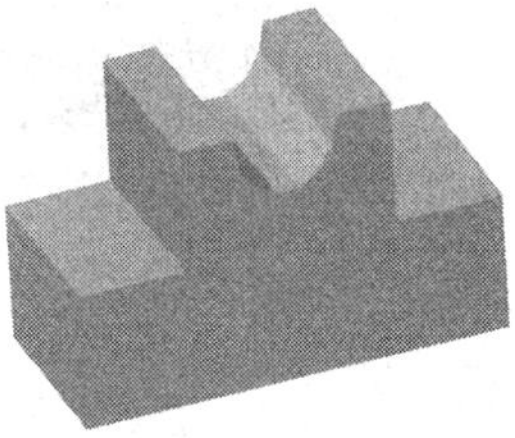

图 2.5.14　综　合

2. 组合体的表面的连接关系

（1）共面。

当两个基本体表面共面时，相交处无轮廓线，如图 2.5.15 所示。

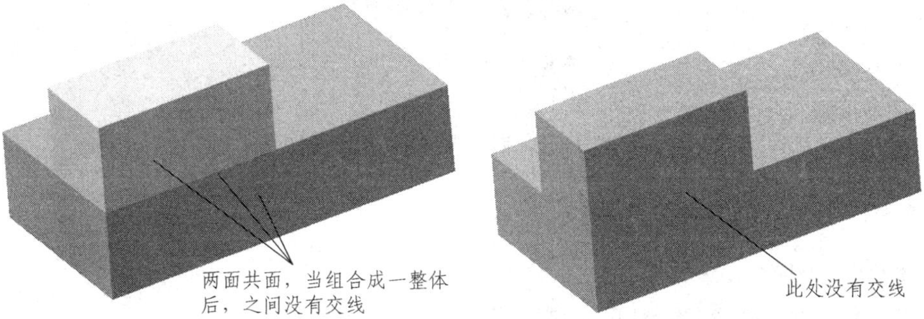

图 2.5.15　两个基本体表面共面

（2）相离。

当两个基本体表面相离时，相交处有轮廓线，如图 2.5.16 所示。

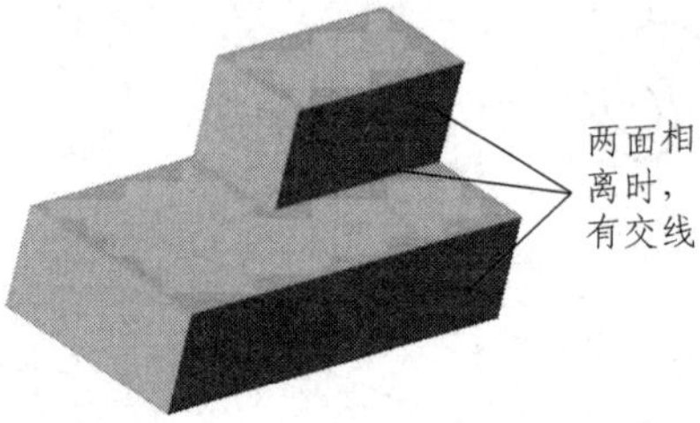

图 2.5.16　两个基本体表面相离

（3）相交。

两个基本体表面相交时，在相交处要画线，如图 2.5.17 所示。

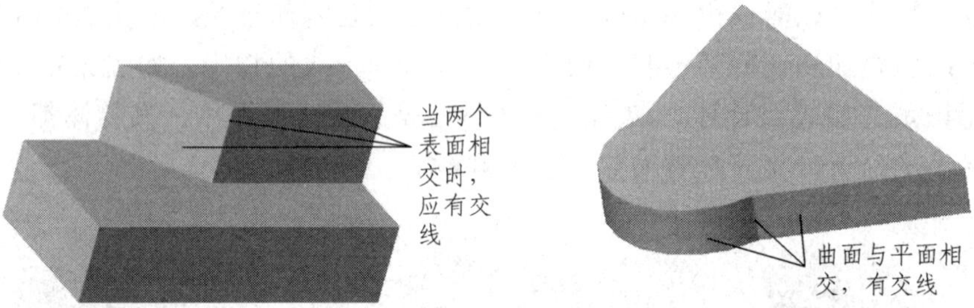

图 2.5.17　两个基本体表面相交

（4）相切。

两个基本体的表面相切时，在相切处不画线，如图 2.5.18 所示。

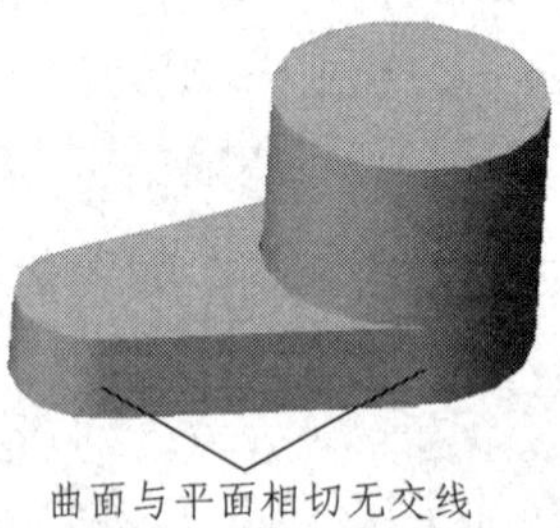

图 2.5.18　两个基本体表面相切

（三）组合体绘制图线的用法

组合体绘制图线的用法如图 2.5.19 所示：

（1）可见轮廓线用粗实线绘制。（要求色彩均匀，宽度一致）

（2）不可见轮廓线用细虚线绘制。（要求线长及间隔均匀，且线的长度比空格长 4 倍以上）

（3）中心线轴线用细点画线绘制。（要求线长及间隔均匀，且线长点短，点画成一短画线）

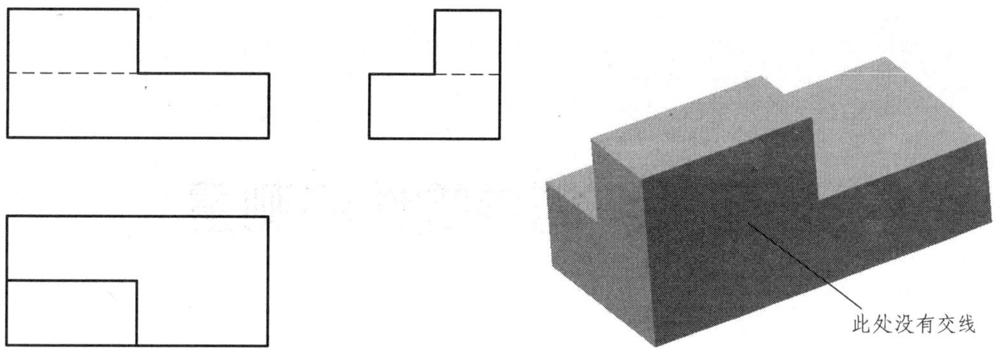

图 2.5.19　组合体绘制图线的用法

注意：在图 2.5.19 中，主视图中的虚线表示的是叠加式组合体上面小的四棱柱与下面的四棱柱的交线，而前面和左面大小两个四棱柱是共面的，没有交线，但后面有，从前向后看，不可见，故用虚线绘制。

五、课后练习

（1）给的每一组（三个图）代表一个零件，组合成积木后，应该把积木看成一个整体，而不是一个一个小的部分，想一想积木的三个图分别是怎样形成的？

（2）给的每一组（三个图）代表一个零件，组合成积木后，应该把积木看成一个整体，而不是一个一个小的部分，想一想在组合过程中，表面与表面间有什么样的位置关系。

（3）图纸上的粗实线、细虚线、细点画线代表什么意思？

（4）用自制积木（三个以上）组合出不同于给出的三视图的立体，在 A4 纸上绘制其三视图。要求完成 4 个不同的立体组合。

项目三　简单零件的测量

学习目标

（1）能读懂零件图上的尺寸标注，说出尺寸的允许加工范围。

（2）能查阅标准公差系列表和基本偏差系列表，计算出配合尺寸的上下极限尺寸。

（3）能正确使用游标卡尺和千分尺进行零件尺寸测量和数据记录。

（4）通过测量数据能对零件进行质量分析。

（5）能绘制简单轴零件图和孔板全剖视图。

学习任务

任务一　识读简单零件图尺寸

任务二　认识尺寸测量工具——游标卡尺

任务三　使用游标卡尺测量减速器传动轴

任务四　绘制简单轴零件图

任务五　认识配合尺寸

任务六　认识尺寸测量工具——外径千分尺

任务七　测绘轴孔配合

学习准备

（1）游标卡尺、外径千分尺。

（2）减速器传动轴、销钉、孔板。

（3）机械制图轴零件图和剖视零件图挂图。

建议学时

建议学时：学习任务 20 课时+练习评讲（2 课时）+单元检测（2 课时）。

任务一　识读简单零件图尺寸

学习目标

- 能识读零件图尺寸。
- 能正确解释尺寸公差的基本概念。
- 能正确进行尺寸公差的相关计算。

学习重难点

▲ 尺寸公差的基本概念。
▲ 尺寸公差的相关计算。

学习准备

★ 教师准备：板图工具、多媒体课件。
★ 学生准备：《极限配合与技术测量基础》教材、练习册、学习工具。

建议学时

建议学时：2 课时。

一、任务要求

分组识读零件图（见图 3.1.1）尺寸标注，抄写出这些尺寸标注，分析零件图上尺寸的构成，能进行简单的尺寸计算，了解这些尺寸的作用。

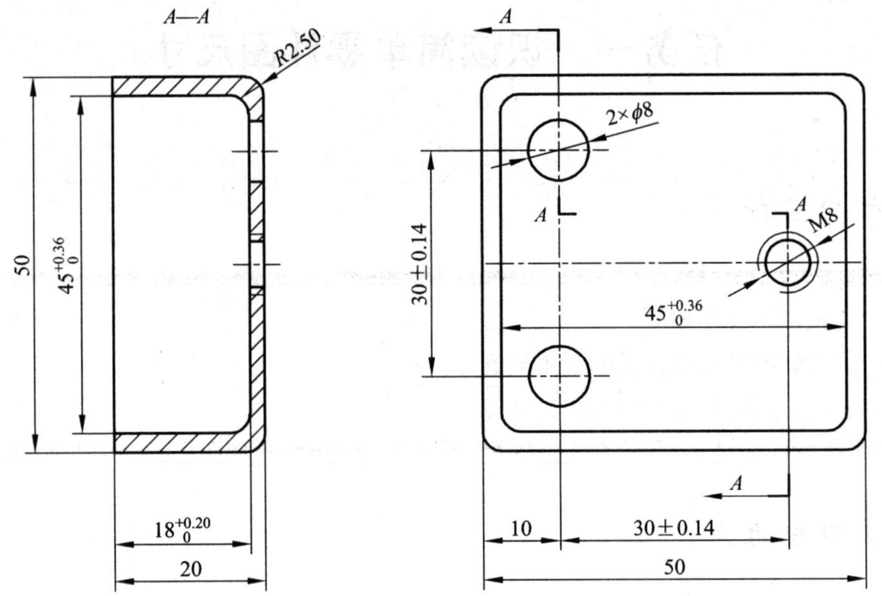

图 3.1.1　零件图

二、学习引导

（1）联系日常生活，如自行车零件损坏以后，你是怎样进行维修的？

（2）零件在加工中，由于诸多因素的影响，加工后得到的几何参数会不可避免地偏离设计时的理想要求，产生误差。零件的几何量误差可能影响到零件的使用性能，那么怎样才能保证零件的互换性要求呢？

（3）小组识读零件图（见图 3.1.1），抄写出你在零件图上发现的尺寸标注。

①

②

③

④

（4）零件图上为什么要标注尺寸？

（5）以 $45^{+0.36}_{0}$ 为例分析零件图标注尺寸的结构。

（6）要想成为“专家”，你还应该了解尺寸标注的常用专业术语，请查阅本节“知识链接”，解释下面的专业术语：

① 公称尺寸：

② 上极限尺寸：

③ 下极限尺寸：

③ 上极限偏差：

④ 下极限偏差：

⑤ 公差：

⑥ 基本偏差：

（7）算一算。（用填空的方式来完成）

① $18^{+0.2}_{0}$ 表示它的公称尺寸为____________，上极限偏差为____________，下极限偏差为______________，上极限尺寸为______________，下极限尺寸为______________，公差为____________，表示的意思是零件尺寸加工在____________尺寸和____________尺寸之间才是合格的。

② $45^{+0.36}_{0}$ 表示它的公称尺寸为____________，上极限偏差为____________，下极限偏差为______________，上极限尺寸为______________，下极限尺寸为______________，公差为____________，表示的意思是零件尺寸加工在____________尺寸和____________尺寸之间才是合格的。

③ 30 ± 0.14 表示它的公称尺寸为____________，上极限偏差为____________，下极限偏差为______________，上极限尺寸为______________，下极限尺寸为______________，公差为____________，表示的意思是零件尺寸加工在____________尺寸和____________尺寸之间才是合格的。

（8）零件图中还有很多尺寸没有标注出上下偏差，例如，箱体的长和宽的尺寸标注都为50，那么，这些没有标注上下偏差的尺寸在加工时要求实际尺寸在什么范围内才算合格呢？

三、知识链接

（一）互换性

1. 互换性概念

在机械工业中，互换性指的是在同一规格的一批零件或部件中，不需任何挑选调整或附加修配（如钳工修理）就能进行装配，并能保证满足机械产品的使用性能要求的一种特性。

例如，人们经常使用的自行车和手表的零件、生产中使用的各种设备的零件等，当它们损坏以后，修理人员很快就可以用同样规格的零件换上，恢复自行车、手表和设备的功能。

在机械制造中，遵循互换性原则，不仅能显著提高劳动生产率，而且能有效保证产品质量和降低成本。所以，互换性是机械制造中的重要生产原则与有效技术措施。

机械和制造业中的互换性通常包括几何参数（如尺寸）和力学性能（如硬度、强度）的互换。

2. 几何量误差

要保证零件具有互换性，就必须保证零件的几何参数的准确性。

零件在加工的过程中，由于机床精度、计量器具精度、操作工人技术水平及生产环境等诸多因素的影响，其加工后得到的几何参数会不可避免地产生误差（几何量误差）。

几何量误差主要包含：尺寸误差、形状误差、位置误差、表面粗糙度。

零件的几何量误差可能影响零件的使用性能，但只要将误差控制在一定的范围内，就仍能满足使用功能要求，即仍可以保证零件的互换性要求。

（二）尺　寸

（1）尺寸——用特定单位表示长度值的数字。在机械制造中一般常用毫米（mm）作为特定单位。

（2）公称尺寸——根据使用要求，经过强度、刚度计算和结构设计而确定的，且按优先数系列选取的尺寸。公称尺寸应是标准尺寸，即为理论值。

例如，零件图箱体内高尺寸标注为 $18^{+0.2}_{0}$，则 18 为公称尺寸；箱体总高尺寸标注为 20，则 20 为公称尺寸。

（3）实际尺寸——加工后通过测量所得的尺寸。但由于测量存在误差，同时由于工件存在形状误差，所以同一个表面不同部位的实际尺寸也不相等。

例如，零件图箱体内高尺寸标注为 $18^{+0.2}_{0}$，加工后测量为 18.08、18.12 等，这些测量出的尺寸即为实际尺寸。

（4）极限尺寸——允许尺寸变化的两个界限值。极限尺寸是以基本尺寸为基数来确定的。

上极限尺寸——允许实际尺寸变动的最大值；

下极限尺寸——允许实际尺寸变动的最小值。

例如，零件图中的 $18^{+0.2}_{0}$，上极限偏差为+0.2，下极限偏差为 0；所以上极限尺寸为 18+0.2 = 18.2，下极限尺寸为 18+0 = 18；零件图中的 30±0.14，上极限偏差为+0.14，下极限偏差为−0.14，所以上极限尺寸为 30+（+0.14）= 30.14，下极限尺寸为 30+（−0.14）= 29.86。

在机械加工中，由于存在各种因素形成的加工误差，要把同一规格的零件加工成同一尺寸是不可能的。从使用的角度来讲，只需将零件的实际尺寸控制在一个具体范围内，就能满足使用要求。这个范围由上极限尺寸和下极限尺寸确定。

（三）尺寸偏差（简称偏差）

偏差——某一尺寸减其公称尺寸所得的代数差。

注意：偏差为代数差，可以为正值、负值或零，在使用时一定要注意偏差值的正负号，不能遗漏。

极限偏差——极限尺寸减去公称尺寸得到的代数差。

上极限偏差——上极限尺寸减其公称尺寸所得的代数差。

下极限偏差——下极限尺寸减其公称尺寸所得的代数差。

(四) 零件尺寸合格的条件

加工零件的实际尺寸在极限尺寸范围内，或者其误差在极限偏差范围内，即为合格品。

(五) 尺寸公差（简称公差）

公差——允许尺寸的变动量。公差数值等于上极限尺寸与下极限尺寸代数差的绝对值，也等于上极限偏差与下极限偏差之代数差的绝对值。公差取绝对值，不存在负公差，也不允许为零。公差大小反映零件加工的难易程度、尺寸的精确程度。

例如，零件图中的 $18^{+0.2}_{0}$，公差为|18.2−18|=|+0.2−0|=0.2；零件图中的 30±0.14，公差为|30.14−29.86|=|+0.14−（−0.14）|=0.28。

(六) 一般公差线性尺寸的未注公差

一般公差是指在车间一般加工条件下可保证的公差，是机床设备在正常维护和操作情况下能达到的经济加工精度。采用一般公差时，在该尺寸后不标注极限偏差或其他代号，所以也称未注公差。

一般公差主要用于较低精度的非配合尺寸。当功能上允许的公差等于或大于一般公差时，均应采用一般公差；当要素的功能允许比一般公差大的公差，且注出更为经济时，如装配所钻盲孔的深度，则相应的极限偏差值要在尺寸后注出。在正常情况下，一般可不必检验。一般公差适用于金属切削加工的尺寸、一般冲压加工的尺寸。对非金属材料和其他工艺方法加工的尺寸亦可参照采用。

在 GB/T 1804－2000 中，规定了四个公差等级，其线性尺寸一般公差的公差等级及其极限偏差数值见表 3.1.1。

采用一般公差时，在图样上不标注公差，但应在技术要求中做相应注明，例如，选用中等级 m 时，表示为 GB/T 1804—m。

表 3.1.1　线性尺寸的未注极限偏差的数值（摘自 GB/T 1804—2000） mm

公差等级	尺寸分段							
	0.5～3	＞3～6	＞6～30	＞30～120	＞120～400	＞400～1 000	＞1 000～2 000	＞2 000～4 000
f（精密级）	±0.5	±0.05	±0.1	±0.15	±0.2	±0.3	±0.5	—
m（中等级）	±0.1	±0.1	±0.2	±0.3	±0.5	±0.8	±1.2	±2
c（粗糙级）	±0.2	±0.3	±0.5	±0.8	±1.2	±2	±3	±4
v（最粗级）	—	±0.5	±1	±1.5	±2.5	±4	±6	±8

四、知识扩展

互换性原理始于兵器制造。在中国，早在战国时期（公元前 476 年—前 222 年）生产的兵器便能符合互换性要求。西安秦始皇陵兵马俑坑出土的大量弩机（当时的一种远射程的弓箭，见图 3.1.2）的组成零件都具有互换性。这些零件是青铜制品，其中方头圆柱销和销孔已能保证一定的间隙配合。18 世纪初，美国批量生产的火枪实现了零件互换。随着织布机、缝纫机和自行车等新的机械产品的大批量生产，又出现了高精度工具和机床，促使互换性生产由军火工业迅速扩大到一般机械制造业。20 世纪初，汽车工业迅速发展，形成了现代化大工业生产，由于批量大和零部件品种多，要求组织专业化集中生产和广泛的协作。工业标准是实现生产专业化与协作的基础。机械工业中最重要的基础标准之一是公差与配合标准。1902 年，英国纽瓦尔公司编制出版的《极限表》是世界上最早的公差与配合标准。20 世纪 30 年代前后，各工业国家都颁布了公差与配合国家标准。1926 年，国际标准化协会（ISA）成立，于 1935 年公布了国际公差制 ISA 草案。第二次世界大战后，重建了国际标准化组织（ISO），于 1962 年颁布了 ISO/R 286—1962 极限与配合制。

图 3.1.2　弩机

中国于 1959 年颁布了公差与配合国家标准；1979 年颁布了公差与配合新标准，已有尺寸、形状和位置、表面粗糙度等基本要素的公差及轴承、螺纹、齿轮等通用零件的公差与配合等整套标准；2009 年又颁布公差与配合最新标准 GB/T 1800—2009。

五、课后练习

1. 填空题

（1）允许尺寸变化的两个界限值分别是_________和_________。

（2）当上极限尺寸等于公称尺寸时，其_________偏差等于零；当零件的实际尺寸等于公称尺寸时，其_____偏差等于零。

（3）零件的尺寸合格，其实际尺寸应在_________和_________之间，其_________应在上极限偏差和下极限偏差之间。

（4）尺寸由_________和_________两部分组成，如 30 mm。

2. 判断题

（1）零件的实际尺寸就是零件尺寸的真值。（　　）

（2）某一零件的实际尺寸正好等于其公称尺寸，则这尺寸必然合格。（　　）

（3）合格零件的实际尺寸必须大于下极限尺寸，小于上极限尺寸。（　　）

（4）机械加工的目的是要把所有同一规格的尺寸准确地加工成同一数值。（　　）

（5）极限尺寸和实际尺寸有可能大于、小于或等于公称尺寸。（　　）

（6）极限偏差和实际偏差可以为正值、负值或零。（　　）

（7）零件在制造过程中，不可能准确地加工成公称尺寸。（　　）

（8）公差只可能是正值，不可能是负值或零。（　　）

（9）偏差只可能是正值，不可能是负值或零。（　　）

3. 选择题

（1）公称尺寸是（　　）。

A. 测量时得到的　　B. 加工时得到的

C. 装配后得到的　　D. 设计时给出的

（2）某尺寸的实际偏差为零，则其实际尺寸（　　）。

A. 必定合格　　B. 为零件的真实尺寸

C. 等于公称尺寸　　D. 等于下极限尺寸

4. 计算题

分别写出 $50_{-0.041}^{-0.025}$、$50_{+0.034}^{+0.050}$、50 ± 0.03 三个尺寸的公称尺寸、上下极限偏差、上下极限尺寸和公差。

任务二　认识尺寸测量工具——游标卡尺

学习目标

- 能正确标注游标卡尺的组成结构。
- 能正确识别常见游标卡尺的类型。
- 能正确描述游标卡尺的使用方法。
- 能正确识读游标卡尺的读数。

学习重难点

▲ 游标卡尺的使用方法。
▲ 游标卡尺的读数。

学习准备

★ 教师准备：游标卡尺、板图工具、多媒体课件。
★ 学生准备：《机械常识》教材、练习册、学习工具。

建议学时

建议学时：3 课时（其中考核 1 课时）。

一、任务要求

分组认识游标卡尺，了解游标卡尺的结构，熟悉游标卡尺的用法，了解游标卡尺的保养。使用游标卡尺测量中性笔直径和课桌桌面厚度，并正确读出测量值。

二、学习引导

（1）看一看，生活中的常见测量工具（见图 3.2.1），你都认识吗？

（a）

（b）

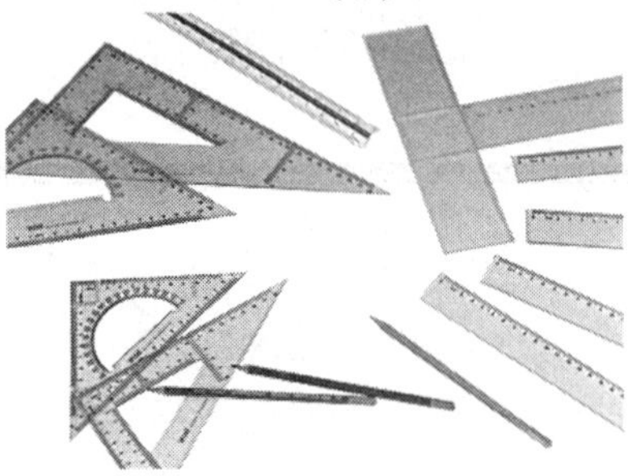

（c）

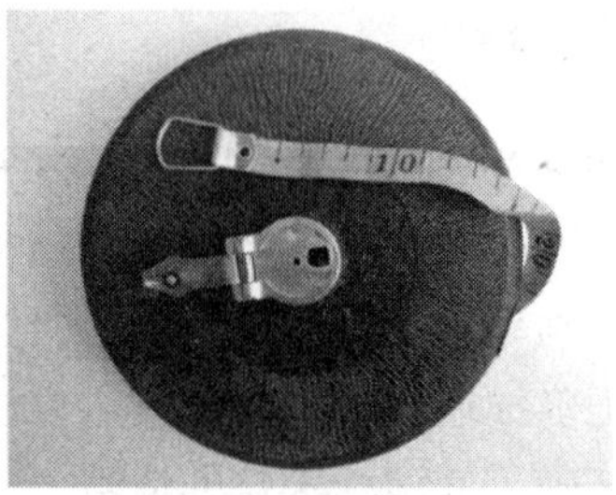

（d）

图 3.2.1　测量工具

（2）在企业中，零件尺寸的测量主要是由专业测量工具来完成的。今天我们一起来认识零件测量工具之一——游标卡尺。请你阅读本节“知识链接”，在图 3.2.2 中填写出游标卡尺的组成结构，并简述游标卡尺的主要测量功能。

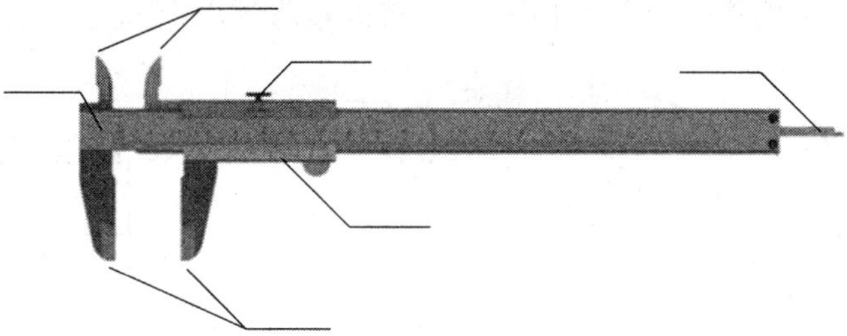

图 3.2.2　填写游标卡尺的组成结构

（3）游标卡尺在工厂中有很多类型，下面我们一起来认识其他常见游标卡尺，在图 3.2.3 中的横线上填入相应游标卡尺的类型。

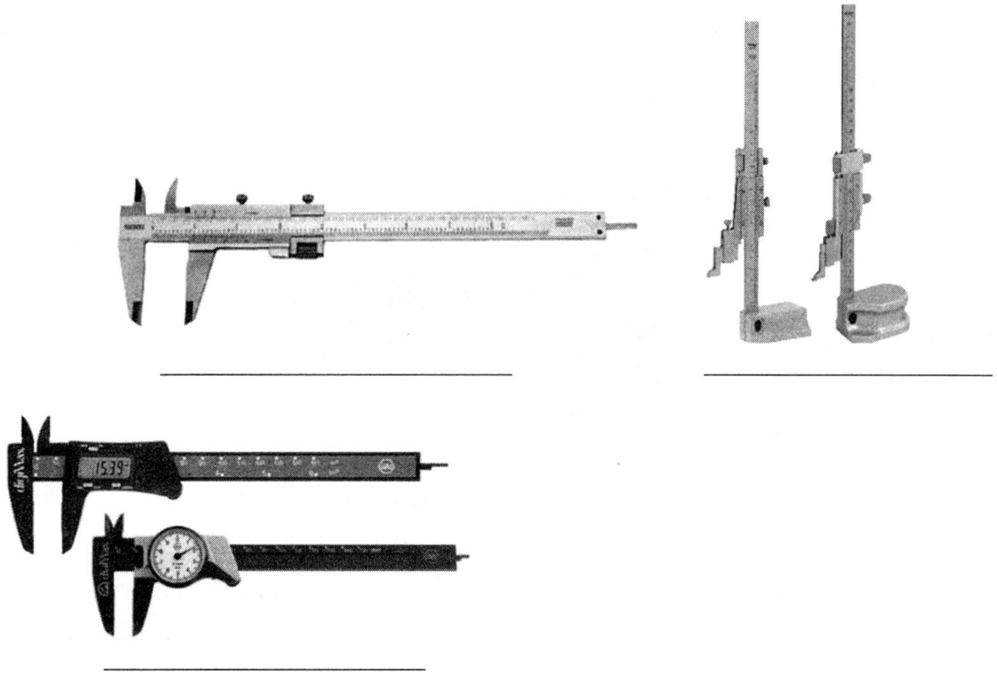

图 3.2.3　游标卡尺

（4）游标卡尺的使用方法如图 3.2.4 所示。

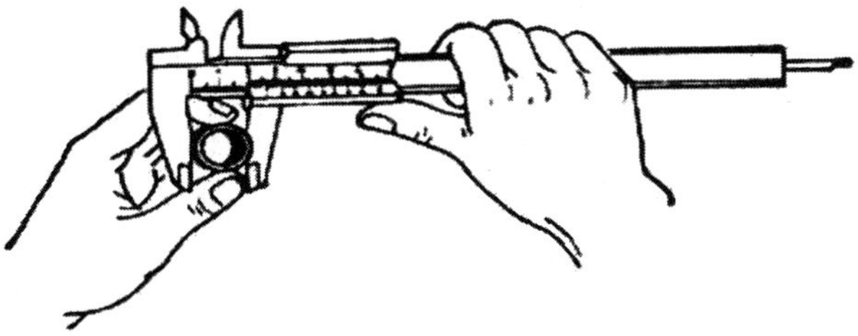

图 3.2.4　游标卡尺的使用方法

① 测量时，___手拿住尺身，____指移动游标，___手拿待测外径（或内径）的物体，使待测物位于外测量爪之间，当与量爪紧紧相贴时，即可读数。

② 测量时，应先拧松______螺钉，移动游标时不能用力过猛。两量爪与待测物的接触不宜过___。不能使被夹紧的物体在量爪内挪动。测量时两量爪不应______，如图 3.2.5 所示。

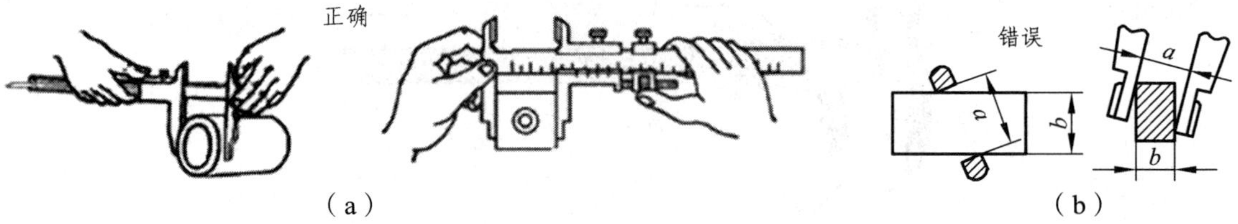

图 3.2.5　游标卡尺的使用方法

③ 读数时，视线应与尺面_____。如需固定读数，可用紧固螺钉将游标固定在尺身上，防止滑动。

④ 实际测量时，对同一长度应多测几次，取其平均值来消除_______。

⑤ 卡尺使用完毕，要擦干净后，将两尺____线对齐，检查零点误差是否有变化，再小心放入卡尺专用盒内，存放在干燥的地方。

（5）请你判断，图 3.2.6 所示的做法正确吗？为什么？

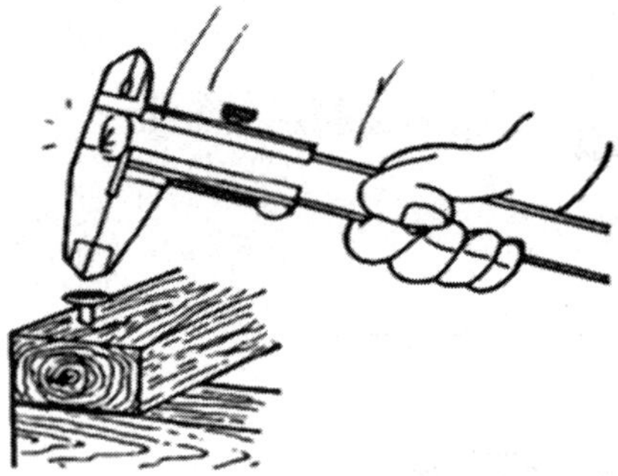

图 3.2.6　游标卡尺的使用

____

____

____

____

（6）学习了游标卡尺的用法后，我们则要学习游标卡尺的读数。游标卡尺的主尺和游标尺上都有刻度和数字，如图 3.2.7 所示，那么游标卡尺是怎样读数的呢？

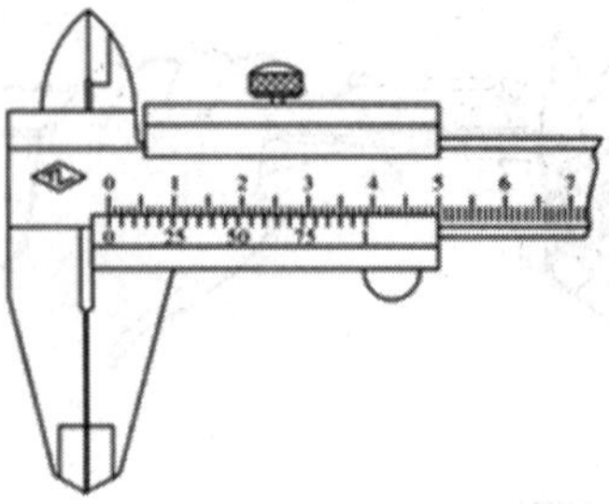

图 3.2.7　游标卡尺的读数

国产游标卡尺的分度值有 0.10 mm、0.05 mm、0.02 mm 三种，我们首先要学会区分。

在图 3.2.8 中，我们发现这个游标卡尺游标尺上有_____个刻度，所以它的测量精度是 0.10 mm。表示游标尺上 1 个刻度为 0.10 mm。

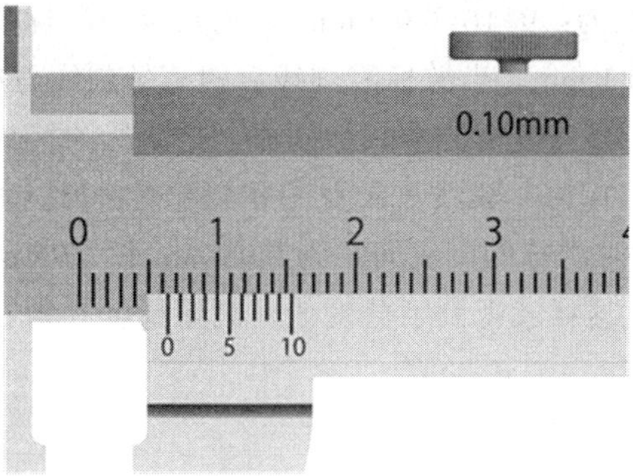

图 3.2.8　游标卡尺

在图 3.2.9 中，我们发现这个游标卡尺游标尺上有_____个刻度，所以它的测量精度是 0.05 mm。表示游标尺上 1 个刻度为 0.05 mm。

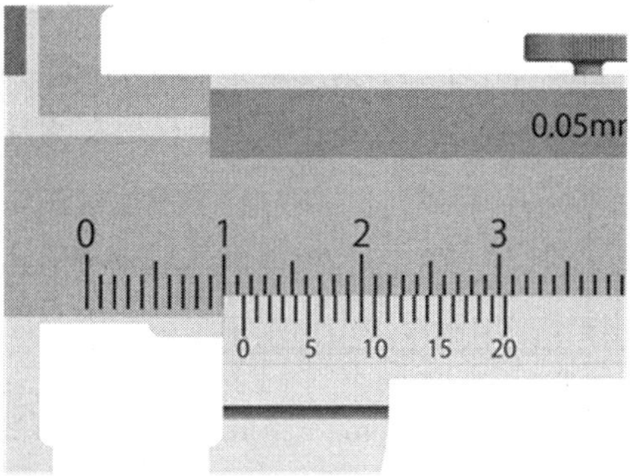

图 3.2.9　游标卡尺

在图 3.2.10 中，我们发现这个游标卡尺游标尺上有_____个刻度，所以它的测量精度是 0.02 mm。表示游标尺上 1 个刻度为 0.02 mm。

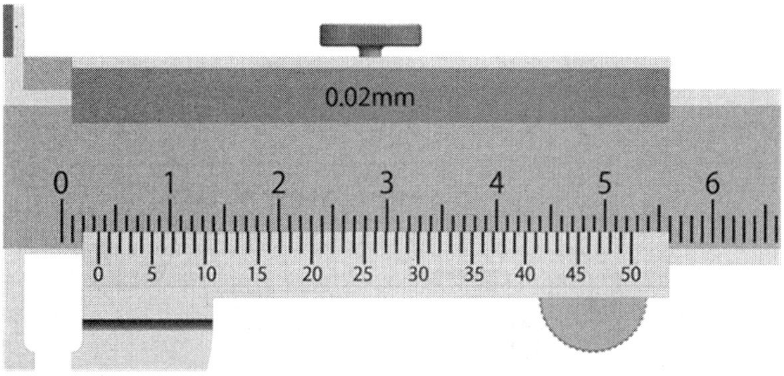

图 3.2.10　游标卡尺

（7）为什么游标尺上的刻度决定了游标卡尺的测量精度？

游标卡尺是利用尺身的刻线间距与游标的刻线间距差来进行分度的。尺身刻线间距为 1 mm，当游标的零刻线与尺身的零刻线对准时，尺身刻线的第 9 格（9 mm）与游标刻线的第 10 格对齐，游标的刻线间距为：9÷10=0.9（mm）。而尺身与游标的刻线间距差为 0.1 mm，所以游标卡尺的分度值就是 0.1 mm。当游标零刻线后的某条刻线与尺身的对应刻线对准时，其被测尺寸的小数部分等于 n 与分度值的乘数。同理，把游标的格数分别增加到 20 格、50 格，尺身的刻线间距不变，当游标的零刻线与尺身的零刻线对准时，游标的尾刻线分别对准尺身刻线的第 19 格和 49 格，此时游标的刻线间距为 0.95 mm 和 0.98 mm，尺身与游标的刻线间距差为 0.05 mm 和 0.02 mm，这样就得到了分度值（测量精度）为 0.05 mm 和 0.02 mm 的游标卡尺。

（8）游标卡尺是怎么读数的？

以图 3.2.11 所示刻度为例，游标卡尺的读数过程如下：

① 读取副尺刻度的 0 点在主尺刻度的数值。

主尺刻度在________～________mm 之间，A 的位置=37 mm。

② 主尺刻度与副尺刻度成一条直线处，读副尺刻度。

副尺刻度________与主尺刻度成一条直线，B 的位置=0.35 mm（因为副尺只有 20 个刻度，表示副尺上 1 个刻度为 0.05 mm，所以 7 个刻度就是 7×0.05=0.35 mm）。

③ 完成 37.0+0.35=37.35 的计算，我们得到游标卡尺现在测量出的数值为________mm。

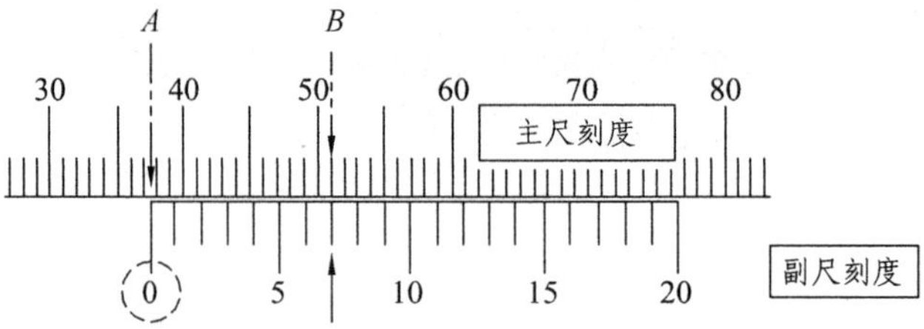

图 3.2.11 游标卡尺的读数

（9）图 3.2.12～3.2.14 所示为用不同分度的游标卡尺测量同一小球时的读数，准确读出刻度后，你会发现什么？

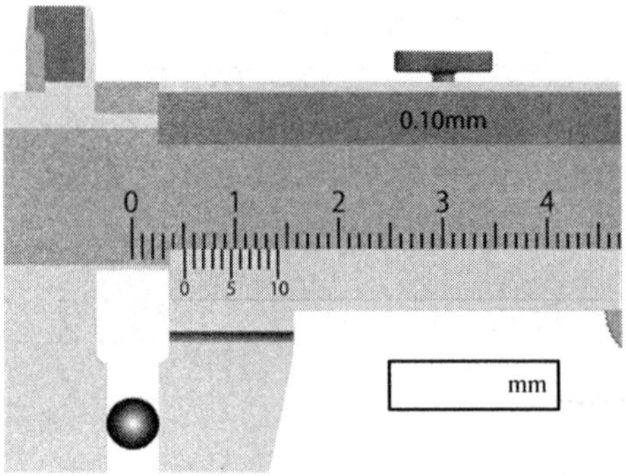

图 3.2.12 游标卡尺的读数

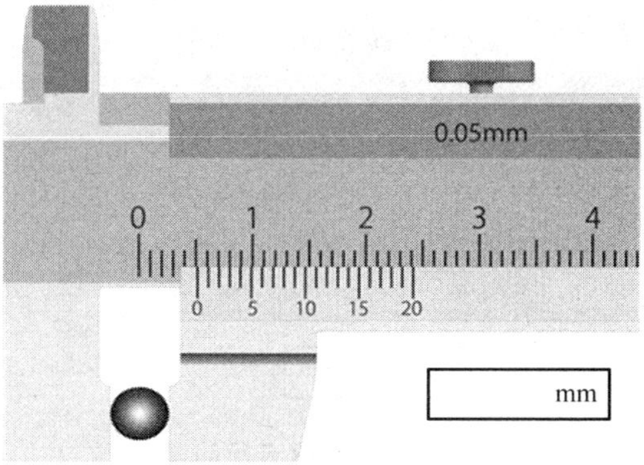

图 3.2.13　游标卡尺的读数

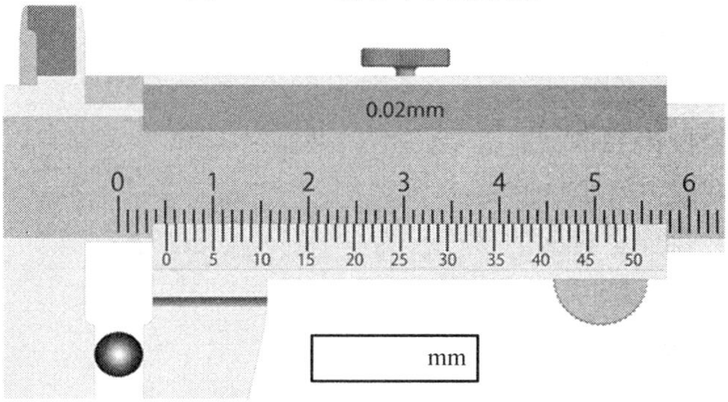

图 3.2.14　游标卡尺的读数

____

____

（10）请读出图 3.2.15～3.2.17 所示游标卡尺的读数。

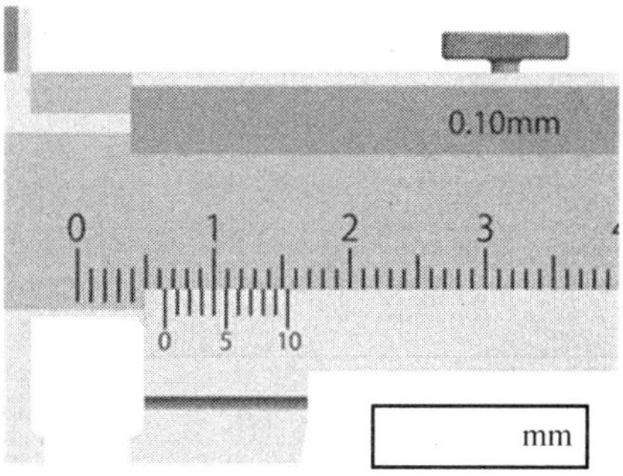

图 3.2.15　游标卡尺的读数

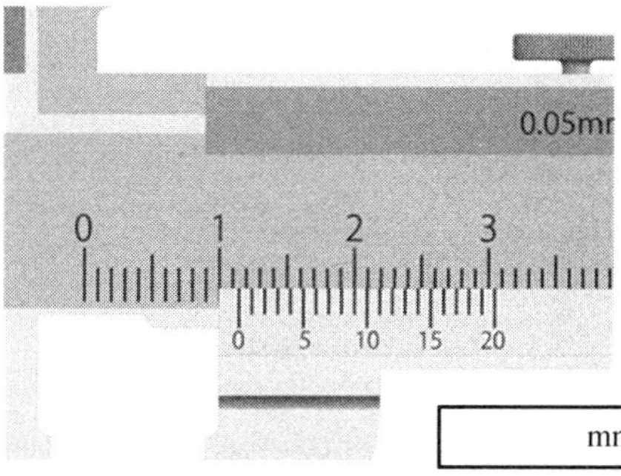

图 3.2.16　游标卡尺的读数

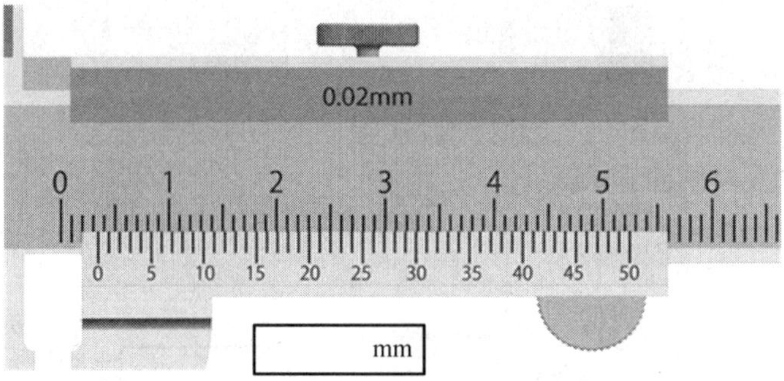

图 3.2.17　游标卡尺的读数

三、任务实施

学会了游标卡尺的使用和读数方法后，我们来实践一下。

请你用游标卡尺测量中性笔的直径，为________mm。

请你用游标卡尺测量课桌桌面的厚度，为________mm。

四、知识链接

游标卡尺（见图 3.2.18）是一种常用的量具，具有结构简单、使用方便、精度中等和测量尺寸范围大等特点，可以用它来测量零件的外径、内径、长度、宽度、厚度、深度和孔距等，应用范围很广。

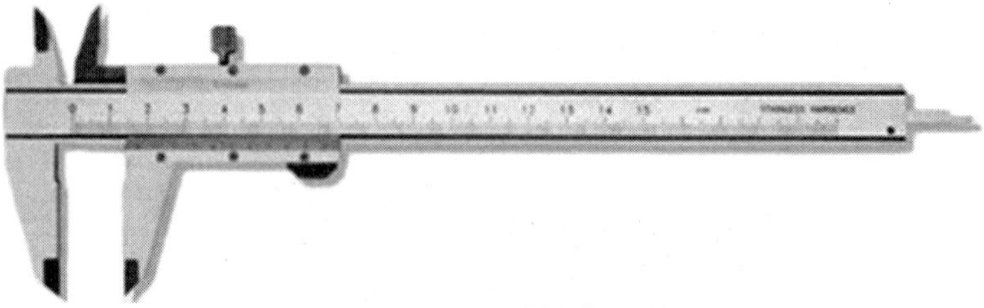

图 3.2.18　游标卡尺

1. 组成结构

它由尺身及能在尺身上滑动的游标组成，如图 3.2.19 所示。若从背面看，游标是一个整体。游标与尺身之间有一弹簧片（图中未能画出），利用弹簧片的弹力使游标与尺身靠紧。游

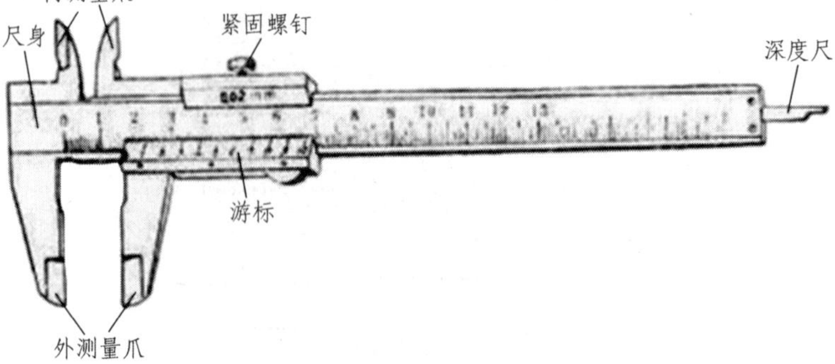

图 3.2.19　游标卡尺的组成

标上部有一紧固螺钉，可将游标固定在尺身上的任意位置。尺身和游标都有量爪，利用内测量爪可以测量槽的宽度和管的内径，利用外测量爪可以测量零件的厚度和管的外径。深度尺与游标尺连在一起，可以测量槽和筒的深度。

2. 读数方法

游标卡尺是利用主尺刻度间距与副尺刻度间距读数的。以图 3.2.20 所示 0.02 mm 游标卡尺为例，主尺的刻度间距为 1 mm，当两卡脚合并时，主尺上 49 mm 刚好等于副尺上 50 格，副尺每格长为 0.98 mm。主尺与副尺的刻度间相差为 1-0.98＝0.02 mm，因此它的测量精度为 0.02 mm（副尺上直接用数字刻出）。

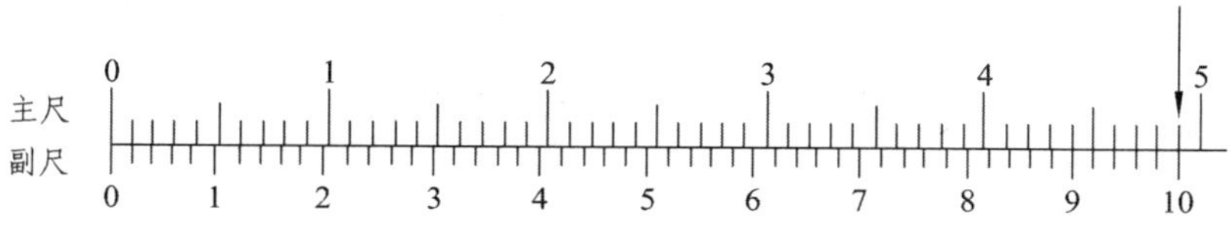

图 3.2.20　游标卡尺的读数

游标卡尺读数分为三个步骤，下面以图 3.2.21 所示 0.02 mm 游标卡尺的某一状态为例进行说明。

（1）尺上读出副尺零线以左的刻度，该值就是最后读数的整数部分。图示为 33 mm。

（2）尺上一定有一条刻线与主尺的刻线对齐，在刻度尺上读出该刻线距副尺的格数，将其与刻度间距 0.02 mm 相乘，就得到最后读数的小数部分。图示为 0.24 mm。

（3）得到的整数和小数部分相加，就得到总尺寸，为 33.24 mm。

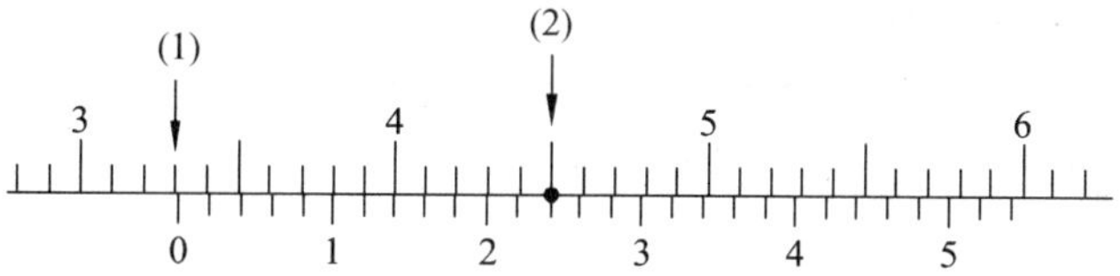

图 3.2.21　游标卡尺的读数

3. 游标卡尺的精度

游标卡尺有 0.02、0.05、0.1 mm 三种测量精度。

在实际工作中，常用精度为 0.05 mm 和 0.02 mm 的游标卡尺。精度为 0.05 mm 的游标卡尺的游标上有 20 个等分刻度，总长为 19 mm。测量时如游标上第 11 根刻度线与主尺对齐，则小数部分的读数为 11/20 mm=0.55 mm；如第 12 根刻度线与主尺对齐，则小数部分读数为 12/20 mm=0.60 mm。

精度为 0.02 mm 的机械式游标卡尺由于受到本身结构精度和人的眼睛对两条刻线对准程度分辨力的限制，其精度不能再提高。

4. 游标卡尺的使用方法

量具使用得是否合理，不但影响量具本身的精度，且直接影响零件尺寸的测量精度，甚至发生质量事故，对国家造成不必要的损失。所以，我们必须重视量具的正确使用，对测量技术精益求精，务必获得正确的测量结果，确保产品质量。

测量时，右手拿住尺身，大拇指移动游标，左手拿住待测外径（或内径）的物体，使待测物位于外测量爪之间，当与量爪紧紧相贴时，即可读数，如图 3.2.22 所示。

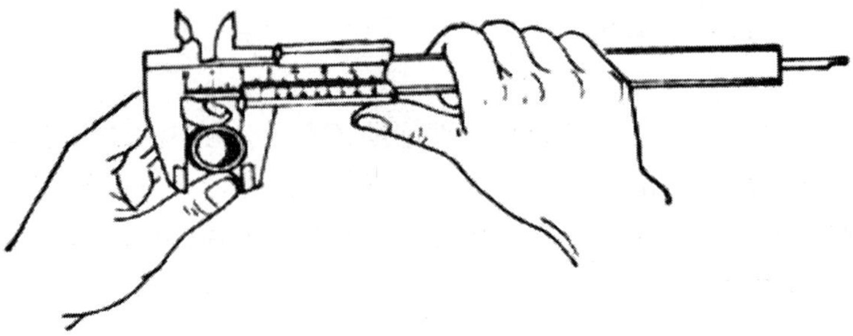

图 3.2.22　游标卡尺的使用方法

使用游标卡尺测量零件尺寸时，必须注意下列几点：

（1）将卡尺揩干净，检查卡尺的两个测量面和测量刃口是否平直无损，把两个量爪紧密贴合时，应无明显的间隙，同时游标和主尺的零位刻线要相互对准。这个过程称为校对游标卡尺的零位。

（2）尺框活动要自如，不应有过松或过紧现象，更不能有晃动现象。用固定螺钉固定尺框时，卡尺的读数不应有所改变。在移动尺框时，不要忘记松开固定螺钉，亦不宜过松，以免掉下。

（3）测量零件的外尺寸时，卡尺两测量面的连线应垂直于被测量表面，不能歪斜。测量时，可以轻轻摇动卡尺，放到垂直位置。

（4）用游标卡尺测量零件时，不允许过分地施加压力，所用压力应使两个量爪刚好接触零件表面为宜。如果测量压力过大，不但会使量爪弯曲或磨损，且量爪在压力作用下产生弹性变形，使测量得到的尺寸不准确。

（5）在游标卡尺上读数时，应把卡尺水平拿着，朝着亮光的方向，使人的视线尽可能和卡尺的刻线表面垂直，以免由于视线的歪斜造成读数误差。

（6）为了获得正确的测量结果，可以多测量几次，即在零件的同一截面上的不同方向进行测量。对于较长零件，则应当在全长的各个部位进行测量，务必获得一个比较正确的测量结果。

5. 游标卡尺的保管

（1）游标卡尺是比较精密的测量工具，要轻拿轻放，不得碰撞或跌落地下。使用时不要用游标卡尺来测量粗糙的物体，以免损坏量爪；不用时应置于干燥地方，防止锈蚀。

（2）游标卡尺使用完毕，用棉纱擦拭干净。长期不用时应将它擦上黄油或机油，两量爪合拢并拧紧紧固螺钉，放入卡尺盒内盖好。

五、知识扩展

在形形色色的计量器具家族中，游标卡尺作为一种被广泛使用的高精度测量工具，它是刻线直尺的延伸和拓展，它最早起源于中国。古代早期测量长度主要采用木杆或绳子，或用“迈步”“布手”的手法，待有了长度的单位制以后，就出现了刻线直尺。这种刻线直尺在公元前 3000 年的古埃及、在公元前 2000 年的我国夏商时代都已有使用，当时主要是用象牙和玉石制成，直到青铜刻线直尺的出现。这种“先进”的测量工具较多地应用于生产和天文测量中。

中国汉代科学技术发达，发明了大量的领先当时世界的先进仪器和器具，如浑天仪、地动仪、水排等，这些圆轴类零件的诞生，都标志着刻线直尺在中国的诞生。1992 年 5 月在扬州市西北 8 km 的邗江县甘泉乡（今邗江区甘泉镇）顺利清理了一座东汉早期的砖室墓，从墓中出土了一件铜卡尺，如图 3.2.23 所示，此铜卡尺由固定尺和活动尺等部件构成。固定尺通长 13.3 cm，固定卡爪长 5.2 cm、宽 0.9 cm、厚 0.5 cm。固定尺上端有鱼形柄，长 13 cm，中间开一导槽，槽内置一能旋转调节的导销，沿着导槽左右移动。在活动尺和活动卡爪间接一环形拉手，便于系绳或抓握。两个爪相并时，固定尺与活动尺等长。使用时，将左手握住鱼形柄，右手牵动环形拉手，左右拉动，以测工件。用此量具既可测器物的直径，又可测其深度以及长、宽、厚，该量具均较直尺方便和精确。可惜因年代久远，其固定尺和活动尺上的计量刻度和纪年铭文已锈蚀，难以辨认。经过专家考证，它是全世界发现最早的卡尺，制造于公元 9 年，距今 2000 多年。与我国相比，国外在卡尺领域的发明晚了 1000 多年，最早的是英国的“卡钳尺”，外形酷似游标卡尺，但是与新莽铜卡尺一样，也仅仅是一把刻线卡尺，精度和使用范围都较低。

图 3.2.23 铜卡尺

最具现代测量价值的游标卡尺一般认为是由法国人约尼尔·比尔发明的。他是一名颇具名气的数学家，在他的数学专著《新四分圆的结构、利用及特性》中记述了游标卡尺的结构和原理，而他的名字 Vernier 变成了英文的游标一词沿用至今。而这把赫赫有名的游标卡尺至今没有发现，因此有人质疑他是否制成了游标卡尺。19 世纪中叶，美国机械工业快速发展，美国夏普机械有限公司创始人于 1985 年秋，成功加工出了世界上第一批四把 0～4 英寸（1 英寸=25.4 mm）的游标卡尺，其精度达到了 0.001 mm。1854 年，荷、法、德、英都普遍用上了游标卡尺；1856 年，日本也普及了游标卡尺，游标卡尺的制造技术逐渐更新，迅速提高，使之成为了通用性的长度测量工具。

六、课后练习

（1）游标卡尺读数练习。读出表 3.2.1 中各游标卡尺示意图所示的读数。

表 3.2.1 游标卡尺读数练习

10 分度（0.1 mm）	
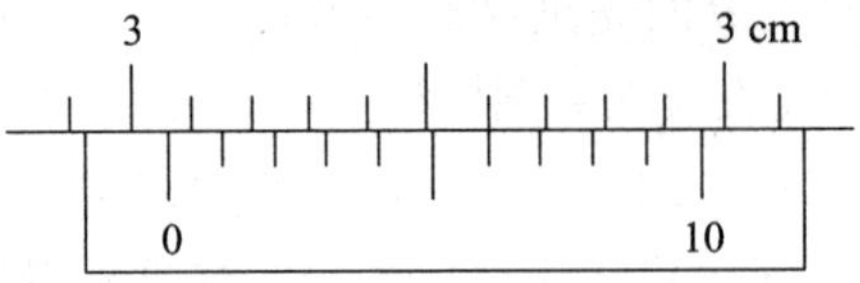 读数：________	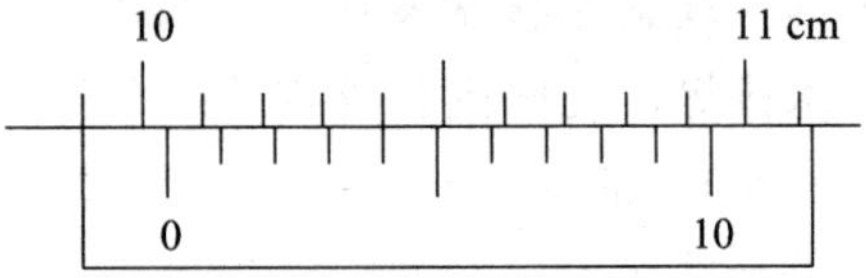 读数：________
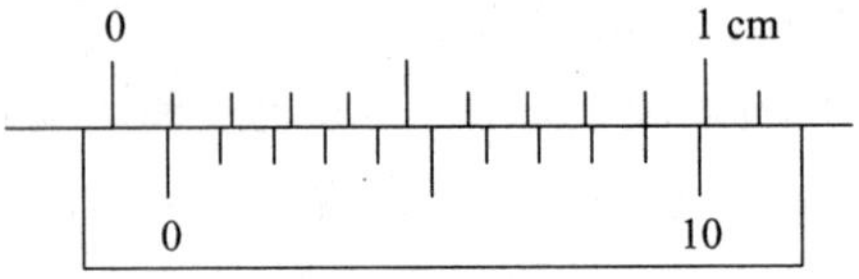 读数：________	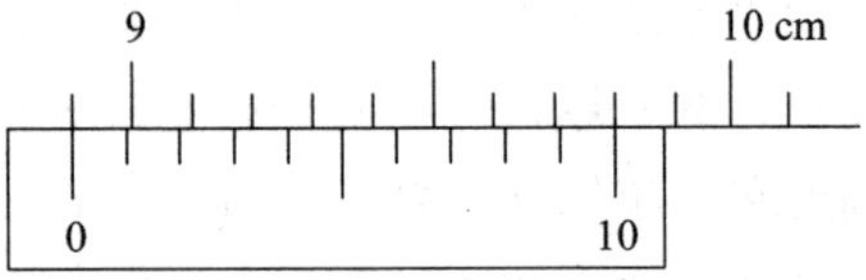 读数：________
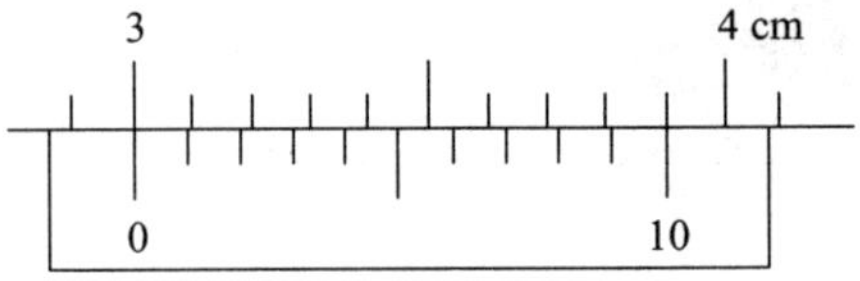 读数：________	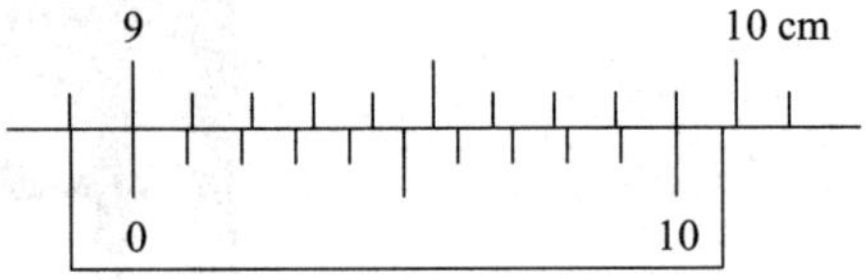 读数：________
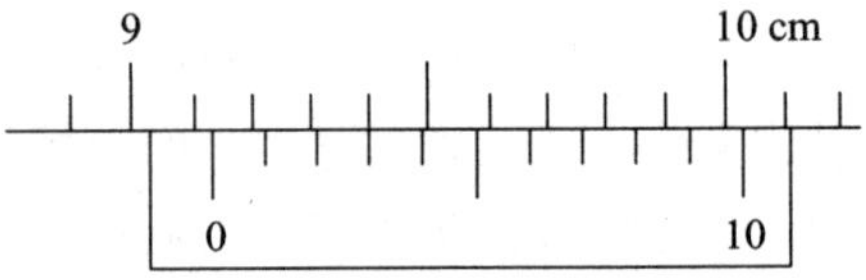 读数：________	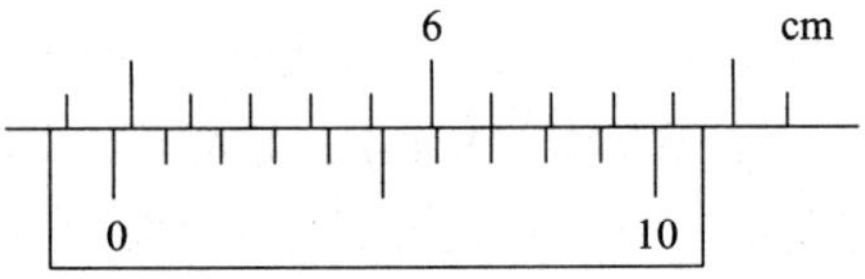 读数：________
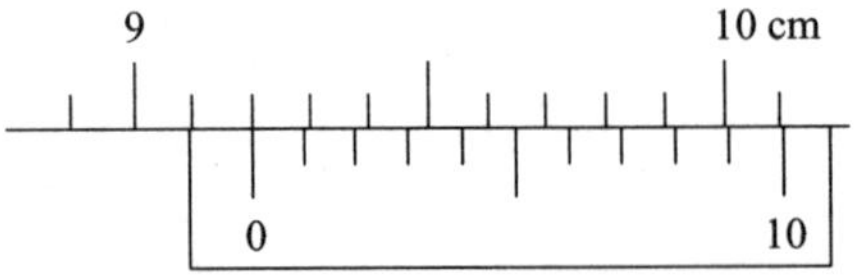 读数：________	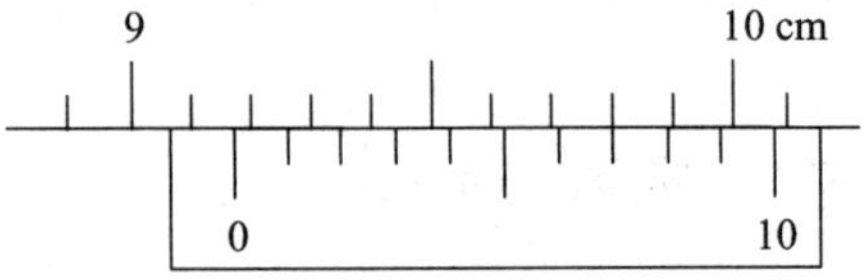 读数：________

续表

20 分度（0.05 mm）

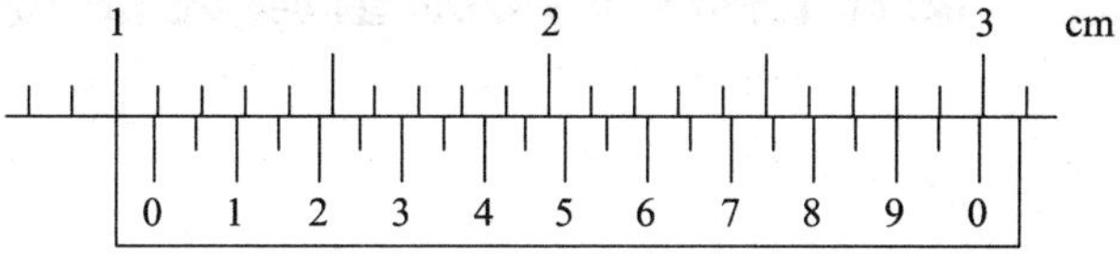

读数：________________

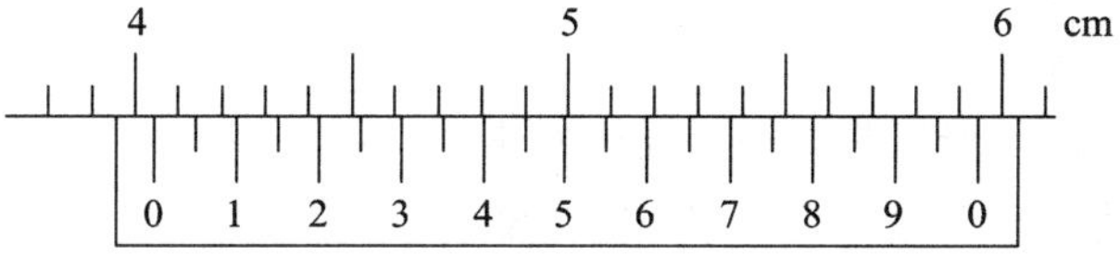

读数：________________

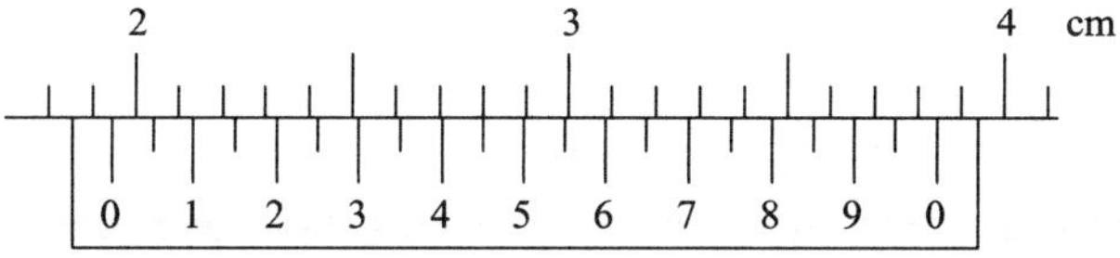

读数：________________

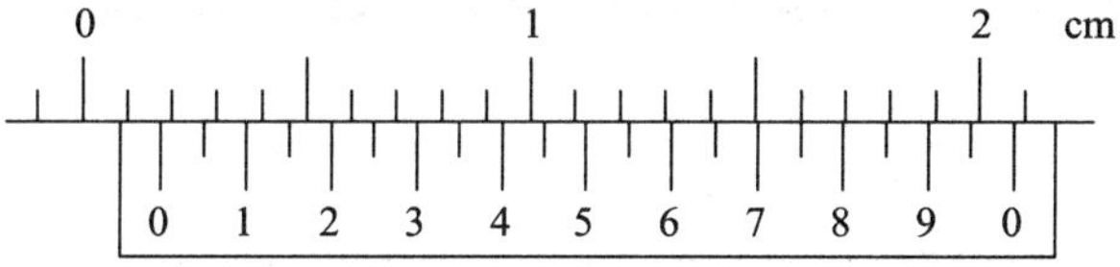

读数：________________

50 分度（0.02 mm）

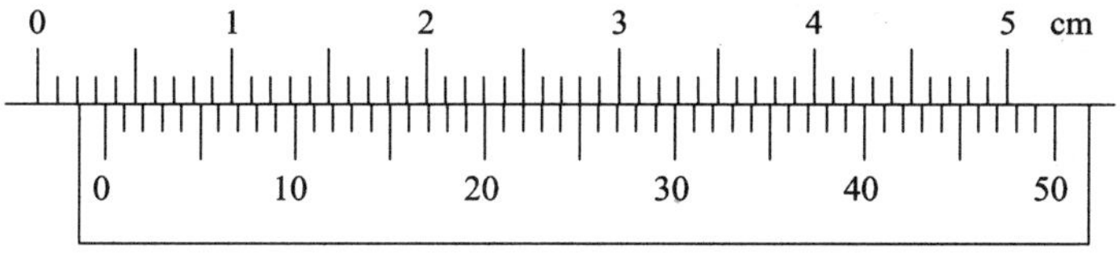

读数：________________

（2）课堂测验（1 课时）。

任课教师用游标卡尺随机滑动两个位置，学生单个完成两次读数测验。

读数 1：____________　　读数 2：____________　　成绩：______

任务三　使用游标卡尺测量减速器传动轴

学习目标

- 能正确描述轴的作用。
- 能正确描述游标卡尺测量轴外径的方法。
- 能正确描述游标卡尺测量轴键槽的方法。
- 能规范使用游标卡尺测量传动轴，记录测量数据，并通过测量数据进行质量判断。

学习重难点

▲ 能规范使用游标卡尺测量传动轴，记录测量数据，并通过测量数据进行质量判断。

学习准备

★教师准备：游标卡尺、传动轴、板图工具、多媒体课件。
★学生准备：《机械常识》教材、练习册、学习工具。

建议学时

建议学时：2 课时。

一、任务要求

分组识读减速器传动轴零件图（见图 3.3.1），按要求使用游标卡尺测量减速器传动轴被测尺寸，记录测量数据，根据数据判断传动轴尺寸是否合格。

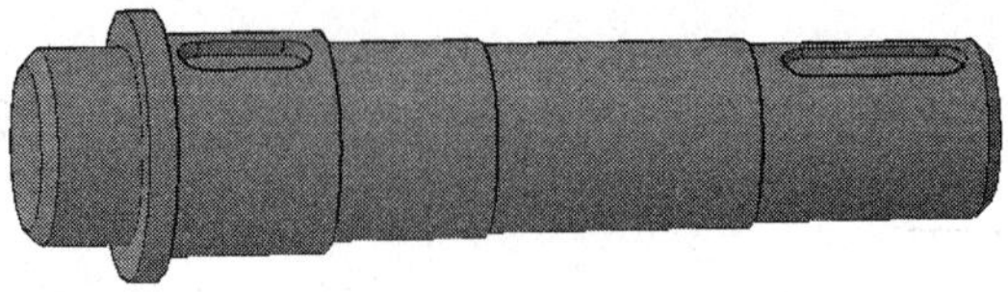

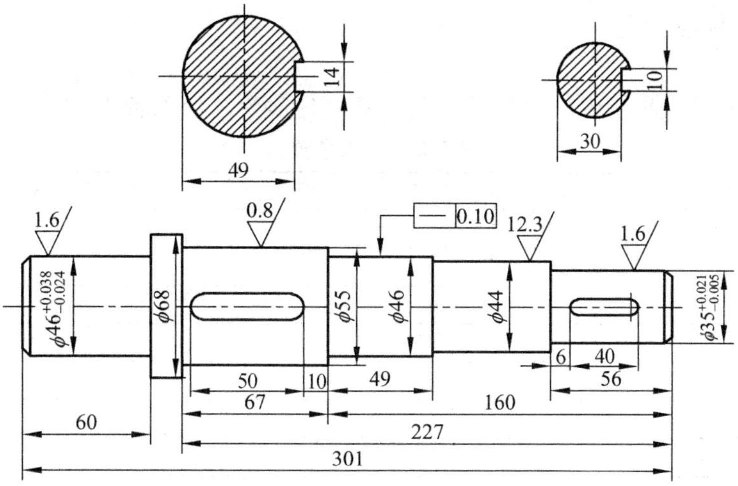

图 3.3.1　减速器传动轴零件图

二、学习引导

（1）小组结合实物识读零件图，讨论轴在机械产品中的作用。

（2）简述如何使用游标卡尺测量轴的外径。

（3）简述如何使用游标卡尺测量轴上的键槽。

（4）你知道轴类零件是怎么加工出来的吗？

三、任务实施

（1）使用游标卡尺测量传动轴外径，并记录测量读数，填入表 3.3.1。

表 3.3.1　测量数据

序号	被测尺寸	测量读数 1	测量读数 2	测量读数 3	是否合格
1					
2					
3					
4					
5					
6					
7					

（2）根据测量结果，判断传动轴尺寸是否合格。当在实际生产中出现不合格尺寸时，我们肯定不能把它放进合格产品的箱子里。下面有 2 个箱子，一个是废件箱，还有一个是返工箱。你们小组检测的零件应该放在哪个箱子里？为什么？

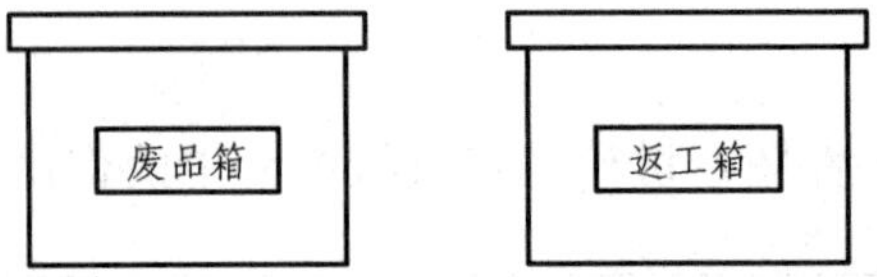

四、知识扩展

轴（zhóu），形声。字从车，从由，由亦声。“由”意为“滑动”。“车”与“由”联合起来表示“车轮上的滑动部件”。本义：车轮上的旋转部件。说明：《说文》中，“轴，持轮也。从车，由声”。

轴（见图 3.3.2）是支承转动零件并与之一起回转以传递运动、扭矩或弯矩的机械零件。

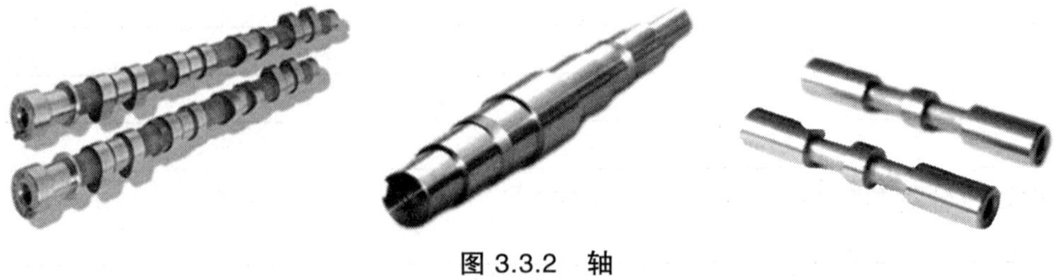

图 3.3.2　轴

轴类零件是机器中经常遇到的典型零件之一。它主要用来支承传动零部件，传递扭矩和承受载荷。轴类零件是旋转体零件，其长度大于直径，一般由同心轴的外圆柱面、圆锥面、内孔和螺纹及相应的端面所组成。根据结构形状的不同，轴类零件可分为光轴、阶梯轴、空心轴和曲轴等。

轴用轴承支承，与轴承配合的轴段称为轴颈。轴颈是轴的装配基准，它们的精度和表面质量一般要求较高。

起支承作用的轴颈为了确定轴的位置，通常对其尺寸精度要求较高（IT5～IT7）；装配传动件的轴颈尺寸精度一般要求较低（IT6～IT9）。

轴类零件的毛坯一般以棒料为主。45 钢是轴类零件的常用材料，它价格便宜，经过调质（或正火）后，可得到较好的切削性能，而且能获得较高的强度和韧性等综合机械性能，淬火后表面硬度可达 45～52HRC。

轴类零件主要是车削加工出来的。车削一般在车床上进行。工件旋转，车刀在平面内做直线或曲线移动的切削加工称为车削，如图 3.3.3 所示。

车削内外圆柱面时，车刀沿平行于工件旋转轴线的方向运动。车削端面或切断工件时，车刀沿垂直于工件旋转轴线的方向水平运动，如图 3.3.4 所示。如果车刀的运动轨迹与工件旋转轴线成一斜角，就能加工出圆锥面。

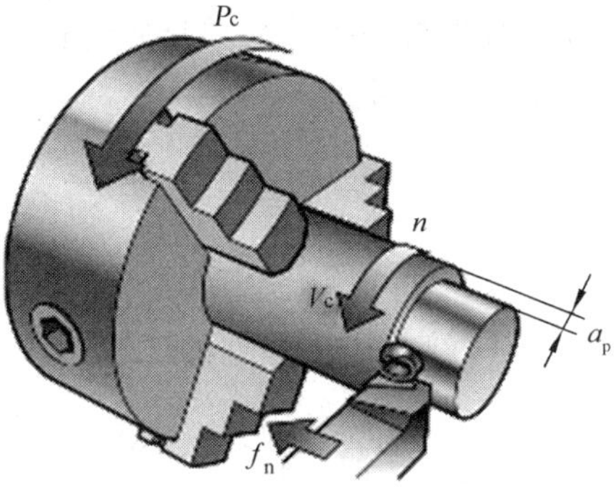

图 3.3.3　车削

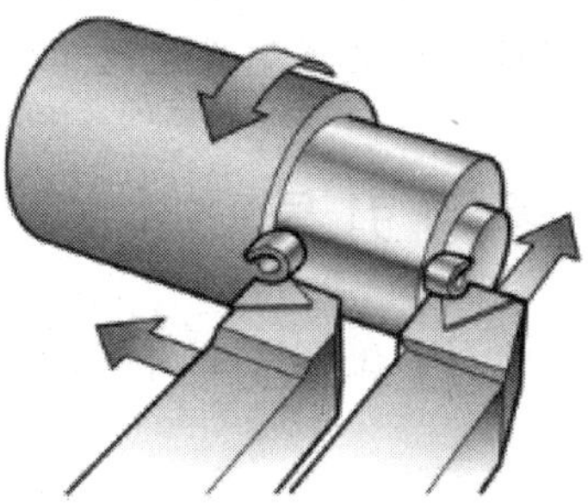

图 3.3.4　车削外圆柱面和端面

任务四　绘制简单轴零件图

学习目标

- 能合理制定轴类零件图的表达方式。
- 能正确绘制简单轴类零件图。
- 能正确进行简单轴类零件图的尺寸标注。

学习重难点

▲ 绘制简单轴类零件图的步骤。

▲ 轴类零件图尺寸标注的方法。

学习准备

★ 教师准备：板图工具、多媒体课件。
★ 学生准备：《机械常识》教材、练习册、学习工具。

建议学时

建议学时：4 课时。

一、任务要求

分组讨论轴零件图的画法，分析轴零件图上的关键要素，抄绘简单轴零件图。根据任务三中完成的减速器传动轴测绘的尺寸，绘制出传动轴的零件图。

二、学习引导

（1）识读零件三维图（见图 3.4.1），按照绘图规范，绘制出该零件的三视图，尺寸自定。

图 3.4.1　简单轴零件三维图

主视图　　左视图

俯视图

在轴零件三视图中，你有什么发现？

____

____

（2）在工业中，为了方便识读零件图，轴类零件一般都简化为只绘制主视图。接下来我们一起学习轴类零件主视图的画法，见表 3.4.1。

表 3.4.1　轴类零件主视图的画法

第一步　请注释作图过程： 例如：绘制轴心线。 ______________	
第二步　请注释作图过程： ______________ ______________	
第三步　请注释作图过程： ______________ ______________	

（3）每个同学抄画短轴零件图（见图 3.4.2），说一说零件图的组成要素有哪些。

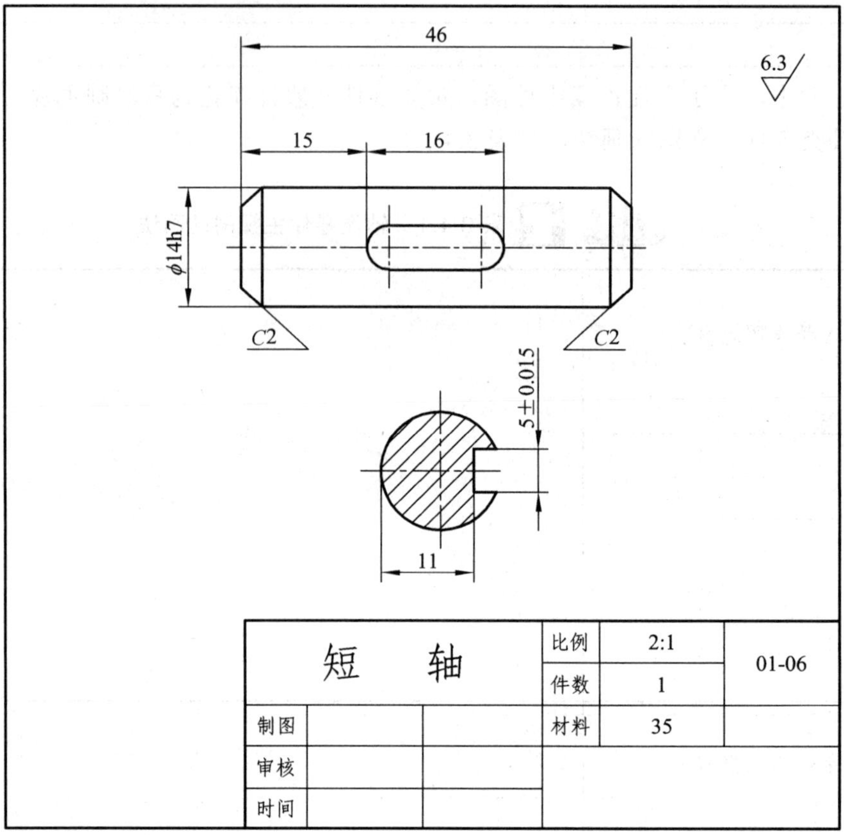

图 3.4.2 短轴零件图

三、任务实施

（1）请你根据任务三中完成的减速器传动轴测绘的尺寸，绘制出传动轴的零件图。

（2）在绘制减速器传动轴零件图过程中，你是怎么根据测量尺寸 1、测量尺寸 2、测量尺寸 3 来确定零件图尺寸的？

四、知识链接

零件——组成机器的最小单元称为零件。

根据零件的作用及其结构，通常分为以下几类：轴套类、盘盖类、叉架类、箱体类。

（一）零件图的作用

用于表示零件结构、大小与技术要求的图样称为零件图。它是制造零件和检验零件的依据，是指导生产机器零件的重要技术文件之一。

（二）零件图的内容

一组视图——有一组恰当的视图、剖视图、剖面图等，完整、清晰地表达出零件的结构形状。

全部尺寸——用以正确、完整、清晰、合理地标注出制造零件所需的全部尺寸。

技术要求——用规定的代号、数字和文字简明地表示出在制造和检验时所应达到的技术要求。

标题栏——在零件图右下角，用标题栏写明零件的名称、数量、材料、比例、图号以及设计、制图、校核人员签名等。

例如，图 3.4.3 所示的轴承座零件图。

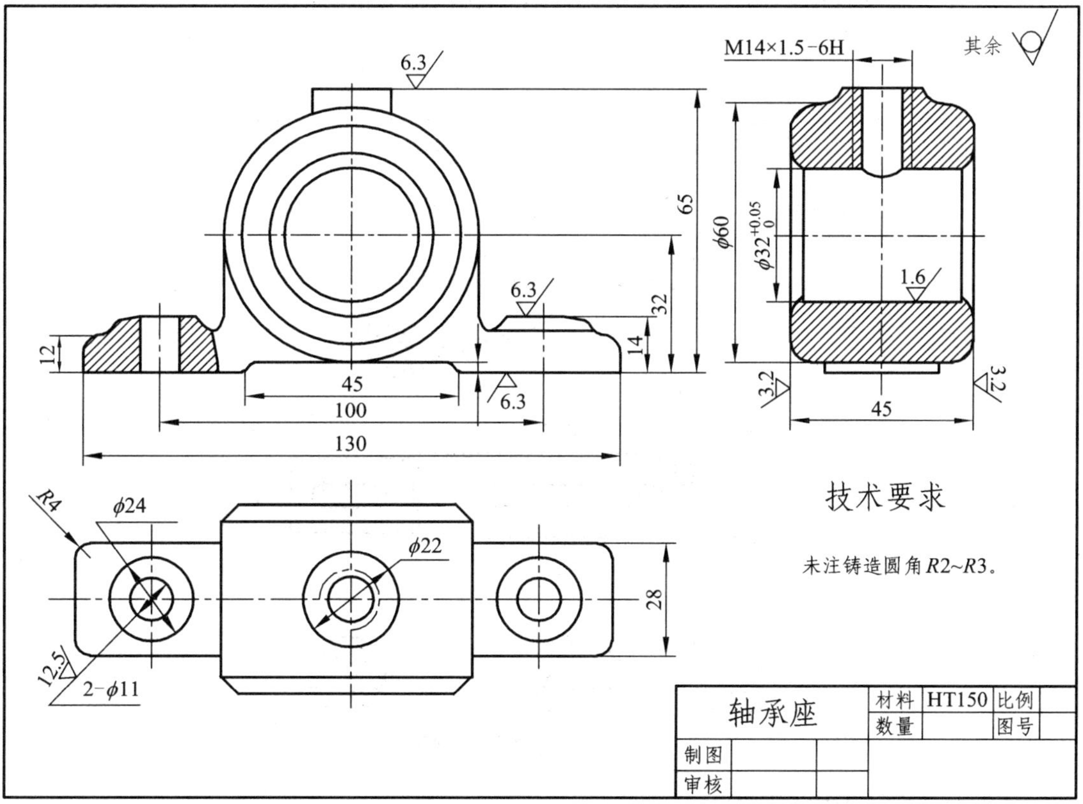

图 3.4.3　轴承座零件图

（三）零件图视图的特点和要求

1. 特　点

（1）既使用基本视图，又使用辅助视图；

（2）充分利用剖视、断面等各种图样画法；

（3）视图方案选择既要考虑零件的结构、形状，又要考虑其工作状态和加工状态。

2. 要　求

（1）正确；

（2）完整、确定；

（3）清晰、合理；

（4）利于绘图和尺寸标注。

（四）轴类零件视图选择

轴类零件的基本形状是同轴回转体，沿轴线方向通常有轴肩、倒角、螺纹、退刀槽、键槽等结构要素。此类零件主要是在车床或磨床上加工。

主视图：按加工位置，轴线水平放置作为主视图，便于加工时图物对照，并反映轴向结构形状。

取轴线水平、大端在左的非圆图形。

其余视图：辅助视图，为了表示键槽的深度，选择两个移出剖面。

轴类零件视图如图 3.4.4 所示。

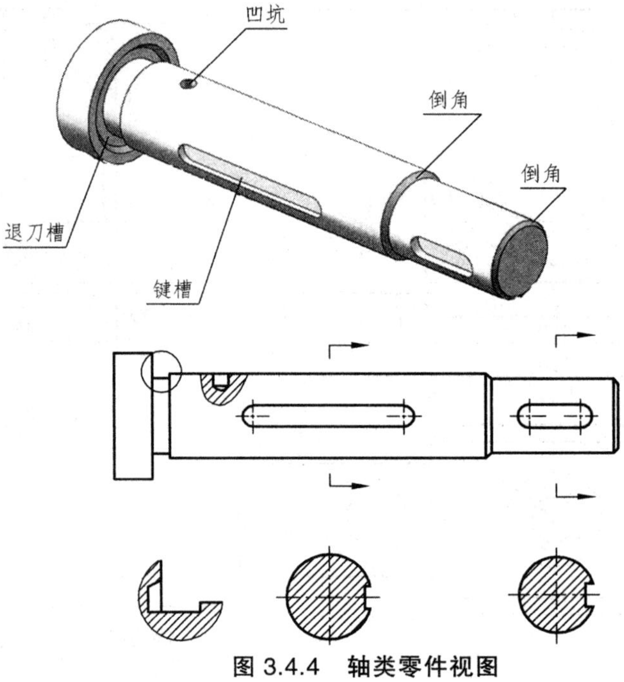

图 3.4.4　轴类零件视图

（五）零件图的尺寸标注

尺寸标注的基本要求：

（1）尺寸完整；

（2）标注清晰；

（3）符合国家标准规定；

（4）标注合理：① 保证达到设计要求；② 便于加工和测量。

（六）轴零件合理标注尺寸

（1）正确选择尺寸基准，如图 3.4.5 所示。

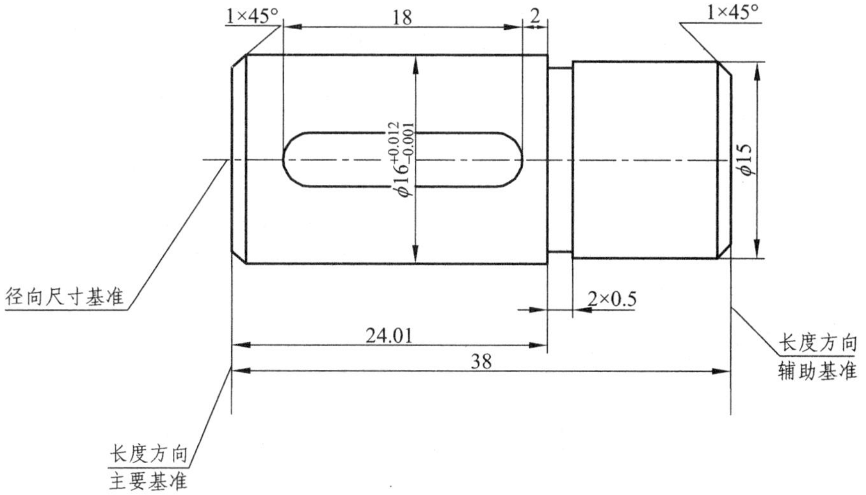

图 3.4.5　轴的尺寸基准选择

（2）标注尺寸要考虑工艺要求，尽量方便加工和测量，如图 3.4.6 所示。

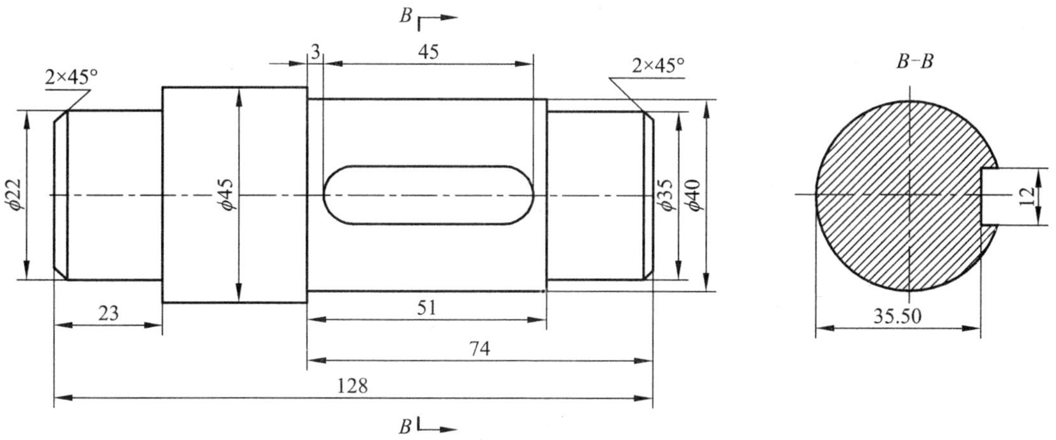

图 3.4.6　轴

（3）标注封闭尺寸链，如图 3.4.7 所示。

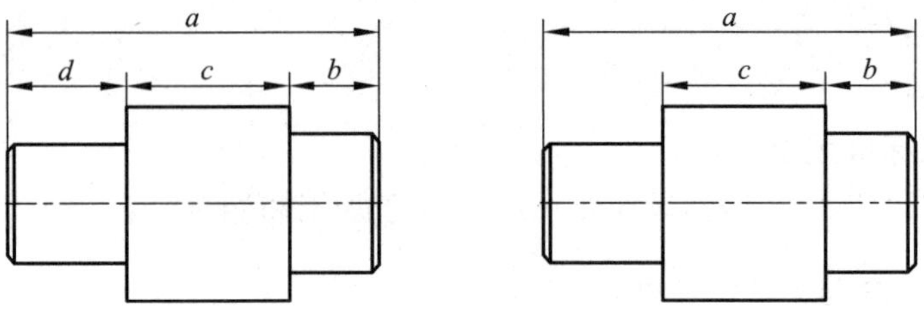

图 3.4.7　封闭尺寸链

（七）零件上常见结构的尺寸标注

倒角和退刀槽是零件上的常见尺寸标注，如图 3.4.8 和图 3.4.9 所示。

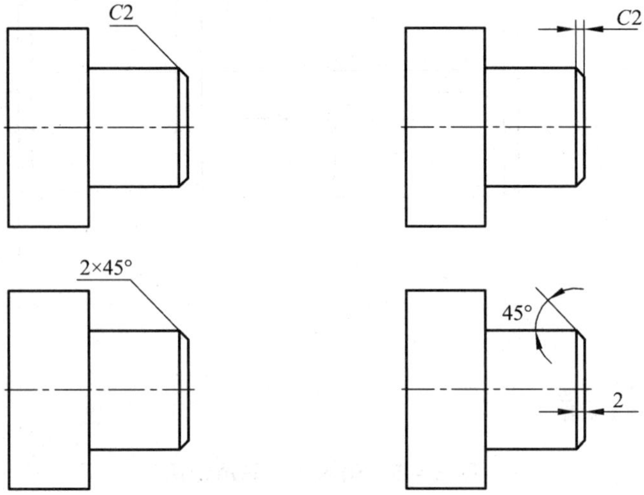

图 3.4.8　倒角

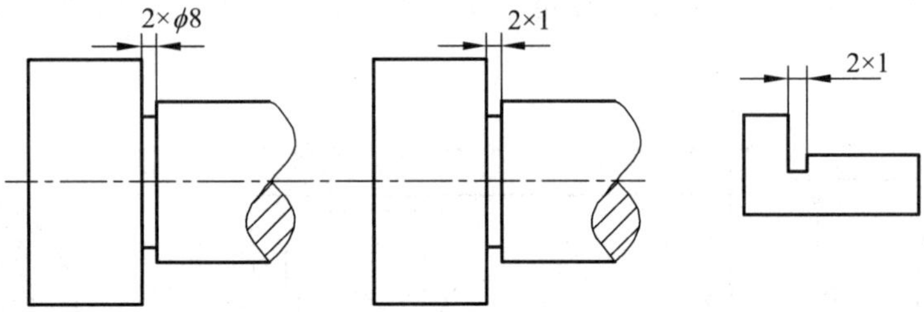

图 3.4.9　退刀槽

五、课后练习

（1）在图 3.4.10 中标注出轴零件的尺寸，尺寸在原图上直接量取。

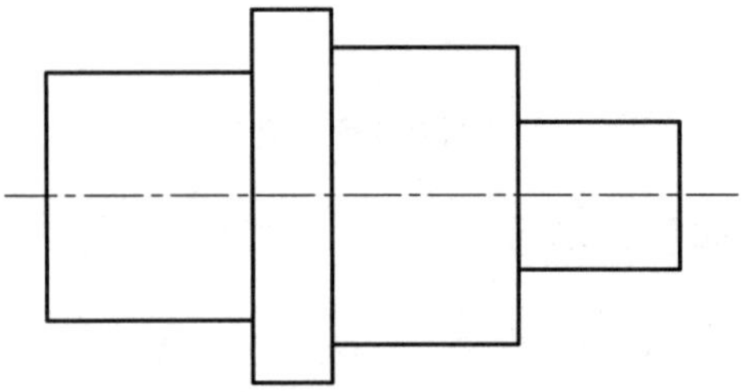

图 3.4.10　尺寸标注

（2）根据轴零件效果图（见图 3.4.11）绘制轴零件图。

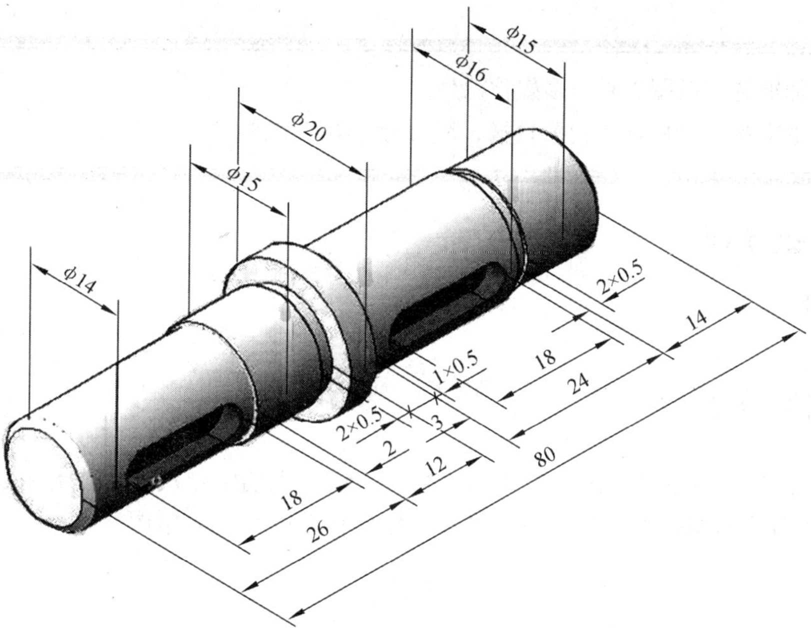

图 3.4.11　轴

任务五　认识配合尺寸

学习目标

- 能正确描述配合尺寸的组成结构。
- 能查阅标准公差数值表、基本偏差系列和基本偏差数值表进行尺寸转换。
- 能正确绘制公差带图，根据公差带图判断配合类型。
- 能描述基孔制和基轴制的用途。

学习重难点

▲ 正确查阅标准公差数值表、基本偏差系列和基本偏差数值表进行尺寸转换。

▲ 正确绘制公差带图，判断配合类型。

学习准备

★ 教师准备：板图工具、多媒体课件。
★ 学生准备：《机械常识》教材、练习册、学习工具。

建议学时

建议学时：4 课时。

一、任务要求

分组讨论，列出简单轴孔配合零件图（见图 3.5.1）上的配合尺寸，查阅标准公差数值表、基本偏差系列和基本偏差数值表，对其进行尺寸转换并画出公差带图。

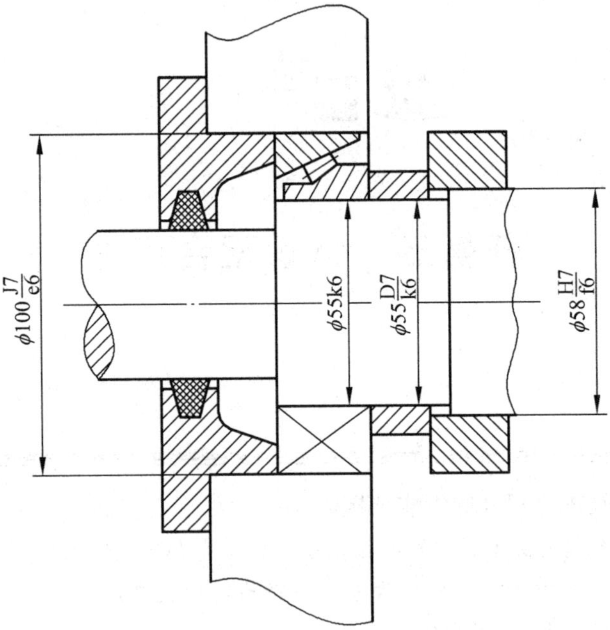

图 3.5.1　简单轴孔配合零件图

二、学习引导

（1）找一找图 3.5.1 中的尺寸标注，把它们列出来，看看它们和前面讲的尺寸在标注上有什么不同。

（2）以尺寸$\phi 100\frac{J7}{e6}$ 为例，查找资料，说说配合尺寸的组成结构。

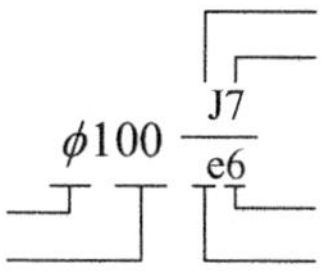

（3）查找资料，解释下面的术语：

① 标准公差：

② 偏差：

③ 基本偏差：

④ 基本偏差代号：

（4）查阅标准公差数值表，写出轴孔配合图中ϕ100J7 的公差值和ϕ55k6 的公差值。

ϕ100J7 公差值为：

ϕ55k6 公差值为：

再写出ϕ55D7 的公差值：

判断ϕ55D7 和ϕ55k6 两个尺寸哪个制造精度高？

（5）根据基本偏差系列和基本偏差数值表，按例题方式转换尺寸。

例如，转换$\phi 100\frac{J7}{e6}$。

根据基本偏差代号，$\phi 100\frac{J7}{e6}$是一个轴孔配合尺寸，拆开为ϕ100J7 是孔的尺寸，ϕ100e6

是轴的尺寸。

首先转换ϕ100J7孔尺寸：

① 根据基本偏差系列和基本偏差数值表，可以判断J的基本偏差是上极限偏差，查表得+22 μm，即+0.022 mm。

② 根据标准公差数值表，查得ϕ100J7的公差值为35 μm，即0.035 mm。

③ 根据公差=｜上偏差-下偏差｜，计算可得下偏差为-0.013 mm。

ϕ100J7孔的尺寸就转化为$\phi 100^{+0.022}_{-0.013}$。

按照上面的方法，请你转化ϕ100e6轴尺寸、$\phi 55\frac{D7}{k6}$和$\phi 58\frac{H7}{f6}$。

（6）什么是公差带图？轴孔配合有哪3种类型？请你绘出轴孔配合零件图中的3个配合尺寸$\phi 100\frac{J7}{e6}$、$\phi 55\frac{D7}{k6}$和$\phi 58\frac{H7}{f6}$的公差带图，并判断它们的配合类型。

（7）什么是基孔制？什么是基轴制？它们主要运用在什么地方？

三、知识链接

(一)公差带、零线和公差带图

公差带有两个基本参数，即公差带的大小与位置。在公差带图解中，代表上极限偏差和下极限偏差或上极限尺寸和下极限尺寸的两条直线所规定的区域是由公差大小和相对零线的位置（如基本偏差）来确定的，如图 3.5.2 所示。

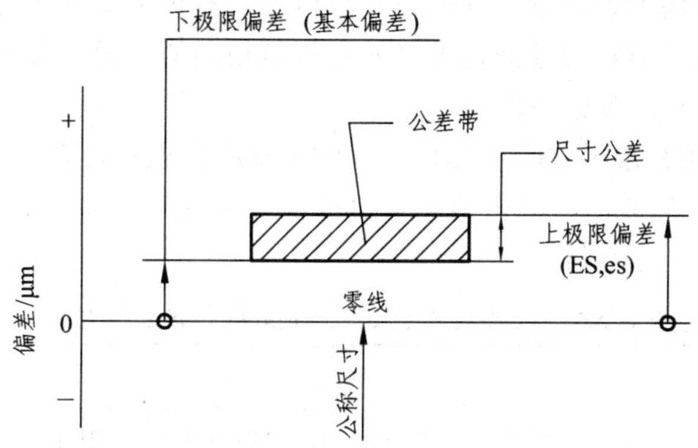

图 3.5.2　公差带图解

（1）零线——它是在公差带图中，确定偏差的一条基准直线，即零偏差线。通常以零线表示公称尺寸（图中以毫米为单位标出），标注为“0”。偏差由此零线算起，零线以上为正偏差，零线以下为负偏差，分别标注“+”“−”号；若为零，可不标注。

（2）公差带：公差带图中用与零线平行的直线表示上、下极限偏差（图中以微米或毫米为单位标出，单位省略不写）。公差带在零线垂直方向上的宽度代表公差值，沿零线方向的长度可适当选取。通常孔公差带用由右上角向左下角的斜线表示，轴公差带用由左上角向右下角的斜线表示。

（3）公差带图：公差带的图解方式如图 3.5.3 所示。

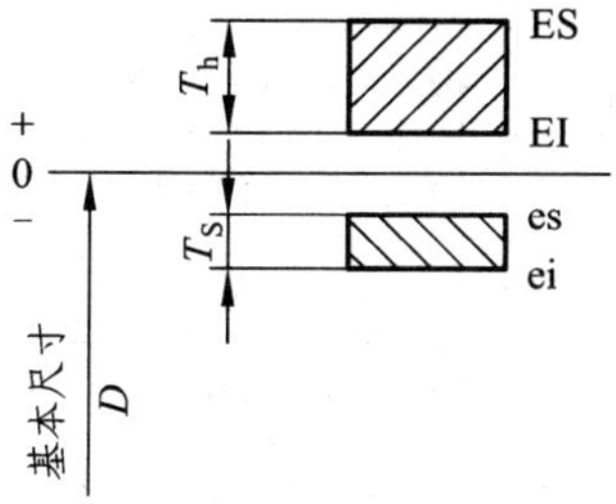

图 3.5.3　公差带图

T—公差；ES—孔上偏差；EI—孔下偏差；es—孔上偏差；ei—孔下偏差

（二）标准公差及基本偏差的国标规定

1. 标准公差

标准公差是由国家标准规定的，用于确定公差带大小的任一公差。标准公差等级是指确定尺寸精确程度的等级。

为了满足机械制造中各零件尺寸不同精度的要求，国家标准在公称尺寸至 500 mm 范围内规定了 20 个标准公差等级，用符号 IT 和数值表示，IT 表示国际公差，数字表示公差（精度）等级代号：IT01、IT0、IT1、IT2～IT18。其中，IT01 精度等级最高，其余依次降低，IT18 等级最低。在公称尺寸相同的条件下，标准公差数值随公差等级的降低而依次增大。同一公差等级、同一尺寸分段内各公称尺寸的标准公差数值是相同的。同一公差等级对所有公称尺寸的一组公差也被认为具有同等精确程度。

表 3.5.1 列出了国家标准（GB/T 1800.1—2009）规定的机械制造行业常用尺寸（公称尺寸至 3 150 mm）的标准公差数值。由于 IT01 和 IT0 在工业中很少使用，所以表 3.5.1 中没有给出该两公差等级的标准公差数值。

表 3.5.1　公称尺寸至 3 150 mm 的标准公差数值

公称尺寸/mm		标准公差等级																	
		IT1	IT2	IT3	IT4	IT5	IT6	IT7	IT8	IT9	IT10	IT11	IT12	IT13	IT14	IT15	IT16	IT17	IT18
大于	至	μm											mm						
—	3	0.8	1.2	2	3	4	6	10	14	25	40	60	0.1	0.14	0.25	0.4	0.6	1	1.4
3	6	1	1.5	2.5	4	5	8	12	18	30	48	75	0.12	0.18	0.3	0.48	0.75	1.2	1.8
6	10	1	1.5	2.5	4	6	9	15	22	36	58	90	0.15	0.22	0.36	0.58	0.9	1.5	2.2
10	18	1.2	2	3	5	8	11	18	27	43	70	110	0.18	0.27	0.43	0.7	1.1	1.8	2.7
18	30	1.5	2.5	4	6	9	13	21	33	52	84	130	0.21	0.33	0.52	0.84	1.3	2.1	3.3
30	50	1.5	2.5	4	7	11	16	25	39	62	100	160	0.25	0.39	0.62	1	1.6	2.5	3.9
50	80	2	3	5	8	13	19	30	46	74	120	190	0.3	0.46	0.74	1.2	1.9	3	4.6
80	120	2.5	4	6	10	15	22	35	54	87	140	220	0.35	0.54	0.87	1.4	2.2	3.5	5.4
120	180	3.5	5	8	12	18	25	40	63	100	160	250	0.4	0.63	1	1.6	2.5	4	6.3
180	250	4.5	7	10	14	20	29	46	72	115	185	290	0.46	0.72	1.15	1.85	2.9	4.6	7.2
250	315	6	8	12	16	23	32	52	81	130	210	320	0.52	0.81	1.3	2.1	3.2	5.2	8.1
315	400	7	9	13	18	25	36	57	89	140	230	360	0.57	0.89	1.4	2.3	3.6	5.7	8.9
400	500	8	10	15	20	27	40	63	97	155	250	400	0.63	0.97	1.55	2.5	4	6.3	9.7
500	630	9	11	16	22	32	44	70	110	175	280	440	0.7	1.1	1.75	2.8	4.4	7	11
630	800	10	13	18	25	36	50	80	125	200	320	500	0.8	1.25	2	3.2	5	8	12.5
800	1 000	11	15	21	28	40	56	90	140	230	360	560	0.9	1.4	2.3	3.6	5.6	9	14

续表

公称尺寸/mm		标准公差等级																	
		IT1	IT2	IT3	IT4	IT5	IT6	IT7	IT8	IT9	IT10	IT11	IT12	IT13	IT14	IT15	IT16	IT17	IT18
大于	至	μm											mm						
1 000	1 250	13	18	24	33	47	66	105	165	260	420	660	1.05	1.65	2.6	4.2	6.6	10.5	16.5
1 250	1 600	15	21	29	39	55	78	125	195	310	500	780	1.25	1.95	3.1	5	7.8	12.5	19.5
1 600	2 000	18	25	35	46	65	92	150	230	370	600	920	1.5	2.3	3.7	6	9.2	15	23
2 000	2 500	22	30	41	55	78	110	175	280	440	700	1 100	1.75	2.8	4.4	7	11	17.5	28
2 500	3 150	26	36	50	68	96	135	210	330	540	860	1 350	2.1	3.3	5.4	8.6	13.5	21	33

注 1：公称尺寸大于 500 mm 的 IT1～IT5 的标准公差数值为试行的；

注 2：公称尺寸小于或等于 1 mm 时，无 IT14～IT18。

例如，ϕ32h6 轴径的公差等级为 6 级，查表 3.5.1 可知，其标准公差值为 IT6=16 μm；ϕ32H7 孔的公差等级为 7 级，标准公差值为 IT7=25 μm。

2. 基本偏差

基本偏差是确定公差带相对零线位置的那个极限偏差，如图 3.5.2 所示，一般是指靠近零线的那个偏差。当公差带在零线上方时，基本偏差为下极限偏差；当公差带在零线下方时，基本偏差为上极限偏差。当公差带某一偏差为零时，此偏差自然就是基本偏差。有的公差带相对零线是完全对称的，则基本偏差可为上极限偏差，也可为下极限偏差。基本偏差的确定如图 3.5.4 所示。

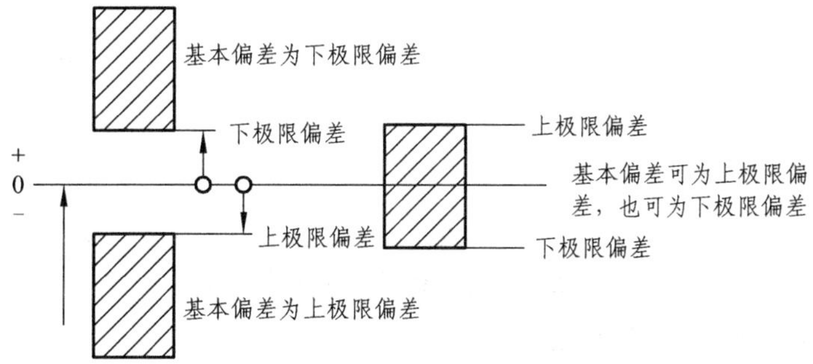

图 3.5.4　基本偏差

注意：虽然基本偏差既可是上极限偏差，也可是下极限偏差，但对于一个尺寸公差带，只能确定其中一个为基本偏差。

（1）基本偏差代号。

国家标准（简称国标）中已将基本偏差标准化，规定了孔、轴各 28 种公差带位置，孔用大写字母，轴用小写字母。在 26 个英文字母中，去掉 5 个字母（孔去掉 I、L、O、Q、W，轴去掉 i、l、o、q、w），加上 7 组字母（孔为 CD、EF、FG、JS、ZA、ZB、ZC；轴为 cd、ef、fg、js、za、zb、zc），共 28 种。基本偏差系列如图 3.5.5 所示。

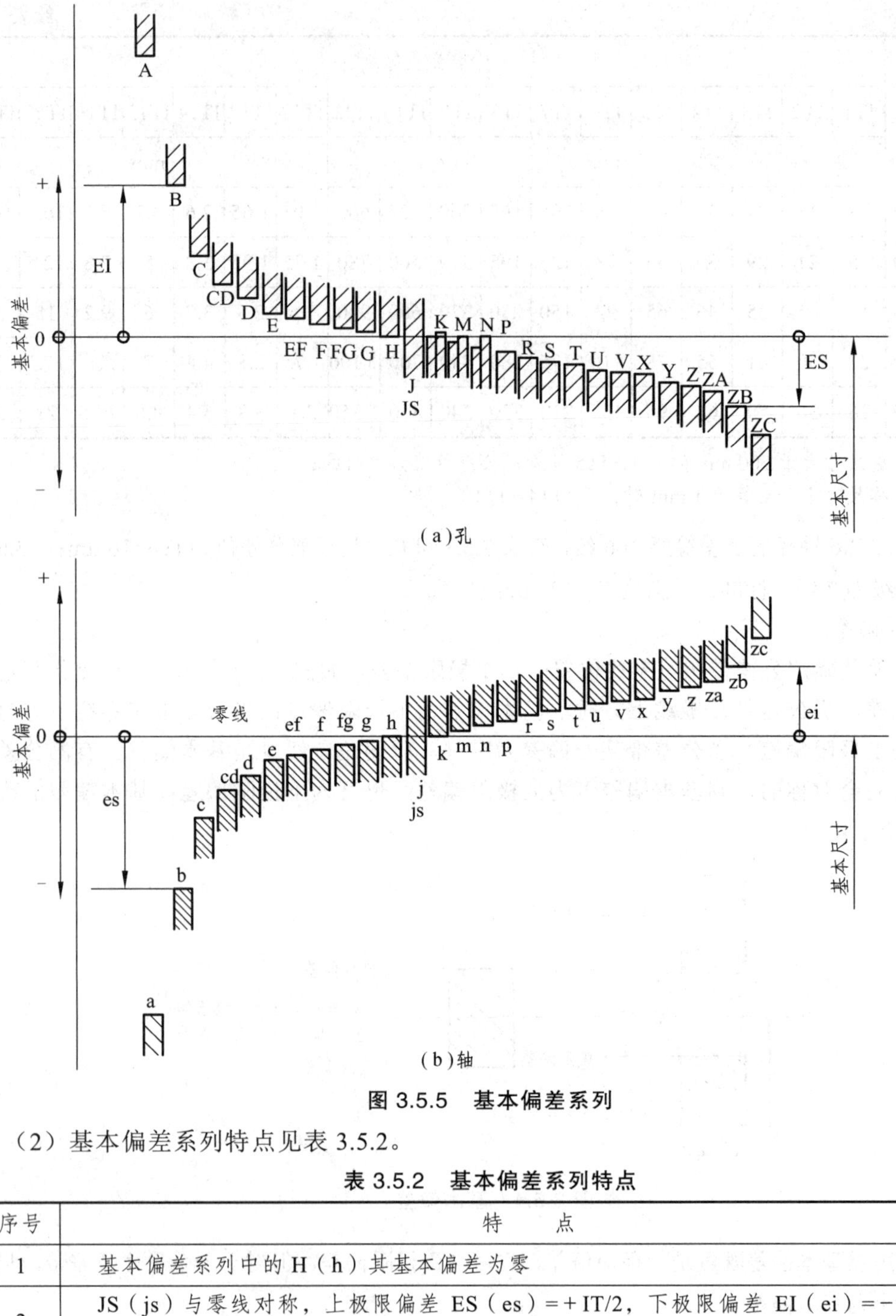

图 3.5.5　基本偏差系列

（2）基本偏差系列特点见表 3.5.2。

表 3.5.2　基本偏差系列特点

序号	特　　点
1	基本偏差系列中的 H（h）其基本偏差为零
2	JS（js）与零线对称，上极限偏差 ES（es）=＋IT/2，下极限偏差 EI（ei）=－IT/2，上下极限偏差均可作为基本偏差
3	孔的基本偏差系列中，A～H 的基本偏差为下极限偏差，J～ZC 的基本偏差为上极限偏差；轴的基本偏差中，a～h 的基本偏差为上极限偏差，j～zc 的基本偏差为下极限偏差
4	公差带的另一极限偏差“开口”，表示其公差等级未定

（3）基本偏差数值。

国家标准已列出轴、孔基本偏差数值表，见表 3.5.3、表 3.5.4，在实际中可查表确定其数值。

例 1　利用标准公差数值表和轴的基本偏差数值表，确定 ϕ 50f6 轴的极限偏差数值。

解　该轴公称直径为 50 mm，处于>30～50 尺寸分段内，公差等级为 6，查表 3.5.1 得，其标准公差 IT6=16 μm。

根据图 3.5.5 所示基本偏差系列，可知“f”的基本偏差为上极限偏差。

查表 3.5.3 得，基本偏差=−25 μm，即上极限偏差为−25 μm。

所以，根据公式“公差=丨上极限偏差−下极限偏差丨”得，下极限偏差为−41 μm，在图样上可标注为 $\phi 50_{-0.041}^{-0.025}$。

例 2　利用标准公差数值表和孔的基本偏差数值表，确定 ϕ 35U7 孔的极限偏差数值。

解　查表 3.5.1 得，公称直径为 35 mm 的标准公差 IT7=25 μm。

根据图 3.5.5 所示基本偏差系列，可知“U”的基本偏差为上极限偏差。

查表 3.5.4，基本尺寸处于>30～40 尺寸分段内，对应基本偏差“U”的值为−60；但是表中的基本偏差是公差等级>7 时的标准值，而本题公差等级等于 7，故应按照表中的说明，在该表的右端查找出 Δ=9 μm。

由此可得，上极限偏差（ES）=−60+ Δ=−60+9=−51 μm。

所以，下极限偏差（EI）=上极限偏差（ES）−公差（IT7）=−51−25=−76 μm，在图样上可标注为 $\phi 35_{-0.076}^{-0.051}$。

（三）配　合

配合——基本尺寸相同、相互结合的孔和轴公差带之间的关系。

间隙或过盈——孔的尺寸减去相配合的轴的尺寸所得的代数差。此差值为正时得间隙，此差值为负时得过盈。

配合可分为间隙配合、过盈配合和过渡配合三种，如图 3.5.6 所示。

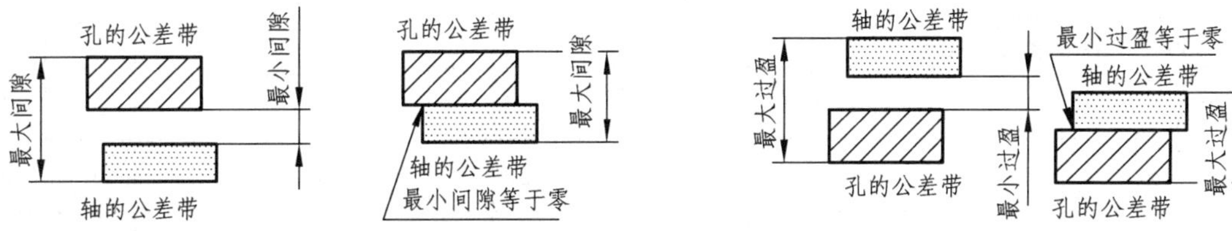

（a）间隙配合　　（b）过盈配合

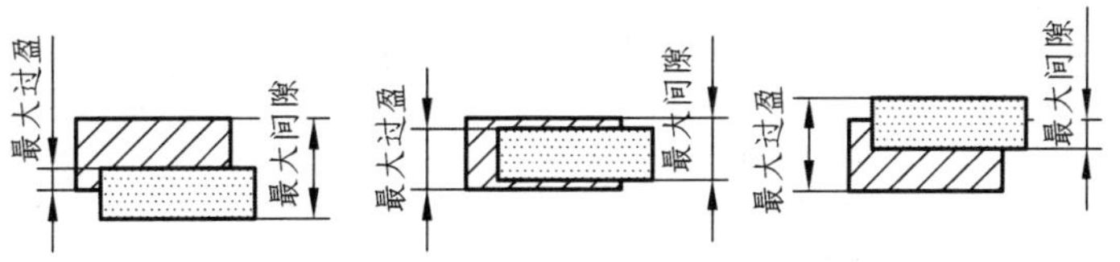

（c）过渡配合

图 3.5.6　配合类型

（1）间隙配合—— 孔的公差带在轴的公差带之上时，具有间隙的配合（包括最小间隙为零的配合），如图 3.5.6（a）所示。

表 3.5.3　轴的

公称尺寸/mm		基本偏差数值（上极限偏差es）																
		所有标准公差等级												IT5和IT6	IT7	IT8	IT4至IT7	≤IT3 >IT7
大于	至	a	b	c	cd	d	e	ef	f	fg	g	h	js	j			k	
—	3	−270	−140	−60	−34	−20	−14	−10	−6	−4	−2	0	偏差=±$\frac{IT_n}{2}$，式中IT_n是IT值数	−2	−4	−6	0	0
3	6	−270	−140	−70	−46	−30	−20	−14	−10	−6	−4	0		−2	−4		+1	0
6	10	−280	−150	−80	−56	−40	−25	−18	−13	−8	−5	0		−2	−5		+1	0
10	14	−290	−150	−95		−50	−32		−16		−6	0		−3	−6		+1	0
14	18																	
18	24	−300	−160	−110		−65	−40		−20		−7	0		−4	−8		+2	0
24	30																	
30	40	−310	−170	−120		−80	−50		−25		−9	0		−5	−10		+2	0
40	50	−320	−180	−130														
50	65	−340	−190	−140		−100	−60		−30		−10	0		−7	−12		+2	0
65	80	−360	−200	−150														
80	100	−380	−220	−170		−120	−72		−36		−12	0		−9	−15		+3	0
100	120	−410	−240	−180														
120	140	−460	−260	−200		−145	−85		−43		−14	0		−11	−18		+3	0
140	160	−520	−280	−210														
160	180	−580	−310	−230														
180	200	−660	−340	−240		−170	−100		−50		−15	0		−13	−21		+4	0
200	225	−740	−380	−260														
225	250	−820	−420	−280														
250	280	−920	−480	−300		−190	−110		−56		−17	0		−16	−26		+4	0
280	315	−1 050	−540	−330														
315	355	−1 200	−600	−360		−210	−125		−62		−18	0		−18	−28		+4	0
355	400	−1 350	−680	−400														
400	450	−1 500	−760	−440		−230	−135		−68		−20	0		−20	−32		+5	0
450	500	−1 650	−840	−480														
500	560					−260	−145		−76		−22	0					0	0
560	630																	
630	710					−290	−160		−80		−24	0					0	0
710	800																	
800	900					−320	−170		−86		−26	0					0	0
900	1 000																	
1 000	1 120					−350	−195		−98		−28	0					0	0
1 120	1 250																	
1 250	1 400					−390	−220		−110		−30	0					0	0
1 400	1 600																	
1 600	1 800					−430	−240		−120		−32	0					0	0
1 800	2 000																	
2 000	2 240					−480	−260		−130		−34	0					0	0
2 240	2 500																	
2 500	2 800					−520	−290		−145		−38	0					0	0
2 800	3 150																	

注：1. 公称尺寸小于或等于 1 mm 时，基本偏差 a 和 b 均不采用。

2. 公差带 js7 至 js11，若 IT_n 值数是奇数，则取偏差=±$\frac{IT_n-1}{2}$。

基本偏差数值

μm

基本偏差数值（下极限偏差 ei）													
所有标准公差等级													
m	n	p	r	s	t	u	v	x	y	z	za	zb	zc
+2	+4	+6	+10	+14		+18		+20		+26	+32	+40	+60
+4	+8	+12	+15	+19		+23		+28		+35	+42	+50	+80
+6	+10	+15	+19	+23		+28		+34		+42	+52	+67	+97
+7	+12	+18	+23	+28		+33		+40		+50	+64	+90	+130
							+39	+45		+60	+77	+108	+150
+8	+15	+22	+28	+35		+41	+47	+54	+63	+73	+98	+136	+188
					+41	+48	+55	+64	+75	+88	+118	+160	+218
+9	+17	+26	+34	+43	+48	+60	+68	+80	+94	+112	+148	+200	+274
					+54	+70	+81	+97	+114	+136	+180	+242	+325
+11	+20	+32	+41	+53	+66	+87	+102	+122	+144	+172	+226	+300	+405
			+43	+59	+75	+102	+120	+146	+174	+210	+274	+360	+480
+13	+23	+37	+51	+71	+91	+124	+146	+178	+214	+258	+335	+445	+585
			+54	+79	+104	+144	+172	+210	+254	+310	+400	+525	+690
+15	+27	+43	+63	+92	+122	+170	+202	+248	+300	+365	+470	+620	+800
			+65	+100	+134	+190	+228	+280	+340	+415	+535	+700	+900
			+68	+108	+146	+210	+252	+310	+380	+465	+600	+780	+1 000
+17	+31	+50	+77	+122	+166	+236	+284	+350	+425	+520	+670	+880	+1 150
			+80	+130	+180	+258	+310	+385	+470	+575	+740	+960	+1 250
			+84	+140	+196	+284	+340	+425	+520	+640	+820	+1 050	+1 350
+20	+34	+56	+94	+158	+218	+315	+385	+475	+580	+710	+920	+1 200	+1 550
			+98	+170	+240	+350	+425	+525	+650	+790	+1 000	+1 300	+1 700
+21	+37	+62	+108	+190	+268	+390	+475	+590	+730	+900	+1 150	+1 500	+1 900
			+114	+208	+294	+435	+530	+660	+820	+1 000	+1 300	+1 650	+2 100
+23	+40	+68	+126	+232	+330	+490	+595	+740	+920	+1 100	+1 450	+1 850	+2 400
			+132	+252	+360	+540	+660	+820	+1 000	+1 250	+1 600	+2 100	+2 600
+26	+44	+78	+150	+280	+400	+600							
			+155	+310	+450	+660							
+30	+50	+88	+175	+340	+500	+740							
			+185	+380	+560	+840							
+34	+56	+100	+210	+430	+620	+940							
			+220	+470	+680	+1 050							
+40	+66	+120	+250	+520	+780	+1 150							
			+260	+580	+840	+1 300							
+48	+78	+140	+300	+640	+960	+1 450							
			+330	+720	+1 050	+1 600							
+58	+92	+170	+370	+820	+1 200	+1 850							
			+400	+920	+1 350	+2 000							
+68	+110	+195	+440	+1 000	+1 500	+2 300							
			+460	+1 100	+1 650	+2 500							
+76	+135	+240	+550	+1 250	+1 900	+2 900							
			+580	+1 400	+2 100	+3 200							

表 3.5.4 孔的

公称尺寸/mm		基本偏差数值（下极限偏差 EI）																				
		所有标准公差等级												IT6	IT7	IT8	≤IT8	>IT8	≤IT8	>IT8	≤IT8	>IT8
大于	至	A	B	C	CD	D	E	EF	F	FG	G	H	JS	J			K		M		N	
—	3	+270	+140	+60	+34	+20	+14	+10	+6	+4	+2	0	偏差=±$\frac{IT_n}{2}$，式中 IT_n 是 IT 值数	+2	+4	+6	0	0	−2	−2	−4	−4
3	6	+270	+140	+70	+46	+30	+20	+14	+10	+6	+4	0		+5	+6	+10	−1+Δ		−4+Δ	−4	−8+Δ	0
6	10	+280	+150	+80	+56	+40	+25	+18	+13	+8	+5	0		+5	+8	+12	−1+Δ		−6+Δ	−6	−10+Δ	0
10	14	+290	+150	+95		+50	+32		+16		+6	0		+6	+10	+15	−1+Δ		−7+Δ	−7	−12+Δ	0
14	18																					
18	24	+300	+160	+110		+65	+40		+20		+7	0		+8	+12	+20	−2+Δ		−8+Δ	−8	−15+Δ	0
24	30																					
30	40	+310	170	+120		+80	+50		+25		+9	0		+10	+14	+24	−2+Δ		−9+Δ	−9	−17+Δ	0
40	50	+320	+180	+130																		
50	65	+340	+190	+140		+100	+60		+30		+10	0		+13	+18	+28	−2+Δ		−11+Δ	−11	−20+Δ	0
65	80	+360	+200	+150																		
80	100	+380	+220	+170		+120	+72		+36		+12	0		+16	+22	+34	−3+Δ		−13+Δ	−13	−23+Δ	0
100	120	+410	+240	+180																		
120	140	+460	+260	+200		+145	+85		+43		+14	0		+18	+26	+41	−3+Δ		−15+Δ	−15	−27+Δ	0
140	160	+520	+280	+210																		
160	180	+580	+310	+230																		
180	200	+660	+340	+240		+170	+100		+50		+50	0		+22	+30	+47	−4+Δ		−17+Δ	−17	−31+Δ	0
200	225	+740	+380	+260																		
225	250	+820	+420	+280																		
250	280	+920	+480	+300		+190	+110		+56		+17	0		+25	+36	+55	−4+Δ		−20+Δ	−20	−34+Δ	0
280	315	+1 050	+540	+330																		
315	355	+1 200	+600	+360		+210	+125		+62		+18	0		+29	+39	+60	−4+Δ		−21+Δ	−21	−37+Δ	0
355	400	+1 350	+680	+400																		
400	450	+1 500	+760	+440		+230	+135		+68		+20	0		+33	+43	+66	−5+Δ		−23+Δ	−23	−40+Δ	0
450	500	+1 650	+840	+480																		
500	560					+260	+145		+76		+22	0					0		−26		−44	
560	630																					
630	710					+290	+160		+80		+24	0					0		−30		−50	
710	800																					
800	900					+320	+170		86		+26	0					0		−34		−56	
900	1 000																					
1 000	1 120					+350	+195		+98		+28	0					0		−40		−66	
1 120	1 250																					
1 250	1 400					+390	+220		+110		+30	0					0		−48		−78	
1 400	1 600																					
1 600	1 800					+430	+240		+120		+32	0					0		−58		−92	
1 800	2 000																					
2 000	2 240					+480	+260		+130		+34	0					0		−68		−110	
2 240	2 500																					
2 500	2 800					+520	+290		+145		+38	0					0		−76		−135	
2 800	3 150																					

注：1. 工程尺寸小于或等于 1 mm 时，基本偏差 A 和 B 及大于 IT8 的 N 均不采用。

2. 公差带 JS7 至 JS11，若 IT_n 值数是奇数，则取偏差 $=\pm\frac{IT_n-1}{2}$。

3. 对小于或等于 IT8 的 K、M、N 和小于或等于 IT7 的 P 至 ZC，所需 Δ 值从表内右侧选取。例如：

18 至 30 mm 段的 K7：Δ=8 μm，所以 ES=（−2+8）μm=+6 μm

18 至 30 mm 段的 S6：Δ=4 μm，所以 ES=（−35+4）μm=−31 μm

4. 特殊情况：250 至 315 mm 段的 M6，ES=−9 μm（代替−11 μm）。

基本偏差值　　μm

基本偏差数值（上极限偏差 ES）													Δ值					
≤IT7	标准公差等级大于 IT7												标准公差等级					
P 至 ZC	P	R	S	T	U	V	X	Y	Z	ZA	ZB	ZC	IT3	IT4	IT5	IT6	IT7	IT8
在大于IT7的相应数值上增加一个Δ值	−6	−10	−14		−18		−20		−26	−32	−40	−60	0	0	0	0	0	
	−12	−15	−19		−23		−28		−35	−42	−50	−80	1	1.5	1	3	4	6
	−15	−19	−23		−28		−34		−42	−52	−67	−97	1	1.5	2	3	6	7
	−18	−23	−28		−33		−40		−50	−64	−90	−130	1	2	3	3	7	9
						−39	−45		−60	−77	−108	−150						
	−22	−28	−35		−41	−47	−54	−63	−73	−98	−136	−188	1.5	2	3	4	8	12
				−41	−48	−55	−64	−75	−88	−118	−160	−218						
	−26	−34	−43	−48	−60	−68	−80	−94	−112	−148	−200	−274	1.5	3	4	5	9	14
				−54	−70	−81	−97	−114	−136	−180	−242	−325						
	−32	−41	−53	−66	−87	−102	−122	−144	−172	−226	−300	−405	2	3	5	6	11	16
		−43	−59	−75	−102	−120	−146	−174	−210	−274	−360	−480						
	−37	−51	−71	−91	−124	−146	−178	−214	−258	−335	−445	−585	2	4	5	7	13	19
		−54	−79	−104	−144	−172	−210	−254	−310	−400	−525	−690						
	−43	−63	−92	−122	−170	−202	−248	−300	−365	−470	−620	−800	3	4	6	7	15	23
		−65	−100	−134	−190	−228	−280	−340	−415	−535	−700	−900						
		−68	−108	−146	−210	−252	−310	−380	−465	−600	−780	−1 000						
	−50	−77	−122	−166	−236	−284	−350	−425	−520	−670	−880	−1 150	3	4	6	9	17	26
		−80	−130	−180	−258	−310	−385	−470	−575	−740	−960	−1 250						
		−84	−140	−196	−284	−340	−425	−520	−640	−820	−1 050	−1 350						
	−56	−94	−158	−218	−315	−385	−475	−580	−710	−920	−1 200	−1 550	4	4	7	9	20	29
		−98	−170	−240	−350	−425	−525	−650	−790	−1 000	−1 300	−1 700						
	−62	−108	−190	−268	−390	−475	−590	−730	−900	−1 150	−1 500	−1 900	4	5	7	11	21	32
		−114	−208	−294	−435	−530	−660	−820	−1 000	−1 300	−1 650	−2 100						
	−68	−126	−232	−330	−490	−595	−740	−920	−1 100	−1 450	−1 850	−2 400	5	5	7	13	23	34
		−132	−252	−360	−540	−660	−820	−1 00	−1 25	−1 60	−2 10	−2 60						
	−78	−150	−280	−400	−600													
		−155	−310	−450	−660													
	−88	−175	−340	−500	−740													
		−185	−380	−560	−840													
	−100	−210	−430	−620	−940													
		−220	−470	−680	−1 050													
	−120	−250	−520	−780	−1 150													
		−260	−580	−840	−1 300													
	−140	−300	−640	−960	−1 450													
		−330	−720	−1 050	−1 600													
	−170	−370	−820	−1 200	−1 850													
		−400	−920	−1 350	−2 000													
	−195	−440	−1 000	−1 500	−2 300													
		−460	−1 100	−1 650	−2 500													
	−240	−550	−1 250	−1 900	−2 900													
		−580	−1 400	−2 100	−3 200													

由于孔和轴都有公差，所以实际间隙的大小随着孔和轴的实际尺寸而变化。孔的最大极限尺寸减轴的最小极限尺寸所得的差值为最大间隙，也等于孔的上偏差减轴的下偏差。以 X 代表间隙，则

最大间隙：$X_{max}=D_{max}-d_{min}=ES-ei$

最小间隙：$X_{min}=D_{min}-d_{max}=EI-es$

（2）过盈配合——孔的公差带在轴的公差带之下时，具有过盈的配合（包括最小过盈为零的配合），如图 3.5.6（b）所示。

实际过盈的大小也随着孔和轴的实际尺寸而变化。孔的最大极限尺寸减轴的最小极限尺寸所得的差值为最小过盈，也等于孔的上偏差减轴的下偏差，以 Y 代表过盈，则

最大过盈：$Y_{max}=D_{min}-d_{max}=EI-es$

最小过盈：$Y_{min}=D_{max}-d_{min}=ES-ei$

（3）过渡配合——孔和轴的公差带相互交叠，随着孔、轴实际尺寸的变化可能得到间隙或过盈的配合，如图 3.5.6（c）所示。

孔的最大极限尺寸减轴的最小极限尺寸所得的差值为最大间隙，孔的最小极限尺寸减轴的最大极限尺寸所得的差值为最大过盈。

最大间隙：$X_{max}=D_{max}-d_{min}=ES-ei$

最大过盈：$Y_{max}=D_{min}-d_{max}=EI-es$

（四）基准制

为了以尽可能少的标准公差带形成最多种的配合，标准规定了两种基准制：基孔制和基轴制。如有特殊需要，允许将任一孔、轴公差带组成配合。孔、轴尺寸公差代号由基本偏差代号与公差等级代号组成。

（1）基孔制——基本偏差为一定的孔的公差带，与不同基本偏差的轴的公差带形成各种配合的一种制度，如图 3.5.7（a）所示。

在基孔制中，孔是基准件，称为基准孔；轴是非基准件，称为配合轴。同时规定，基准孔的基本偏差是下偏差，且等于零，即 EI=0，并以基本偏差代号 H 表示，应优先选用。

（2）基轴制——基本偏差为一定的轴的公差带，与不同基本偏差的孔的公差带形成各种配合的一种制度，如图 3.5.7（b）所示。

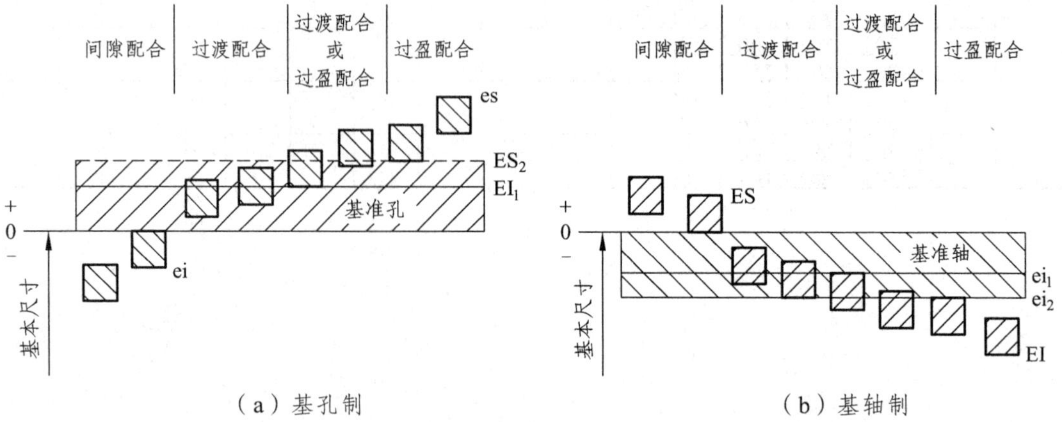

图 3.5.7　基孔制配合和基轴制配合

在基轴制中，轴是基准件，称为基准轴；孔是非基准件，称为配合孔。同时规定，基准轴的基本偏差是上偏差，且等于零，即 es=0，并以基本偏差代号 h 表示。

由于孔的加工工艺复杂，故制造成本高，因此优先选用基孔制。

四、课后练习

完成图 3.5.8 所示丝杆装配尺寸公差标注的识读。

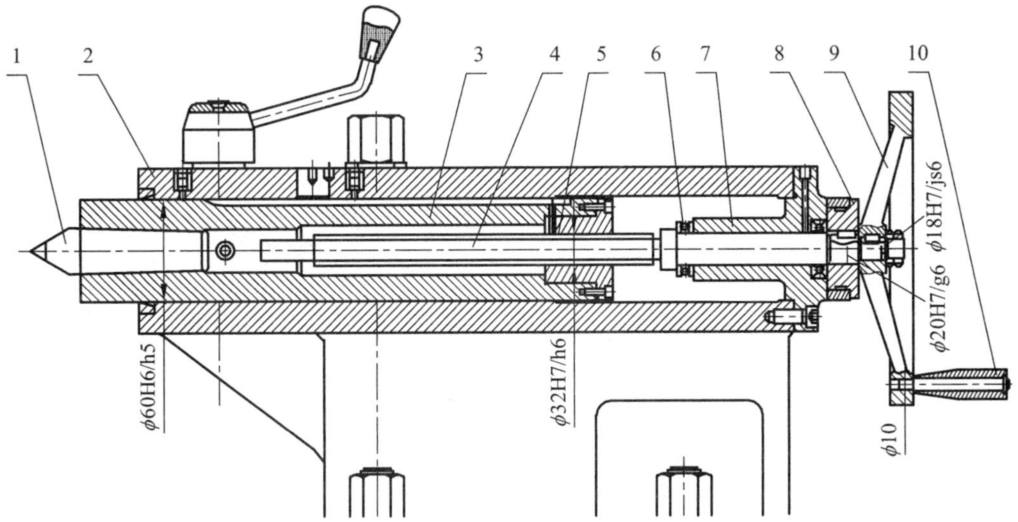

图 3.5.8　丝杆装配尺寸

（1）内容。

① 图 3.5.8 所示车床尾座中座体与导筒轴径配合代号 ϕ60H6/h5；

② 图 3.5.8 所示车床尾座中丝杆螺母与导筒配合标准 ϕ32H7/h6；

③ 图 3.5.8 所示后盖与丝杆的配合代号 ϕ20H7/g6；

④ 图 3.5.8 所示手轮与丝杆右端轴径的配合代号 ϕ18H7/js6。

（2）要求。

试根据上述 4 组公差代号，完成以下训练：

① 指出 4 组尺寸公差代号的公称尺寸、公差等级、基本偏差的名称及相对应的数值。

② 计算 4 组尺寸公差带的极限尺寸、公差数值。

③ 绘制 2 组配合代号的配合公差带图，并判断配合类型。

④ 2 组配合是基孔制还是基轴制？二者有什么区别？

任务六　认识尺寸测量工具——外径千分尺

学习目标

- 能正确标注外径千分尺的结构组成。
- 能正确识别外径千分尺的类型。
- 能正确描述外径千分尺的使用方法。
- 能正确识读外径千分尺的读数。

学习重难点

▲外径千分尺的使用方法。

▲外径千分尺的读数。

学习准备

★教师准备：外径千分尺、板图工具、多媒体课件。

★学生准备：《机械常识》教材、练习册、学习工具。

建议学时

建议学时：3 课时（含考核 1 课时）。

一、任务要求

分组认识外径千分尺，能描述出外径千分尺的结构、正确使用外径千分尺测量和读数。

二、学习引导

（1）读一读，下面的故事给你什么体会？

第一天正式做工就被扣了 100 多元

2007 年 3 月，正在企业毕业实习的 04 级数控专业学生小张终于可以独立操作机床，顶替师傅的岗位——数控车削加工，加工阶梯轴两段直径、一个工艺槽、一个端面。

小张跟师傅已经 2 个多月了，平时仔细观察、软缠硬磨地从师傅那里看到、学到了不少技能，心想加上自己在学校学的操作技术，从编程到产品装夹、从对刀到机床加工等入门知识都已经熟练掌握，加工产品应该问题不大。小张充满信心。

第一个产品加工好了。师傅一测，脸色大变，尺寸 $\phi 52^{-0.06}_{-0.03}$（合格产品范围是 51.97～51.94 mm）实测值为 51.92 mm，该产品成为废品。小张需赔偿损失 100 多元。

第一次加工就失手，还要赔 100 多元，小张非常郁闷。师傅做了一遍仔细检查，最后找到毛病了：对刀时小张测量不准确，没有校正零位，导致测量尺寸错误。

没校正零位扣 100 多元？小张拿着手里的量具发呆了……

我应该会用这个量具的呀，可怎么……

（2）下面我们一起来认识外径千分尺。请你在图 3.6.1 中的序号处填写出外径千分尺的组成结构。

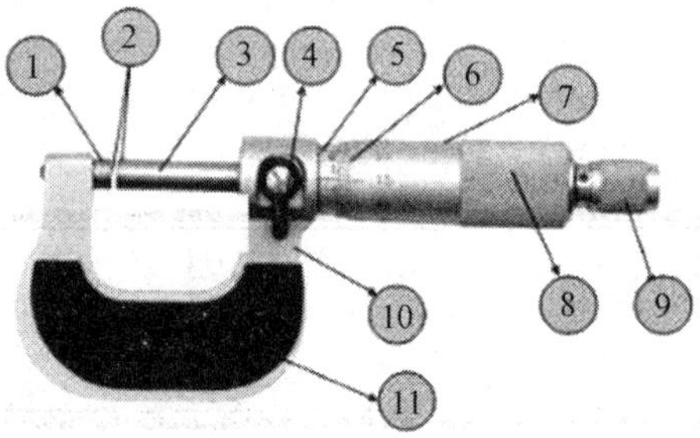

图 3.6.1　外径千分尺

（3）千分尺有很多类型，下面我们一起来认识图 3.6.2 所示的常见千分尺。

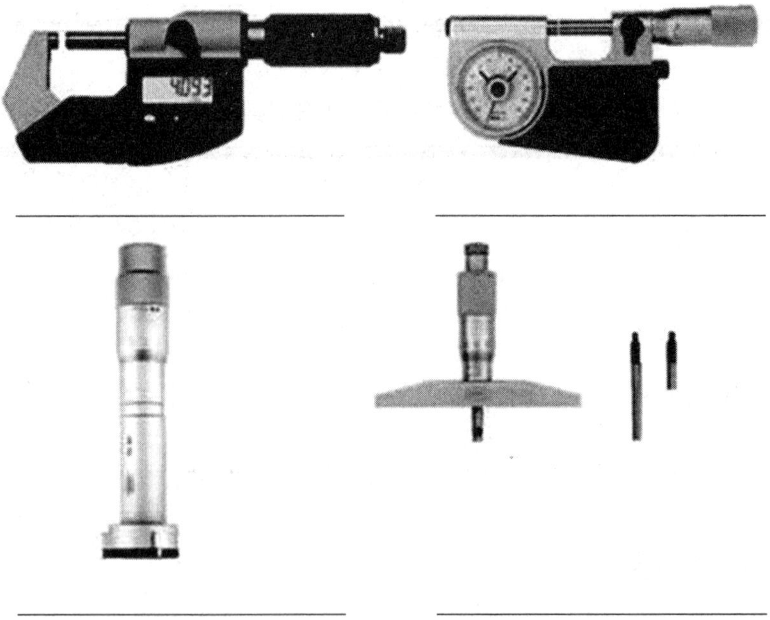

图 3.6.2　千分尺

（4）外径千分尺是怎么使用的呢？

外径千分尺在生产中的应用如图 3.6.3 所示，其使用方法如下：

① 测量前，要______工件被测表面，以及千分尺的砧座端面和测微螺杆端面。

② 测量时，先转动______，使测微螺杆端面逐渐接近工件被测表面，再转动_____，直到棘轮打滑并发出“嗒嗒”声，表明两测量端面与工件刚好贴合或相切并满足测量力的要求，然后读出测量尺寸值。

③ 退出时，应反转_______，使测微螺杆端面离开工件被测表面后将千分尺退出。

图 3.6.3　使用外径千分尺测量工件

（5）外径千分尺一般用来测量和检验零件的外径，请你判断图 3.6.4 所示的两种测量方法哪种正确？使用外径千分尺时要注意什么？

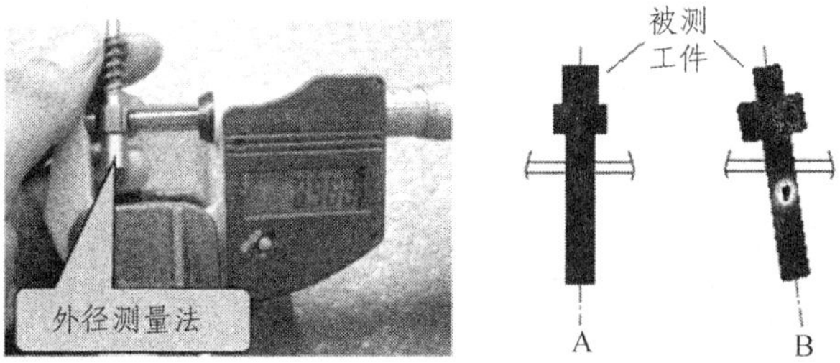

图 3.6.4　外径千分尺测量方法

____

____

____

____

____

（6）了解了外径千分尺的用法后，我们则要学习外径千分尺的读数。请按照图 3.6.5 所示的步骤一起来体验外径千分尺的读数方法。

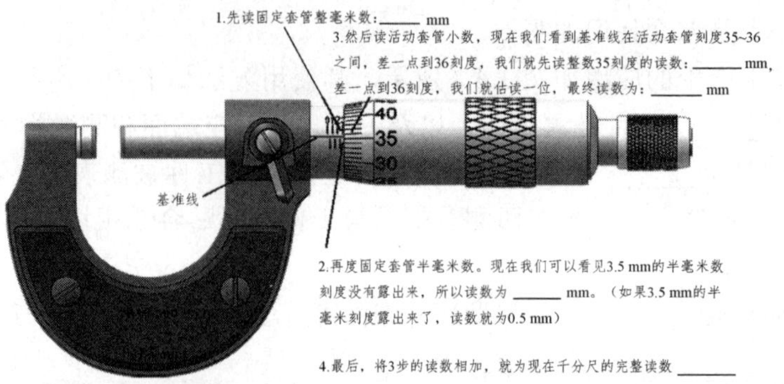

图 3.6.5　外径千分尺读数方法

三、任务实施

3 人一个小组，1 人测量、读数，其余 2 人检查、记录、评分。轮流操作，每人至少测一个尺寸并计入表 3.6.1。

测量一：头发的直径；

测量二：中性笔笔芯的直径；

测量三：课桌桌面板料的厚度。

表 3.6.1　测量数据

组员姓名				
测量内容		测量读数	测量读数	测量读数
测量结果	头发的直径			
	中性笔笔芯的直径			
	课桌桌面板料的厚度			
学习评价				
测量评分	姿势是否正确（5 分）			
	测量位置是否正确（5 分）			
	读数是否准确（5 分）			
	使用保养是否规范（5 分）			
	合计（满分 20 分）			

四、知识链接

（一）千分尺

千分尺是用螺旋副的运动原理进行测量和读数的测微量具，也是检测尺寸的常用计量器具之一，常用于测量外径和长度尺寸。它比游标卡尺的精度高，使用灵活方便，其测量精度为 0.01 mm。按照测量范围，其规格分为 0～25 mm、25～50 mm、50～75 mm、75～100 mm 等。

（二）千分尺的结构、刻度原理

1. 结构（见图 3.6.6）

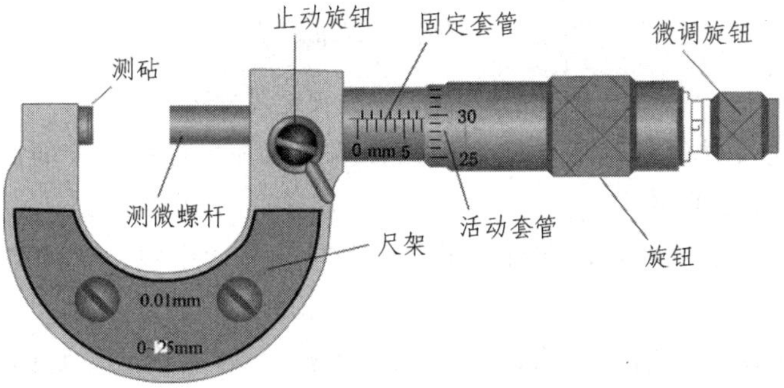

图 3.6.6 外径千分尺结构

2. 刻线原理

测微螺杆右旋螺纹螺距为 0.5 mm，当微分筒转一周时，就带动测微螺杆轴向转动一个螺距（0.5 mm）；固定套筒上的刻线间距每小格为 0.5 mm，微分筒圆锥面上刻有 50 小格的圆周等分刻线，因此，当微分筒转过 1 小格时，就代表测微螺杆轴向移动 0.01 mm。

3. 外径千分尺零位校准

使用千分尺时先要检查其零位是否校准，因此应先松开锁紧装置，清除油污，特别是测砧与测微螺杆间接触面要清洗干净。检查微分筒的端面是否与固定套管上的零刻度线重合，若不重合，应先旋转旋钮，直至螺杆要接近测砧时，旋转测力装置；当螺杆刚好与测砧接触时，会听到“喀喀”声，这时停止转动，如图 3.6.7 所示。

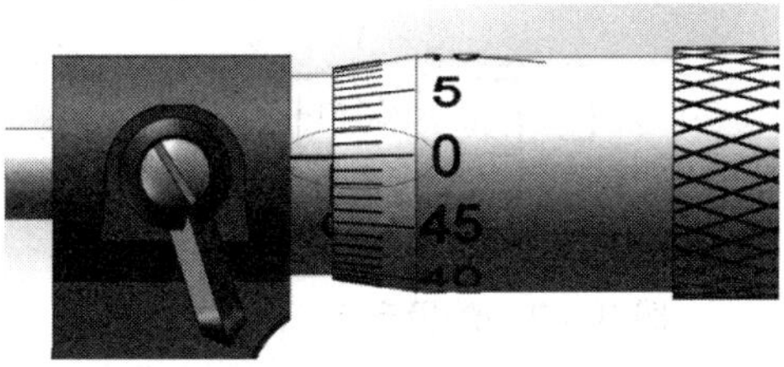

图 3.6.7 外径千分尺零位校准

4. 使用方法（见图 3.6.8）

（1）测量前，要擦净工件被测表面，以及千分尺的砧座端面和测微螺杆端面。

（2）测量时，先转动微分筒，使测微螺杆端面逐渐接近工件被测表面，再转动棘轮，直到棘轮打滑并发出“嗒嗒”声，表明两测量端面与工件刚好贴合或相切并满足测量力的要求，然后读出测量尺寸值。

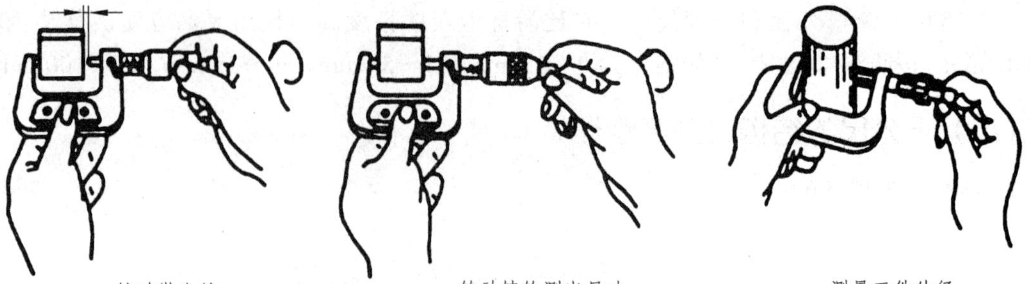

图 3.6.8　外径千分尺使用方法

（3）退出时，应反转活动套筒，使测微螺杆端面离开工件被测表面后，将千分尺退出。

5. 读数方法（见图 3.6.9）

（1）读出固定套筒上刻线露出在外面的刻线数值，先读中线之上为整毫米数值——18 mm（上边箭头处），再读中线之下的半毫米数值——0.5 mm（下边箭头处）。

注意：若半毫米刻度没有露出来，则读数为 0 mm；若露出来，则读数为 0.5 mm。

（2）再读出微分筒上从零刻线开始第 X 条刻线与固定套筒上基准线对齐的数值，即为读数不足 0.5 mm 的小数部分（右边箭头处）。

读取中线（基准线）下（或重叠）的微分筒刻度，现在所示刻度为 16，则读数为 0.16 mm。

读取中线（基准线）与微分筒交叉处的估值，现在中线在 16 刻度线上一点，估读读数为 0.002 mm。

（3）把整数和小数相加，即为所测的实际尺寸：

$$18+0.5+0.16+0.002=18.662\text{ mm}$$

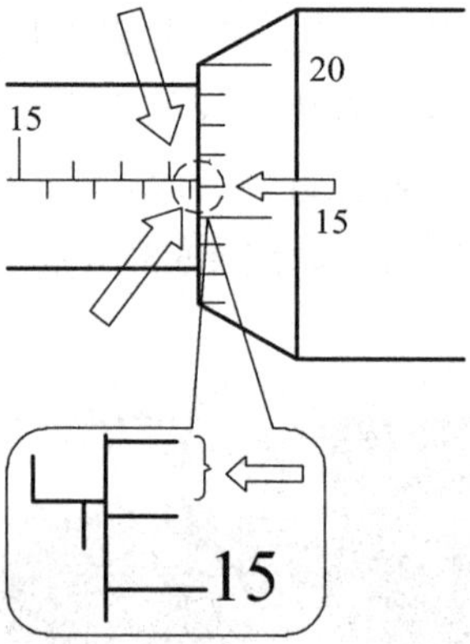

图 3.6.9　外径千分尺读数方法

6. 使用注意事项

（1）使用前应根据被测工件的尺寸，选择相应测量范围的千分尺；

（2）测量前应校正零位；

（3）测量时，千分尺测量轴的中心线应与被测尺寸长度方向一致，不要歪斜；

（4）不能在工件转动或加工时测量；

（5）读数值时应注意半毫米数值刻线是否露出，小心读错一圈。

7. 其他千分尺

（1）内径千分尺。

内径千分尺用于测量内孔直径及槽宽等内部尺寸，有卡脚式内径千分尺、单杆式内径千分尺和三爪内径千分尺 3 种，如图 3.6.10 所示。

（2）深度千分尺。

深度千分尺用于测量工件阶台、沟槽和孔的深度。其结构与外径千分尺相似，只是多了一个基座而没有尺架，如图 3.6.11 所示。其测量杆的长度可进行调换，以适应不同深度的工件尺寸。

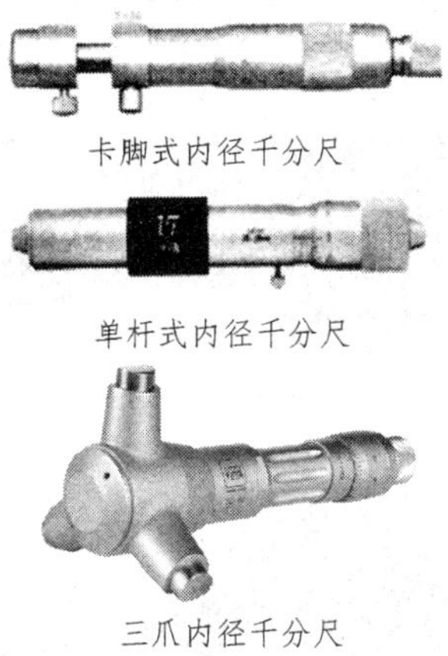

图 3.6.10　内径千分尺

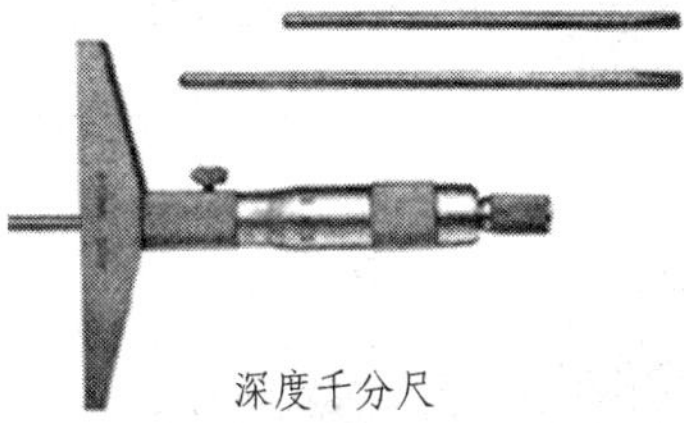

图 3.6.11　深度千分尺

（3）螺纹千分尺。

螺纹千分尺结构简单，使用方便，测量总误差为 0.10～0.15 mm，故广泛用于精度较低的螺纹中径的测量。螺纹千分尺有 60º 和 55º 两种规格，各带有一套可以更换的、适用于不同螺距的测量头，如图 3.6.12 所示。

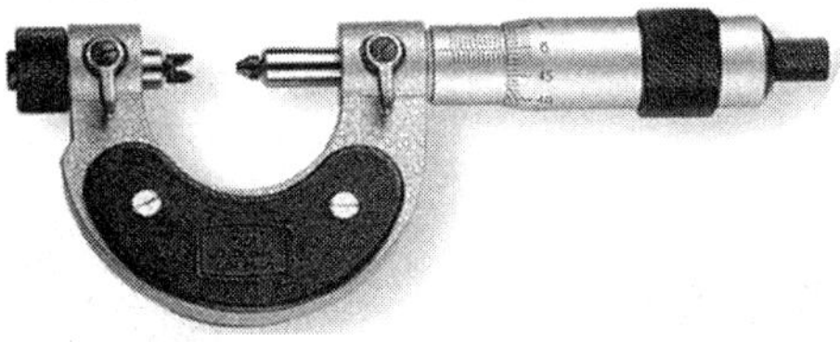

图 3.6.12　螺纹千分尺

五、课后练习

（1）读出表 3.6.2 中各千分尺所示的读数。

表 3.6.2　千分尺读数

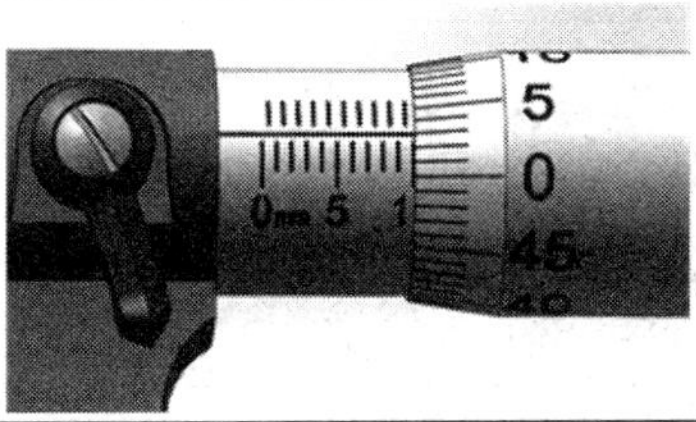	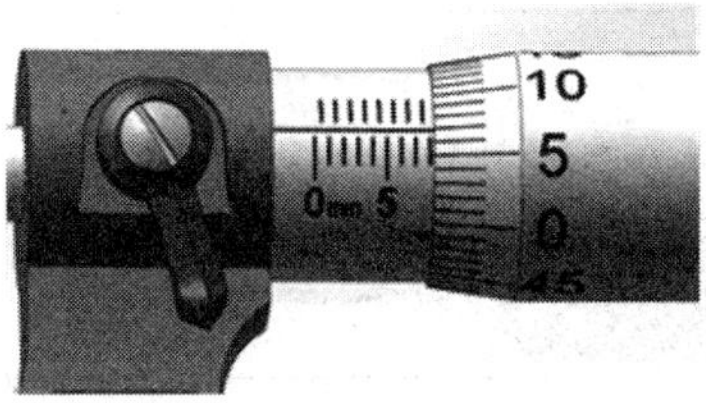
读数：	读数：

续表

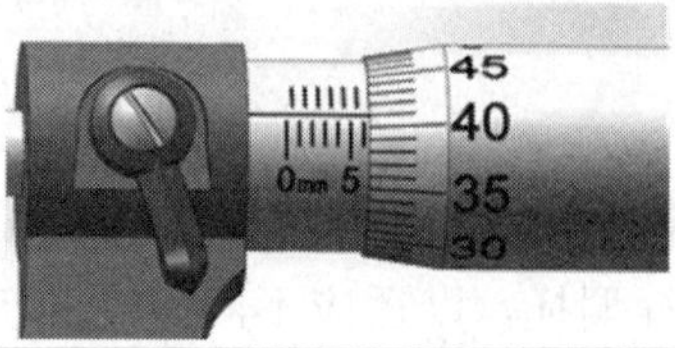	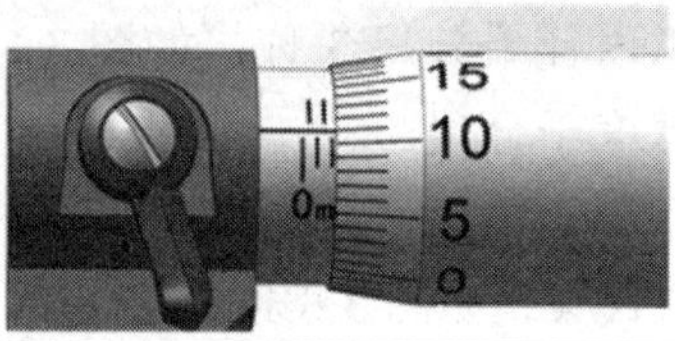
读数：	读数：
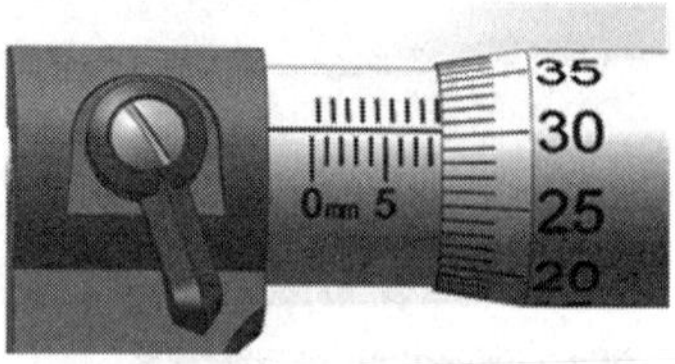	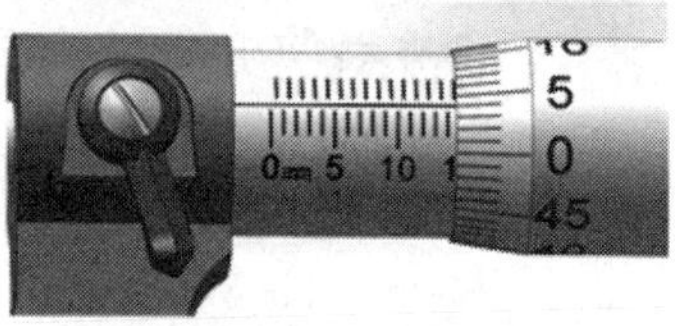
读数：	读数：
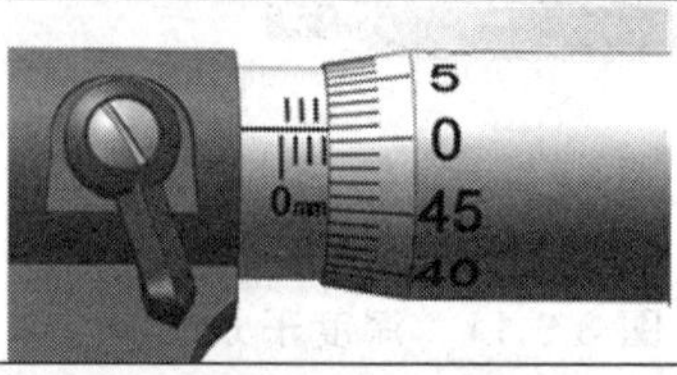	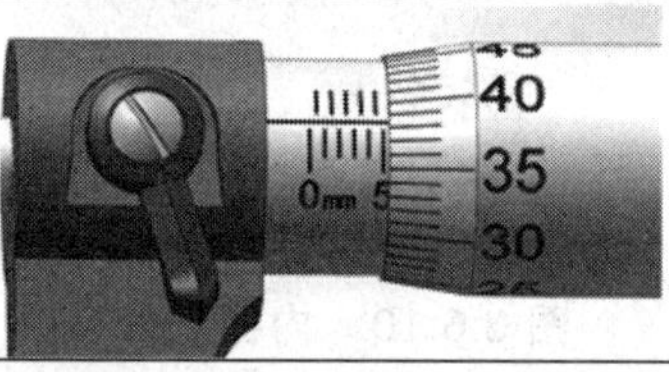
读数：	读数：
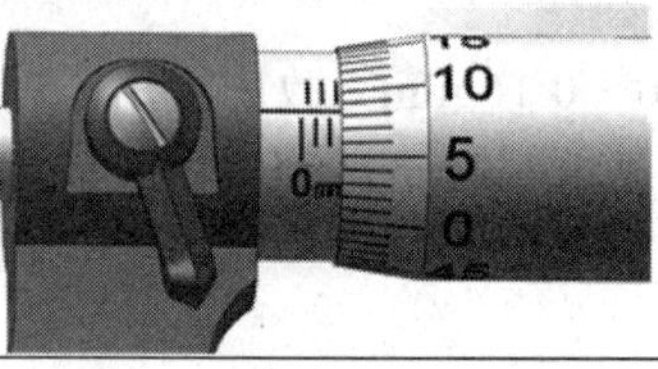	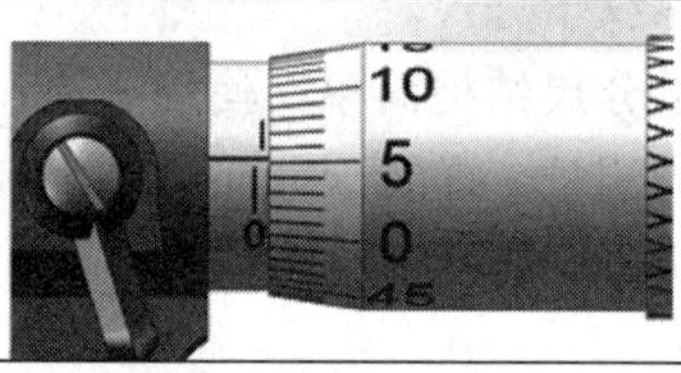
读数：	读数：
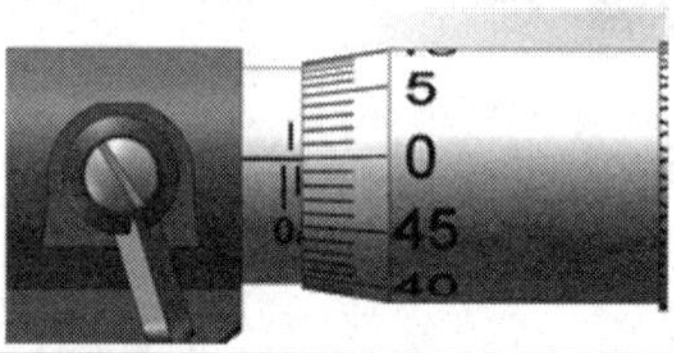	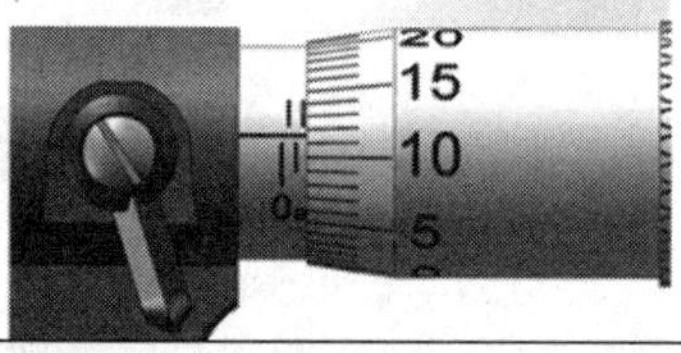
读数：	读数：
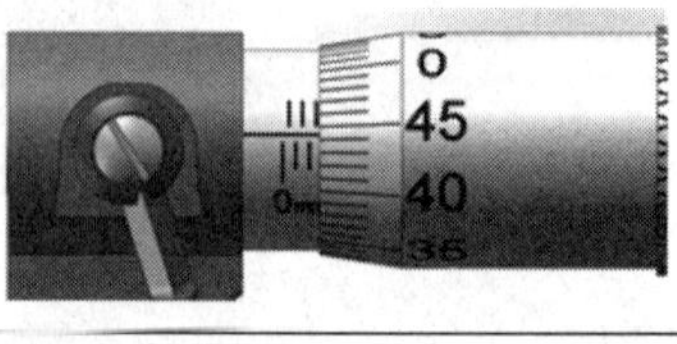	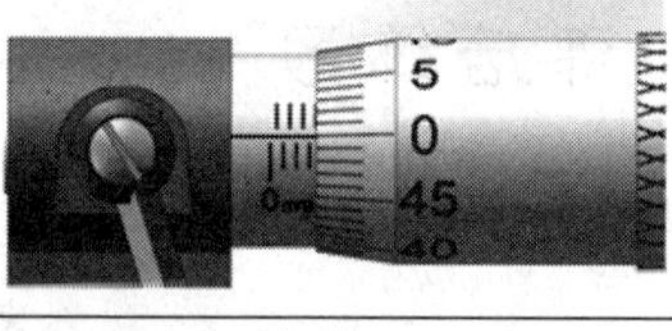
读数：	读数：
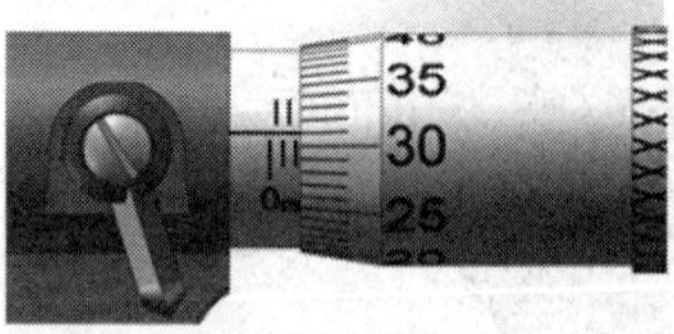	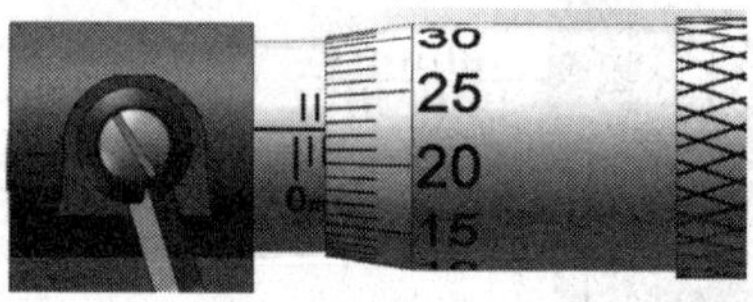
读数：	读数：

（2）课堂测验。

任课教师用外径千分尺随机滑动两个位置，让学生单个完成两次读数测验。（1 课时）

读数 1：________________　读数 2：________________　成绩：________________

任务七　测绘轴孔配合

学习目标

- 能正确使用游标卡尺和外径千分尺测量销的外径。
- 能正确绘制销和销孔的配合公差带图，并判断配合类型。
- 能正确绘制销孔的全剖视图。

学习重难点

▲测量知识的综合运用。

▲绘制销孔的全剖视图。

学习准备

★教师准备：游标卡尺、外径千分尺、销钉、孔板、板图工具、多媒体课件。

★学生准备：《机械常识》教材、练习册、学习工具。

建议学时

建议学时：4 课时。

一、任务要求

板孔和销钉实物图如图 3.7.1 所示。

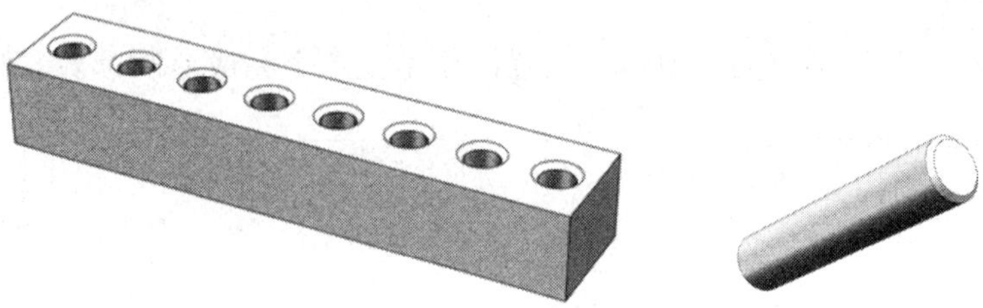

图 3.7.1　孔板和销钉

（1）分组使用外径千分尺测量 9 根圆柱销的直径值，并做好记录。根据测量结果和孔板零件图的尺寸，计算判断圆柱销和孔板上孔的配合关系，并画出公差带图。

（2）绘制孔板全剖视图，并在配板全剖视图上标注出尺寸。

二、学习引导

（1）根据图 3.7.2，简述剖视图是怎样形成的。

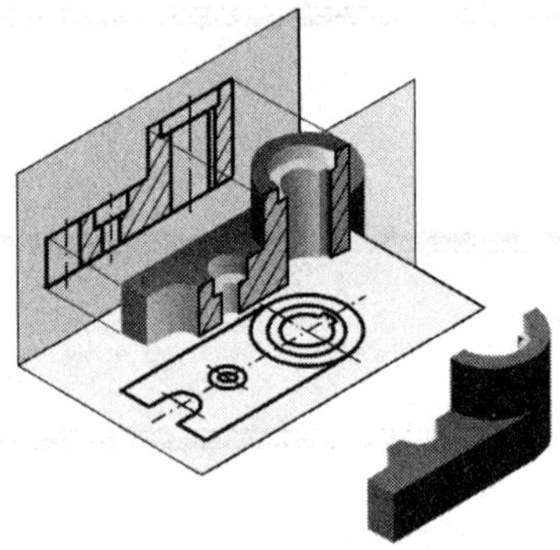

图 3.7.2　剖视图的形成

（2）根据图 3.7.3 回答下列问题：什么叫剖面区域？在剖面区域内应画什么线条？金属材料的剖面符号是什么？有什么特点？

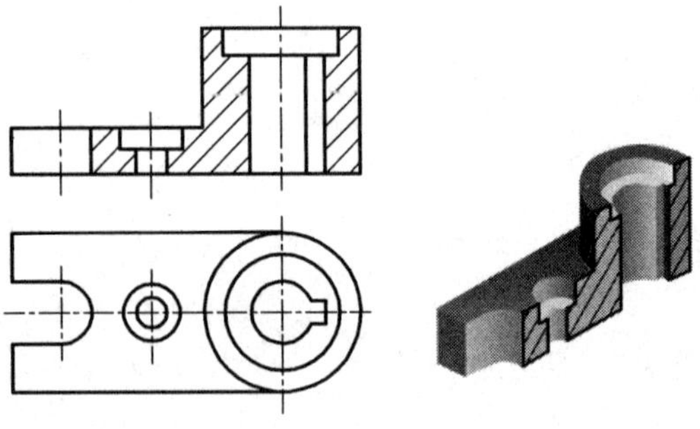

图 3.7.3　剖视图

（3）根据图3.7.4回答下列问题：什么是剖切线？什么是剖切符号？剖切线用什么线绘制？字母用途是什么？写在哪里？

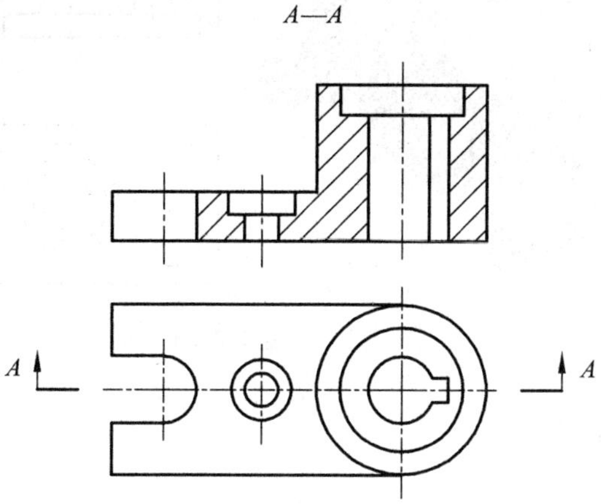

图 3.7.4　剖视图剖切符号

（4）在老师带领下完成图3.7.2所示零件剖视图的绘制，并在表3.7.1中记录相应步骤和要点。

表 3.7.1　零件剖视图的绘制

步　骤	绘　图	要　点
第一步　请注释作图过程： __________ __________		
第二步　请注释作图过程： __________ __________		
第三步　请注释作图过程： __________ __________		
第四步　请注释作图过程： __________ __________		

（5）根据图3.7.5回答下列问题：什么是全剖视图？全剖视图一般适用于表达什么零件？

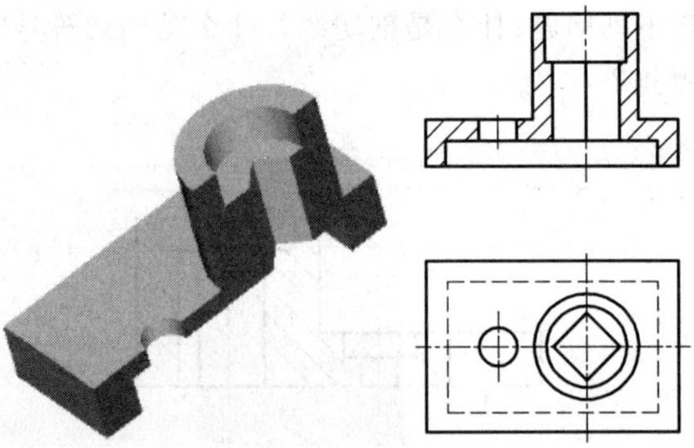

图 3.7.5　全剖视图

三、任务实施

（一）测量销钉直径

使用外径千分尺测量 9 根圆柱销的直径值，并将测量值记录在表 3.7.2 中。

表 3.7.2　测量数据

测量零件		实测值	复检	审核
		测量员：	复检员：	审核员：
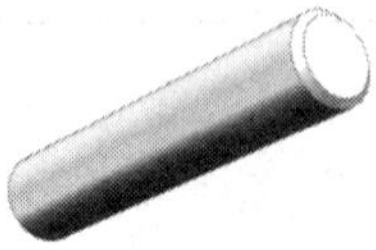	销钉 1			
	销钉 2			
	销钉 3			
	销钉 4			
	销钉 5			
	销钉 6			
	销钉 7			
	销钉 8			
	销钉 9			

（二）确定孔板销孔尺寸

根据表 3.7.3 中给出的销钉配合孔尺寸，确定其极限偏差数值。

表 3.7.3　配合尺寸

	销钉配合孔尺寸	上极限尺寸	下极限尺寸	负责人
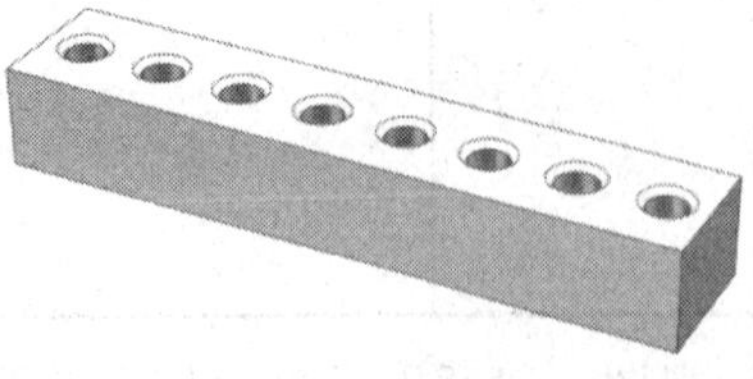	ϕ 6H8			
	ϕ 6U8			
	ϕ 6JS8			

（三）绘制配合公差带图，判断配合类型。

在表 3.7.4 中绘制相应配合公差带图，并判断配合类型。

表 3.7.4 配合公差带

销钉	配合销孔	公差带图	配合类型
销钉 1 销钉 2 销钉 3	销孔 ϕ 6H8		
销钉 4 销钉 5 销钉 6	销孔 ϕ 6U8		
销钉 7 销钉 8 销钉 9	销孔 ϕ 6JS8		

（四）绘制孔板全剖视图，并标注尺寸

在图 3.7.6 的基础上绘制孔板全剖视图，并标注尺寸。

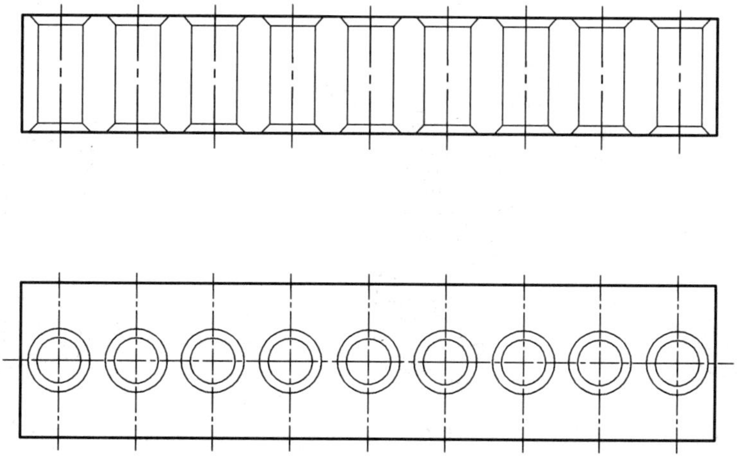

图 3.7.6 绘制孔板全剖视图并标注尺寸

四、知识链接

（一）剖视图的形成

1. 概 念

想用一剖切平面剖开机件，然后将处在观察者和剖切平面之间的部分移去，而将其余部分向投影面投影所得的图形，称为剖视图（简称剖视），如图 3.7.7 所示。

国家标准要求尽量避免使用虚线表达机件的轮廓及棱线，采用剖视，就可使机件上一些原来看不见的结构变为可见，用实线表示，这样看起来就比较清晰。

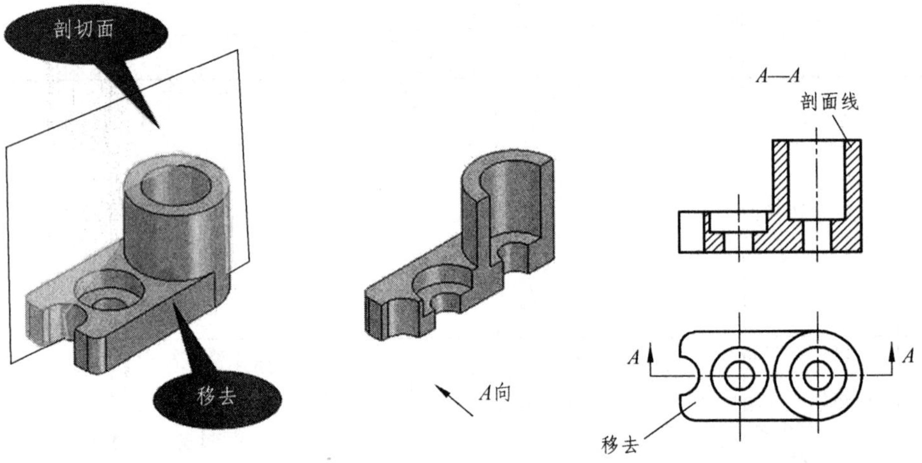

图 3.7.7 剖视图的形成

2. 举 例

图 3.7.8（a）所示的机件，在主视图中，用虚线表达其内部结构，不够清晰。按照图 3.7.8（b）所示的方法，假想有一个沿机件前后对称的平面把它剖开，拿走剖切平面前面的部分后，将后面部分再向正投影面投影，这样就得到了一个剖视的主视图。图 3.7.8（c）所示为机件剖视图的画法。

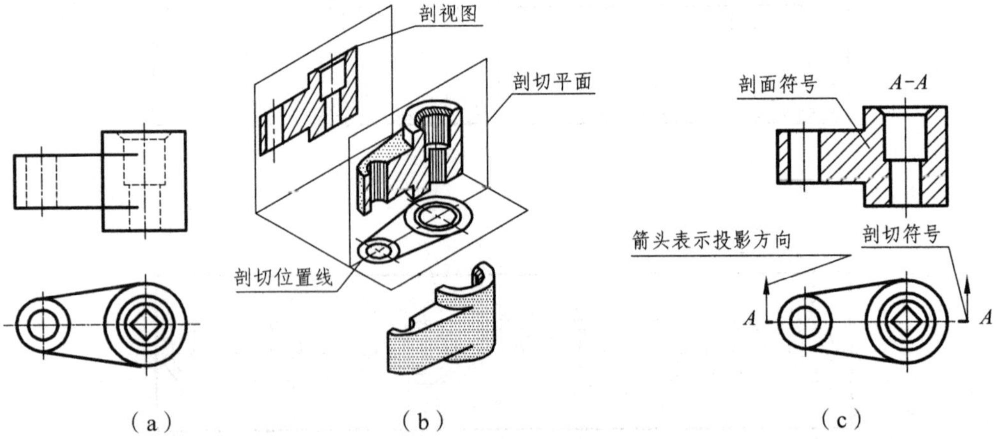

图 3.7.8 剖视图表达特征

（二）剖视图的画法

根据剖视的目的和国标中的有关规定，剖视图的画法要点如下：

1. 剖切位置及剖切面的确定

根据机件的特点，剖切面可以是曲面，但一般为平面。为了表示机件内部的结构，剖切平面的位置应通过内部结构的对称面或轴线。

2. 剖视图的画法（见图 3.7.9）

（1）剖切符号：用粗短画线（线宽 1～1.5d）表示，用以指示剖切面的位置，并用箭头表示投影方向。

（2）剖视图："假想"剖开投影后，所有可见的线均画出，不能遗漏。

（3）剖面符号：剖切平面与机件的接触部分（断面）画剖面线，剖面线表示机件的材料类别，金属材料剖面线为 45°斜向且间距相等的细实线。

注意：剖面线应画在剖切到的实体处，以区别剖切处的空腔部分；同一机件的各剖视图中的剖面线，其斜向和间距应保持一致。

（4）剖视图的配置与标注：剖视图名称用"*X*—*X*"表示。

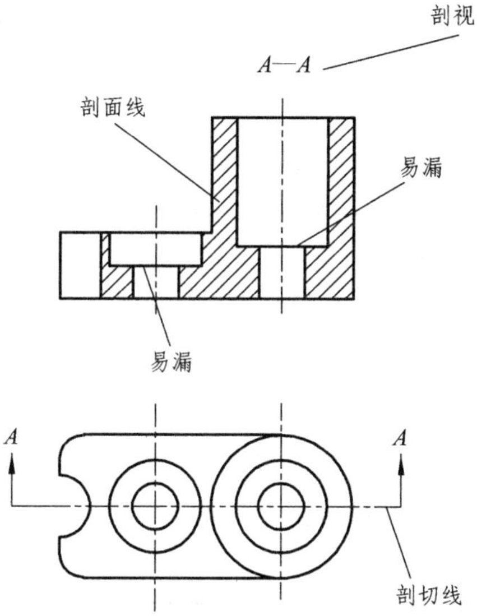

图 3.7.9　剖视图的画法

（三）全剖视图

1. 概　念

用剖切面完全地剖开物体所得的剖视图称为全剖视图。

2. 应　用

全剖视图用以表达内形比较复杂、外形比较简单或外形已在其他视图上表达清楚的零件。

3. 全剖视图的作图要点

（1）剖切面应选在机件的对称中心面处；

（2）用剖切符号"—"及箭头和大写字母标明剖切位置和观察方向，并在全剖视图上方加注相应字母"*X*—*X*"；

（3）剖切面后面的不可见轮廓线（虚线）可省略，以保持图形清晰。

全剖视图的画法如图 3.7.10 所示。

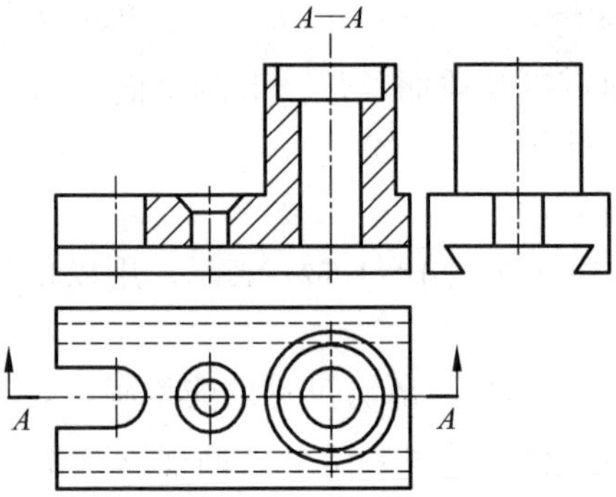

图 3.7.10　全剖视图画法

注意：因剖视图已表达清楚机件的内部结构，因此其他视图不必画出虚线。

五、课后练习

（1）更正下列标注的错误。

① $\phi80_{-0.009}^{-0.021}$　② $30_{0}^{-0.039}$　③ $120_{-0.021}^{+0.021}$　④ $\phi60\dfrac{\text{f7}}{\text{H8}}$

⑤ $\phi80\dfrac{\text{F8}}{\text{D6}}$　⑥ $\phi50\dfrac{\text{8H}}{\text{7f}}$　⑦ $\phi50\text{H8}_{0}^{0.039}$

（2）下面三根轴哪根精度最高？哪根精度最低？

① $\phi70_{+0.075}^{+0.105}$　② $\phi250_{-0.044}^{-0.015}$　③ $\phi10_{-0.022}^{0}$

（3）根据表 3.7.5 给出的数据求空格中应有的数据。

表 3.7.5　极限偏差

基本尺寸	孔			轴		
	上极限偏差	下极限偏差	公差	上极限偏差	下极限偏差	公差
ϕ 25		0	0.013	−0.040		0.021
ϕ 14	+0.019	0		+0.012		0.010
ϕ 45			0.025	0	−0.016	

（4）查表解算表 3.7.6，并填入空格内。

表 3.7.6 配合公差

配合代号	基准制	配合性质	公差代号		公差等级	公差/μm	极限偏差		极限尺寸	
							上	下	最大	最小
$\phi 30\frac{P7}{h6}$			孔							
			轴							
$\phi 20\frac{K7}{h6}$			孔							
			轴							
$\phi 25\frac{H8}{f7}$			孔							
			轴							

（5）画出 ϕ15JS9 的公差带图。

（6）绘制图 3.7.11 所示零件的全剖视图。

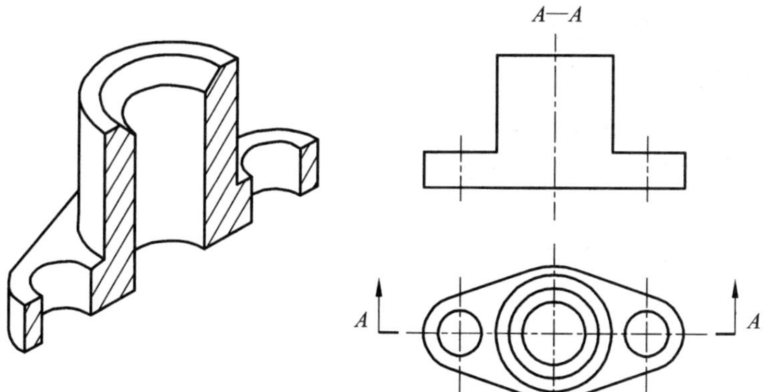

图 3.7.11 绘制零件的全剖视图

项目四 绘制组合体视图

学习目标

（1）能用正确的步骤绘制木模三视图。
（2）能正确标注组合体三视图。
（3）能正确绘制截交线投影视图。
（4）能正确绘制相贯线投影视图。
（5）能绘制轴测图。
（6）能画出形体的六个基本视图。

学习任务

任务一 带切口基本体的投影作图
任务二 相贯线的投影作图
任务三 绘制木模组合体三视图
任务四 木模组合体三视图尺寸标注
任务五 绘制轴测图
任务六 六个基本视图投影作图

学习准备

绘图工具、卡纸、课堂笔记本。

建议学时

建议学时：28 学时。

任务一　带切口基本体的投影作图

学习目标

- 能正确绘制截交线投影视图。

学习重难点

▲ 带切口基本体的投影作图。

学习准备

★ 教师准备：教案、任务书、活页练习、绘图工具、模型。
★ 学生准备：教材、绘图工具、课堂笔记本、卡纸。

建议学时

建议学时：4 课时。

一、任务要求

（1）绘制图 4.1.1 所示物体的三视图。

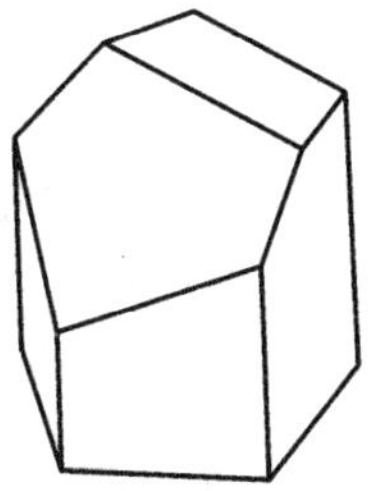

图 4.1.1　立体图

（2）绘制图 4.1.2 所示物体的三视图。

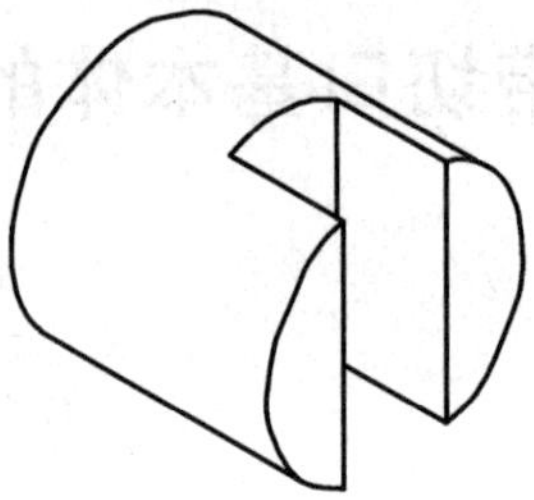

图 4.1.2　立体图

（3）补画图 4.1.3 所示视图的左视图。

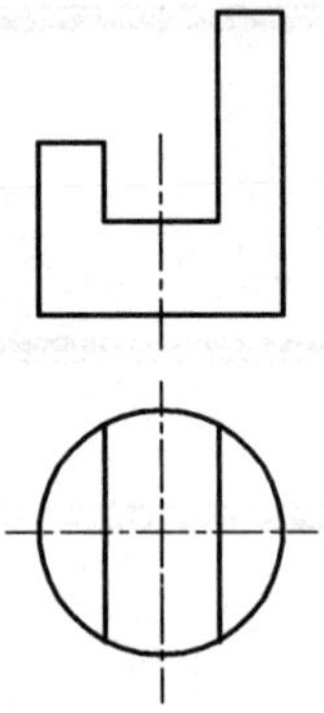

图 4.1.3　补画左视图

二、学习引导

（1）平面立体的截交线是截平面与平面立体表面的__________。

（2）由于平面立体的表面都有一定范围，所以截交线通常都是_________的多边形。

（3）截断面多边形的各顶点是截平面与被截棱线的_________，即立体被截断几条棱，那么截交线就是_________。

（4）截交线的形状取决于曲面立体表面的形状及截平面与曲面立体轴线的_________。

三、知识链接

1. 平面体截交线的概念

基本体被切割时如图 4.1.4 所示。

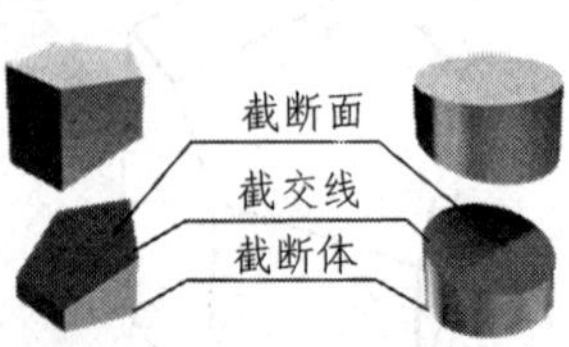

图 4.1.4　基本体被切割

截断体：形体被平面截断后分成两部分，每部分均称为截断体。

截平面：用来截断形体的平面。

截交线：截平面与立体表面的交线。

截断面：由交线围成的平面图形。

2. 平面体截交线的性质

平面立体的截交线一定是一个封闭的平面多边形，多边形的各顶点是截平面与被截棱线的交点，即立体被截断几条棱，那么截交线就是几边形，如图 4.1.5 所示。

图 4.1.5　截交线

截交线是截平面与立体表面的共有线。

平面体截交线的实质：截平面与立体上被截各棱的交点或截平面与立体表面的交线，然后依次连接而得。

3. 求图 4.1.6 所示正六棱柱被截切后的俯视图和左视图

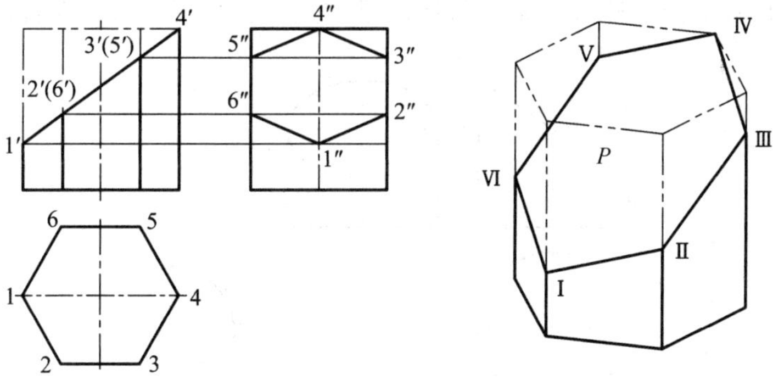

图 4.1.6　截交线的画法

4. 总　结

求截交线的步骤：

（1）空间及投影分析。

① 分析截平面与体的相对位置（确定截交线的形状）；

② 分析截平面与投影面的相对位置（确定截交线的投影特性）。

（2）画出截交线的投影。

① 求出截平面与被截棱线的交点，并判断可见性；

② 依次连接各顶点成多边形，注意可见性。

（3）完善轮廓。

5. 平面切割曲面体

平面切割曲面体时，截交线的形状取决于曲面体表面的形状以及截平面与曲面体的相对位置。平面与回转曲面体相交时，其截交线一般为封闭的平面曲线，特殊情况下是直线，或直线与平面曲线组成的封闭的平面图形，如图 4.1.7 所示。

作图的基本方法：求出曲面体表面上若干条素线与截平面的交点，然后顺次光滑连接即得截交线。

图 4.1.7 平面切割曲面体

（1）平面与圆柱相交。

平面与圆柱相交时，根据平面与圆柱轴线相对位置的不同可形成两种不同形状的截交线。

例 1 图 4.1.8 所示为圆柱被正垂面斜切，已知主、俯视图，求作左视图。

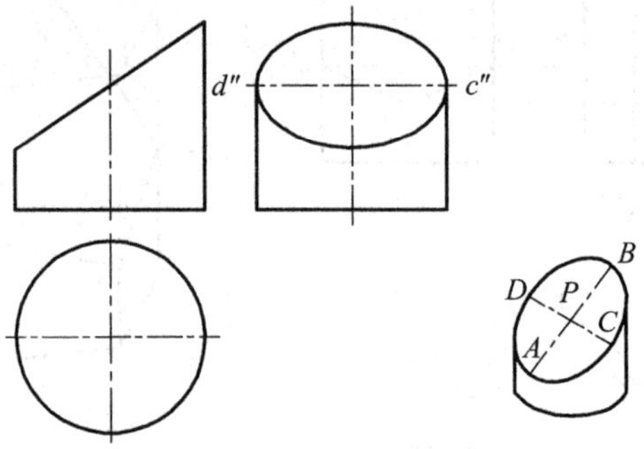

图 4.1.8 求作左视图

例 2 求作图 4.1.9 所示带切口圆柱的侧面投影。

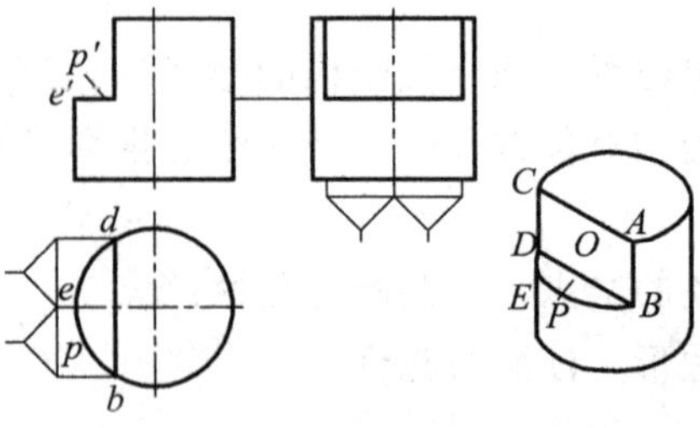

图 4.1.9 求作带切口圆柱的侧面投影

（2）平面与圆锥相交。

根据截平面对圆锥轴线的位置不同，截交线有五种情况：椭圆、圆、双曲线、抛物线和相交两直线。

作图步骤：先作出截交线上的特殊点，再作出若干中间点，然后光滑连成曲线。

例 3　补全图 4.1.10 所示正平面切割圆锥后的正面投影。

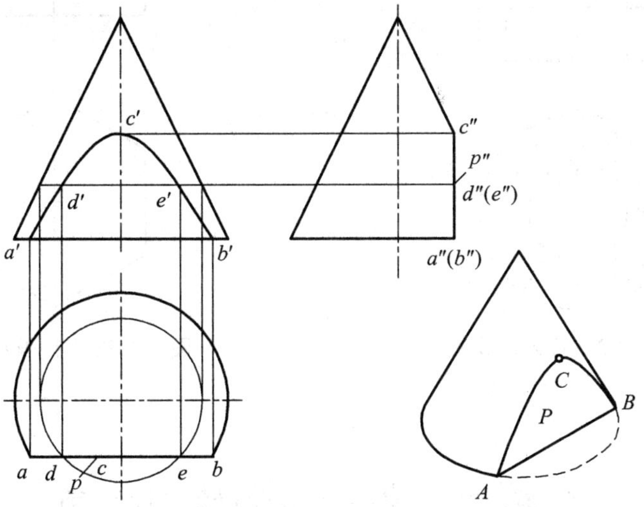

图 4.1.10　补画正平面切割圆锥后的正面投影

例 4　求作图 4.1.11 所示圆锥被切割后的水平和侧面投影。

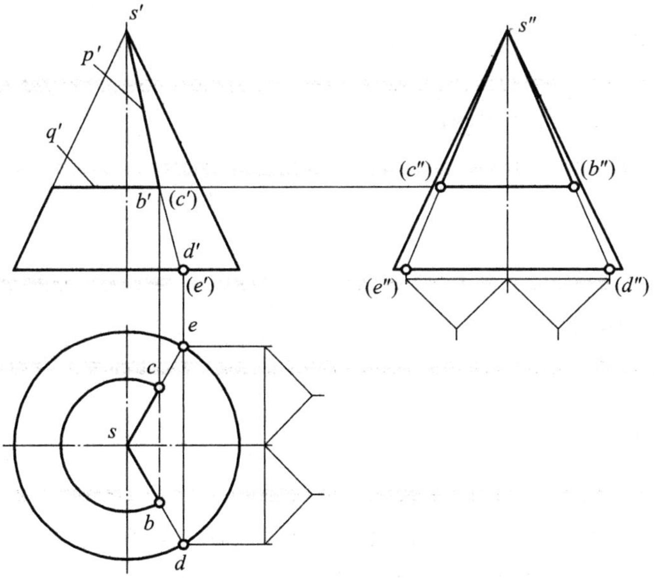

图 4.1.11　求作圆锥被切割后的水平和侧面投影

四、课后练习

补画图 4.1.12、图 4.1.13 所示视图的左视图。

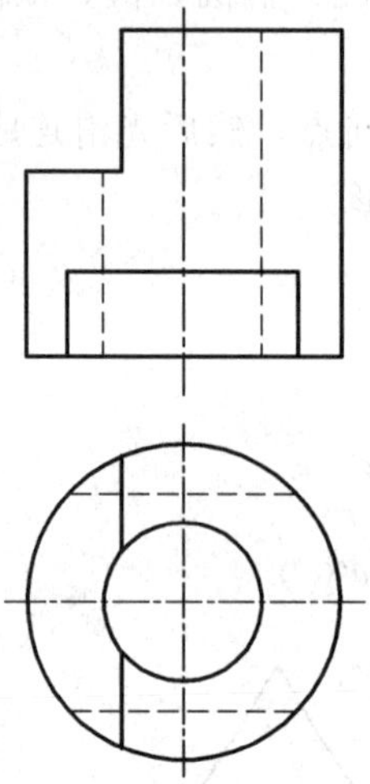

图 4.1.12　补画左视图

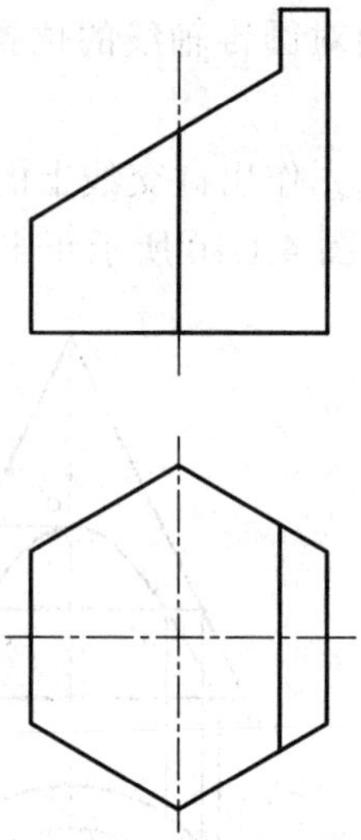

图 4.1.13　补画左视图

任务二　相贯线的投影作图

学习目标

- 能正确绘制相贯线投影视图。

学习重难点

▲ 相贯线投影作图。

学习准备

★ 教师准备：教案、任务书、活页练习、绘图工具、模型。

★ 学生准备：教材、绘图工具、课堂笔记本、卡纸。

建议学时

建议学时：2 课时。

一、任务要求

（1）补画图 4.2.1 所示视图的漏线。

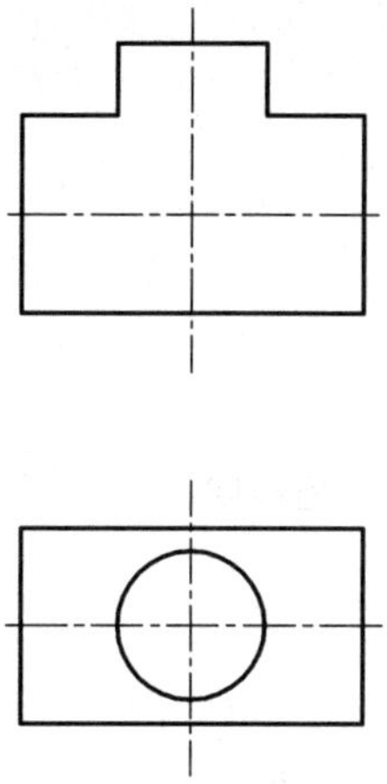

图 4.2.1　补画视图

（2）补画图 4.2.2 所示视图的漏线。

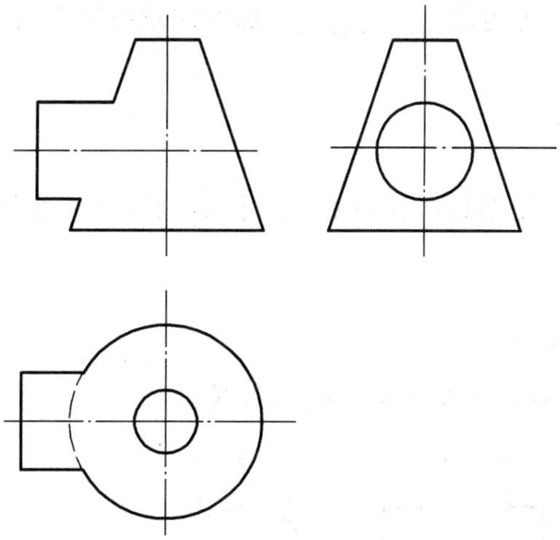

图 4.2.2　补画视图

（3）补画图 4.2.3 所示视图的漏线。

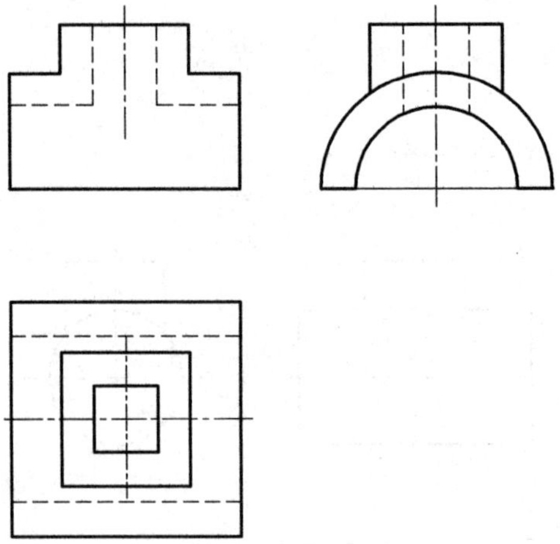

图 4.2.3　补画视图

二、学习引导

（1）两回转体相交，常见的是______与______相交、______与______相交以及______与圆球相交，其交线称为相贯线。

（2）两平面立体的相贯线通常是一条或几条闭合的空间折线或__________。

（3）求两平面立体相贯线的方法，实质上就是求两个立体的相交棱面的__________，或求一立体的棱线与另一立体的贯穿点。实体和虚体相交，也可看作用虚体的多个平面截切实体，在实体表面形成切口，可用求__________的方法求解其交线。

三、知识链接

两回转体相交，常见的是圆柱与圆柱相交、圆锥与圆柱相交以及圆柱与圆球相交，其交线称为相贯线。

（一）圆柱与圆柱相交

（1）求图 4.2.4 所示两轴线正交的圆柱的相贯线。

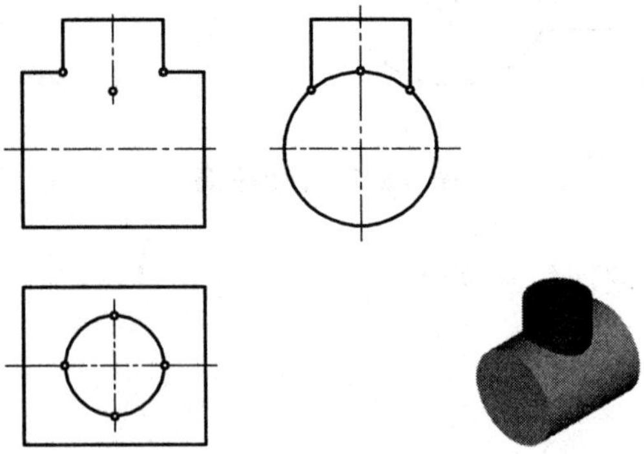

图 4.2.4　补画相贯线

图 4.2.5 所示为两轴线正交的圆柱的相贯线。

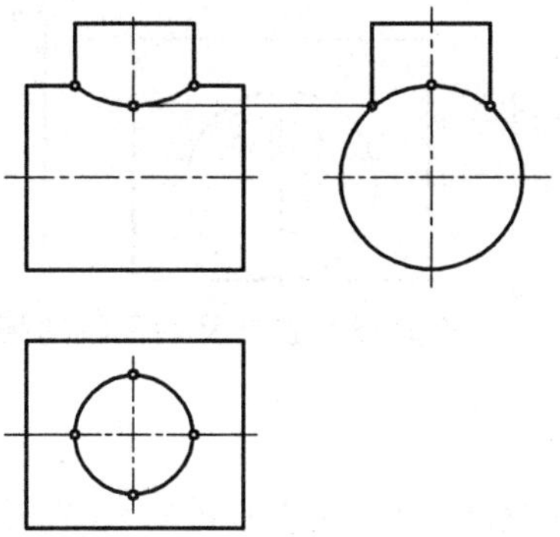

图 4.2.5　两轴线正交的圆柱的相贯线

（2）图 4.2.6 所示为两个直径不等的圆柱正交时的相贯线。

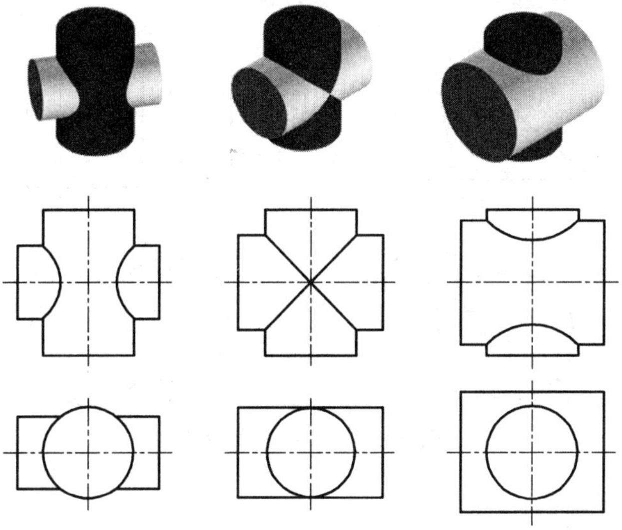

图 4.2.6　两个直径不等的圆柱正交时的相贯线

（3）图 4.2.7 所示为两轴线垂直交叉的圆柱的相贯线。

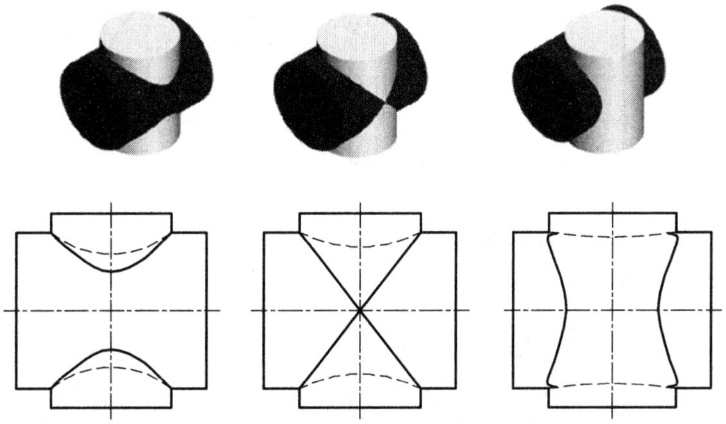

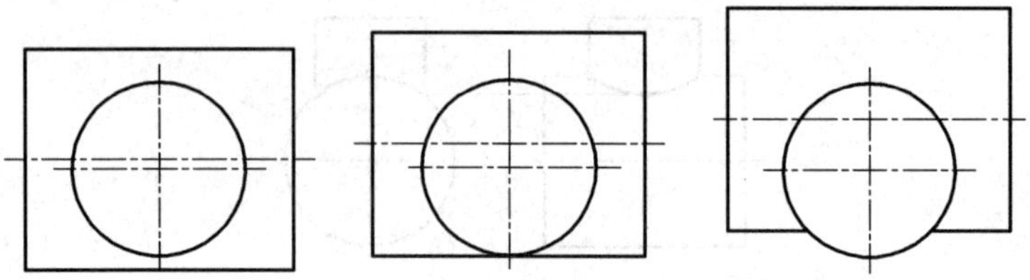

图 4.2.7　两轴线垂直交叉的圆柱的相贯线

(二) 相贯线的特殊情况

如图 4.2.8 所示，两共锥顶的锥体或轴线平行的柱体相交时，相贯线为直线。

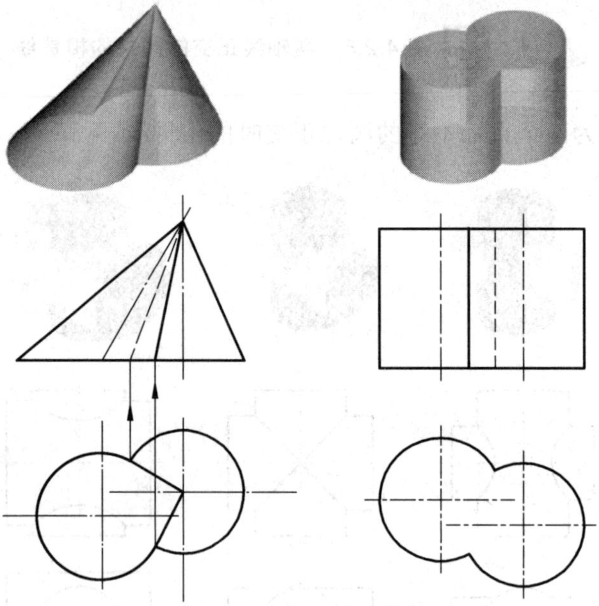

图 4.2.8　特殊的相贯线

四、课后练习

补画图 4.2.9 所示视图的主视图。

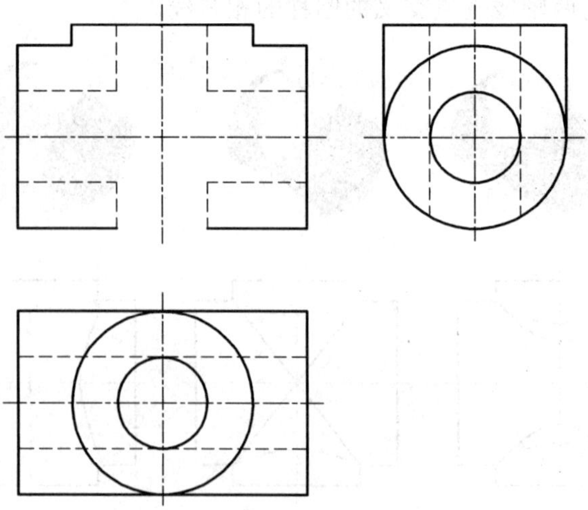

图 4.2.9　补画主视图

任务三　绘制木模组合体三视图

学习目标

- 能正确确定绘制平面图形的基准线。
- 能用正确的线型绘制平面图形。
- 能用正确的步骤绘制木模三视图。

学习重难点

▲ 画组合体视图的方法和步骤。

学习准备

★ 教师准备：教案、任务书、活页练习、绘图工具、模型。
★ 学生准备：教材、绘图工具、课堂笔记本、卡纸。

建议学时

建议学时：6 课时。

一、任务要求

（1）绘制图 4.3.1 所示组合体的三视图。

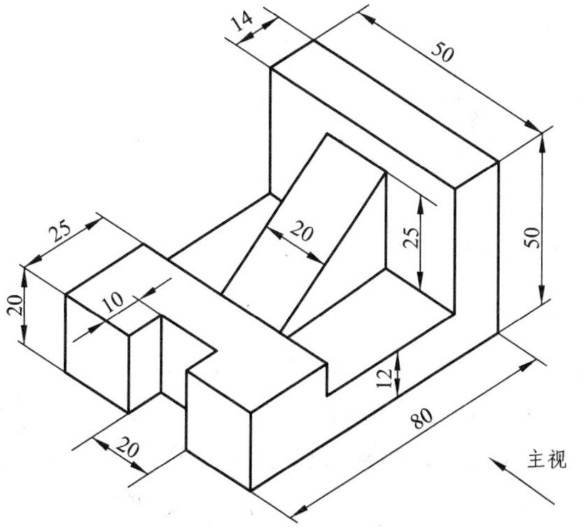

图 4.3.1　组合体

（2）绘制图 4.3.2 所示组合体的三视图。

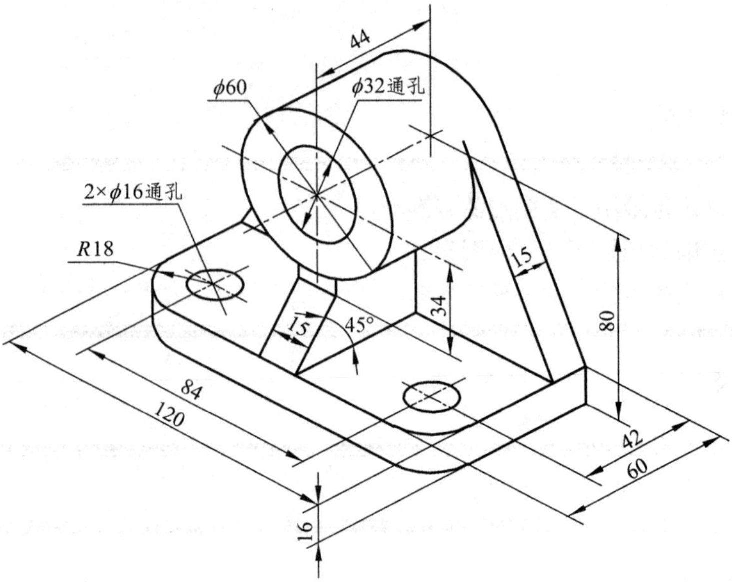

图 4.3.2　组合体

二、学习引导

（1）任何复杂的形体都可以看成是由一些________按照一定的组合方式构成的。例如，图 4.3.3 中的轴承座是由凸台、圆筒、支承板、肋板和底板五个部分所组成。

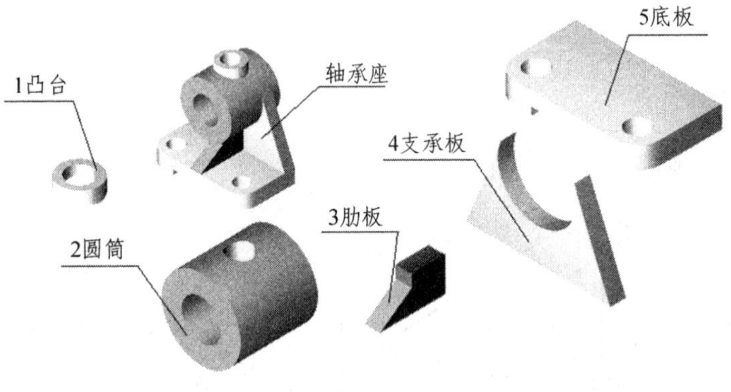

图 4.3.3　轴承座

（2）组合体的组合方式。

①________型：如图 4.3.4 所示，若干基本体的表面重叠或相切、相交而构成一个整体的组合方式。

②________型：如图 4.3.5 所示，在基本体上切去若干小块后形成的立体。

图 4.3.4　组合体

图 4.3.5　组合体

③ 如图 4.3.6 所示，常见的组合体是________、________两种类型的综合。

图 4.3.6　组合体

（3）如图 4.3.7 和图 4.3.8 所示，无论以何种方式构成的组合体，其形体间的相邻表面可以分为________、________、________和________四种连接关系。

① 表面平齐。

相邻形体平齐的表面间无________。

② 表面不平齐。

若相邻表面不平齐，则应在结合处画出________。

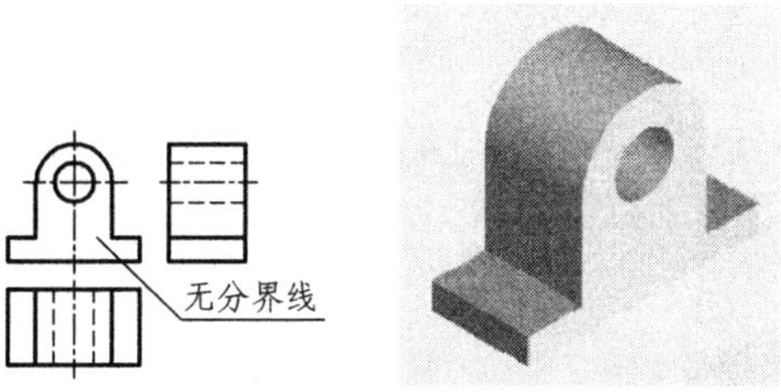

图 4.3.7　无分界线的组合体

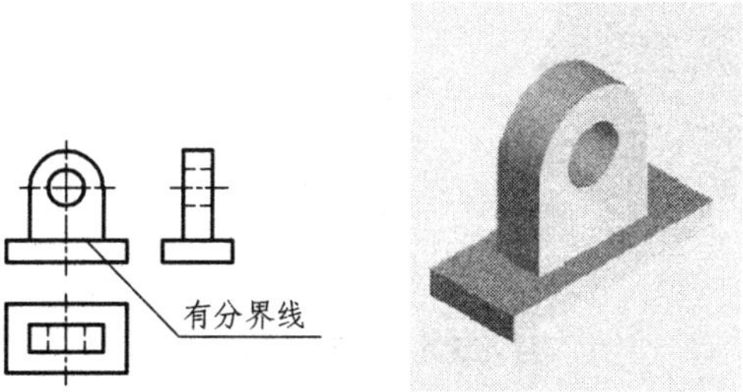

图 4.3.8　有分界线的组合体

③ 形体表面相切，如图 4.3.9 所示。

由于切线不是形体的轮廓线，所以不应在投影图中画出________。

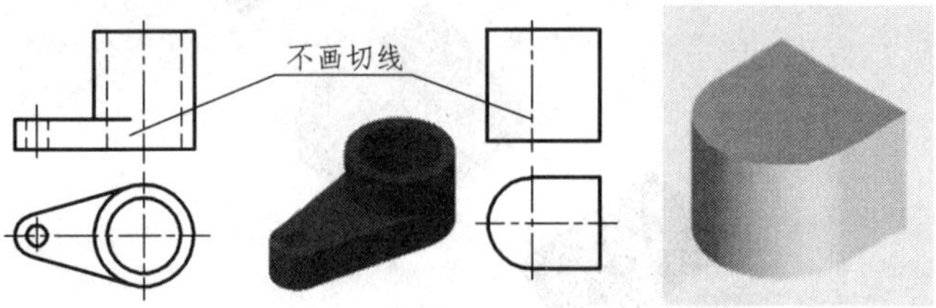

图 4.3.9 形体表面相切

④ 形体表面相交，如图 4.3.10 所示。

当两形体相交时，会产生各种形式的交线，应在投影图中画出________的投影。

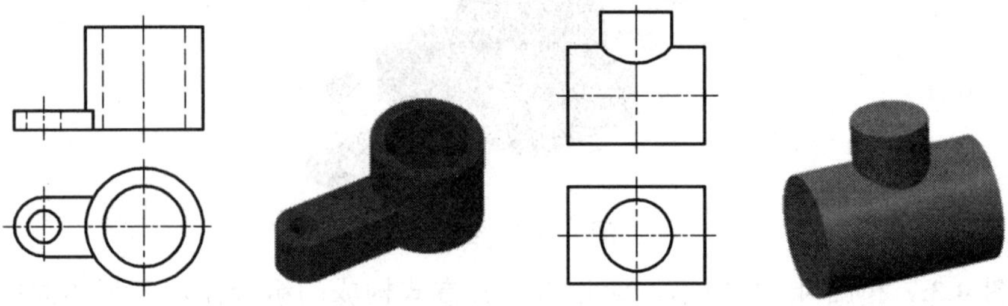

图 4.3.10 形体表面相交

三、知识链接

（一）画图方法

（1）形体分析法。

将组合体分解成若干部分，弄清各部分的形状、相对位置、组合方式及表面连接关系，分别画出各部分的投影，如图 4.3.11 所示。

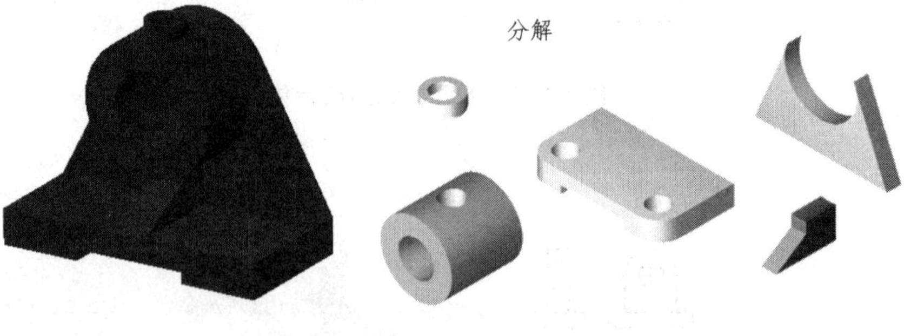

图 4.3.11 形体分析

（2）线面分析法。

① 分析组合体各表面及棱线、外形素线等与投影面的相对位置，以明确其投影特征；

② 分析表面之间的连接关系及表面交线的形成和画法，以便于画图和读图。

（3）画图步骤。

① 对组合体进行形体分解——分块；

② 弄清各部分的形状及相对位置关系；

③ 按照各块的主次和相对位置关系，逐个画出它们的投影；

④ 分析及正确表示各部分形体之间的表面过渡关系；

⑤ 检查、加深。

（二）画图前的准备工作

1. 形体分析

画图前应首先分析组合体的组合方式，即分析该组合体属于叠加类还是切割类。

对叠加类组合体的分析：分析各组成部分的形状，确定各组成部分之间的相对位置以及各组成部分间的表面连接关系。

例如，轴承座由五个部分组成，各部分的相对位置如图 4.3.12 所示。其中凸台与圆筒相交会在内外表面上产生相贯线，支承板与圆筒外表面相切，肋板则与圆筒外表面相交。

2. 选择主视图

为方便看图，应选择最能反映该组合体形状特征和位置关系的视图作为主视图。比较图 4.3.13 中的四个方向所得视图，从左下角方向投影所得视图较好。

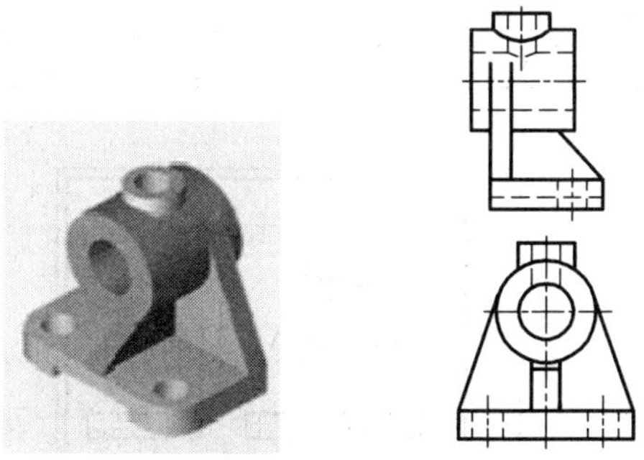

图 4.3.12　视图 1

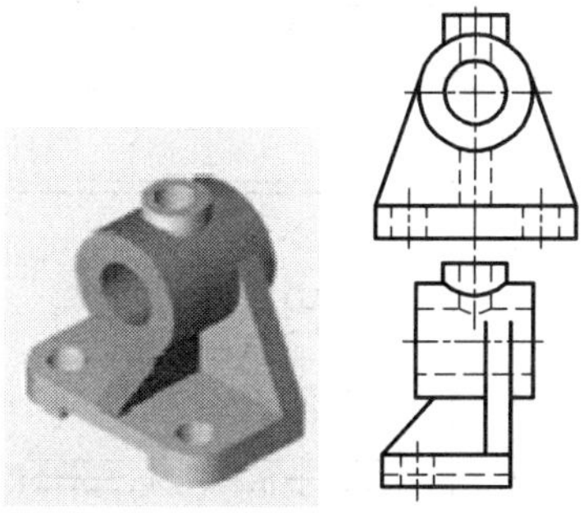

图 4.3.13　视图 2

另外，在选择视图时还应考虑以下几点：

（1）尽可能减少视图中的虚线；

（2）尽量使视图中的长方向尺寸大于宽度方向尺寸；

（3）选择绘图比例和图纸幅面。应根据组合体的尺寸大小，选择适当的绘图比例和图纸幅面。

（三）叠加类组合体三视图的画图步骤

叠加类组合体三视图的画图步骤如图 4.3.14 所示。

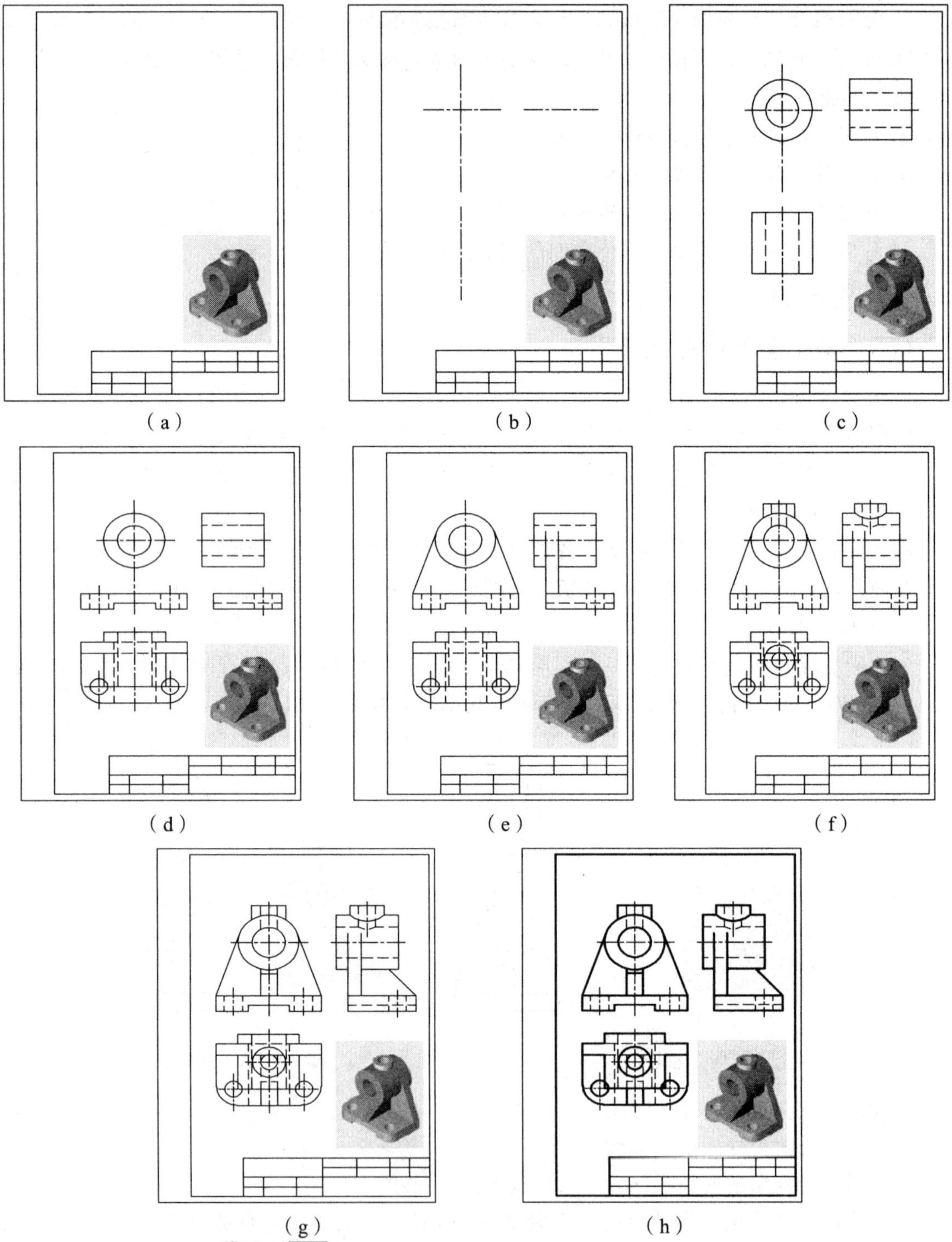

图 4.3.14　叠加类组合体三视图的画图步骤

（四）切割类组合体三视图的画图步骤

切割类组合体的画图步骤：在画出组合体原形的基础上，按切去部分的位置和形状依次画出切割后的视图。

切割类组合体三视图的画图步骤如图 4.3.15 所示。

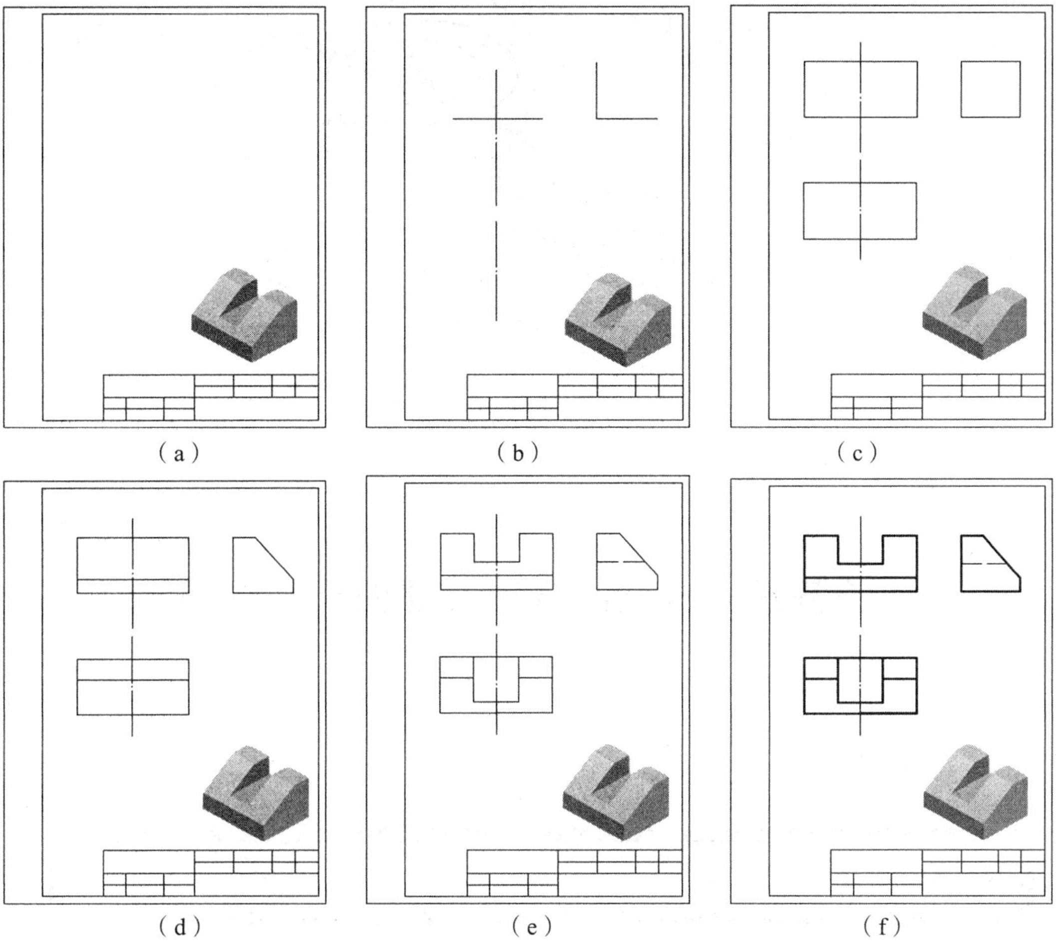

图 4.3.15　切割类组合体三视图的画图步骤

四、课后练习

绘制图 4.3.16、图 4.3.17 所示组合体的三视图。

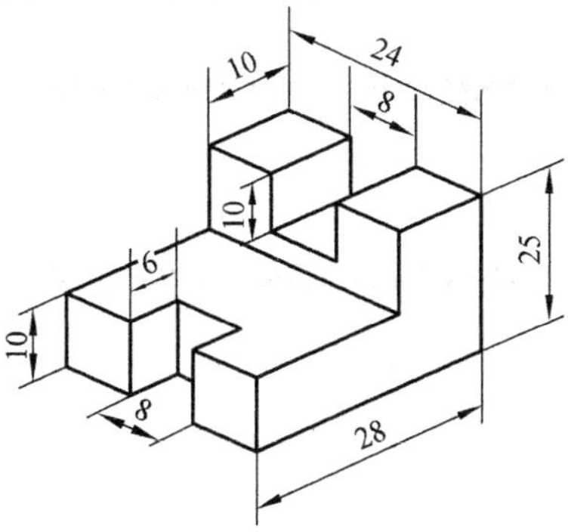

图 4.3.16　练习题

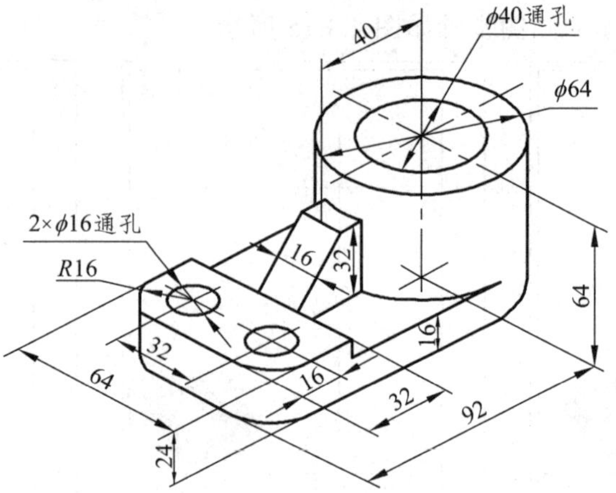

图 4.3.17　练习题

任务四　木模组合体三视图尺寸标注

学习目标

● 能正确标注组合体尺寸。

学习重难点

▲ 组合体尺寸标注。

学习准备

★ 教师准备：教案、任务书、活页练习、绘图工具、模型。
★ 学生准备：教材、绘图工具、课堂笔记本、卡纸。

建议学时

建议学时：6 课时。

一、任务要求

（1）标注图 4.4.1 所示组合体三视图尺寸。

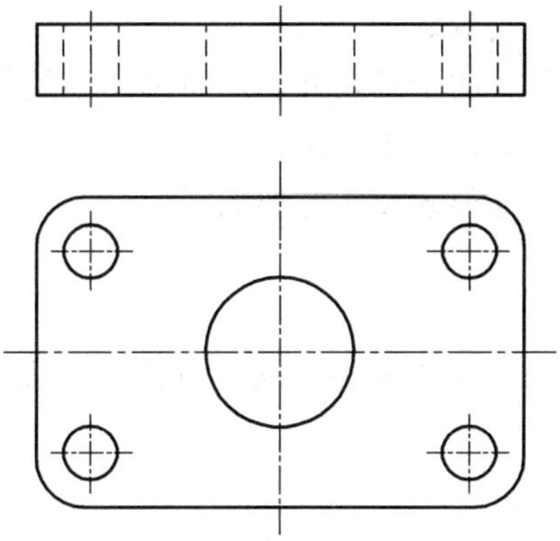

图 4.4.1　标注尺寸

（2）标注图 4.4.2 所示组合体三视图尺寸。

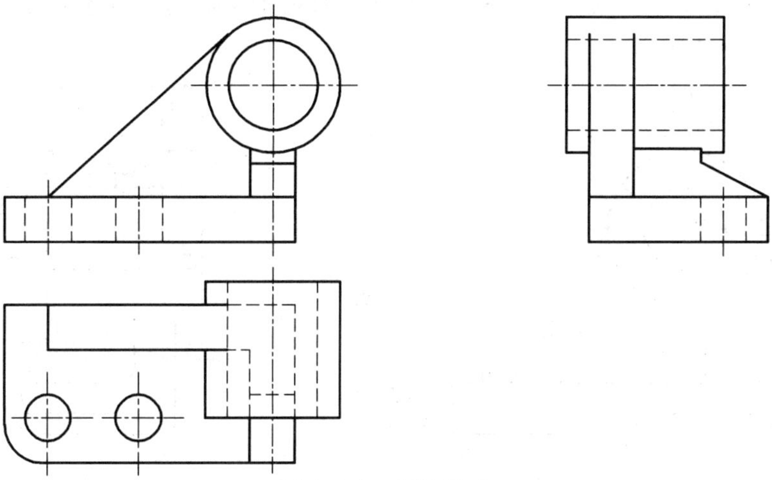

图 4.4.2　标注尺寸

二、学习引导

（1）组合体的视图只能表达其形状，而组合体的大小以及组合体上各部分的相对位置，则要由视图上的________来确定。

（2）尺寸基准应尽量使设计基准与工艺基准________，以减少尺寸误差，保证产品质量。任何一个零件都有长、宽、高三个方向的尺寸。因此，每一个零件也应有________方向的尺寸基准。零件的某个方向可能会有两个或两个以上的基准。一般只有________是主要基准，其他为次要基准，或称________。应选择零件上重要的几何要素作为主要基准。

（3）应避免注成________尺寸链。

（4）标注叠加型组合体尺寸将组合体分解为若干个基本体和简单体，在形体分析的基础上标注____________、____________、____________三类尺寸。

三、知识链接

（一）标注尺寸的基本要求

正确：要符合国家标准的有关规定。

完全：要标注制造零件所需要的全部尺寸，不遗漏、不重复。

清晰：尺寸布置要整齐、清晰，便于阅读。

合理：标注的尺寸要符合设计要求及工艺要求。

（二）尺寸基准的选定

尺寸基准一般选择零件上较大的加工面、两零件的结合面、零件的对称平面、重要的平面和轴肩。

1. 尺寸基准的种类

设计基准：从设计角度考虑，为满足零件在机器或部件中对其结构、性能要求而选定的一些基准，如图 4.4.3 所示。

工艺基准：从加工工艺的角度考虑，为便于零件的加工、测量而选定的一些基准，称为工艺基准，如图 4.4.4 所示。

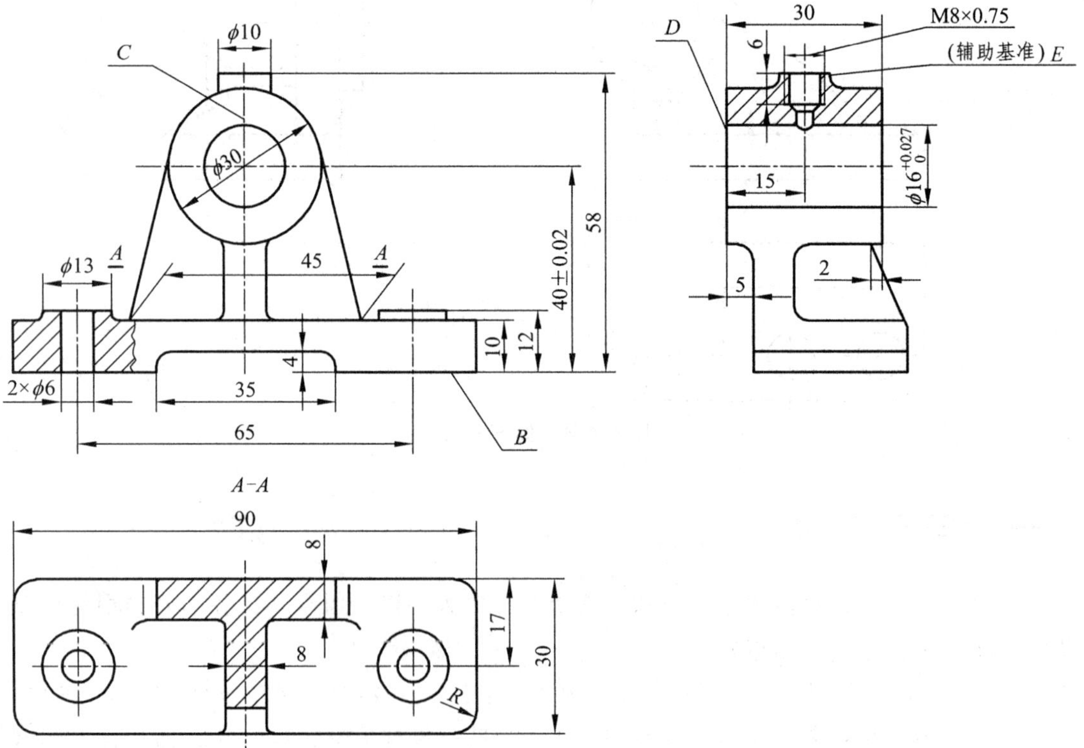

图 4.4.3 设计基准

B—高度方向设计基准；*C*—长度方向设计基准；*D*—宽度方向设计基准

2. 尺寸基准的选择

选择原则：应尽量使设计基准与工艺基准重合，以减少尺寸误差，保证产品质量。

三方基准：任何一个零件都有长、宽、高三个方向的尺寸。因此，每一个零件也应有三个方向的尺寸基准。

主辅基准：零件的某个方向可能会有两个或两个以上的基准。一般只有一个是主要基准，其他为次要基准，或称辅助基准。应选择零件上重要的几何要素作为主要基准。

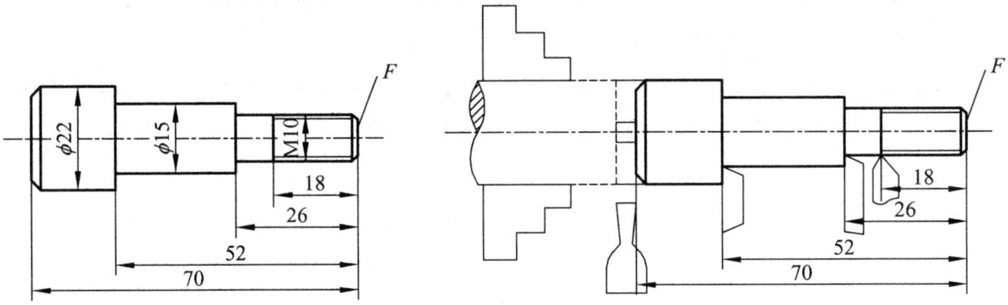

图 4.4.4　工艺基准

F—工艺基准

（三）标注尺寸的基本原则

（1）重要尺寸必须从设计基准直接注出。零件上凡是影响产品性能、工作精度和互换性的重要尺寸（规格性能尺寸、配合尺寸、安装尺寸、定位尺寸），都必须从设计基准直接注出，如图 4.4.5 所示。

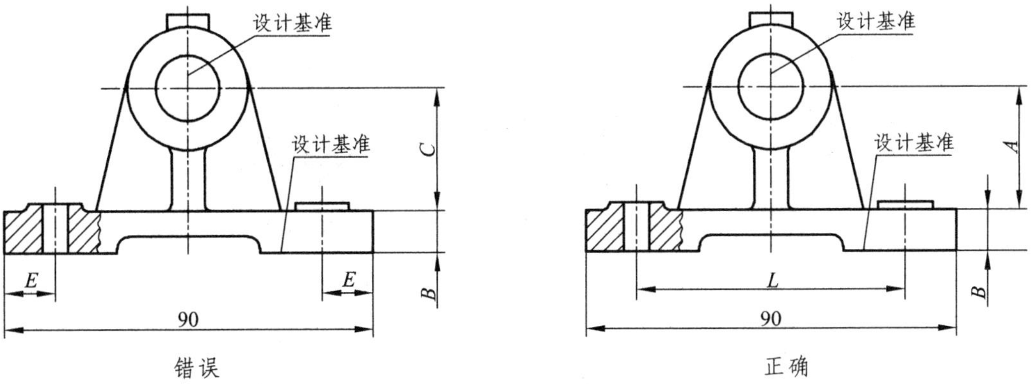

图 4.4.5　标注尺寸的基本原则

（2）应避免注成封闭尺寸链，如图 4.4.6 所示。

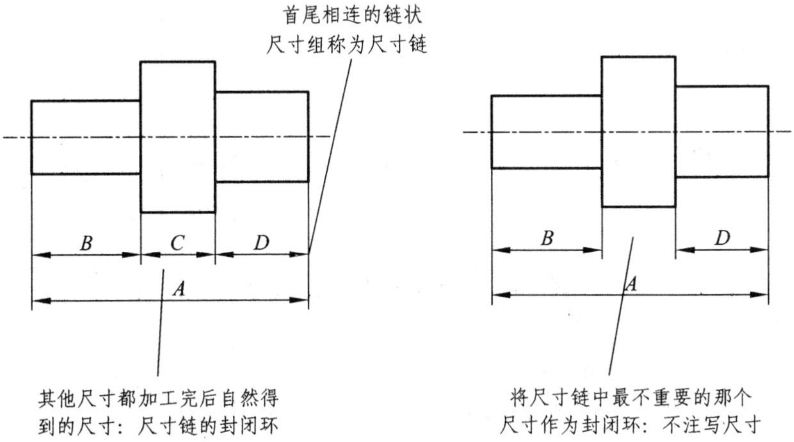

图 4.4.6　封闭尺寸链

(四)标注尺寸的方法

1. 形体分析法

将组合体分解为若干个基本体和简单体，在形体分析的基础上标注三类尺寸。

（1）定形尺寸：确定各基本形体形状和大小的尺寸。

（2）定位尺寸：确定各基本体之间的相对位置的尺寸、组合体和各基本尺寸基准之间的距离。

（3）总体尺寸：确定组合体总长、总宽、总高的外形尺寸，有时兼为定形或定位尺寸最大尺寸。

总体尺寸、定位尺寸、定形尺寸可能重合，这时需作调整，以免出现多余尺寸。

2. 常见形体的定形尺寸

一些常见形体的定形尺寸如图 4.4.7 所示。

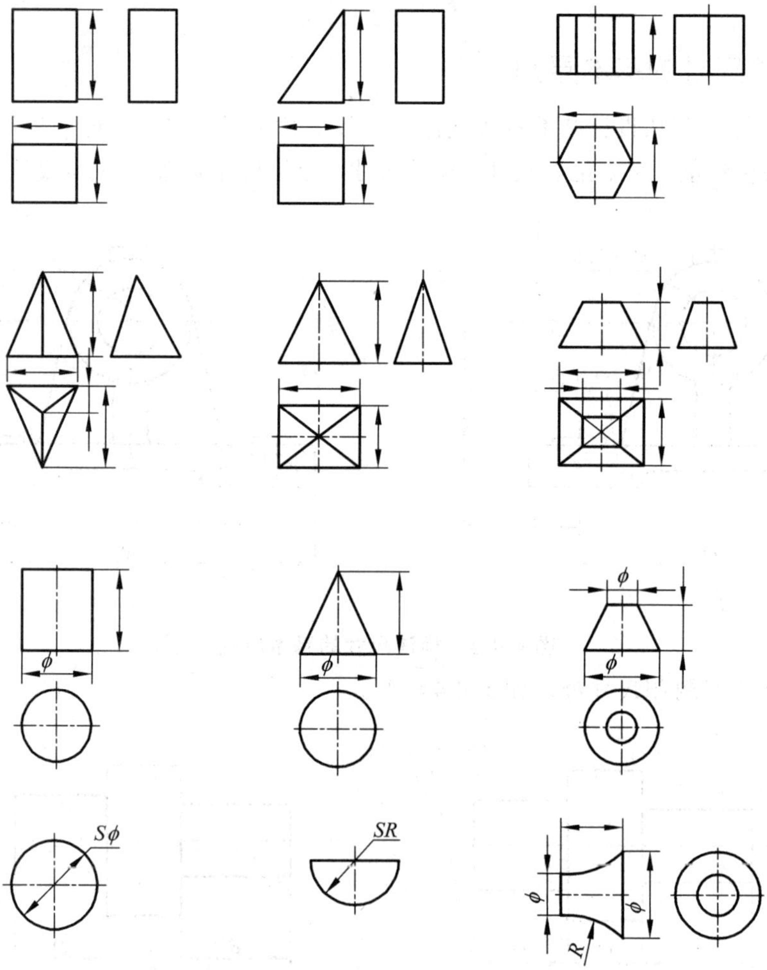

图 4.4.7　常见形体的定形尺寸

3. 一些常见形体的定位尺寸

（1）孔的定位尺寸，如图 4.4.8 所示。

（2）圆柱体的定位尺寸，如图 4.4.9 所示。

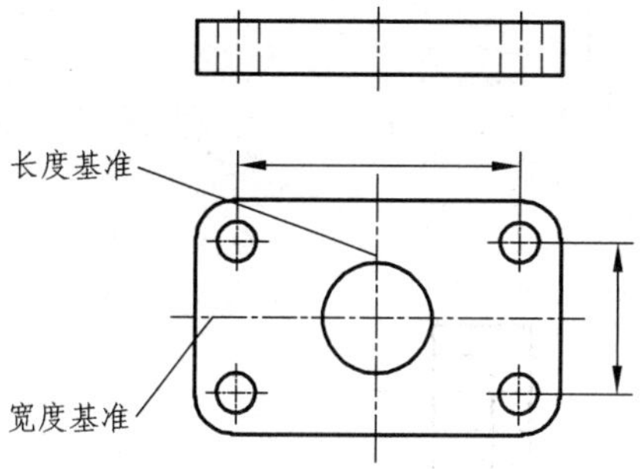

图 4.4.8　孔的定位尺寸

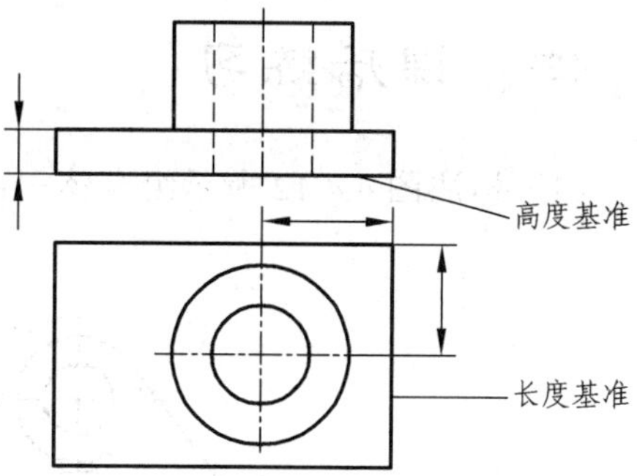

图 4.4.9　圆柱体的定位尺寸

（3）立方体的定位尺寸，如图 4.4.10 所示。

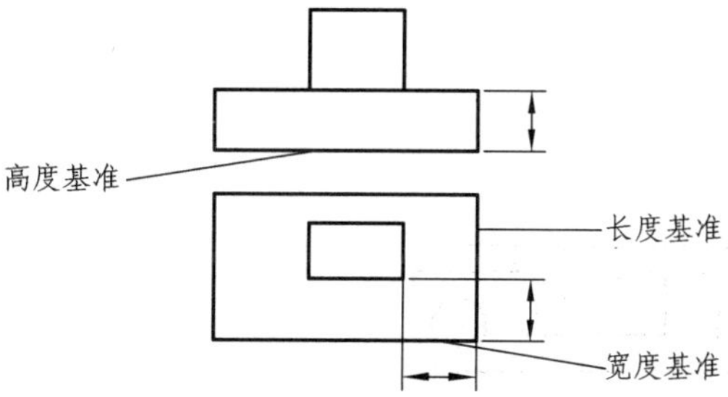

图 4.4.10　立方体的定位尺寸

（五）标注实例（见图 4.4.11）

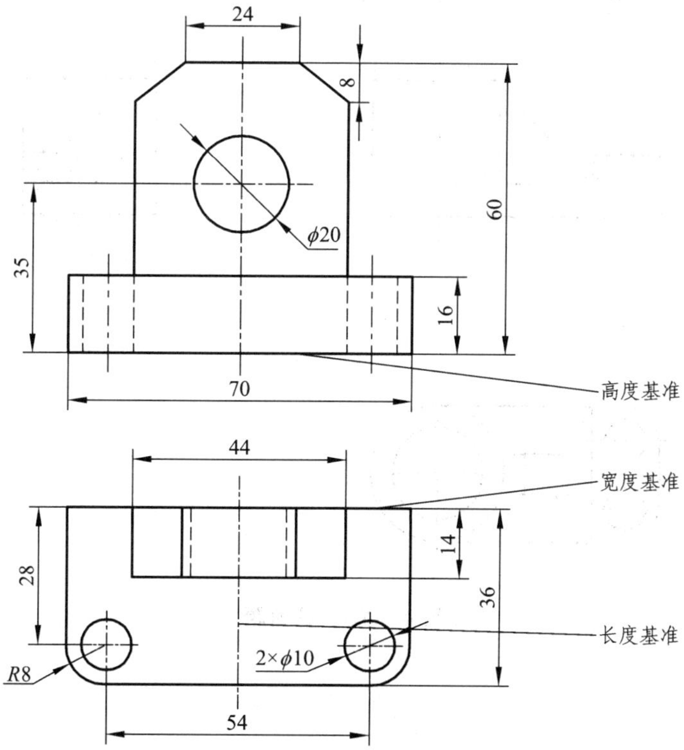

图 4.4.11　标注实例

四、课后练习

（1）标注图 4.4.12 所示组合体三视图尺寸。

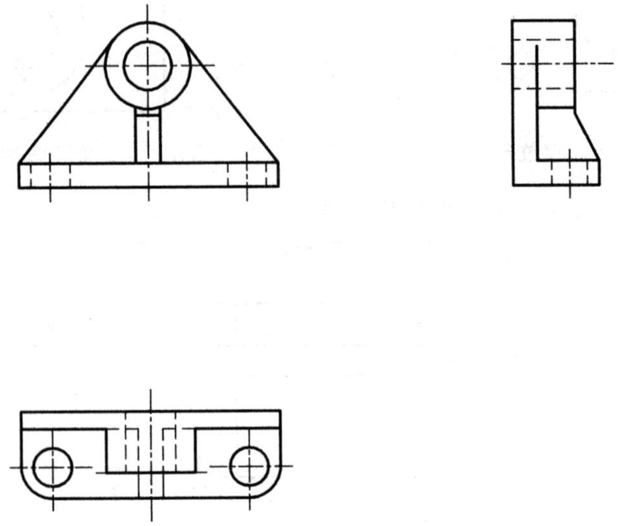

图 4.4.12　练习题

（2）标注图 4.4.13 所示组合体三视图尺寸。

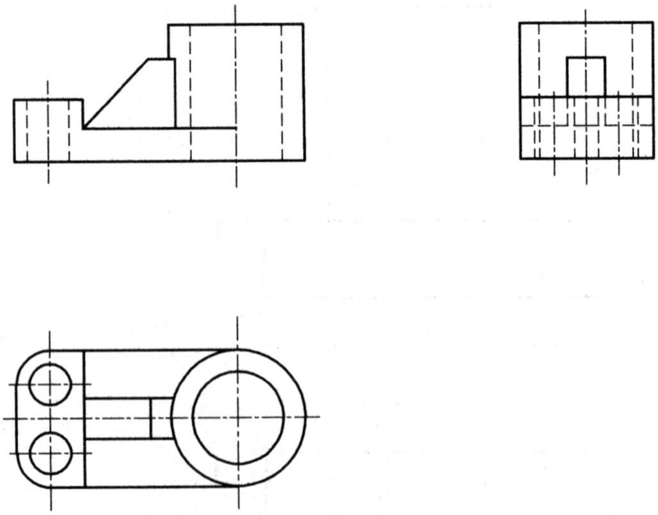

图 4.4.13　练习题

任务五　绘制轴测图

学习目标

- 能画出轴测图。

学习重难点

▲ 正等轴测图的绘制。

学习准备

★ 教师准备：教案、任务书、活页练习、模型。
★ 学生准备：教材、绘图工具、课堂笔记本、卡纸。

建议学时

建议学时：6 课时。

一、任务要求

根据图 4.5.1 和图 4.5.2 所示三视图绘制轴测图。

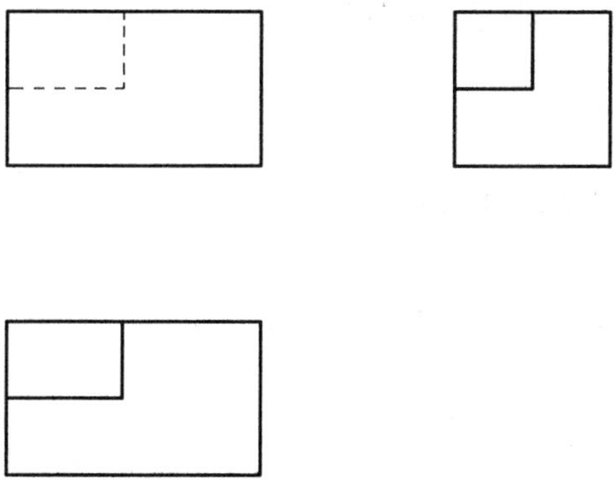

图 4.5.1　绘制轴测图

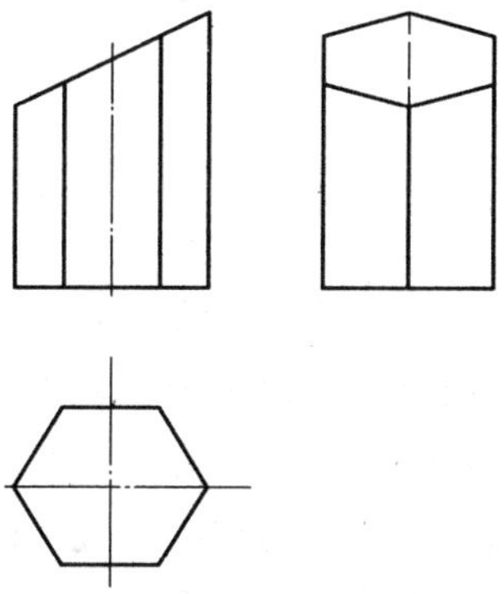

图 4.5.2　绘制轴测图

二、学习引导

（1）轴测投影属于一种_____面平行投影，用轴测投影法绘出的轴测投影图，虽然在表现力和度量方面不如多面正投影图，但其突出的优点是具有较强的________。

（2）空间平行两直线，其投影仍保持________。

（3）在正等轴测投影中，空间坐标面对轴测投影面都是________的，因此，平行坐标面的圆，其轴测投影都是________。

（4）用平行斜角投影法得到的轴测投影称为________投影。

三、知识链接

（一）轴测投影的概念

轴测投影属于一种单面平行投影，用轴测投影法绘出的轴测投影图，虽然在表现力和度量方面不如多面正投影图，但其突出的优点是具有较强的直观性。

1. 轴测投影的形成

用平行投影法将物体连同确定该物体的直角坐标系一起沿不平行于任一坐标平面的方向投射到一个投影面上所得到的图形，叫作轴测投影，简称轴测图，如图 4.5.3 所示。

投影面 P 称为轴测投影面；投射线 S 的方向称为投射方向；空间坐标轴 OX、OY、OZ 在轴测投影面上的投影 O_1X_1、O_1Y_1、O_1Z_1 称为轴测投影轴，简称轴测轴。

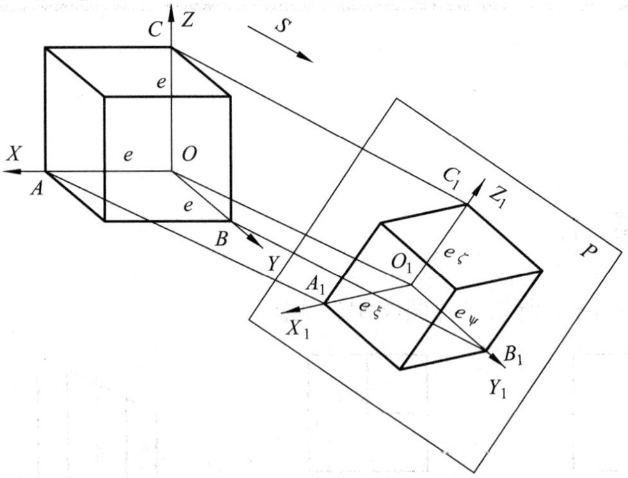

图 4.5.3　轴测投影的形成

2. 轴间角与轴向伸缩系数

在图 4.5.3 中，轴测轴之间的夹角称作轴间角；轴测单位长度与空间坐标单位长度之比，称为轴向伸缩系数。

沿 O_1X_1 轴的轴向伸缩系数：$O_1A_1/OA=p$

沿 O_1Y_1 轴的轴向伸缩系数：$O_1B_1/OB=q$

沿 O_1Z_1 轴的轴向伸缩系数：$O_1C_1/OC=r$

3. 轴测投影的基本性质

（1）空间平行两直线，其投影仍保持平行；

（2）空间平行于某坐标轴的线段，其投影长度等于该坐标轴的轴向伸缩系数与线段长度的乘积。

4. 轴测投影的种类

正轴测投影：投射方向垂直于轴测投影面，$p=q=r$。

斜轴测投影：投射方向倾斜于轴测投影面，$p=r\neq q$。

5. 基本作图方法

如图 4.5.4 所示，已知轴测轴 OX、OY、OZ 及相应的轴向伸缩系数 p、q、r，求作点 A（5，7，9）的轴测投影。

（1）沿 OX 截取 $Oa_\xi=5p$；

（2）过 a_ξ 作 $aa_\xi /\!/ OY$，截取 $aa_\xi=7q$；

（3）过 a 作 $aA /\!/ OZ$，截取 $aA=9r$。

A 点即为所求轴测投影。

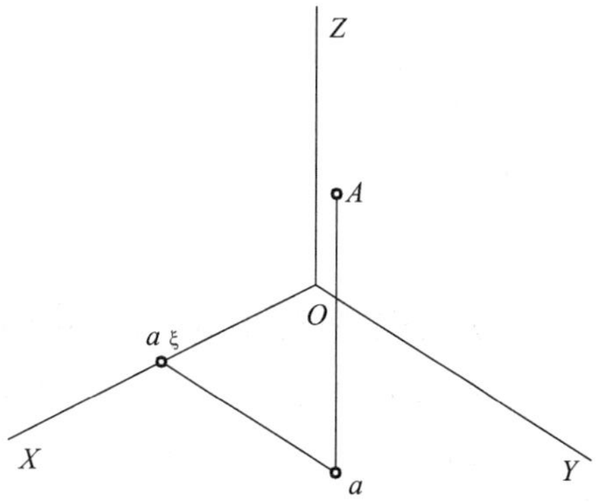

图 4.5.4　求轴测投影

（二）正等轴测投影的轴向伸缩系数和轴间角

1. 轴向伸缩系数

如图 4.5.5 所示，在正轴测投影（$p=q=r$）中，无论坐标系与轴测投影面的相对位置如何，而三个轴向伸缩系数平方之和总等于 2，即

$$p^2+q^2+r^2=2$$

$$p=q=r=\sqrt{\frac{2}{3}}\approx 0.82$$

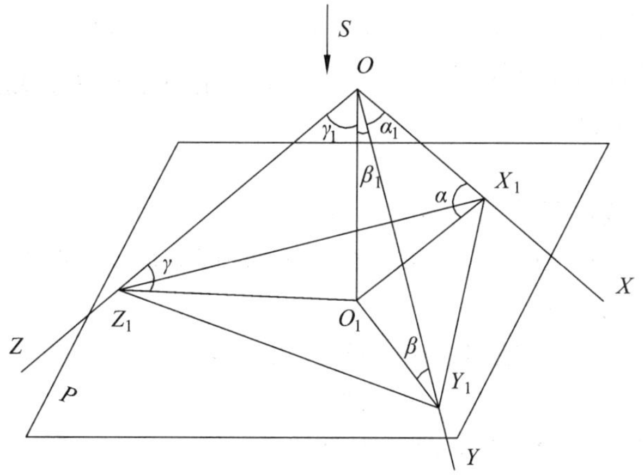

图 4.5.5　正轴测投影

实际作图时常简化轴向伸缩系数，简化系数 $p=q=r=1$。用简化系数画出的正等轴测图放大了 1/0.82≈1.22 倍。

2. 轴间角

正等测轴测投影的轴间角均为 120°，如图 4.5.6 所示。

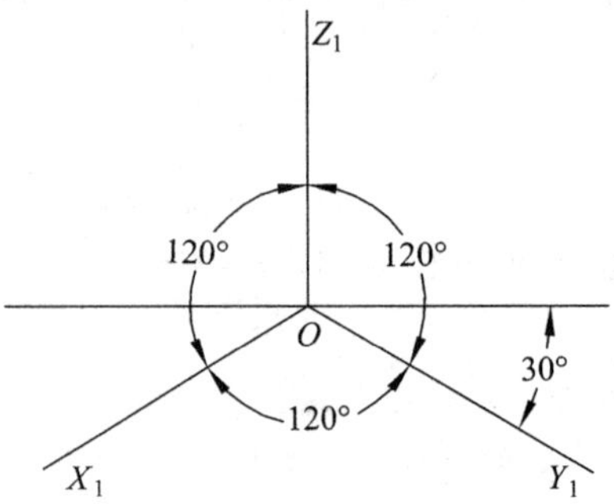

图 4.5.6　轴间角

(三) 平行坐标面的圆在正等轴测投影中的投影

在正等轴测投影中，空间坐标面对轴测投影面都是倾斜的，因此，平行坐标面的圆，其轴测投影都是椭圆。要画出在正等轴测投影中的椭圆，只要知道相应的椭圆长短轴方向及长、短轴大小即可。

1. 长、短轴的方向

如图 4.5.7 所示，在 XOY 坐标面上的圆 E，其直径 CD 平行于轴测投影面 P，所以 CD 在 P 面上的投影 c_1d_1 即为椭圆的长轴；因 OZ 轴垂直于 XOY 平面，故 OZ 轴也垂直于直径 CD。

推论：平行于 XOY 面的圆，其轴测投影椭圆长轴垂直于 O_1Z 轴；平行于 YOZ 面的圆，其轴测投影椭圆长轴垂直 O_1X 轴；平行于 XOZ 面的圆，其轴测投影椭圆长轴垂直 O_1Y 轴。

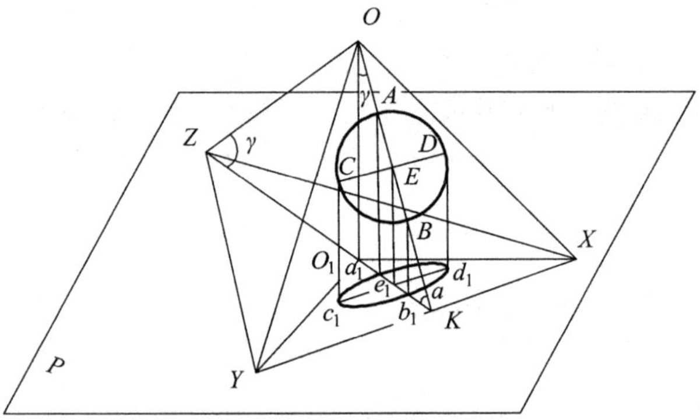

图 4.5.7　长短轴的方向

2. 长、短轴大小

(1) 按轴向伸缩系数作图时长短轴的大小。

长轴大小等于圆的直径 D，长轴 $c_1d_1=CD=D$。椭圆的短轴是圆的最大斜度线方向上的直径的投影，其长度约为 $0.58D$。

(2) 按简化轴向伸缩系数作图时长、短轴的大小。

各坐标面上的椭圆长轴=$D\times1.22$，即 $1.22D$；

各坐标面上的短轴=$0.58D\times1.22$，即 $0.71D$。

3. 正等轴测图椭圆的共轭轴

如图 4.5.8 所示，对于正等轴测图，每个坐标面上的椭圆都有一对共轭轴，平行于所在平面的轴测轴，其大小若采用简化系数作图，则恰好等于圆的直径 D。在 XOY 面上，$ab\,/\!/\,OX$，$cd\,/\!/\,OY$，$ab=cd=D$。在其余两个坐标面上也可得到相应的共轭轴。

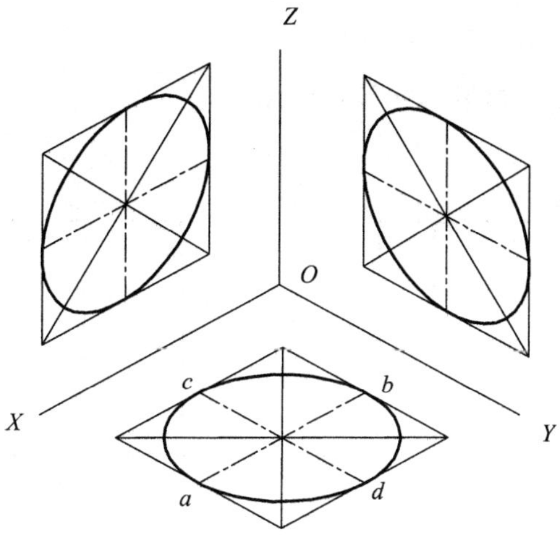

图 4.5.8　椭圆的共轭轴

4. 正等轴测图中椭圆的近似画法

（1）已知一对共轭直径画椭圆的方法。

如图 4.5.9 所示，以 3 点为圆心，以 3*C* 为半径画圆弧 *AC*；以 4 点为圆心，以 4*D* 为半径画圆弧 *BD*；以 1 点为圆心，以 1*C* 为半径画圆弧 *CB*；以 2 点为圆心，以 2*D* 为半径画圆弧 *DA*，四段圆弧组成近似的椭圆。

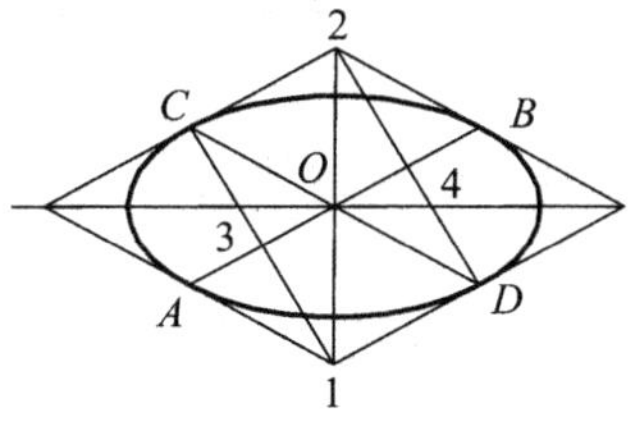

图 4.5.9　椭圆的近似画法

（2）已知长、短轴画正等轴测图中椭圆的方法。

如图 4.5.10 所示，以 O_1 为圆心，以 O_1G 为半径作圆弧 12；以 O_2 为圆心，以 O_2H 为半径作圆弧 34；以 O_3 为圆心，以 O_3E 为半径作圆弧 14；以 O_1 为圆心，以 O_4F 为半径作圆弧 23，四段圆弧组成近似的椭圆。

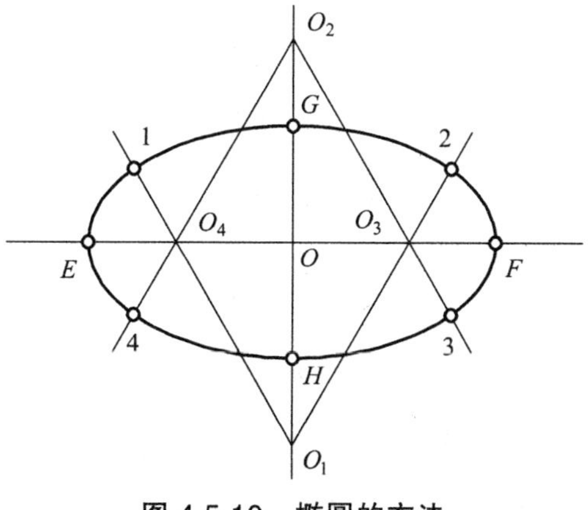

图 4.5.10　椭圆的方法

（四）正等轴测图的画法

（1）画出图 4.5.11 所示六棱柱的正等轴测图。

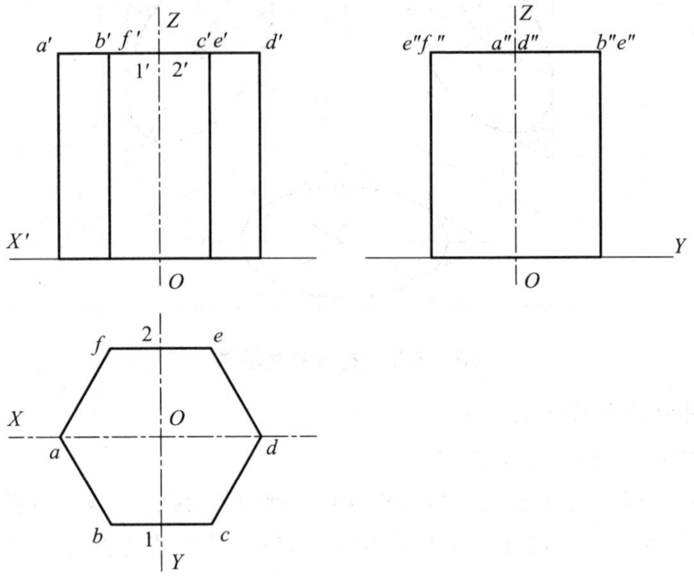

图 4.5.11　正等轴测图的画法

绘图步骤：

① 画轴测轴，在 Z 轴上取六棱柱高度，得顶面中心 O_1，并画顶面中心线 O_1X_1 及 O_1Y_1，如图 4.5.12（a）所示；

② 在 O_1X_1 上截取六边形对角长度得 A、D 两点，在 O_1Y_1 上截取对边宽度，得 1、2 两点，如图 4.5.12（b）所示；

③ 分别过 1、2 两点作 $BC // EF // O_1X_1$，并使 $BC=EF=$六边形的边长，连接 $ABCDEF$ 各点，得六棱柱的顶面，如图 4.5.12（c）所示；

④ 过顶面各顶点向下画平行于 OZ 的各条棱线，使其长度等于六棱柱的高，如图 4.5.12（d）所示；

⑤ 画出底面，去掉多余线，加深后得到六棱柱的正等轴测图，如图 4.5.12（e）所示。

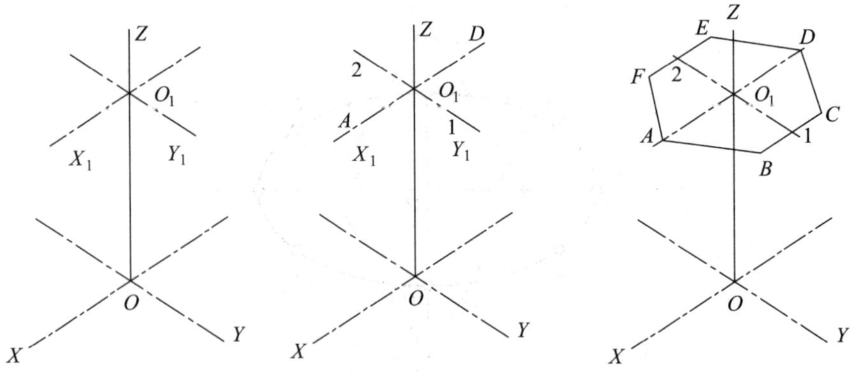

（a）　　（b）　　（c）

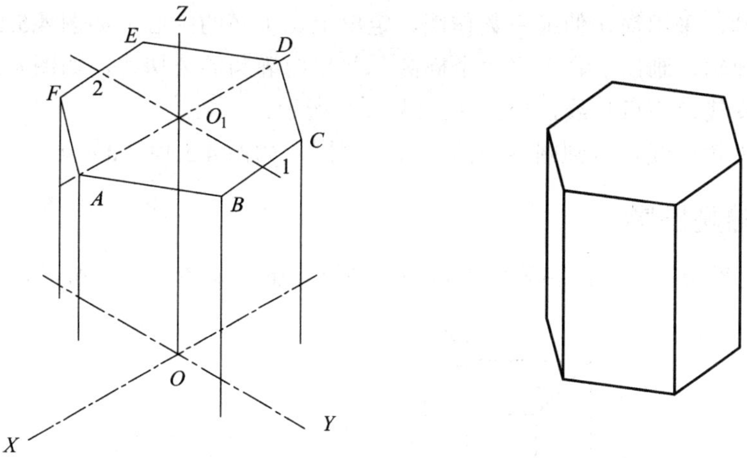

（d）　　　　　　　　　　（e）

图 4.5.12　绘图步骤

（2）画出图 4.5.13 所示圆锥台的正等轴测图。

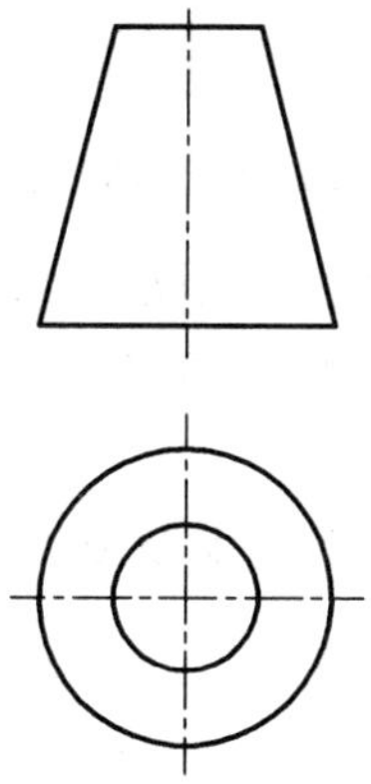

图 4.5.13　画圆锥台的正等轴测图

绘图步骤如图 4.5.14 所示：

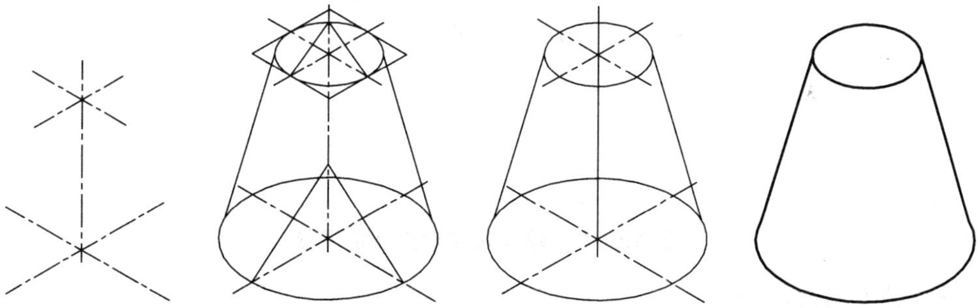

（a）　　　　（b）　　　　（c）　　　　（d）

图 4.5.14　绘图步骤

① 画轴测轴，采用简化伸缩系数作图，定出上、下底的中心，如图 4.5.14（a）所示；
② 确定共轭轴，画出上、下底两个椭圆，并作两椭圆的公切线，如图 4.5.14（b）所示；
③ 去掉作图线及不可见线，如图 4.5.14（c）所示；
④ 加深可见轮廓线，得到圆锥台的正等轴测图，如图 4.5.14（d）所示。

（五）斜轴测投影

用平行斜角投影法得到的轴测投影称为斜轴测投影，如图 4.5.15 所示。

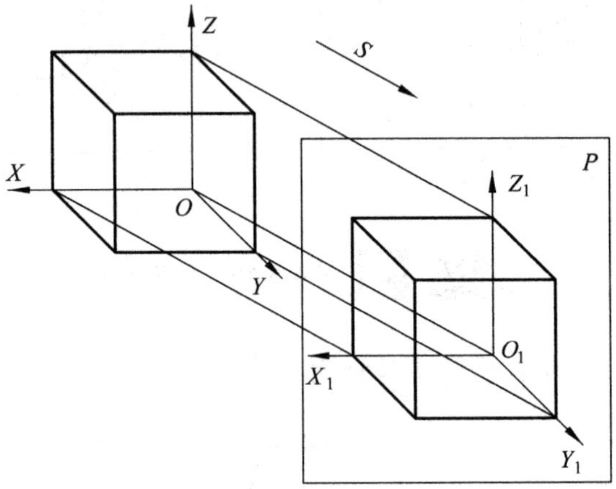

图 4.5.15　斜轴测投影

斜轴测投影特点：轴测投影面 P 平行于 XOZ 坐标面；投影方向不平行于任何坐标面；凡是平行于 XOZ 坐标面的平面图形，其斜轴测投影均反映实形。

1. 轴间角和轴向伸缩系数

如图 4.5.16 所示，斜二等轴测投影的伸缩系数为 $p=r=1$，$q=0.5$。轴间角为 $\angle XOZ=90°$，$\angle XOY=\angle YOZ=135°$。

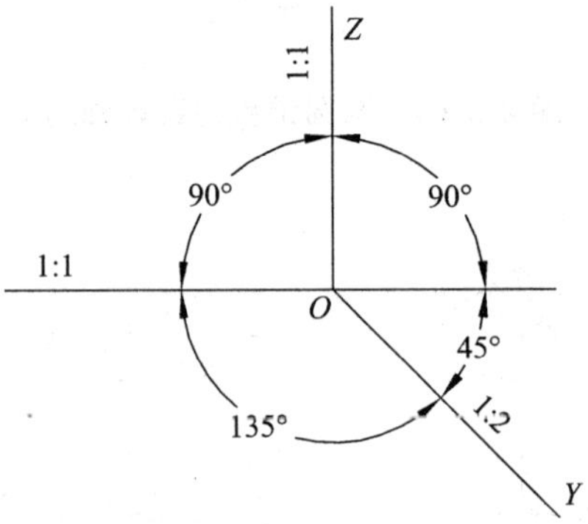

图 4.5.16　轴间角和轴向伸缩系数

2. 斜二轴测图的画法

请画出图 4.5.17 所示三视图的斜二轴测图。

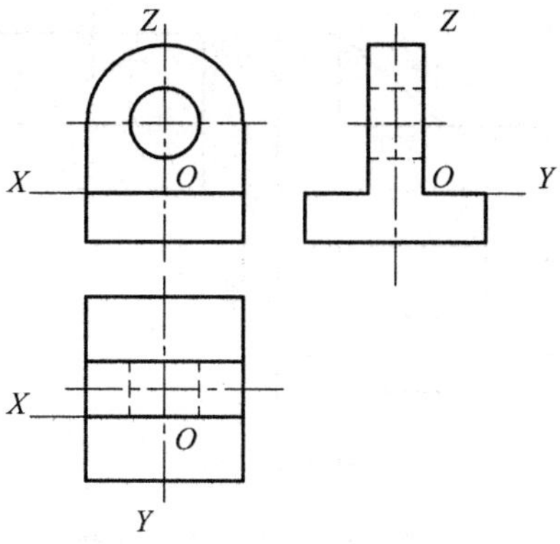

图 4.5.17　斜二轴测图的画法

绘图步骤：

（1）根据形体的特征在正投影图上选定坐标轴，将具有圆柱体部分的端面选作正面，即使其平行于 *OXZ* 坐标面；

（2）首先按斜二轴测图的轴间角画出轴测轴的位置，根据坐标关系定出圆孔的圆心 O_1，并画出前表面；

（3）由 O_1 沿 *Y* 轴向后量取 O_1O_2＝1/2 板厚，得到圆心 O_2，画出与前表面相同的后表面，被遮挡的部分可不画出，画半圆柱的轮廓线时应作前后两个半圆的公切线，如图 4.5.18（a）所示；

（4）画物体的下半部分，擦去多余线，加深后即为所求斜二轴测图，如图 4.5.18（b）所示。

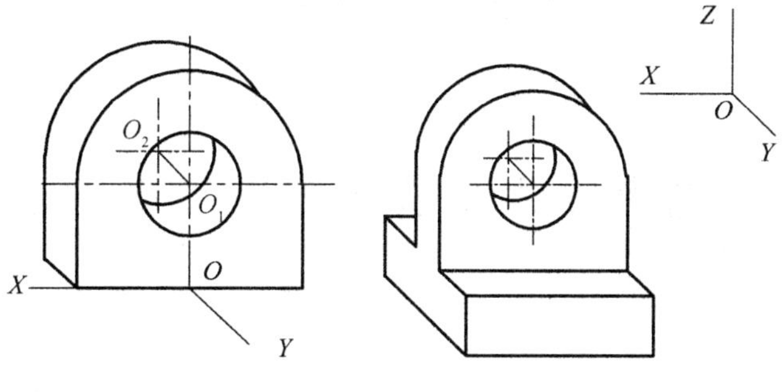

（a）　　　　（b）

图 4.5.18　绘图步骤

四、课后练习

（1）根据图 4.5.19 所示三视图绘制正等轴测图，尺寸直接从图上量取，取整数。

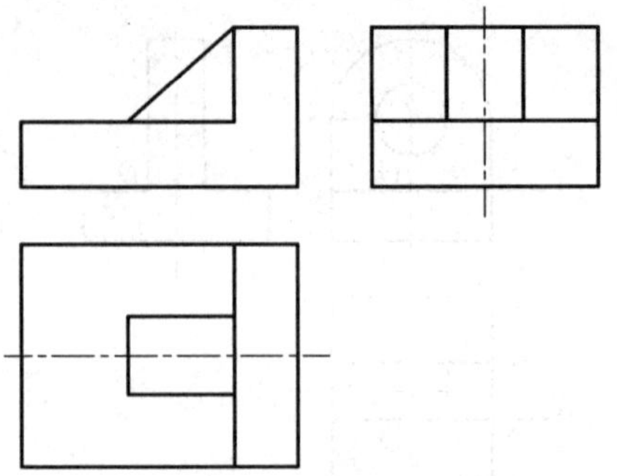

图 4.5.19　绘制正等轴测图

（2）根据图 4.5.20 所示视图绘制斜二轴测图，尺寸直接从图上量取，取整数。

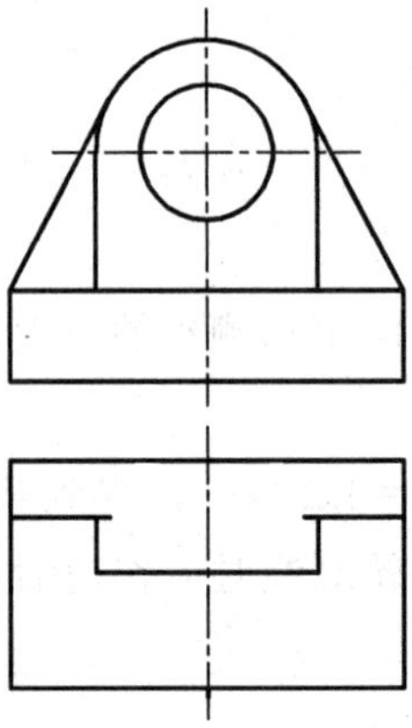

图 4.5.20　绘制斜二轴测图

任务六　六个基本视图投影作图

学习目标

- 能画出形体的六个基本视图。

学习重难点

▲ 画出形体的六个基本视图。

学习准备

★ 教师准备：教案、任务书、活页练习、模型。
★ 学生准备：教材、绘图工具、课堂笔记本、卡纸。

建议学时

建议学时：4 课时。

一、任务要求

绘制图 4.6.1 和图 4.6.2 所示物体的六个基本视图，尺寸从图上量取，取整数。

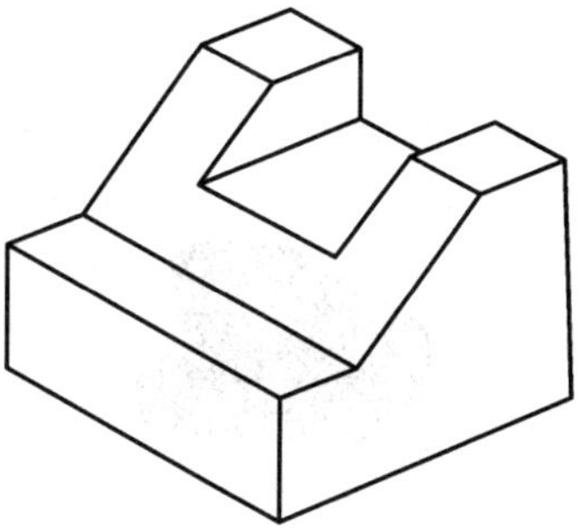

图 4.6.1　形体

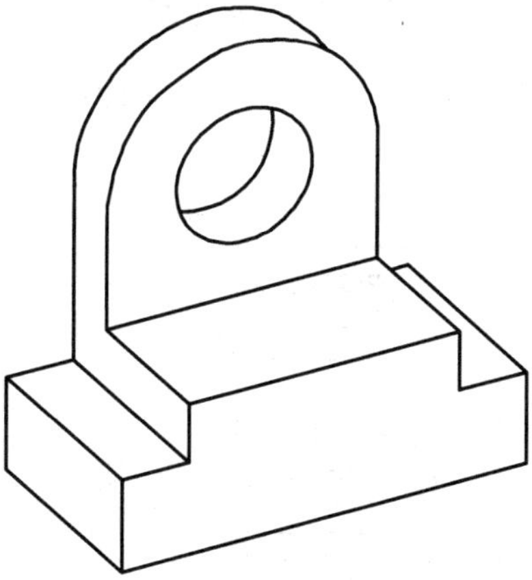

图 4.6.2　形体

二、学习引导

（1）机件向基本投影面投影所得的视图，称为__________。国家标准中规定正______面体的六个面为基本投影面。将机件放在六面体中，然后向各基本投影面进行投影，即得到六个基本视图。

（2）物体从右向左投影的视图称为________；物体从后向前投影的视图称为________；物体从下向上投影的视图称为________。

三、知识链接

如图 4.6.3 所示，在原有三个投影面的基础上，再增设三个投影面，构成一个正六面体，这六个面称为基本投影面。将机件放在正六面体内，分别向各基本投影面投射，所得到的六个视图称为基本视图。除了前面已经介绍过的主、俯、左视图外，还有从右向左投射所得的右视图，从下向上投射所得的仰视图，从后向前投射所得的后视图。

六个基本视图之间，仍保持“长对正、高平齐、宽相等”的投影关系。除后视图外，各视图靠近主视图的一侧均表示机件的后面；各视图远离主视图的一侧均表示机件的前面。

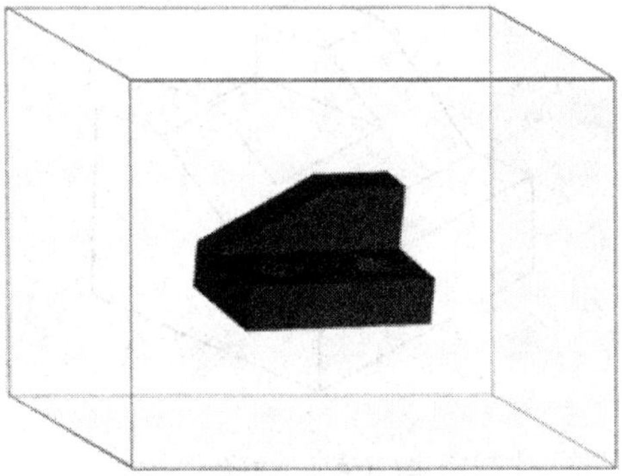

图 4.6.3　投影面

（1）如图 4.6.4 所示，基本投影面的展开方法：V 面不动，其他各投影面按图中箭头所指方向转至与 V 面共面位置。

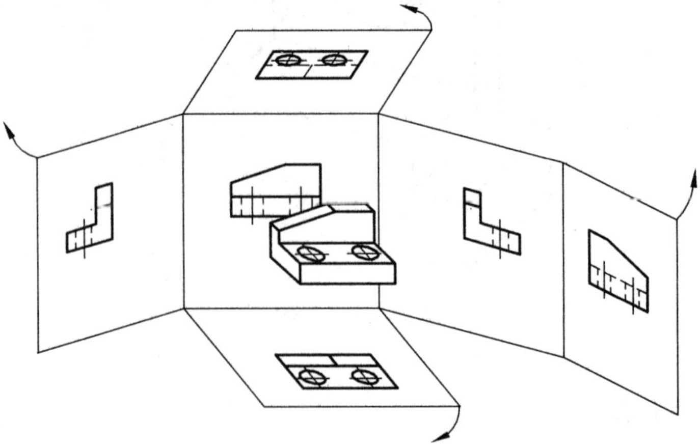

图 4.6.4　投影面的展开

（2）六个基本视图的投影规律。

如图 4.6.5 所示，基本视图的投影规律：主、俯、后、仰四个视图长对正，主、左、后、右四个视图高平齐，俯、左、仰、右四个视图宽相等。

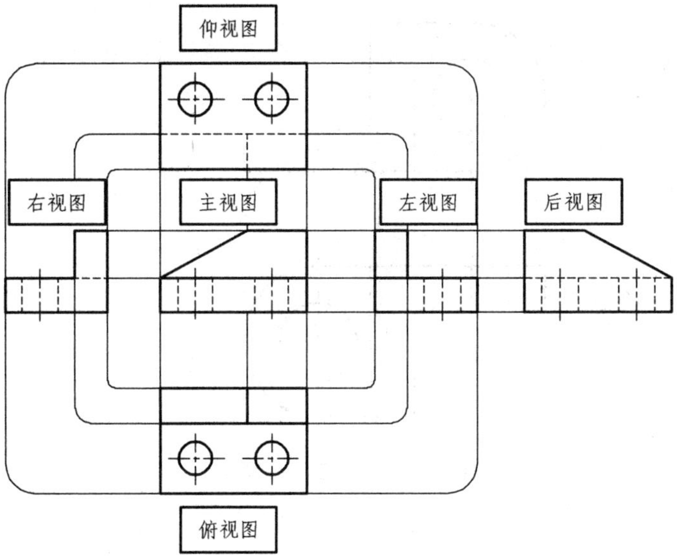

图 4.6.5　六个视图

（3）如图 4.6.6 所示，六个基本视图按规定位置摆放，视图一律不标注视图名称。

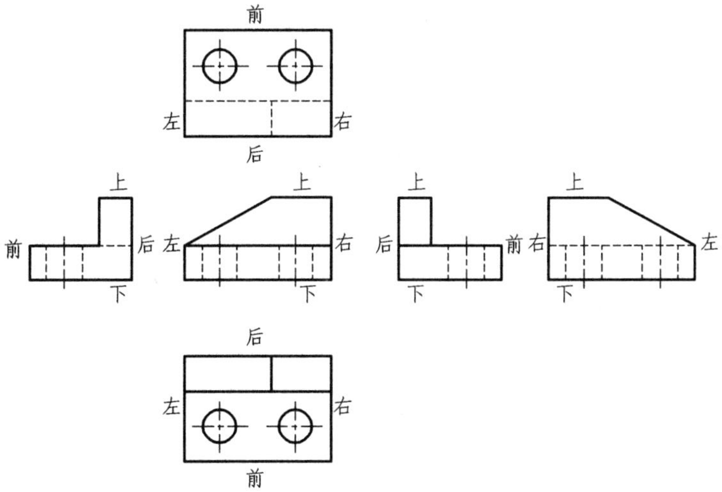

图 4.6.6　六个视图的摆放

四、课后练习

根据图 4.6.7 所示视图，补画其余四个视图。

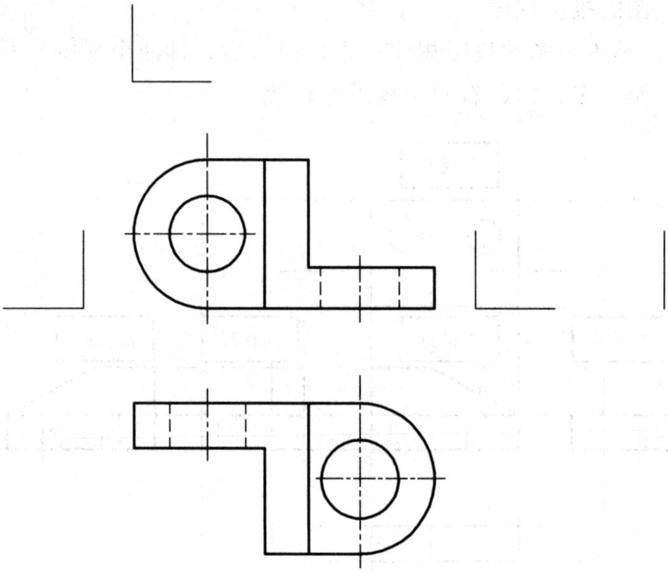

图 4.6.7　补充其余视图

项目五　认识常用机械传动机构

学习目标

（1）能说出常用机械传动机构的工作原理、特点、类型。
（2）能说出常用机械传动机构的应用实例。
（3）能制作汽车雨刮器模型。
（4）能制作带传动模型。

学习任务

任务一　认识铰链四杆机构
任务二　认识带传动、链传动

学习准备

（1）教材、教案、任务书、多媒体课件、模型等。
（2）美工刀、剪刀、胶水、硬纸板、泡沫、大头针、木片、宽皮筋等。
（3）学习用具、课堂笔记本。

建议学时

建议学时：18 课时。

任务一　认识铰链四杆机构

学习目标

- 能说出铰链四杆机构的概念、基本类型及结构组成。
- 能说出曲柄存在的条件。
- 能根据杆长条件判断铰链四杆机构的类型。
- 能说出铰链四杆机构的应用实例。
- 能制作汽车雨刮器模型。

学习重难点

▲ 掌握铰链四杆机构的结构组成和类型。
▲ 分析曲柄存在的条件、判断机构类型。

学习准备

★ 教师准备：教材、教案、任务书、多媒体课件、模型。
★ 学生准备：课本、课堂笔记本。

建议学时

建议学时：10 课时。

一、任务要求

当司机按下雨刮器的开关时，车窗前的雨刷就开始左右摆动，清除雨水。汽车雨刮器中应用了铰链四杆机构，请根据图 5.1.1 说明汽车雨刮器的工作原理。

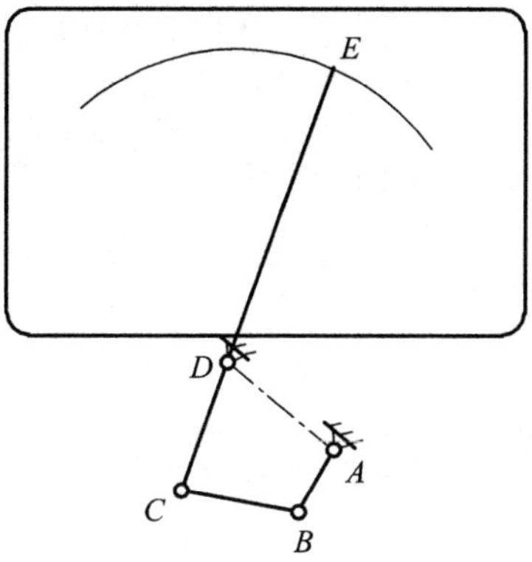

图 5.1.1　汽车雨刮器结构简图

二、学习引导

（1）一台机器由很多个零件组成，要了解机器的构造和原理就要从机构开始，请小组讨论学习，说一说机器中常用的传动机构有哪些？

（2）汽车雨刮器、天平、起重机等都应用了铰链四杆机构的工作原理，请查阅资料，说一说什么是铰链四杆机构？铰链四杆机构由哪些构件组成？

（3）铰链四杆机构的类型不同，作用也不同，请分析说明铰链四杆机构的基本类型及其应用。

（4）铰链四杆机构中，能做整周转动的连架杆称为曲柄，只能在一定角度内摆动的连架杆称为摇杆，请说明曲柄存在的条件。

三、任务实施

请使用提供的材料，制作汽车雨刮器的模型。

四、知识链接

（一）铰链四杆机构概述

1. 概　念

铰链四杆机构是由四个杆件通过铰链连接而成的传动机构，简称四杆机构。

2. 铰链四杆机构的组成（见图 5.1.2）

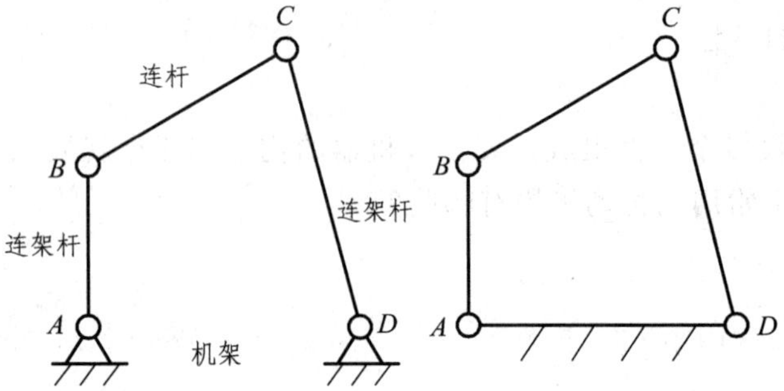

图 5.1.2　铰链四杆机构的组成

机架：固定不动的构件。

连杆：不直接与机架相连的构件。

连架杆：与机架用转动副相连的构件。

曲柄：能绕机架做整周转动的连架杆。

摇杆：只能绕机架做某一角度摆动的连架杆。

3. 铰链四杆机构的基本类型

铰链四杆机构包括：曲柄摇杆机构、双曲柄机构、双摇杆机构。

4. 曲柄存在的条件

曲柄存在的条件：最短杆+最长杆的长度之和≤其余两杆长度之和。

（二）曲柄摇杆机构

1. 结构组成

曲柄摇杆机构的两个连架杆中，一个为曲柄，一个为摇杆，如图 5.1.3 所示。

2. 运动特性

（1）当曲柄作主动件并做匀速运动时，摇杆做变速往复摆动，且有急回特性；

（2）当摇杆作主动件驱动曲柄做整周转动时，机构会出现两个止点位置。

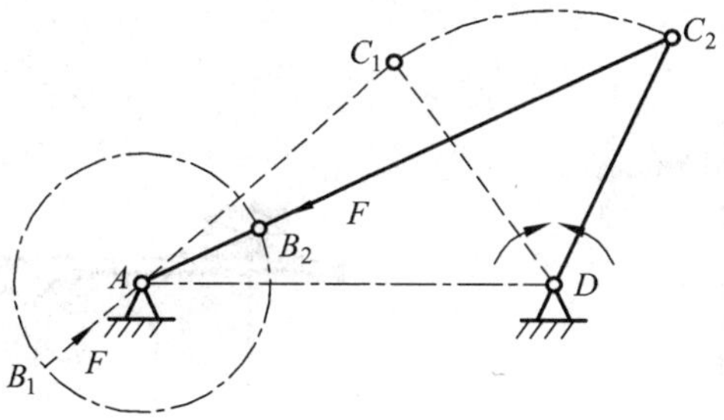

图 5.1.3　曲柄摇杆机构

3. 应用实例（见图 5.1.4）

（a）缝纫机　　（b）汽车雨刮器　　（c）剪板机

图 5.1.4　曲柄摇杆机构应用实例

（三）双曲柄机构

1. 结构组成

双曲柄机构的两个连架杆均为曲柄，如图 5.1.5 所示。

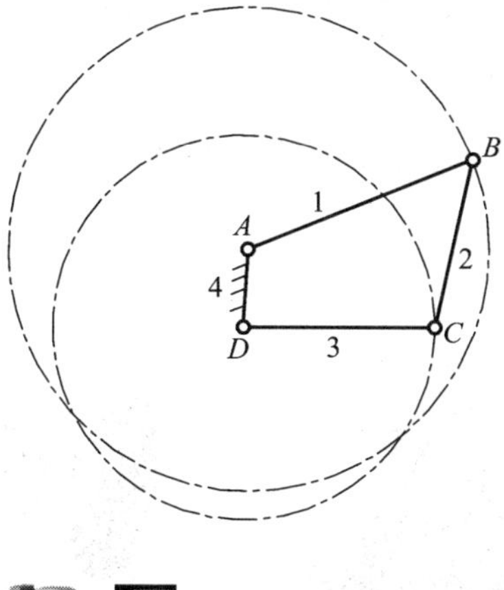

图 5.1.5　双曲柄机构

2. 运动特性

两连架杆都能做整周转动，无极限位置存在，无止点位置。

3. 应用实例（见图 5.1.6）

（a）天平

（b）汽车门启闭机构

图 5.1.6　双曲柄机构应用实例

（四）双摇杆机构

1. 结构组成

双摇杆机构的两连架杆均为摇杆，如图 5.1.7 所示。

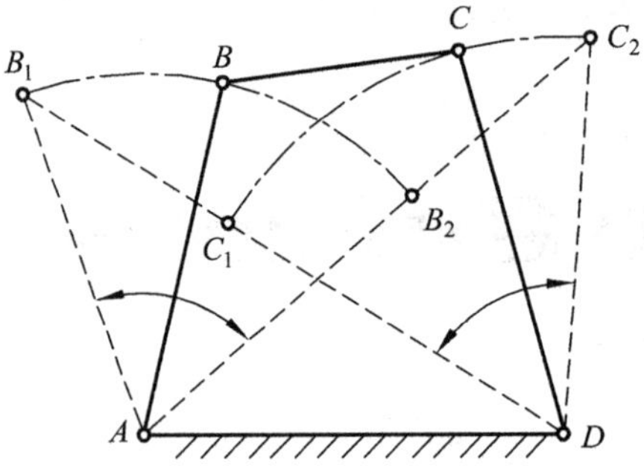

图 5.1.7　双摇杆机构

2. 运动特性

不论以哪一个摇杆为主动件，机构均有止点位置。

3. 应用实例（见图 5.1.8）

（a）起重吊车机构

（b）汽车转向机构

图 5.1.8　双摇杆机构应用实例

（五）曲柄滑块机构

1. 结构组成

将曲柄摇杆机构中的摇杆转化为滑块，即形成曲柄滑块机构，如图 5.1.9 所示。

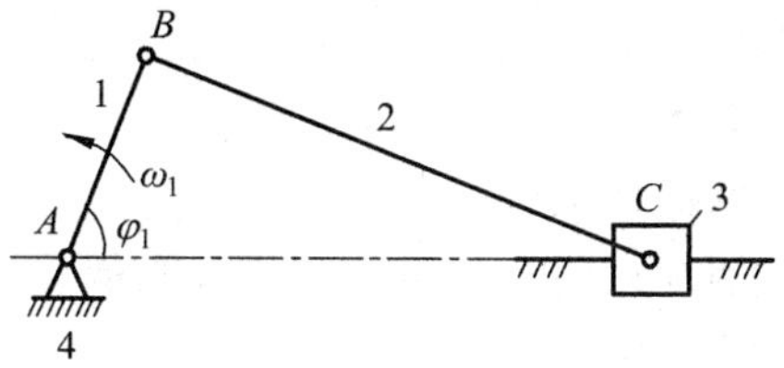

图 5.1.9　曲柄滑块机构

2. 运动特性

曲柄匀速转动时，滑块做往复直线运动。

3. 应用实例（见图 5.1.10）

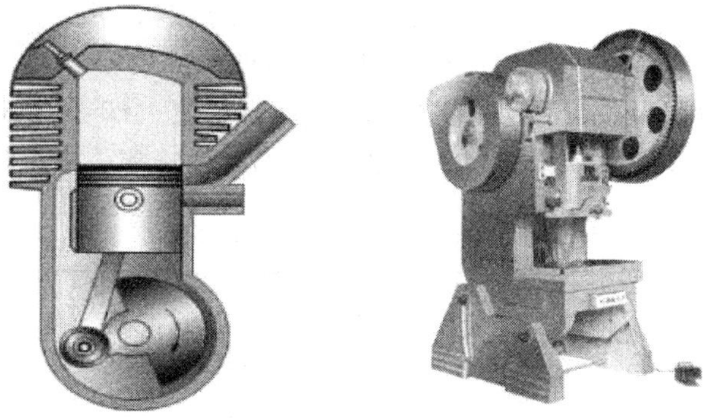

（a）内燃机气缸　　（b）冲压机

图 5.1.10　曲柄滑块机构应用实例

（六）判断机构类型

1. 当曲柄存在时

（1）将最短杆的邻边固定为机架，即形成曲柄摇杆机构；

（2）将最短杆固定为机架，即形成双曲柄机构；

（3）将最短杆的对边固定为机架，即形成双摇杆机构。

2. 当曲柄不存在时

不论固定哪一边为机架，均为双摇杆机构。

五、课后练习

（1）铰链四杆机构是由四个杆通过________连接而成的传动机构。

（2）铰链四杆机构中，固定不动的杆件称为________，与固定杆件用铰链相连的杆件称为________，不与固定杆件直接相连的杆件称为________。

（3）能做整周转动的连架杆称为________；不能做整周转动，只能做一定角度摆动的连架杆称为________。

（4）四杆机构的三种基本形式是：________、________、________。

（5）四杆机构中曲柄存在的条件是：______________________________。

（6）曲柄滑块机构是将曲柄摇杆机构中的转化为________形成的。

（7）铰链四杆机构满足曲柄存在的杆长条件时，若取最短杆的邻杆为机架则构成______________机构；若取最短杆的对面杆为机架，则构成____________ 机构；若取最短杆为机架，则构成____________ 机构。

（8）双摇杆机构是指两连架杆能做（　　）。

A. 整周转动　　B. 往复摆动　　C. 固定不动

（9）对于双摇杆机构，其最短杆与最长杆之和 l_1 与其余两杆之和 l_2 的关系为（　　）

A. $l_1 > l_2$　　B. $l_1 \leqslant l_2$　　C.可能 $l_1 \leqslant l_2$，也可能 $l_1 > l_2$　　D. $l_1 = l_2$

（10）一铰链四杆机构的最短杆与最长杆之和小于另外两杆之和，此时，若取最短杆为机架，则该机构为（　　）

A. 双摇杆机构　　B. 曲柄摇杆机构　C. 双曲柄机构　　D. 导杆机构

（11）图 5.1.11 所示为一铰链四杆机构，已知各杆长度：*AB*=10，*BC*=25，*CD*=20，*AD*=30。当分别固定构件 *AB*、*BC*、*CD*、*AD* 为机架时，它们各属于哪一类机构？

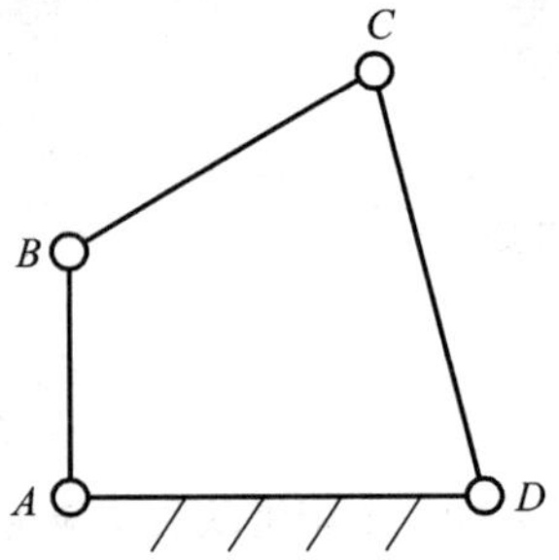

图 5.1.11　铰链四杆机构

（12）根据图 5.1.12 所注明的尺寸判断四杆机构的类型。

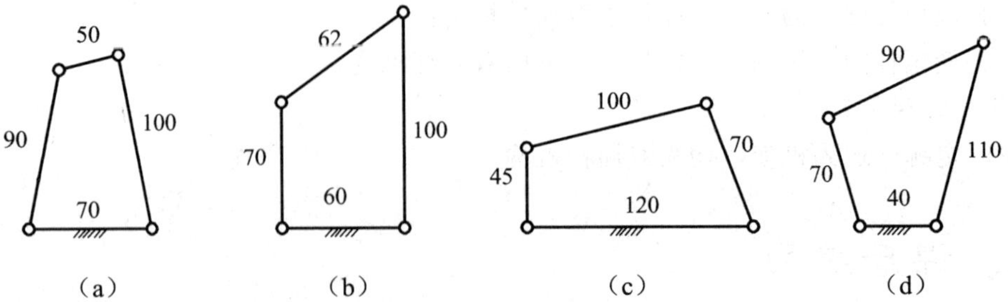

图 5.1.12　四杆机构的类型

任务二　认识带传动、链传动

学习目标

- 能说出带传动的工作原理、特点、组成及类型。
- 能说出链传动的工作原理和特点。
- 能正确计算带传动、链传动的传动比。
- 能制作带传动模型。

学习重难点

▲ 带传动的工作原理。
▲ 带传动、链传动的传动比的计算。

学习准备

★ 教师准备：教材、教案、任务书、多媒体课件。
★ 学生准备：教材、美工刀、剪刀、胶水、硬纸板、泡沫、大头针、宽皮筋、课堂笔记本。

建议学时

建议学时：8 课时。

一、任务要求

说出图 5.2.1 所示带传动结构中各部分零件名称，并计算其传动比 i 和从动轮转速 n_2。（已知主动轮、从动轮的基准直径分别为 $d_{d1} = 20$ mm、$d_{d2} = 50$ mm，主动轮转速 $n_1 = 800$ r/min）

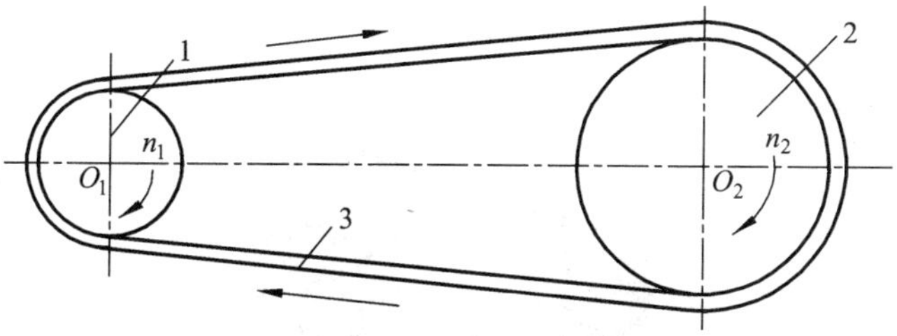

图 5.2.1　带传动结构
1—主动轮；2—传动轮；3—传动带

二、学习引导

（1）拖拉机发动机的能量是通过带传动传递出来的，请小组讨论学习，说一说带传动的工作原理和结构组成。

（2）带传动因为传动平稳、噪声小等优点，应用十分广泛，请查阅资料，说一说带传动还有哪些特点以及适用于什么场合。

（3）根据带的横截面形状的不同，带传动可分为平带传动和 V 带传动，V 带传动由于有承载能力大等优点被广泛应用，请小组讨论学习，说一说 V 带的结构。

（4）骑自行车时，蹬动脚踏板，车子就会向前移动，这主要是因为自行车应用了链传动，请说一说链传动的工作原理和特点。

（5）当两带轮（或链轮）的尺寸比例不同时，会出现不同的传递效果，这主要跟传动比有关，试分析如何计算带传动和链传动的传动比。

三、任务实施

利用所给材料，制作图 5.2.2 所示带传动模型。

图 5.2.2　带传动模型

四、知识链接

（一）带传动概述

1. 带传动的基本原理

带传动是依靠带和带轮之间的摩擦力来传递运动和动力的。

2. 带传动的特点

（1）带传动柔和，能缓冲、吸振，传动平稳，噪声小。

（2）过载时产生打滑，可防止损坏零件，起安全保护作用，但不能保证传动比准确。

（3）结构简单，制造容易，成本低廉，适用于两轴中心距较大的场合。

（4）外廓尺寸较大，传动效率较低。

3. 带传动的组成

如图 5.2.3 所示，带传动由主动带轮、从动带轮和传动带所组成。

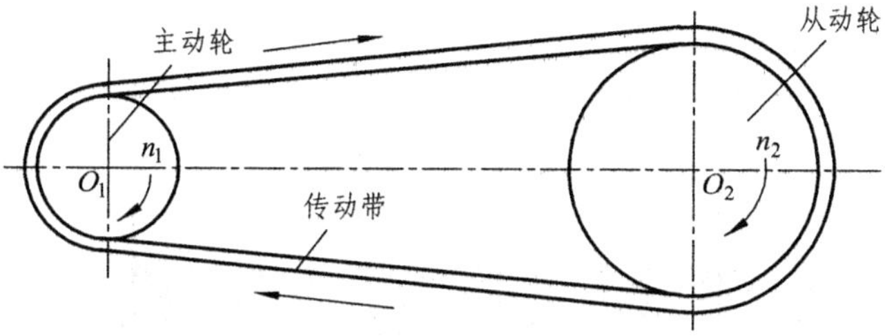

图 5.2.3　带传动的组成

4. 带传动类型

（1）按传动原理不同，带传动分为摩擦型和啮合型两类。

（2）常用带传动有平带传动和 V 带传动两种类型。

5. 应用场合

（1）带传动是一种应用广泛的机械传动。

（2）不适用于大功率传动。

（3）速度一般为 5～25 m/s。

6. 传动比

带传动的传动比表达式为

$$i=\frac{n_1}{n_2}=\frac{d_{d2}}{d_{d1}}$$

式中　d_{d1}、d_{d2}——主动轮、从动轮的基准直径，mm。

n_1、n_2——主动轮、从动轮的转速，r/min。

（二）V带传动

1. V 带结构

V 带由包布、伸张层、强力层和压缩层构成，如图 5.2.4 所示。

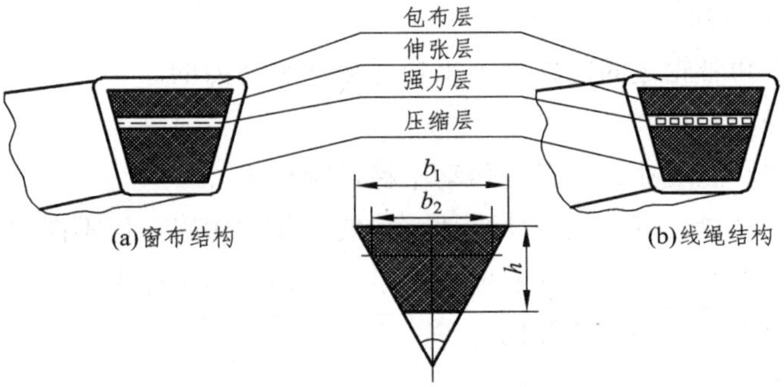

图 5.2.4　V 带的结构

2. V 带型号

V 带有七种型号：Y、Z、A、B、C、D、E（横截面面积及承载能力依次增大），如图 5.2.5 所示。

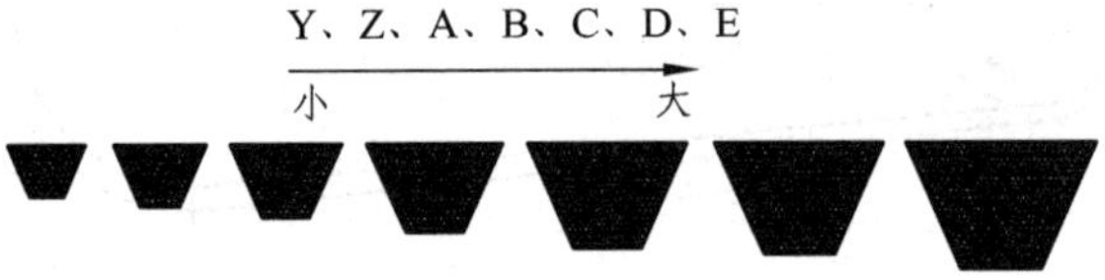

图 5.2.5　V 带的型号

3. 基准长度

在规定的张紧力下，沿 V 带截面测得的周长称为基准长度。

4. V 带带轮的典型结构

V 带带轮的典型结构有四种：实心式、腹板式、轮辐式、孔板式，如图 5.2.6 所示。

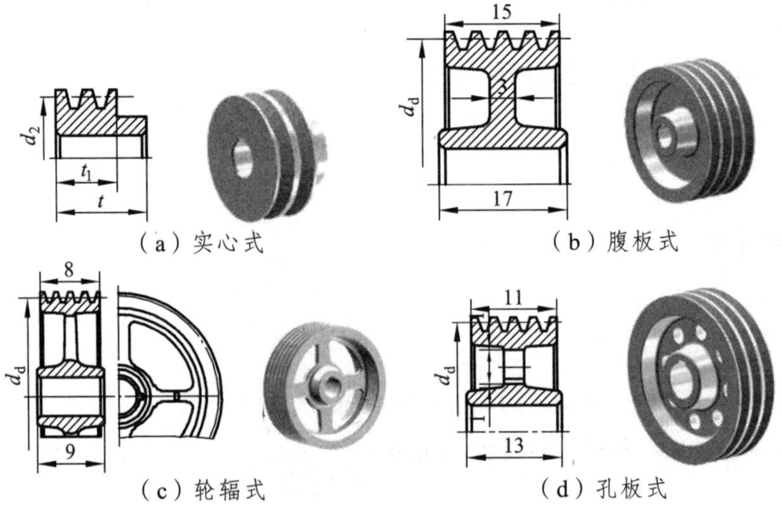

图 5.2.6　V 带带轮的结构

(三) 链传动

1. 链传动概述

(1) 链传动的工作原理。

链传动是以链条作为中间挠性传动件，通过链节与链轮齿间的不断啮合和脱开而传递运动和动力。

(2) 链传动的特点。

链传动兼有带传动和齿轮传动的特点。

优点：链传动能保持平均传动比不变；传动效率高；张紧力小，因此作用在轴上的压力较小；能在低速重载和高温条件下及尘土飞扬的不良环境中工作；链传动可用于中心距较大的场合，且制造精度较低。缺点：只能传递平行轴之间的同向运动，不能保持恒定的瞬时传动比，运动平稳性差，工作时有噪声。

2. 链传动的结构

链传动由主动链轮、从动链轮和链条组成。

3. 链传动的传动比计算

$$i=\frac{n_1}{n_2}=\frac{z_1}{z_2}$$

式中　n_1、n_2——主动轮、从动轮的转速，r/min。

z_1、z_2——主动轮、从动轮的齿数。

五、知识扩展

(一) V带传动的安装和维护

(1) V 带安装时，必须使带的外边缘与轮缘平齐。

(2) 两带轮轴线应平行。

(3) 拆、装 V 带时，应先调小中心距。

(4) V 带传动必须安装防护罩。

(5) 对于一组 V 带，损坏时一般要成组更换，新旧带不能混用。

(二) 滚子链

1. 滚子链的结构组成

如图 5.2.7 所示，滚子链由内链板、外链板、销轴、套筒和滚子组成，外链板与销轴构成一个外链节，内链板与套筒则构成一个内链节；其中内链板与套筒之间、外链板与销轴之间为过盈配合，滚子与套筒、套筒与销轴之间为间隙配合。

2. 滚子链的主要参数

齿数：小链轮齿数不宜过少，一般 $z\geqslant17$，链轮齿数一般取为奇数。

节距：尽可能选用小节距的链，重载时选取小节距多排链的实际效果更好。

中心距：链传动中心距过小，则小链轮上的包角小，同时啮合的链轮齿数就少；若中心距过大，则易使链条抖动。

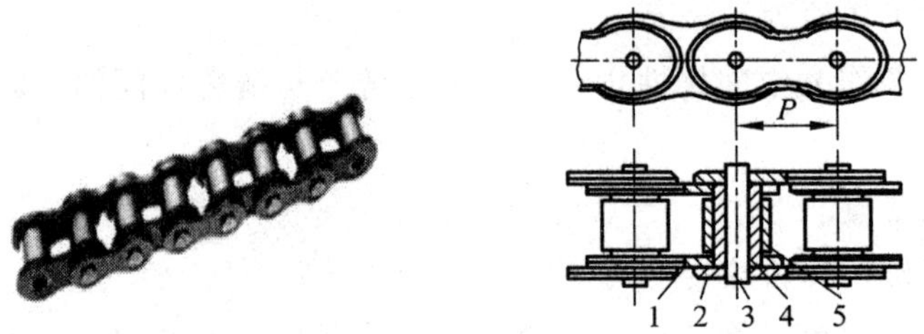

（a）滚子链　　（b）滚子链结构

图 5.2.7　滚子链的结构

1—内链板；2—外链板；3—销轴；4—套筒；5—滚子

六、课后练习

（1）带传动是依靠带与带轮之间产生的______来传递运动和动力的。

（2）按传动原理不同，带传动分可为______和______。

（3）带传动的传动比是指______与______之比。

（4）常用的带传动有______和______两种形式。

（5）V 带传动时，两轮的转向______。

（6）V 带传动比越大，则两带轮直径差越______。

（7）带轮直径越小，带的使用寿命就越______。

（8）链传动是以______作为中间挠性传动件而传递动力的，它属于______传动。

（9）设链传动的主动轮有 50 个齿，从动轮有 100 个齿，当主动轮转一周时，从动轮转______。

项目六　形位公差的检测

学习目标

（1）能正确理解形位公差的种类。
（2）能解释形位公差标注。
（3）能正确使用工量具检测形位公差。
（4）掌握误差的测量方法及数据处理方法。
（5）能判断工件是否合格。

学习任务

任务一　检测直线度误差
任务二　检测平面度误差
任务三　检测平行度误差
任务四　检测垂直度误差

学习准备

（1）教师准备：直角尺、塞尺、平台、指示表架、指示表、转台、刀口尺等工量具、多媒体课件、检测任务书、教案或讲义、学生评价表等资料。

（2）学生准备：教材、绘图工具、课堂笔记本。

建议学时

建议学时：20 学时。

任务一　检测直线度误差

学习目标

- 能正确分析直线度误差的种类。
- 通过测量与检验加深对直线度公差的理解。
- 熟练掌握直线度误差的测量及数据处理方法和技能。
- 掌握判断零件直线度误差是否合格的方法和技能。
- 能用刀口尺和百分表测量直线度误差。

学习重难点

▲ 直线度误差的测量及数据处理的方法和技能。
▲ 判断零件直线度误差是否合格的方法和技能。
▲ 用刀口尺和百分表检测直线度误差的方法和技能。

学习准备

★ 教师准备：教案、任务书、活页练习、分组表、计划书。
★ 学生准备：教材、绘图工具、课堂笔记本。

建议学时

建议学时：4 课时。

一、任务要求

（一）工作（学习）情境描述

在生产过程中，由于多种因素，实际加工的零件与其理想形状总是存在差别。如图 6.1.1 所示的轴，因为存在直线度误差而无法与孔进行装配，因此零件加工后，必须通过检测来得到实际的误差值，以判断零件是否合格。

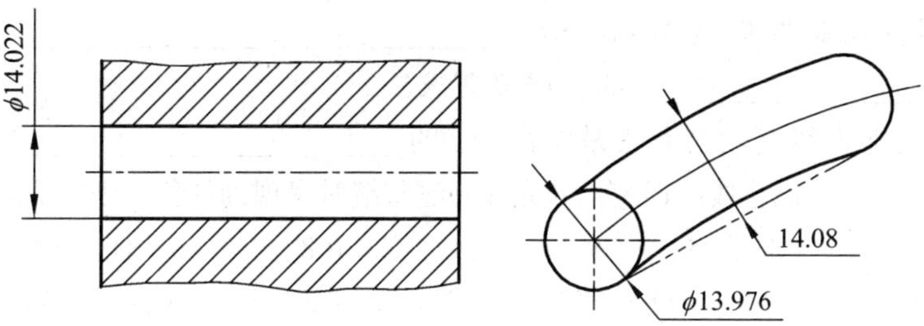

（a）孔　　　　　　（b）轴

图 6.1.1　直线度误差对配合性能的影响

从上图可以看出，轴存在直线度误差，使之不能与孔进行配合，就影响了使用性能。因此需要对加工后的工件进行直线度测量，合格后才能保证产品的使用性能。

（二）本任务的要求

（1）正确使用刀口尺检测直线度。

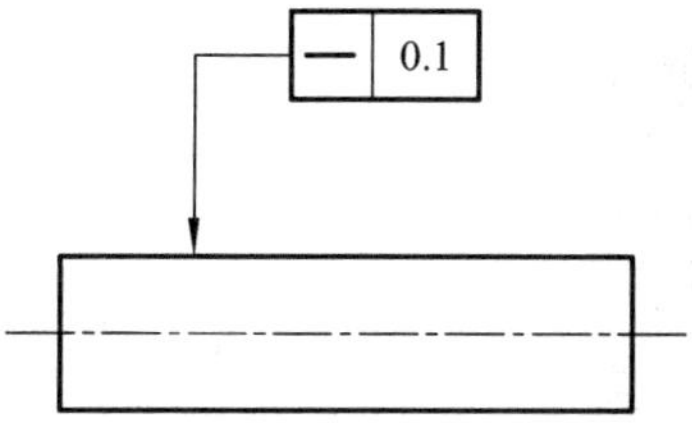

图 6.1.2　给定方向上的直线度

（2）正确使用百分表检测直线度。

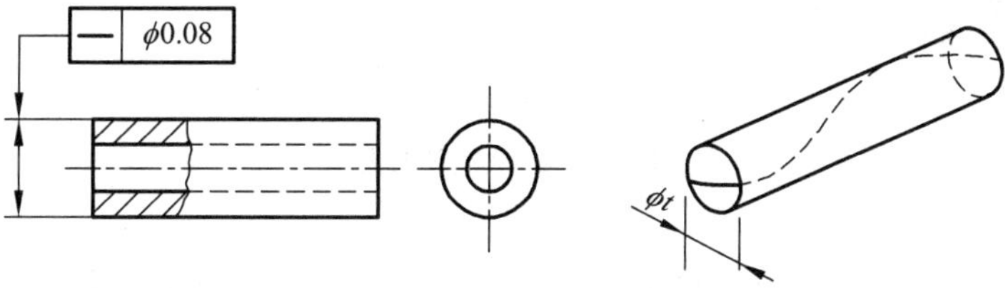

图 6.1.3　任意方向上的直线度

二、学习引导

（1）简述直线度误差有几种形式，分别描述被测要素和基准要素以及公差带形状。

____

____

____

____

（2）刀口尺主要用在________或__________检验精密平面的__________和____________。

（3）百分表和千分表是一种____________量仪，因此统称为____________。

（4）构成零件几何体的点、线、面称为零件的____________。

（5）根据零件的功能要求，可分别给出________________、________________________、和__________________________的直线度要求。

（6）给定方向上直线度的公差带是距离为 t 的____________________之间的区域。

（7）用刀口形直尺检测直线度误差，若光线通过狭缝时呈现为红色，则间隙的大小（　　）μm。

A. ＜0.5　　　　B. 1.25～1.75　　　　C. ≈0.8　　　　D. ＞2.5

（8）判断：检测任意方向上的直线度误差时，如果两测量头相对的指示表在各测点的读数差均小于或等于公差值 t，则该零件在任意方向上的直线度合格。（　　）

三、任务实施

（一）检测给定方向上的直线度误差（见图 6.1.2）

1. 准备的检测工具

检测前准备刀口形直尺（或样板直尺）、塞尺，如图 6.1.4 所示。

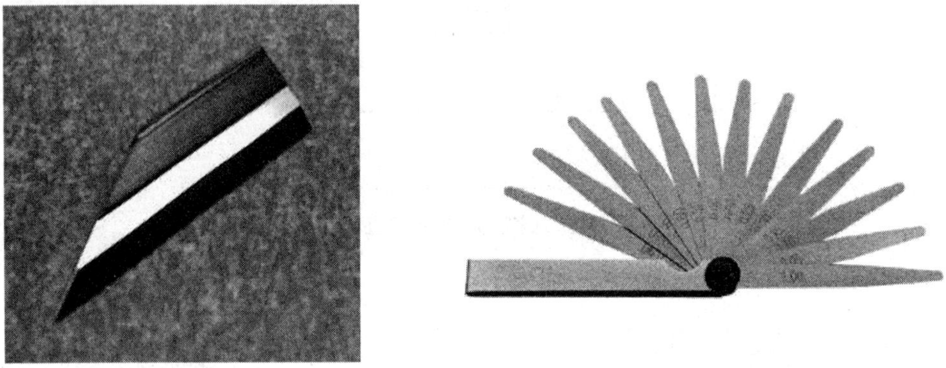

（a）刀口形直尺　　　　（b）塞尺

图 6.1.4　检测工具

2. 检测步骤

（1）将刀口尺与被测素线直接接触，并使两者之间的最大间隙为最小，此时的最大间隙即为该条素线的直线度误差，如图 6.1.5 所示。

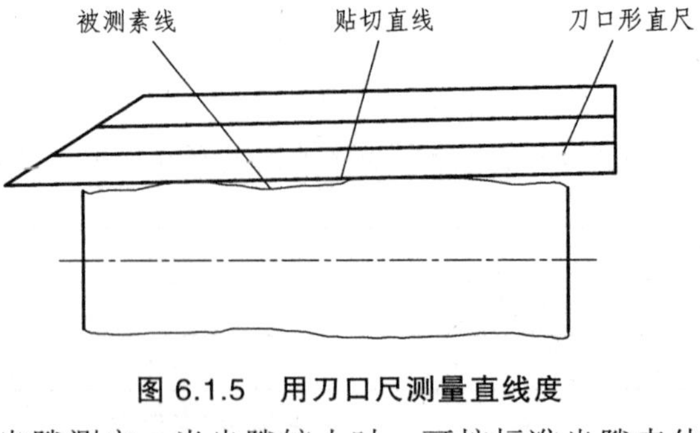

图 6.1.5　用刀口尺测量直线度

误差的大小应根据光隙测定：当光隙较小时，可按标准光隙来估读；当光隙较大时，则用塞尺测量。

（2）按上述方法测量若干条素线，取其中的最大误差值作为该零件的直线度误差。

3. 评定检测结果

如果测得的最大误差值≤0.1 mm，则该零件的直线度合格；如果测得的最大误差值>0.1 mm，则该零件在给定方向上的直线度超差，不合格。

4. 检测结果

经过测量，你测得的直线度误差值为________mm，是否合格？____________。

（二）检测任意方向上的直线度误差（见图 6.1.3）

1. 准备的检测工具

检测前准备平板、顶尖架、带指示表的支架、指示表（百分表或千分表）。

2. 检测步骤

（1）将被测零件装夹在平行于平板的两顶尖之间，如图 6.1.6 所示。

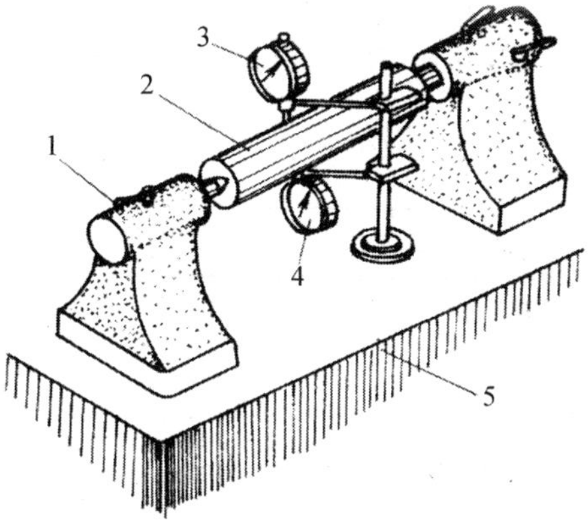

图 6.1.6　测量任意方向上的直线度误差

1—顶尖架；2—被测零件；3，4—指示表；5—平板

（2）在支架上装上两个测量头相对的指示表，使两指示表的两个侧头处于铅垂轴截面内，并将指示表归零。

（3）移动表架，沿着铅垂轴截面的两条素线测量，同时分别记录两个指示表在各自测点的读数 M_a、M_b。

（4）多测量几个点，计算各测点读数差之半，即（M_a-M_b）/2，并记录数据。

（5）按照上述方式测量若干条素线的若干个截面，取其中最大的误差值作为该被测零件轴线的直线度误差。

3. 评定检测结果

如果测得的最大误差值≤0.08 mm，则该零件的直线度合格；如果测得的最大误差值>0.08 mm，则该零件的直线度超差，不合格。

4. 检测结果

经过测量，你测得的直线度误差值为________mm，是否合格？____________。

(三)检测给定平面内的直线度误差(见图 6.1.7)

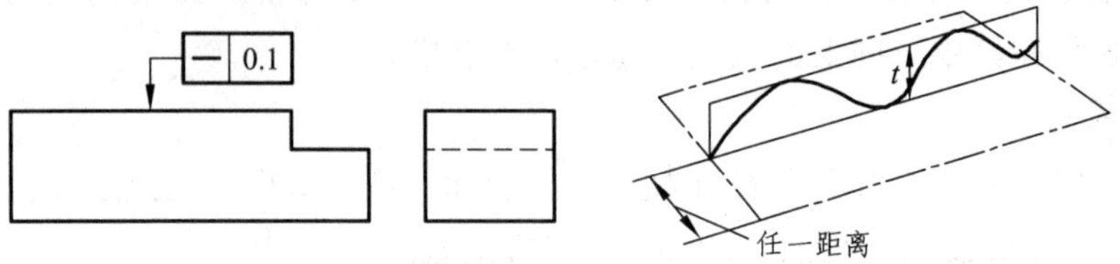

图 6.1.7　给定平面内的直线度误差

1. 准备的检测工具

检测前准备刀口形直尺(或样板直尺)、塞尺。

2. 检测步骤

(1)将刀口尺与被测素线直接接触,并使两者之间的最大间隙为最小,此时的最大间隙即为该条素线的直线度误差,如图 6.1.8 所示。

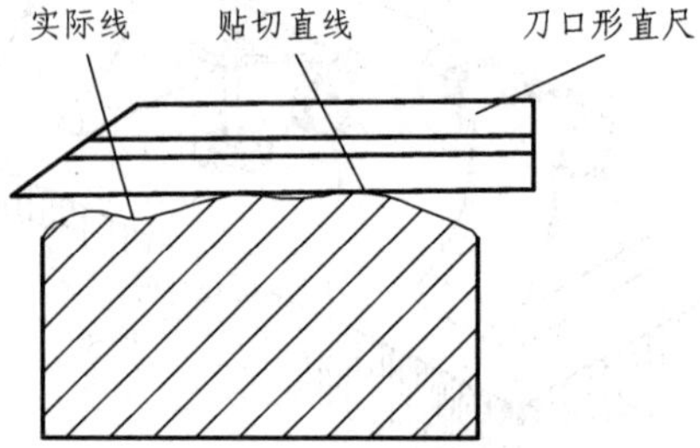

图 6.1.8　用刀口尺测量给定平面内的直线度

误差的大小应根据光隙测定:当光隙较小时,可按标准光隙来估读;当光隙较大时,则用塞尺测量。

(2)按上述方法测量若干条素线,取其中的最大误差值作为该零件的直线度误差。

3. 评定检测结果

如果测得的最大误差值≤0.1 mm,该零件的直线度合格;如果测得的最大误差值>0.1 mm,则该零件在给定方向上的直线度超差,不合格。

4. 检测结果

经过测量,你测得的直线度误差值为________mm,是否合格?____________。

四、知识链接

(一)形位公差基础知识

形位公差术语根据 GB/T 1182—2008 已改为新术语——几何公差,包括形状公差和位置公差。任何零件都是由点、线、面构成的,这些点、线、面称为几何要素,如图 6.1.9 所示。机械加工后零件的实际要素相对于理想要素总有误差,包括形状误差和位置误差。这类误差影响机械产品的功能，设计时应规定相应的公差并按规定的标准符号标注在图样上。20 世纪 50 年代前后，工业化国家就有形位公差标准。国际标准化组织（ISO）于 1969 年公布了形位公差标准，1978 年推荐了形位公差检测原理和方法。中国于 1980 年颁布了形状和位置公差标准，其中包括检测规定。形状公差和位置公差简称为形位公差。

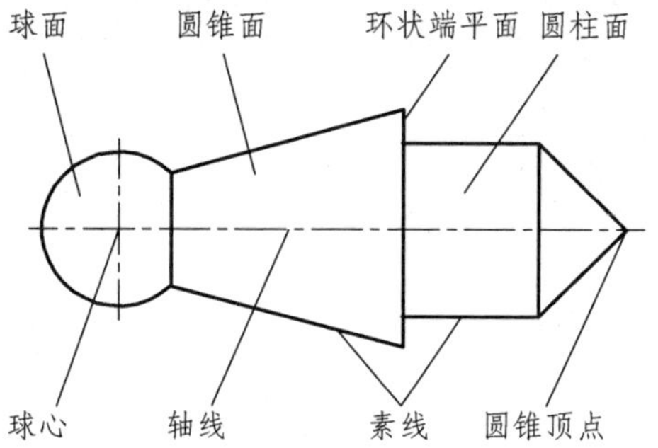

图 6.1.9　几何要素

零件几何要素的分类方法如下：

1. 要素按存在状态分类

（1）理想要素，是指具有几何学意义的要素，即几何的点、线、面。它们不存在任何误差。零件图上表示的要素均为理想要素。

（2）实际要素，是指零件在加工后实际存在的要素。它们存在误差。在评定形位误差时，通常以测得要素代替实际要素。

2. 要素按检测关系分类

（1）被测要素，是指图样上给出了形状公差或位置公差要求的要素，是检测的对象。

（2）基准要素，是指图样上用来确定被测要素的方向和位置的要素。

基准要素在图样上都标有基准符号或基准代号。基准则是检测时用来确定实际被测要素几何位置关系的参考对象，它是理想要素。基准由基准要素建立。

3. 要素按（被测要素的）功能关系分类

（1）单一要素，仅对被测要素本身给出形状公差要求的要素（按本身功能要求而给出形状公差的被测要素）。

（2）关联要素，对基准要素有功能要求而给出位置公差的被测要素。

4. 要素按几何特征（结构特征）分类

（1）轮廓要素(组成要素)，构成零件轮廓的可直接触及的点、线、面（指零件的表面、表面上的线或点）。

（2）中心要素（导出要素），不可触及的，轮廓要素对称中心所表示的点、线、面。

形位公差包括形状公差与位置公差，而位置公差又包括定向公差和定位公差，具体包括的内容及公差表示符号见表 6.1.1。

表 6.1.1　形位公差

分类	特征项目	符号	分类		特征项目	符号
形状公差	直线度	⏤	位置公差	定向	平行度	∥
	平面度	⏥			垂直度	⊥
	圆度	○			倾斜度	∠
	圆柱度	⌭		定位	同轴（同心）度	◎
	线轮廓度	⌒			对称度	⌯
					位置度	⌖
	面轮廓度	⌓		跳动	圆跳动	↗
					全跳动	⌰

（二）直线度

直线度是几何误差中最基础的一项，本文简述了有关直线度的基本知识，其中着重阐述了直线度的几何公差带以及直线度的评定方法。公差的标注和检测原则都是通用的原则，适用于各种几何误差。

1. 直线度的定义

直线度是限制实际直线对理想直线变动量的一种形状公差，由形状（理想包容形状）、大小（公差值）、方向、位置四个要素组成。直线度用于限制一个平面内的直线形状偏差，限制空间直线在某一方向上的形状偏差，限制空间直线在任一方向上的形状偏差。几何误差是指零件加工后的实际形状、方向和相互位置与理想形状、方向和相互位置的差异。在形状上的差异称为形状误差，在相互位置上的差异称为位置误差。直线度在几何公差中是最基础的部分。

2. 直线度基本特性（见表 6.1.2）

表 6.1.2　直线度基本特性

公差类型	几何特征	符　号	有无基准
形状公差	直线度	—	无

几何公差分为形状公差、方向公差、位置公差和跳动公差四种类型。其中，形状公差是对单一要素提出的几何特征，因此，无基准要求。

3. 直线度公差的标注

（1）公差框格。用公差框格标注时，公差要求标注在划分成两格或多格的矩形框格内。框格中的内容按从左至右顺序填写（见图 6.1.10）：

① 几何特征符号；

② 公差值，以线性尺寸单位表示的量值；

③ 基准符号，因直线度无基准，所以不标注。

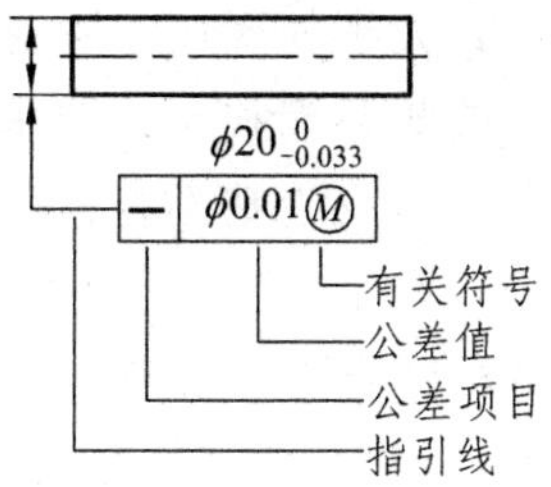

图 6.1.10　直线度的标注

（2）框格栏的绘制：

① 水平或垂直绘制（注意：垂直绘制时，文字的方向发生变化）；

② 细实线；

③ 从左到右或从下到上填写，依次为代号、值、基准。

（3）指引线的绘制如图 6.1.11 所示。

① 由细实线和箭头组成；

② 从左端或右端引出；

③ 保持与公差框格端垂直；

④ 指向被测要素时允许弯折但不多于两次。

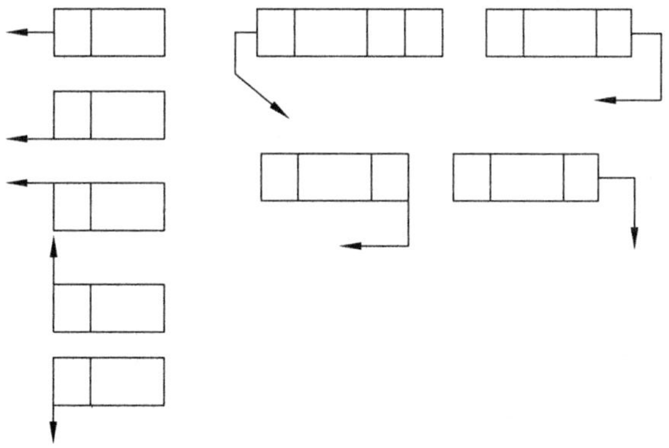

图 6.1.11　指引线的绘制

（4）限定性规定的标注：① 当需要对整个被测要素上任意范围标注同样几何特征的公差时，可在公差值的后面加注限定范围的线性尺寸值，并在两者之间用斜线隔开，如图 6.1.12（a）所示；② 如果标注的是两项或两项以上同样几何特征的公差，可直接在整个要素公差框格的下方放置另一个公差框格，如图 6.1.12（b）所示。

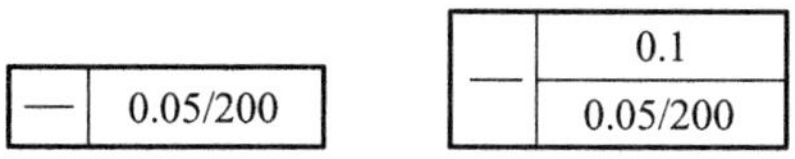

（a）　　（b）

图 6.1.12　限制性直线度的标注

4. 直线度的几何公差带

几何公差是实际被测要素对其理想形状、理想方向和理想位置的允许变动量。直线度一类的形状公差是指实际单一要素所允许的变动量。几何公差带是指由一个或几个理想的几何线或面所限定的、由线性公差值表示其大小的区域，它是限制实际被测要素变动的区域。这个区域的形状、大小和方向都取决于被测要素和设计要求，并以此评定几何误差。若被测实际要素全部位于公差带内，则零件合格，反之则不合格。几何公差带具有形状、大小、方向和位置四个特征。

（1）给定平面内的直线度公差带标注含义：在任一平行于图示投影面的平面内，上平面的提取（实际）线应限定在距离等于 0.1 的两平直线之间，如图 6.1.13 所示。公差带形状：两条平行的直线，如图 6.1.14 所示。公差带含义：在给定平面内和给定方向上，距离等于公差值 t 的两平行直线所限定的区域。

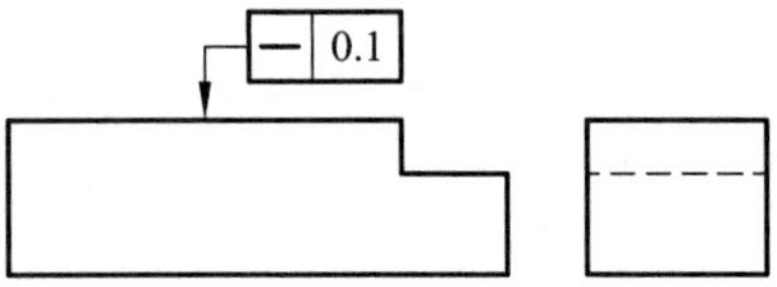

图 6.1.13　直线度

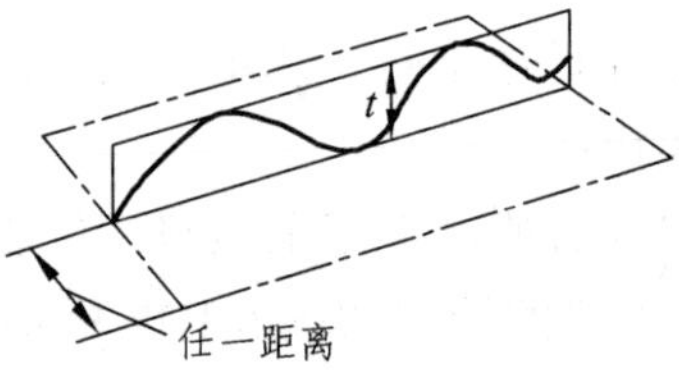

图 6.1.14　直线度含义

（2）给定单一方向上的直线度公差带标注含义：提取（实际）的棱边线应限定在距离等于 0.1 的两平行平面之间，如图 6.1.15 所示。公差带形状：两个相互平行的平面，如图 6.1.16 所示。公差带含义：为间距等于公差值 t 的两平行平面所限定的区域。

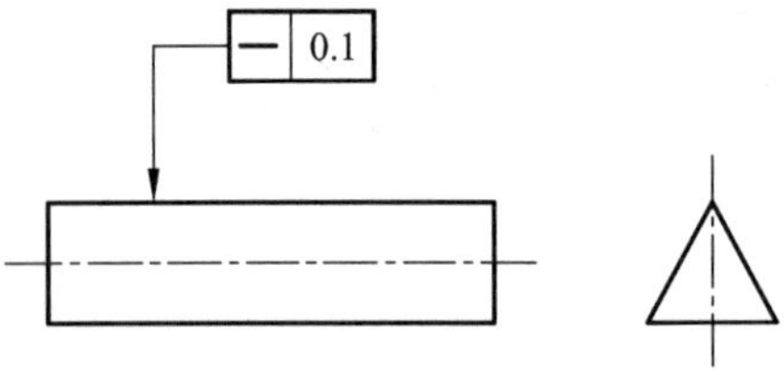

图 6.1.15　直线度

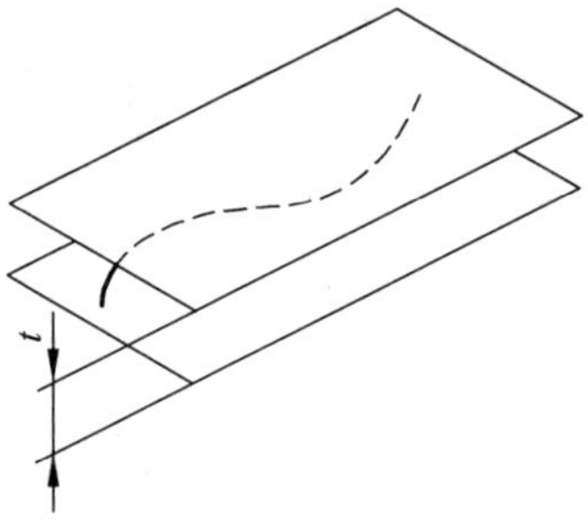

图 6.1.16　直线度含义

（3）给定两个方向上的直线度公差带标注含义：提取（实际）的线应限定在距离等于 0.1 的四个平行平面之间，即限定在一个四棱柱中。公差带形状：为棱边等于公差值 t 的四棱柱所限定的区域。

（4）给定任意方向（ϕt 控制轴线）的直线度公差带标注含义：外圆柱面的提取（实际）中心线应限定在直径等于 $\phi 0.08$ 的圆柱面内，如图 6.1.17 所示。公差带形状：圆柱形，如图 6.1.18 所示。

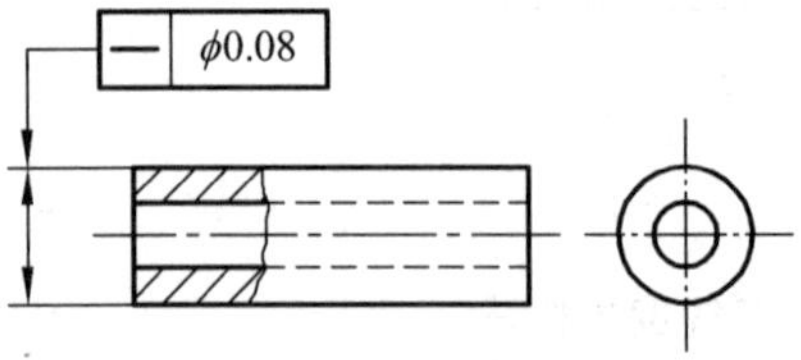

图 6.1.17　直线度

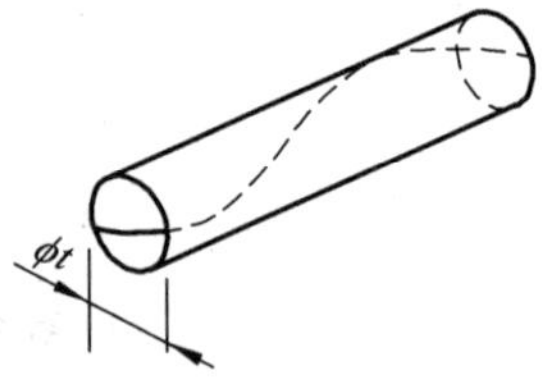

图 6.1.18　直线度含义

5. 标准光隙颜色与间隙的关系

用刀口尺检测直线度误差时，误差的大小应根据光线通过狭缝时呈现的各种不同颜色，并对照标准光隙颜色与间隙的关系来判断，见表 6.1.3。

表 6.1.3　标准光隙颜色与间隙的关系

μm

颜色	间隙	颜色	间隙
不透光	＜0.5	红色	1.25 ~ 1.75
黄色	≈0.8	白色（日光色）	＞2.5

五、知识拓展

1. 直线度检测的原则

由于被测零件的结构特点、尺寸大小和精度要求以及检测设备条件等的不同，对同一几何误差项目可以用不同的方法来检测。

（1）与理想要素比较原则。与理想要素比较原则是指将实际被测要素与其理想要素进行比较，从而获得几何误差值。在测量中，理想要素用模拟方法来体现，以一束光线、拉紧的细钢丝、刀口尺的工作面等作为理想直线。根据此原则进行检测，可以得到与定义概念一致的误差值，故该原则是基本检测原则。

（2）测量坐标值原则。测量坐标原则是指利用计量器具的坐标系，测出实际被测要素上各测点对该坐标系的坐标值，经过数据处理后可以获得几何误差值。

（3）测量特征参数原则。测量特征参数原则是指测量实际被测要素上具有代表性的参数，用它表述几何误差值。按这些参数决定的几何误差值通常与定义概念不符合，是近似值。

2. 检测直线度的方法和工具

（1）贴切法：采用将被测要素与理想要素比较的原理来测量。如将刀口视为理想要素，测量时将其与被测表面贴切，使两者之间的最大间隙为最小，此最大间隙就是被测要素的直线度误差。当间隙较小时，用标准光隙估读；当间隙较大时，用厚薄规估读。

（2）测微法：用于测量圆柱体素线或轴线的直线度。

（3）节距法：适用于长零件的测量。将被测量长度分成若干小段，用水平仪、自准仪等测出每一段的相对读数，最后通过数据处理求出直线度误差。

（4）数据采集仪连接百分表法。

测量仪器：偏摆仪、百分表、QSmart 数据采集仪。

测量原理：数据采集仪会从百分表中自动读取测量数据的最大值和最小值；然后由数据采集仪软件里的计算软件自动计算出所测产品的直线度误差；最后数据采集仪会自动判断所测零件的直线度误差是否在直线度公差范围内，如果所测直线度误差大于直线度公差值，则采集仪会自动发出报警，提醒相关操作人员该产品不合格。

六、课后练习

对图 6.1.19 所示销轴不同方向上的直线度进行测量，其检测器具和检测方法有何不同？请叙述其检测步骤。

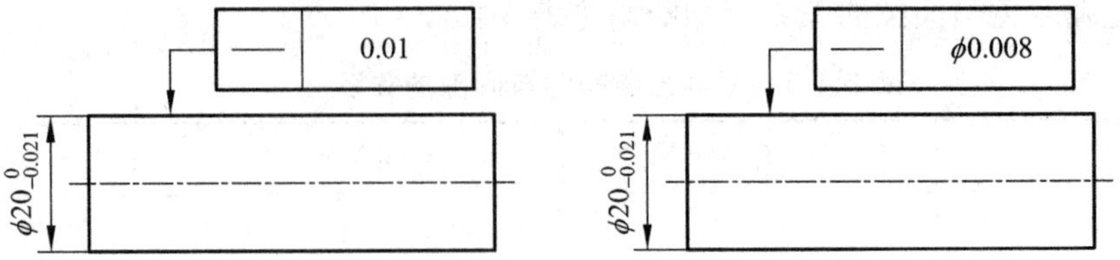

（a）给定方向上的直线度　　（b）任意方向上的直线度

图 6.1.19　销轴

任务二　检测平面度误差

学习目标

- 能正确描述平面度公差。
- 能找出并确定被测元素。
- 能正确使用百分表。
- 能用正确的步骤检测平面度误差。

学习重难点

▲ 平面度误差的理解。
▲ 平面度误差的检测。
▲ 能根据检测结果评定零件的平面度是否合格。

学习准备

★ 教师准备：教案、任务书、活页练习、检测工艺卡、分组表、计划书。
★ 学生准备：教材、绘图工具、课堂笔记本。

建议学时

建议学时：4 课时。

一、任务要求

(一) 工作（学习）情境描述

某企业受委托加工一批六面体，如图 6.2.1 所示。该产品在经过铣削加工和钳工加工后，已经完成加工，现在根据图纸，要求完成零件的测量工作，若把测量任务安排给你，请你使用工量具完成六面体的测量。

图 6.2.1　六面体

从六面体的成品图样分析可知，六面体的主要形状、尺寸等参数主要是通过铣削加工和钳工刮削完成的。完成后，长、宽、高三个尺寸能通过常规手段进行测量，而对于零件的平面度公差则需要进行专门测量并标注，如图 6.2.2 所示，合格后才能保证产品的使用性能。通过小组讨论，制定测量平面度公差的工艺步骤，编制零件测量工艺卡，并查阅相关参考资料和机械手册，完成零件的平面度检测。按照 5S 现场管理规范，打扫场地，归置物品；按照设备保养规范完成工量具的维护保养；按照环保要求处理废纸、废屑。

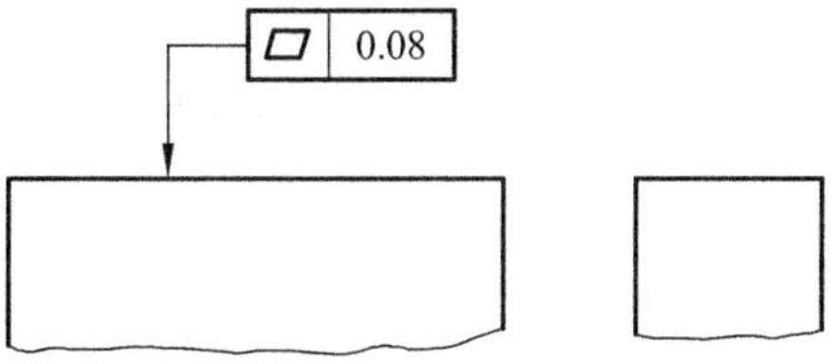

图 6.2.2　平面度的标注

(二) 本任务的要求

（1）能正确组装支架百分表（见图 6.2.3）。

（2）会使用打表法检测平面度（见图 6.2.4）。

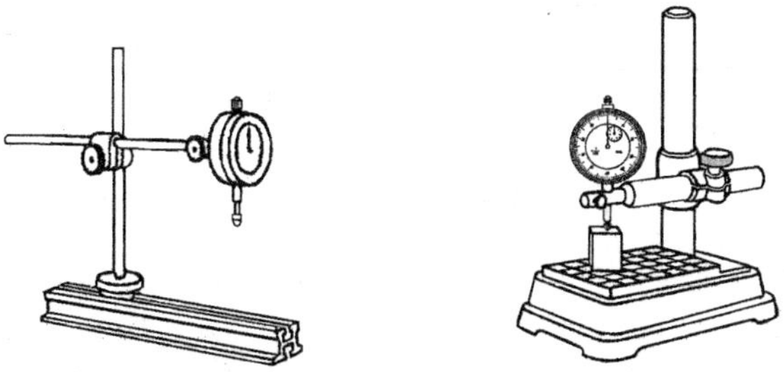

图 6.2.3　安装在专用架上的百分表

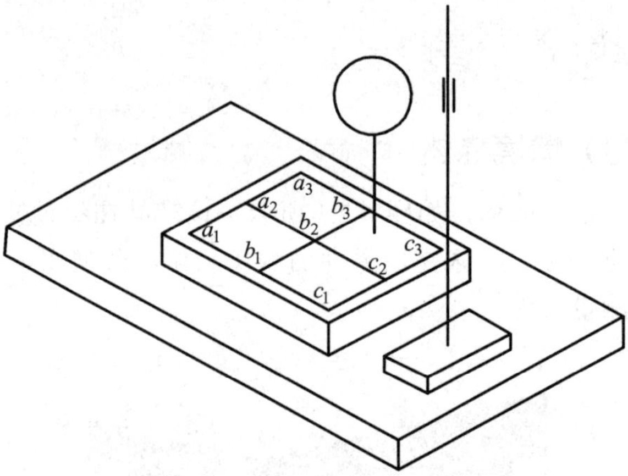

图 6.2.4 打表法测量平面度误差

二、学习引导

（1）仔细阅读工作任务，对照零件图纸，说出工作的内容是什么？

____

____

（2）根据下面的内容，完成相应题目。

平面度是限制实际表面对其理想平面变动量的一项指标，用于对实际平面的形状精度提出要求。平面度的公差带是距离为公差值 t 的两平面之间的区域。

① 图 6.2.5 表示表面上任意 100×100 的范围，必须位于距离为公差值 0.1 mm 的______内。

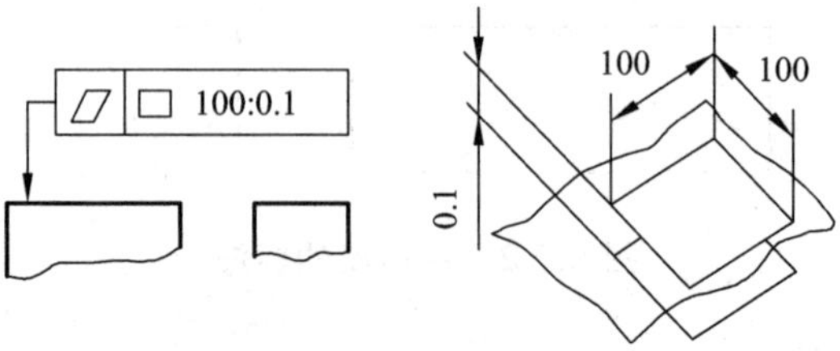

图 6.2.5 平面度标注

② 图 6.2.6 表示上表面必须修正于距离为公差值_______mm 的两平行平面内。

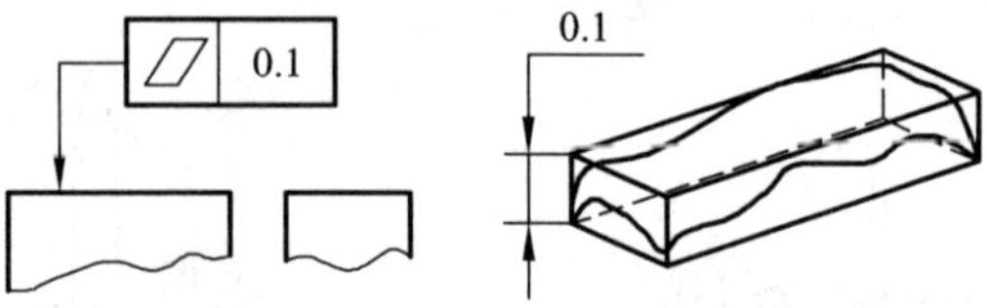

图 6.2.6 平面度标注

（3）检测较大平面的平面度误差时，常用______________________法。

（4）若某平面的平面度误差为 0.05 mm，则其（　　）误差一定不大于 0.05 mm。

A. 平行度　　B. 位置度　　C. 对称度　　D. 直线度

（5）判断：平面度公差可用来控制平面上的直线的直线度误差。（　　）

（6）形位误差是零件在加工过程中不可避免的形状、位置的误差，零件加工后，必须通过检验、测量。说一说你所知道的形位公差的种类。

（7）在检测平面度误差中使用的检具是百分表，请问：

① 百分表是量具吗？

② 请简单说出百分表的使用原理。

③ 使用百分表时应注意什么问题？

三、任务实施

平面度误差的检测如下（见图 6.2.2）：

1. 准备的检测工具

平板、指示表、指示表支架。

2. 检测步骤

（1）将指示表、支架装好，放在平板上，如图 6.2.3 所示。

（2）将被测零件支撑在平板上，使用对角线法找平零件，如图 6.2.4 所示。用指示表调整被测表面对角线上的 a_1 与 c_3 两点等高，再调整另一对角线上 c_1 与 a_3 两点等高，其目的是使其包含被测表面上一根对角线，且与另一对角线相平行的平面为理想平面。

（3）推动表座，使指示表在被测表面上移动，观察并记录读数的最大值 M_{max} 与最小值 M_{min}，计算得出平面度误差 f，即

$$f = M_{max} - M_{min}$$

（4）评定检测结果，如果指示表的最大与最小读数之差 $f \leqslant 0.08$ mm，则该零件的平面度符合要求；如果 $f > 0.08$ mm，则该零件的平面度超差。

对角线法评定适用于较大平面的平面度误差的检测。

（5）上面的任务中，百分表的最大读数是________，百分表的最小读数是________；经过计算，该零件的平面度误差为________，根据图纸得知，零件的平面度公差为 0.08 mm，该零件是否合格？________

四、知识链接

（一）百分表的原理及应用

百分表的工作原理：将被测尺寸引起的测杆微小直线移动，经过齿轮传动放大，变为指针在刻度盘上的转动，从而读出被测尺寸的大小。百分表是利用齿条齿轮或杠杆齿轮传动，将测杆的直线位移变为指针的角位移的计量器具。

百分表的读数方法：先读小指针转过的刻度线（即毫米整数），再读大指针转过的刻度线（即小数部分），并乘以 0.01，然后两者相加，即得到所测量的数值。

百分表的主要应用：现在百分表的一个非常重要的应用就是用来测量形状和位置误差等，如测量圆度、圆跳动、平面度、平行度、直线度等。目前利用百分表来测量机械形位误差有一个非常简单且效率高的方法，就是可以直接利用数据分析仪连接百分表来测量，无需人工读数，数据分析仪软件可对百分表数据进行采集及分析数据，并计算出各测量结果，可以大大提高测量效率。

（二）百分表的使用注意事项

百分表在使用时需要安装在表架上，在教师的指导下完成表架的安装，请注意以下事项：

（1）百分表应固定在可靠的表架上，根据测量需要，可选择带平台的表架或万能表架。

（2）百分表应牢固地装夹在表架夹具上，与装夹套筒紧固时，夹紧力不宜过大，以免使夹紧套筒变形，卡住测杆；应检查测杆移动是否灵活，夹紧之后，不可再转动百分表。

（3）测杆与被测工件表面必须垂直，否则将产生较大的测量误差。

（4）测量圆柱形工件时，测杆轴线应与圆柱形工件直径方向一致。

（5）测量前，应检查确认百分表已经夹牢但又不影响其灵敏度，为此可检查其重复性，即多次提拉百分表测杆，使其略高于工件高度，放下测杆，使之与工件接触，在重复性较好的情况下，才可进行测量。

（6）测量时，应轻轻提起测杆，把工件移至测头下面，缓缓下降测头，使之与工件接触。不能把工件强行推入测头，也不能急骤下降测头，以免产生瞬时冲击测力，给测量带来误差。对工件进行调整时，也应按上述方法进行操作。在测头与工件表面接触时，测杆应有 0.3～1 mm 的压缩量，以保持一定的起始测量力。

（7）根据工件的不同形状，可自制各种形状的测头进行测量，如可用平测头测量球形工件，可用球面测头测量圆柱形或平表面工件，可用尖头测头或曲率半径很小的球面测头测量凹面或形状复杂的表面。

（8）测量薄形工件的厚度时，需在正、反方向上各测量一次，取最小值，以免由于弯曲而不能正确反映其尺寸。

（9）测量杆上不要加油，免得油污进入表内，影响表的转动机构和测杆移动的灵活性。

（三）平面度

1. 认识平面度公差

平面度是限制实际平面相对于理想平面的变动量的一项指标，用于对实际平面的形状精度提出要求。

2. 平面度公差的标注

框格中的内容从左至右顺序填写（见图 6.2.7）：

（1）几何特征符号；

（2）公差值，以线性尺寸单位表示的量值；

（3）基准符号，因平面度无基准所以不标注。

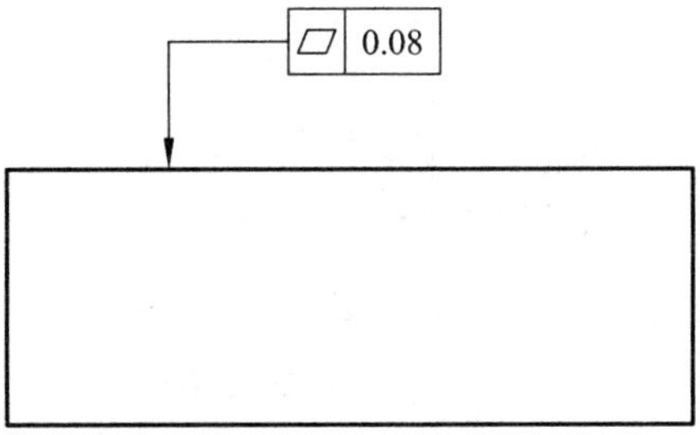

图 6.2.7　平面度

3. 平面度的几何公差带（见图 6.2.8）

平面度的公差带是距离为公差值 t 的两平行平面之间的距离。

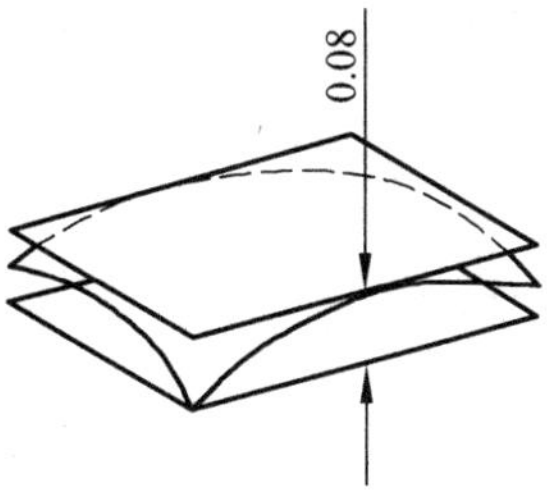

图 6.2.8　平面度的公差带

（四）被测要素的标注方法

（1）当被测要素为轮廓线或表面时，将箭头置于要素的轮廓线或轮廓线的延长线，但必须与尺寸线明显地分开，如图 6.2.9 所示。

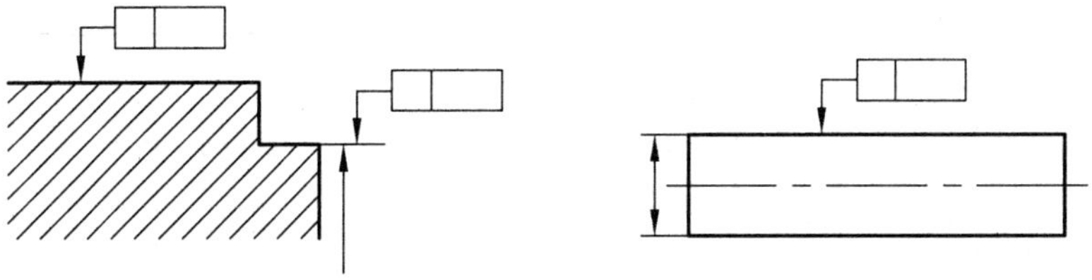

（a）　　　　　　　　（b）

图 6.2.9　被测要素的标注方法

（2）当被测要素为中心要素时，指引线的箭头应与该要素的尺寸线对齐，如图 6.2.10 所示。

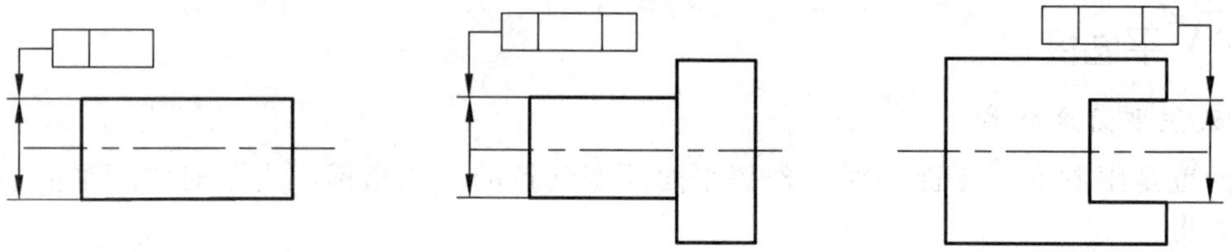

（a）　　　　　　（b）　　　　　　（c）

图 6.2.10　被测要素为中心要素

（3）当被测要素为圆锥体轴线时，指引线的箭头应与圆锥的直径尺寸线对齐。不能明显区分圆锥与圆柱体时，应在圆锥体内划出空白尺寸线，并将指引线的箭头应与该空白尺寸线对齐，如图 6.2.11 所示。

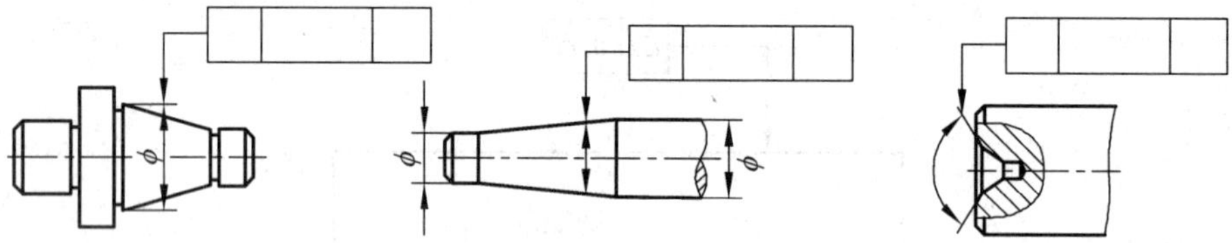

图 6.2.11　被测要素为圆锥体轴线

注意：若被测要素是锥体的轮廓时，素线和界面曲线不同。

（4）当同一被测要素有多项形位公差要求，且测量方向相同时，可将这些框格绘制在一起，并共用一根指引线，如图 6.2.12 所示。

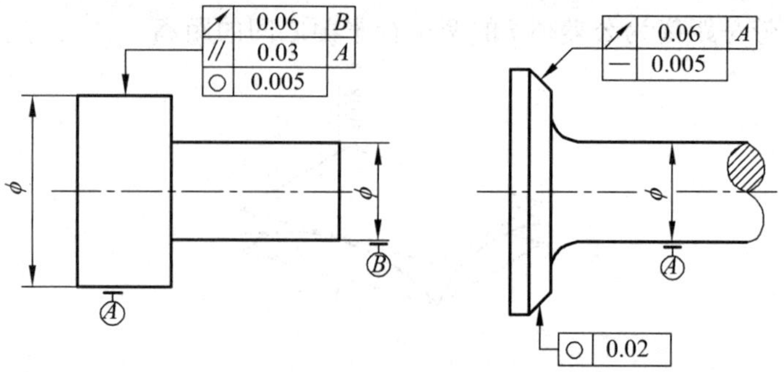

（a）　　　　　　（b）

图 6.2.12　多项形位公差

（5）当多个被测要素有相同的形位公差要求时，可从框格引出的指引线上绘制多个指示箭头并分别与各被测要素相连，如图 6.2.13 所示。

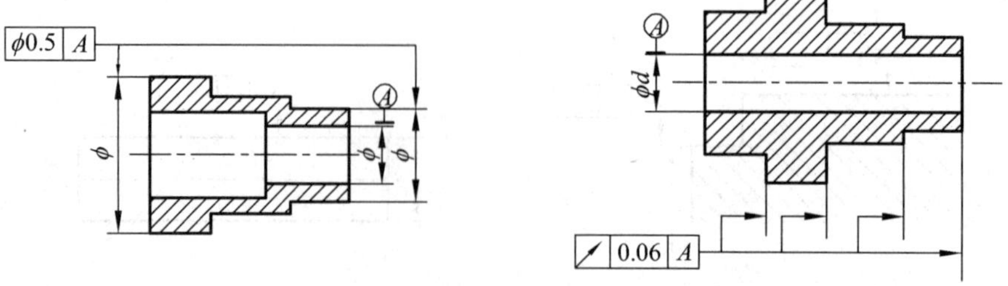

（a）　　　　　　（b）

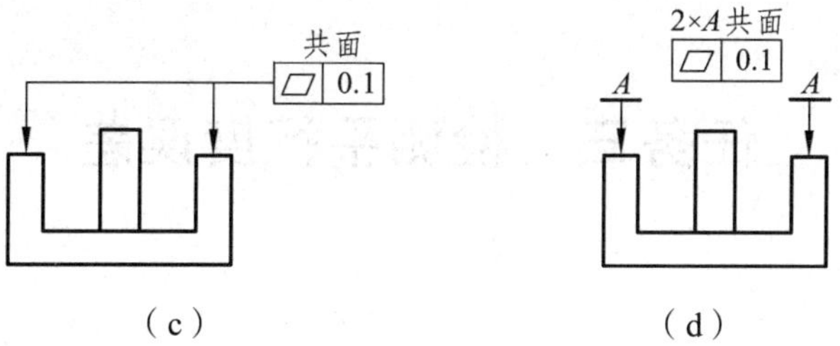

图 6.2.13　多个被测要素有相同的形位公差

（6）上方附加文字说明如图 6.2.14 所示。

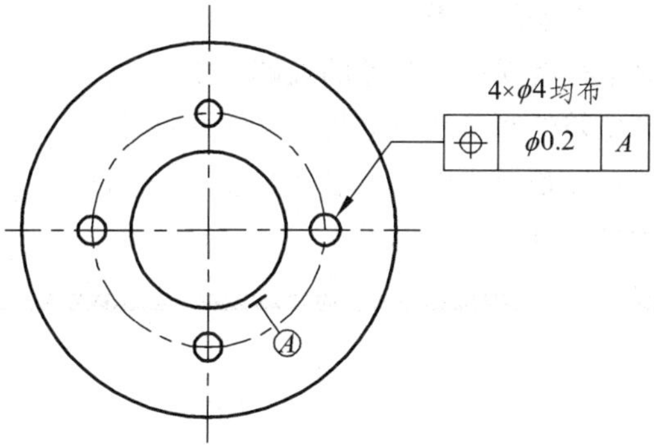

图 6.2.14　附加文字说明

五、课后练习

完成对图 6.2.15 所示 V 形铁的平面度的识读及其检测。

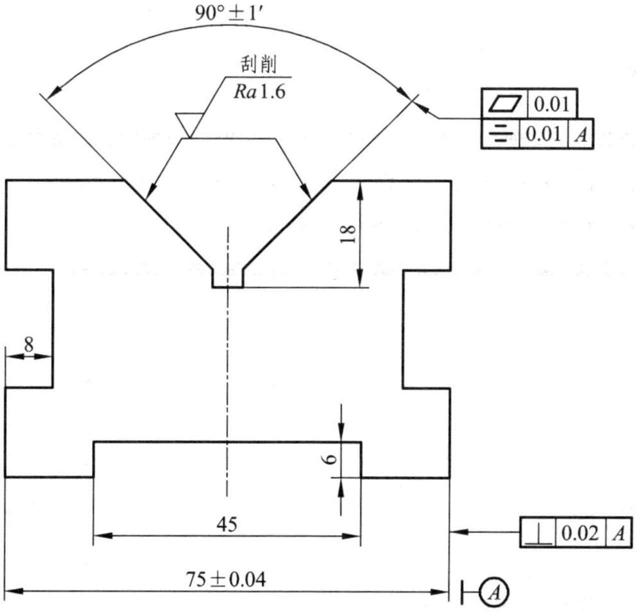

图 6.2.15　平面度误差检测

任务三　检测平行度误差

学习目标

- 能正确分析平行度误差的种类。
- 通过测量加深对平行度误差与公差的理解。
- 熟练掌握平行度误差的测量及数据处理方法和技能。
- 掌握判断零件平行度是否合格的方法和技能。
- 能用百分表测量平行度误差。

学习重难点

▲ 掌握平行度误差的测量及数据处理的方法和技能。
▲ 判断零件平行度是否合格的方法和技能。
▲ 掌握用百分表测量平行度误差。

学习准备

★ 教师准备：百分表及支架、平台、多媒体课件、检测任务书。
★ 学生准备：教材、绘图工具、课堂笔记本。

建议学时

建议学时：6 课时。

一、任务要求

（一）工作（学习）情境描述

为了满足机器的使用功能，有时需要对零件提出平行度要求，如图 6.3.1 所示。因此需要学会对零件的平行度进行检测，能正确选用量具并能对检测结果进行评定。

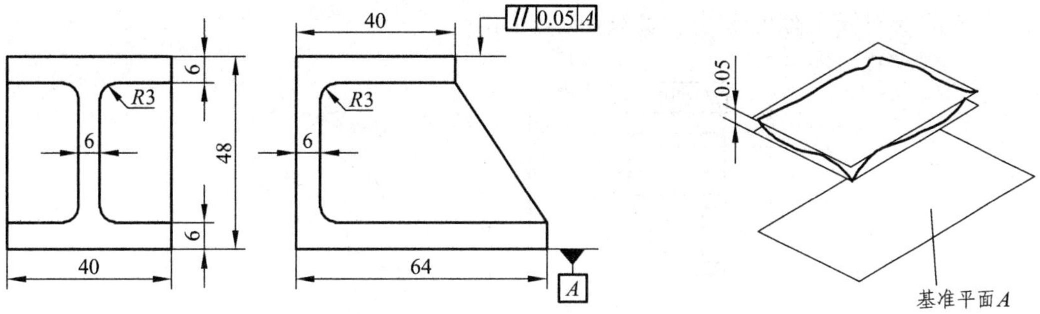

（a）有平行度要求的零件　　（b）公差带

图 6.3.1　面对面平行度的标注和公差带

从工件的成品可以看出，零件在加工后有平行度要求 0.05 mm，通过测量后，保证产品的平行度要求才能满足使用功能。请查阅相关资料，回答引导问题，完成平行度的测量任务。

（二）相关知识

平行度是限制被测实际要素对基准在平行方向上变动量的一项指标。

按被测要素和基准要素的集合特征进行分类，可将平行度公差分为面对面、线对线、面对线、线对面四种情况。

平行度公差是一种定向公差，是被测要素相对基准在方向上允许的变动全量，所以定向公差具有控制方向的功能，即控制被测要素对基准要素的方向。

（三）本任务的要求

（1）检测面对面平行度误差，如图 6.3.2 所示。

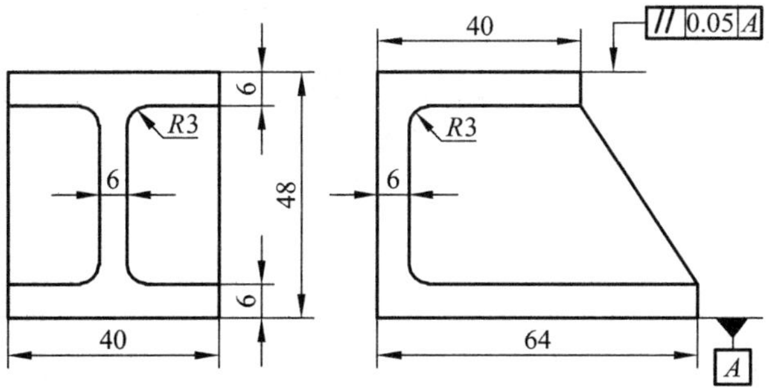

图 6.3.2　面对面平行度误差检测

（2）检测线对面平行度误差，如图 6.3.3 所示。

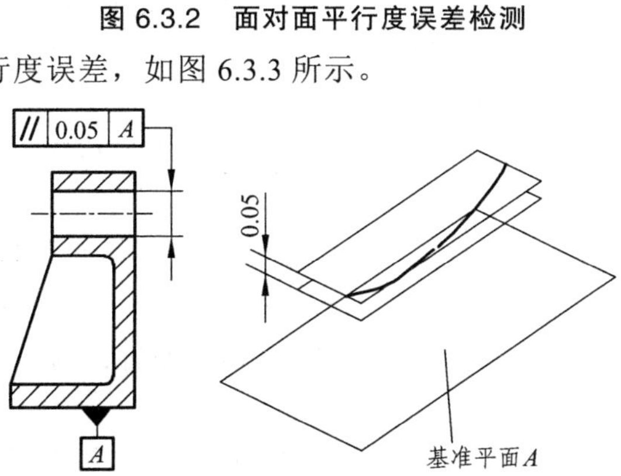

图 6.3.3　线对面平行度误差与公差带

（3）检测线对线平行度误差，如图 6.3.4 所示。

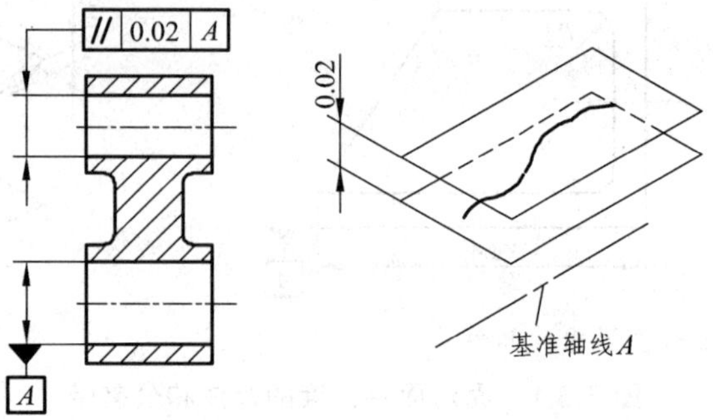

（a）　　　　　　　　　　（b）

图 6.3.4　线对线平行度误差与公差带

二、学习引导

（1）阅读材料，回答问题。

① 形位公差分为形状公差和位置公差两大类，平行度公差属于__________公差。

② 在测量平行度公差时，______________要有基准。（选择填空：A. 一定；B. 不一定）

③ 平行度公差的项目符号是__________________。

（2）仔细观察图 6.3.2，完成下面的问题。

① 被测要素是______________________，基准是__________________，其公差带形状是____________________________________。

② 平行度公差的公差数值是_______________。

③ 检测该零件时，将零件、指示表都放置到______________上，此时平板起到的作用是_____________________________________。

（3）仔细观察图 6.3.3，完成下面的问题。

① 被测要素是______________________，基准是__________________，其公差带形状是____________________________________。

② 被测要素是______________。（选择填空：A. 中心要素；B. 轮廓要素）

（4）仔细观察图 6.3.4，完成下面的问题。

① 被测要素是______________________，基准是__________________。

② 其公差带形状是__________________________，公差值大小是__________________。

（5）判断。

① 任意方向上平行度公差带是直径为公差值 t 的圆柱面内的区域。（　　）

② 线对面、面对线和面对面的公差带形状相同，均为两平行平面。（　　）

③ 在平行度公差中，线对线的平行度公差几何要素特征最为简单，但其公差带形状却最为复杂。（　　）

④ 在定向公差中，给定一个方向和任意方向在标注上的主要区别是：为任意方向时，必须在公差数值前写上表示直径的符号“ϕ”。（　　）

三、任务实施

（一）检测面对面的平行度误差

1. 准备的检具

检测前准备平板、百分表支架、百分表。

2. 检测步骤

（1）将被测零件放置在平板上，把百分表和支架组装好，放置在平板上，如图 6.3.5 所示。

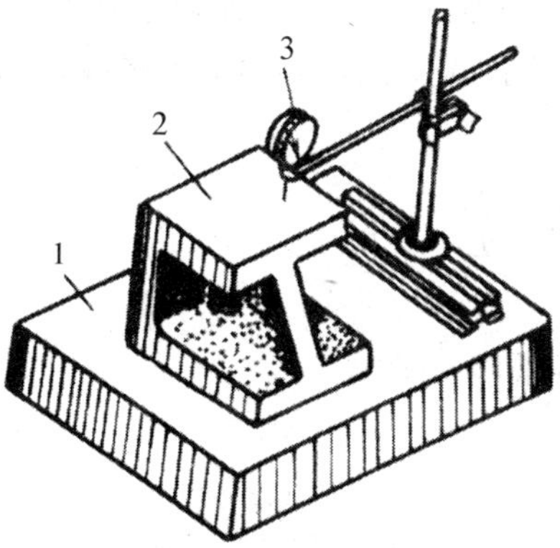

图 6.3.5　检测面对面平行度误差

1—平板；2—被测零件；3—百分表

（2）测量中，平板常被看作是标准平面。基准面 A 与平板接触，相当于平板相对于检测面的平行度误差。

（3）在整个被测表面上多方向地移动百分表支架进行测量。

（4）取百分表的最大与最小读数之差作为该零件的平行度误差 f，即

$$f = M_{max} - M_{min}$$

式中　M_{max}——百分表的最大读数；

M_{min}——百分表的最小读数。

3. 评定检测结果

如果百分表最大与最小读数之差 $f \leqslant 0.05$ mm，则该零件的平行度合格；如果 $f > 0.05$ mm，则该零件的平行度超差。

4. 实际测量数据（见表 6.3.1）

表 6.3.1　实际测量数据

序号	1	2	3	4	5	6	7	8
数值	0.04	0.02	-0.01	0.02	-0.02	0.03	-0.01	0.02

5. 检测结果

经过测量，你测得的平行度误差值为________mm，是否合格？____________。

（二）检测线对面的平行度误差

1. 准备的检具

检测前准备平板、带百分表的测量架、心轴。

2. 检测步骤

（1）将被测零件放置在平板上，被测轴线由心轴模拟。选用可胀式心轴，或能与孔形成紧密配合的心轴。安装百分表与表架，放置到平台上，如图 6.3.6 所示。

（2）测量时，用平板上表面模拟基准平面 A，它体现了基准的理想状态的位置。测量心轴素线上的两点相对于平板的高度差作为孔的轴线相对于基准平面的平行度误差。

（3）在测量距离为 L_2 的两个位置上测量心轴上的素线，测得的读数分别为 M_1 和 M_2。

（4）平行度误差 f 为

$$f = |M_1 - M_2| \frac{L_1}{L_2}$$

式中 L_1——被测轴线的长度；

L_2——百分表两个测量位置间的距离。

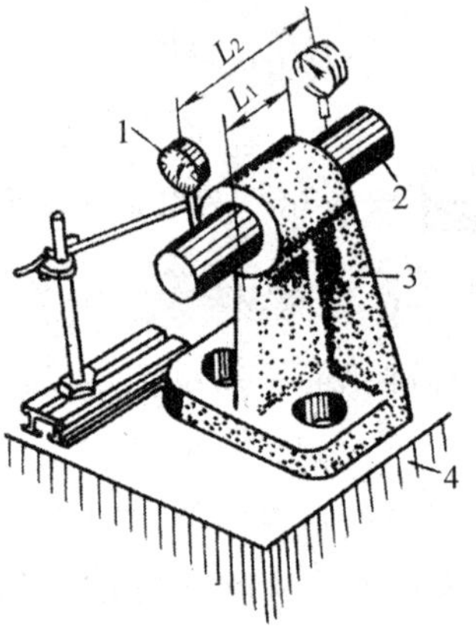

图 6.3.6 检测线对面的平行度

1—百分表；2—心轴；3—被测零件；4—平板

3. 评定检测结果

如果计算出的 $f \leq 0.05$ mm，则该零件的平行度合格；如果 $f > 0.05$ mm，则该零件的平行度超差。

4. 实际测量数据（见表 6.3.2）

表 6.3.2 实际测量数据

项目	M_1	M_2	L_1	L_2
数值	0.04	0.02	40	20

5. 检测结果

经过测量，你测得的平行度误差值为________mm，是否合格？____________。

四、知识链接

（一）检测线对线的平行度误差

1. 准备的检具

检测前准备平板、带指示表的测量架、心轴、等高 V 形架。

2. 检测步骤

（1）将被测零件放置在等高 V 形架上，基准轴线和被测轴线由心轴 4、心轴 3 模拟，如图 6.3.7 所示。

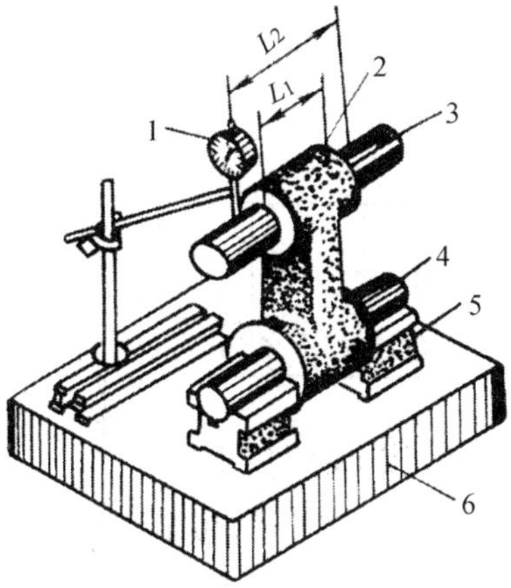

图 6.3.7　检测线对线平行度误差

1—指示表；2—被测零件；3，4—心轴；5—V 形架；6—平板

（2）在测量距离为 L_2 的两个位置上测量心轴上的素线，测得的读数分别为 M_1 和 M_2。

（3）该测量位置的平行度误差 f 为：

$$f=|M_1-M_2|\frac{L_1}{L_2}$$

式中　L_1——被测轴线的长度；

L_2——指示表两个测量位置间的距离。

（4）在 0°～180°范围内按照上述方法测量若干个不同的角度位置，取各测量位置所对应的平行度误差值中的最大值 f_{max} 作为该零件的平行度误差。

（二）实际基准要素与理想基准要素

（1）实际基准要素。零件上起基准作用的实际要素称为基准实际要素。由于基准实际要素存在形状误差，如果直接用它作为基准来测量位置误差，则其形状误差必然会反映到被测要素的位置误差中去，为了排除这一影响，国标规定：由基准实际要素建立基准时，基准为该基准实际要素的理想要素，且理想要素的位置应符合最小条件。

（2）理想基准要素。理想基准要素是不存在的，在实际测量中，通常用模拟法来体现基准，即用有足够精确形状的表面来体现基准平面、基准轴线、基准中心平面等。上面的检测中就是用检测平板来体现基准平面，选用可胀式（或与孔成无间隙配合的）心轴来模拟被测实际要素。

五、课后练习

请根据图 6.3.8 所示轮盘的形位公差标注，完成下列问题。

（1）其被测的形位公差项目是什么？

（2）其公差带的形状、大小如何？

（3）如果按被测要素和基准要素的集合特征进行分类，轮盘中的公差属于哪种情况？

（4）完成该零件平行度误差的检测。

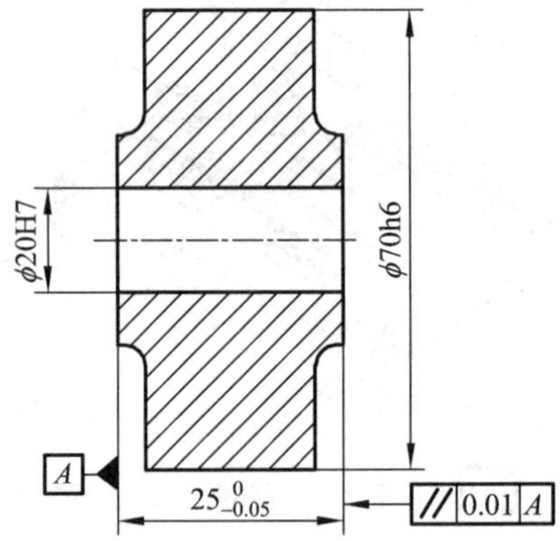

图 6.3.8 轮盘

任务四 检测垂直度误差

学习目标

- 能正确分析垂直度误差的种类。
- 通过测量加深对垂直度误差与公差的理解。
- 熟练掌握垂直度误差的测量及数据处理方法和技能。
- 掌握判断零件垂直度是否合格的方法和技能。
- 用百分表测量垂直度误差。

学习重难点

▲ 掌握垂直度误差的测量及数据处理的方法和技能。
▲ 判断零件垂直度是否合格的方法和技能。
▲ 用百分表测量垂直度误差。

学习准备

★ 教师准备：直角尺、塞尺、平台、指示表架、指示表、多媒体课件、检测任务书。
★ 学生准备：教材、绘图工具、课堂笔记本。

建议学时

建议学时：6 课时。

一、任务要求

（一）工作（学习）情境描述

图 6.4.1 所示的零件，其侧面对底面有垂直度的要求。为了保证产品的使用性能，需要对零件的垂直度进行检测，能正确选用量具并能对检测结果进行评定。

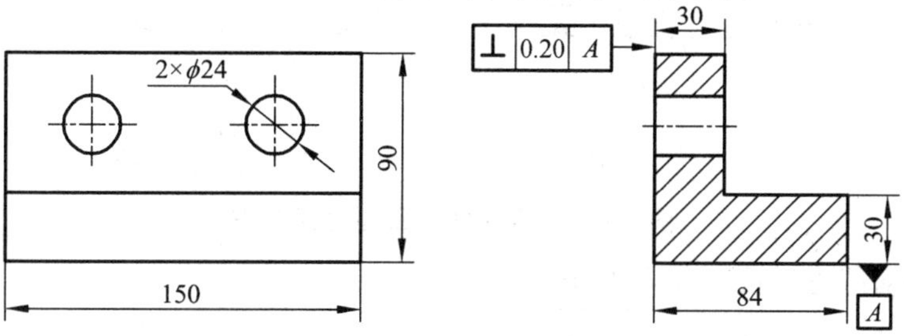

图 6.4.1　有垂直度要求的零件

（二）相关知识

垂直度是限制被测实际要素对基准要素在垂直方向上变动量的一项指标。

按被测要素和基准要素的集合特征进行分类，可将垂直度分为面对面、面对线、线对面和线对线四种情况。

垂直度评价直线之间、平面之间或直线与平面之间的垂直状态。其中一个直线或平面是评价基准，而直线可以是被测样品的直线部分或直线运动轨迹，平面可以是被测样品的平面部分或运动轨迹形成的平面。

(三) 本任务的要求

(1) 检测面对面垂直度误差，如图 6.4.2 所示。

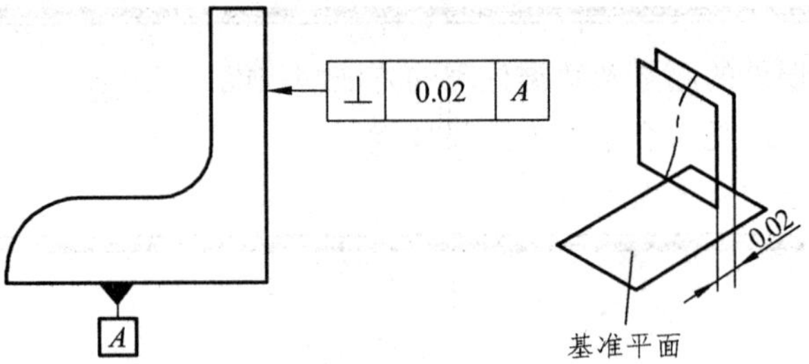

图 6.4.2　检测面对面垂直度误差

(2) 检测面对线垂直度误差，如图 6.4.3 所示。

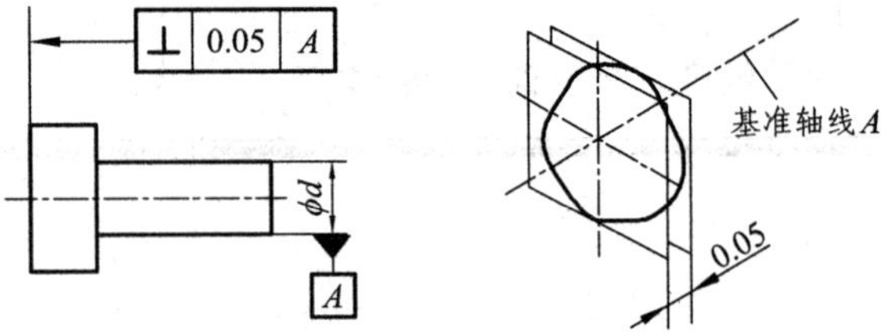

（a）标注　　（b）公差带

图 6.4.3　检测面对线垂直度误差

(3) 检测线对面垂直度误差，如图 6.4.4 所示。

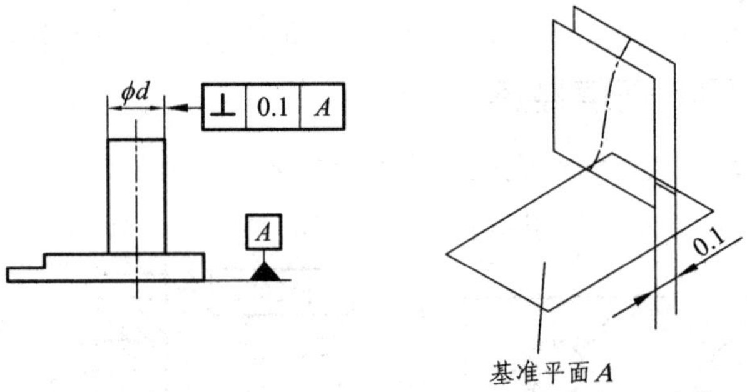

（a）标注　　（b）公差带

图 6.4.4　检测线对面垂直度误差

(4) 检测线对线垂直度误差，如图 6.4.5 所示。

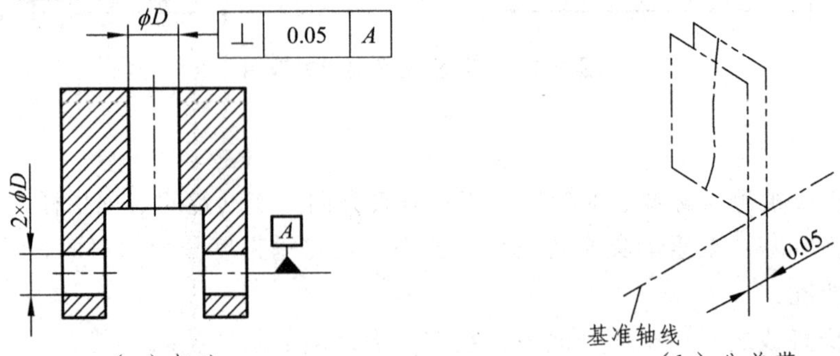

（a）标注　　（b）公差带

图 6.4.5　检测线对线垂直度误差

二、学习引导

（1）阅读材料，回答问题。

① 按形位公差的分类来说，垂直度公差属于___________公差。

② 在测量垂直度公差时，_______________要有基准。（选择填空：A. 一定；B. 不一定）

③ 垂直度公差的项目符号是____________________。

（2）仔细观察图 6.4.2，完成下面的问题。

① 被测要素是________________________，基准是____________________，其公差带形状是_____________________________________。

② 垂直度公差属于________________ 公差。（选择填空：A. 定形；B. 定位）

③ 检测该零件时，将零件放置到__________上，此时平板起到的作用是_______________。

（3）仔细观察图 6.4.3，完成下面的问题。

① 被测要素是________________________，基准是____________________，其公差带形状是_____________________________________。

② 基准要素是________________（选择填空：A. 中心要素；B. 轮廓要素），测量该零件时，由于基准要素是孔轴线，所以测量时要用 ______________ 模拟。

（4）仔细观察图 6.4.4，完成下面的问题。

① 被测要素是________________________，基准是____________________，其公差带形状是_____________________________________。

② 被测要素是________________（选择填空：A. 中心要素；B. 轮廓要素），测量该零件时，由于被测要素是孔轴线，所以测量时要用 ______________替代。

③ 测量时把零件放置在转台上，并使被测轮廓要素的轴线与转台______________，从而保证转台和零件在转动时同轴。

（5）仔细观察图 6.4.5，完成下面的问题。

①被测要素是________________________，基准是____________________，其公差带形状是_____________________________________。

②被测要素是________________（选择填空：A. 中心要素；B. 轮廓要素），测量该零件时，由于被测要素和基准要素都是孔轴线，所以测量时要用 ______________替代。

③ 为保证检测的准确性，工件在装夹时需要使用___________支撑，保证基准轴线和被测轴线的垂直。

三、任务实施

（一）检测面对面垂直度误差

1. 准备的检具

检测前准备平板、精密直角尺、塞尺。

2. 检测步骤

（1）将被测零件放置在平板上，用平板模拟基准，将精密直角尺的短边置于平板上，长边靠在被测零件侧面上，此时长边即为理想要素。

（2）用塞尺测量精密直角尺长边与被测侧面之间的最大间隙 f ，测得值即为该位置的垂直度误差，如图 6.4.6 所示。

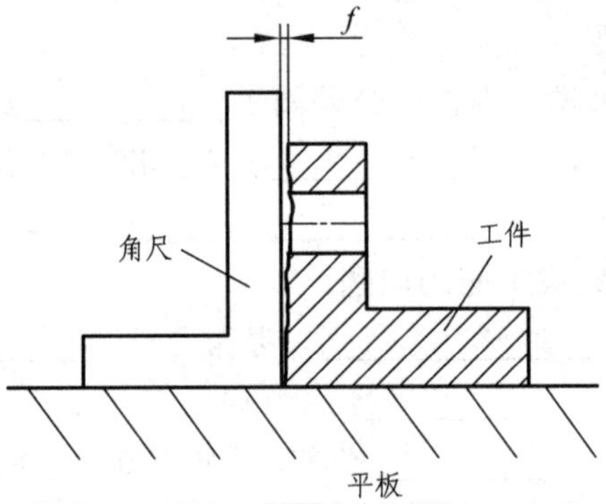

图 6.4.6 检测面对面垂直度误差

（3）移动精密直角尺，在不同位置重复上述测量，取最大误差值 f_{max} 为该被测面的垂直度误差。

3. 评定检测结果

如果测得的 $f_{max} \leqslant 0.20$ mm，则该零件的垂直度合格；如果 $f_{max} > 0.20$ mm，则该零件的垂直度超差。

4. 实际测量数据（见表 6.4.1）

表 6.4.1 实际测量数据

序号	1	2	3	4	5	6
数值						

5. 检测结果

经过测量，你测得的垂直度误差值为________mm，是否合格？____________。

（二）检测面对线的垂直度误差

1. 准备的检具

检测前准备平板、导向块、固定支撑、带指示表的支架。

2. 检测步骤

（1）将被测零件放置在导向块内，基准轴线由导向块模拟。安装结果如图 6.4.7 所示。

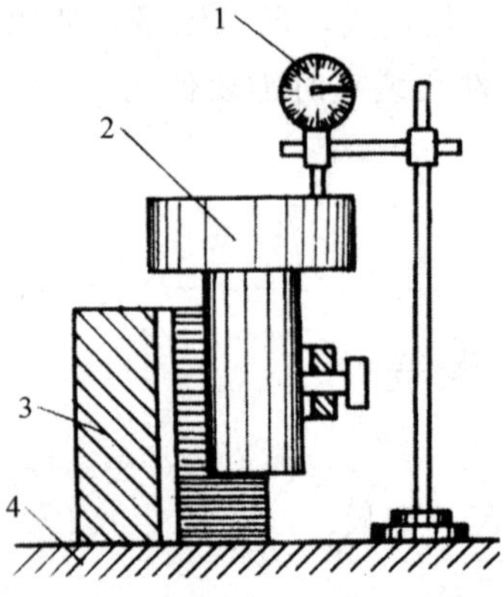

图 6.4.7 检测面对线垂直度误差

1—指示表；2—被测零件；3—导向块；4—平板

（2）测量整个被测表面，并记录数据。

（3）取指示表的最大与最小读数之差作为该零件的垂直度误差 f ，即

$$f=M_{max}-M_{min}$$

式中 M_{max}——指示表的最大读数；

M_{min}——指示表的最小读数。

3. 评定检测结果

如果测得的 $f \leqslant 0.05$ mm，则该零件的垂直度合格；如果 $f>0.05$ mm，则该零件的垂直度超差。

4. 实际测量数据（见表 6.4.2）

表 6.4.2 实际测量数据

序号	1	2	3	4	5	6
数值	0.01 mm	0.08 mm	0.06 mm	0.02 mm	0.10 mm	0.03 mm

5. 检测结果

经过测量，你测得的垂直度误差值为________mm，是否合格？____________。

四、知识链接

（一）检测线对面的垂直度误差

1. 准备的检具

检测前准备转台、直角座、带指示表的测量架。

2. 检测步骤

（1）将被测零件放置在转台上，并使被测轮廓要素的轴线与转台对中（通常在被测轮廓要素的较低位置对中），如图 6.4.8 所示。

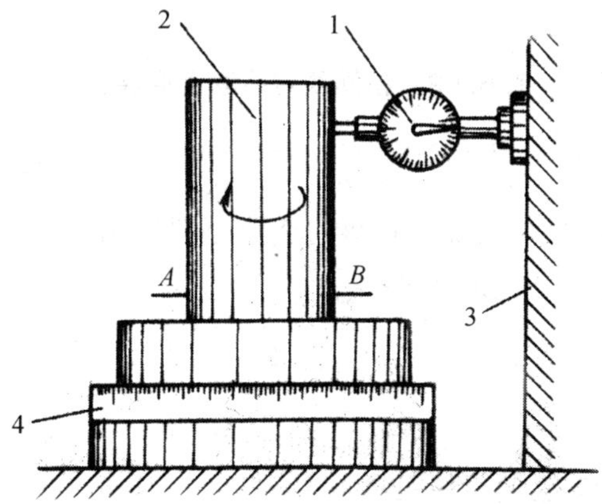

图 6.4.8 检测线对面垂直度误差

1—指示表；2—被测零件；3—直角座；4—转台

（2）按需要，测量若干个轴向截面轮廓要素上的最大读数 M_{max} 与最小读数 M_{min}。

（3）按照下面的公式计算垂直度误差 f：

$$f = \frac{1}{2}（M_{max}-M_{min}）$$

式中 M_{max}——指示表的最大读数；

M_{min}——指示表的最小读数。

3. 评定检测结果

如果测得的 $f \leqslant 0.1$ mm，则该零件的垂直度合格；如果 $f > 0.1$ mm，则该零件的垂直度超差。

（二）检测线对线的垂直度误差

1. 准备的检具

检测前准备平板、精密直角尺、心轴、可调支撑、带指示表的测量架。

2. 检测步骤

（1）基准轴线和被测轴线用心轴 1、7 模拟。应选用可胀式（或与孔成无间隙配合的）心轴。安装如图 6.4.9 所示，调整基准心轴 7，使其与平板 5 垂直。

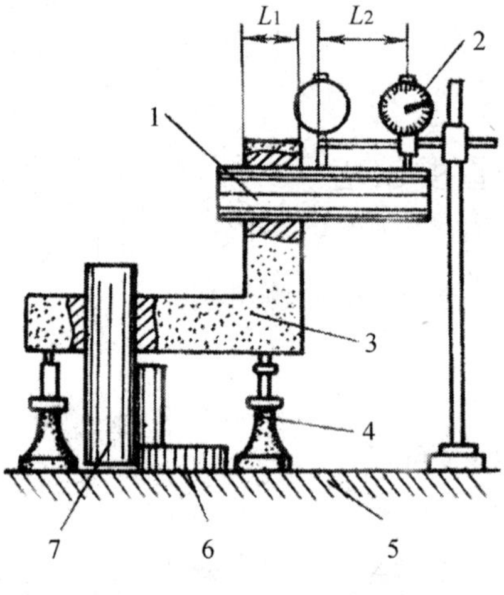

图 6.4.9 检测线对线垂直度误差

1，7—心轴；2—指示表；3—被测零件；4—可调支撑；5—平板；6—精密直角尺

（2）在测量距离为 L_2 的两个位置上测得的读数分别为 M_1 和 M_2。

（3）根据下面的公式计算出垂直度误差 f：

$$f = |M_1-M_2| \frac{L_1}{L_2}$$

式中 L_1——被测轴线的长度；

L_2——指示表两个测量位置间的距离。

3. 评定检测结果

如果测得的 $f \leqslant 0.03$ mm，则该零件的垂直度合格；如果 $f > 0.03$ mm，则该零件的垂直度超差。

（三）塞尺的使用

塞尺是由一组具有不同厚度级差的薄钢片组成的量规。塞尺用于测量间隙尺寸。在检验被测尺寸是否合格时，可以用此法判断，也可由检验者根据塞尺与被测表面配合的松紧程度来判断。塞尺一般用不锈钢制造，最薄的为 0.02 mm，最厚的为 3 mm。自 0.02～0.1 mm，各钢片厚度级差为 0.01 mm；自 0.1～1 mm，各钢片的厚度级差一般为 0.05 mm；自 1 mm 以上，钢片的厚度级差为 1 mm。

塞尺的使用方法：

（1）用干净的布将塞尺测量表面擦拭干净，不能在塞尺沾有油污或金属屑末的情况下进行测量，否则将影响测量结果的准确性。

（2）将塞尺插入被测间隙中，来回拉动塞尺，感到稍有阻力，说明该间隙值接近塞尺上所标出的数值；如果拉动时阻力过大或过小，则说明该间隙值小于或大于塞尺上所标出的数值。

（3）进行间隙的测量和调整时，先选择符合间隙规定的塞尺插入被测间隙中，然后一边调整，一边拉动塞尺，直到感觉稍有阻力时拧紧锁紧螺母，此时塞尺所标出的数值即为被测间隙值。

五、课后练习

（1）图 6.4.10 所示为销轴的垂直度公差标注，看图回答下列问题：

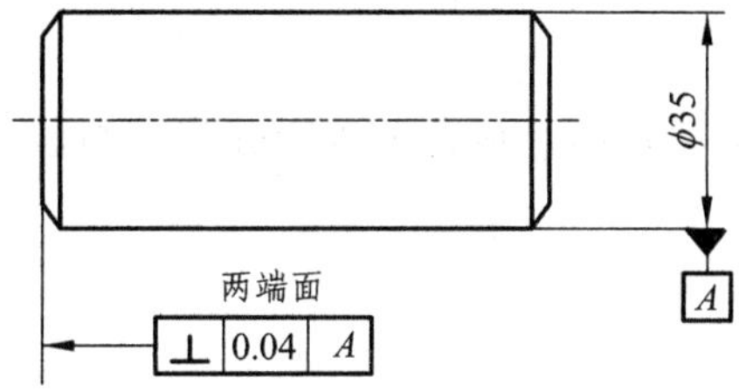

图 6.4.10　销轴

① 其公差带的形状如何？

② 如果按被测要素和基准要素的几何特征进行分类，则该销轴的垂直度公差属于哪种情况？

③ 请完成销轴的垂直度误差检测。

（2）图 6.4.11 所示为支撑板的垂直度公差标注，看图回答下列问题：

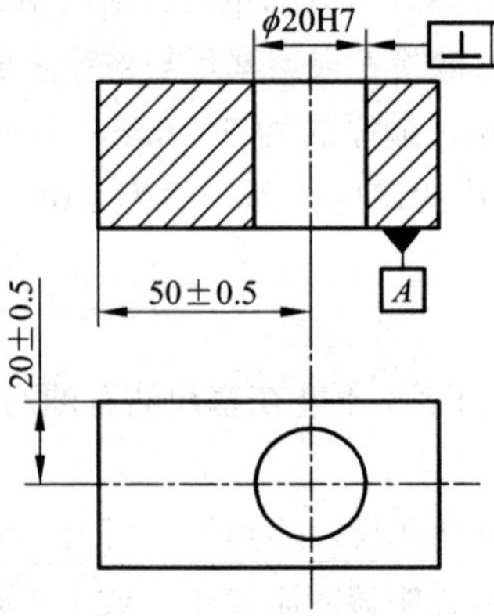

图 6.4.11　支撑板

① 其公差带的形状如何？

② 如果按被测要素和基准要素的几何特征进行分类，则该支撑板的垂直度公差属于哪种情况？

③ 请完成支撑板垂直度误差的检测。

项目七　液压千斤顶模型制作

任务一　制作液压千斤顶模型

学习目标

- 能描述液压传动的概念。
- 能够制作液压千斤顶模型，并描述其组成结构。
- 能识别液压千斤顶液压回路图中元件的符号，并描述其工作过程。
- 能够讲述液压千斤顶的工作原理，并进行活塞压力的简单计算。

学习重难点

▲ 理解液压系统的组成和元件的符号。
▲ 理解液压千斤顶的工作原理。
▲ 分析简单液压系统图的工作原理。

学习准备

★ 教师准备：教案、任务书、多媒体视频、制作材料包（大、小针管各一个，钢珠两个，输液套装两套，矿泉水瓶一个，502 胶一管）。
★ 学生准备：教材、绘图工具、课堂笔记本。

建议学时

建议学时：8 课时。

一、任务要求

（1）小组讨论，图 7.1.1 中液压千斤顶是怎样工作的？

（2）小组分析，我们手中材料包里的材料可以分别代替模型的哪一部分？

（3）小组分工，团队协助完成液压千斤顶模型的制作任务。

（4）小组比赛，哪个千斤顶能顶起的物体最重。

（5）小组营销，介绍千斤顶的工作原理以及模型的创新点。

（6）小组分享，总结在模型制作中的技术难点以及如何突破关键点。

（7）小组点评，教师对小组展示进行评价，并总结相关知识点。

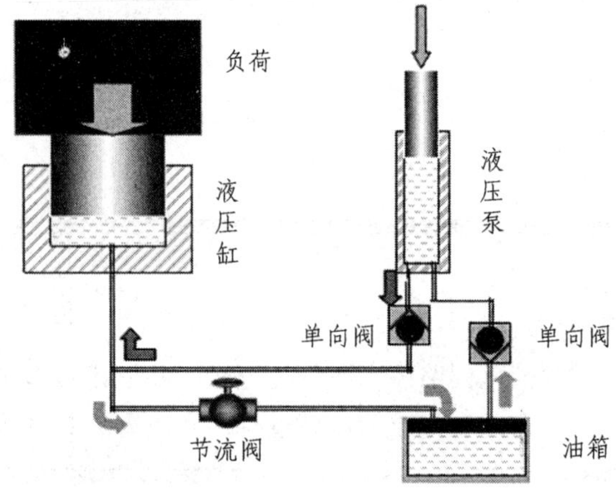

图 7.1.1 液压千斤顶的模型示意图

二、学习引导

（1）液压传动是以______________为工作介质，进行能量______________、______________和______________的传动技术。

（2）识读图 7.1.1 和图 7.1.2，回答下面问题：

① 你认为液压千斤顶有什么作用？

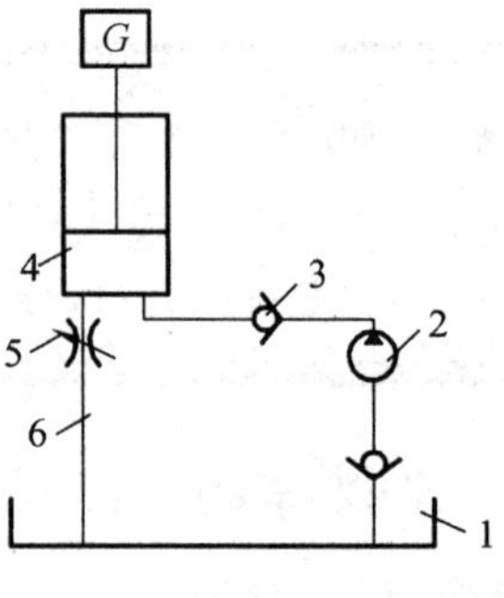

图 7.1.2 液压千斤顶的工作原理图

② 识别图 7.1.2 中各元件的名称。

1：________________　2：________________　3：________________

4：________________　5：________________　6：________________

③ 你认为在液压千斤顶中提供动力的元件是______________；控制液体流动方向和流量的元件分别是 ___________和_____________；最后完成执行任务的元件是_____________；传动的介质是_______________；辅助元件有________________________。

（3）在实验过程中，完成表 7.1.1。

表 7.1.1　液压元件及其作用

实验元件	类似液压系统的元件	作　用
小针管		
大针管		
钢珠		
输液管		
水瓶		
502 胶		

（4）我们学过哪些机械传动？与这些传动相比，液压传动有哪些优点和缺点？

（5）液体的压力（压强）指________________，法定单位是_____________和___________，单位转换关系_____________；请查阅 N（牛）是指____________，1 千克力=_____________牛。

（6）在公式 $p=\dfrac{F}{A}$ 中，p 指___________，单位是___________；F 指______________，单位是____________；A 指_____________，单位是______________；如果一个系统中 F 为 5 公斤力，A 为 10 cm^2，计算 p 为多少？（写清楚计算过程）

（7）如图 7.1.3 所示，在这个密封的 U 形管中，如果 F_1=50 N，A_1 的直径为 20 mm，A_2 的直径为 50 mm，则 F_2 为多少？

（8）如果在液压千斤顶模型中需要图 7.1.3 所示的两个缸分别作动力缸和执行缸，你会选择用横切面积小的作___________，横切面积大的作______________。

（9）你现在能描述一下千斤顶为什么能顶起重物了吗？

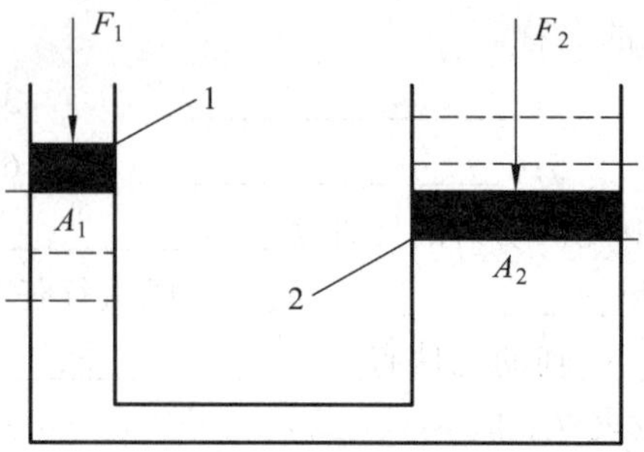

图 7.1.3　压力形成及其传递

三、知识链接

（一）流体传动

液体流动为用流体作为工作介质的一种传动，常见于液压传动和气压传动。

（1）液压传动：以液压油为工作介质，进行能量转换、传递和控制的传动。

（2）气压传动：以压缩空气为工作介质，进行能量转换、传递和控制的传动。

（二）流体传动在现代工业中的应用

（1）液压传动在现代工业中的应用如图 7.1.4 所示。

（a）游乐设施动力源

（b）起重设备动力源

（c）液压泵站

图 7.1.4　液压传动的应用

（2）气压传动在现代工业中的应用如图 7.1.5 所示。

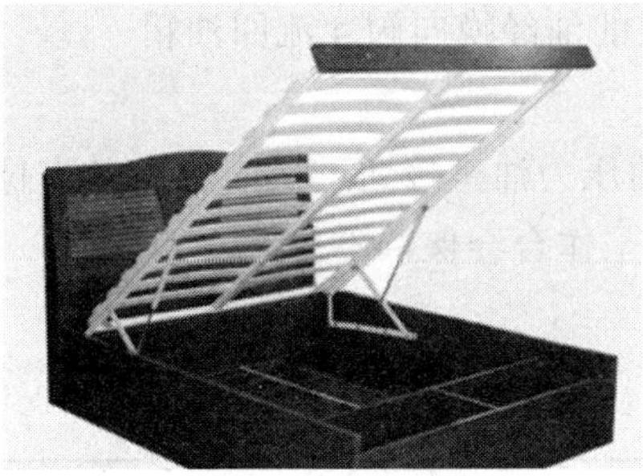

（a）气压床的升降装置

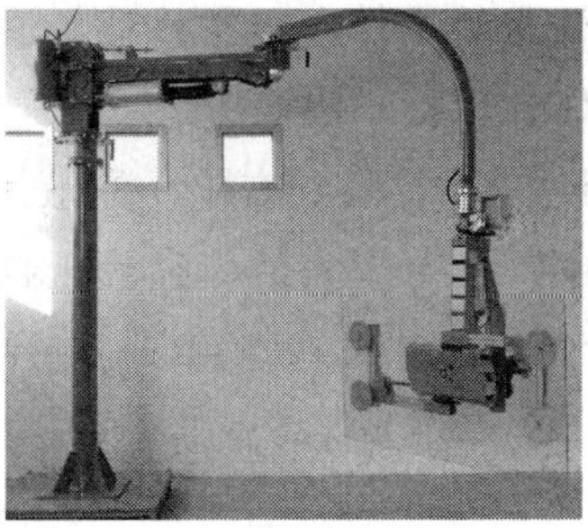

（b）机械手的夹紧装置

图 7.1.5　气压传动的应用

（三）液压传动的工作原理及组成

以工作台往复运动来简单介绍液压系统的工作原理。

1. 工作原理的分析介绍

（1）工作台右移。

当图 7.1.6 所示系统工作时，由电动机驱动液压泵 2 通过过滤器 9 从油箱 10 中吸入液压油，将油液加压后输出到系统管路中去。液压泵输出的压力油经过换向阀 6，来到调速阀 5，再经过换向阀 4 最后来到液压缸 2 的左腔。当压力油充满左腔时，不断进入的压力油会推动活塞 3 不断向右缓慢移动，从而使活塞杆带动工作台向右移动。液压缸右腔的油经换向阀 4 流回油箱。

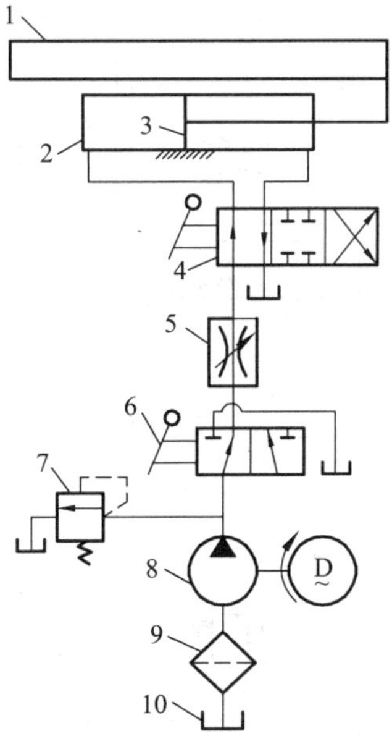

图 7.1.6　机床工作台液压传动系统工作原理图

1—工作台；2—液压缸；3—活塞；4—三位四通手动换向阀；5—调速阀；6—二位三通手动换向阀；7—溢流阀；8—液压泵；9—过滤器；10—油箱

（2）工作台左移。

如果将换向阀 4 换到右位，则当压力油流过调速阀 5 时，通过换向阀 4 的右位直接来到液压缸 2 的右腔。当压力油充满右腔时，不断进入的压力油会推动活塞 3 不断向左缓慢移动，从而使活塞杆带动工作台向左移动。液压缸右腔的油经换向阀 4 流回油箱。

（3）工作台保持不动。

如果将换向阀 6 换到右位，则液压泵流出的压力油直接通过换向阀 6 的右位流回油箱。在这个过程中，没有压力油流经液压缸 2，所以工作台会保持不动。

2. 系统的组成（见表 7.1.2）

表 7.1.2 液压图形符号及作用（摘自 GB/T 786.1—2009）

名 称	作 用	名 称	符 号	说 明	作 用
动力元件	把机械能转换成流体的压力能	液压泵		一般符号	液压泵是将电动机（或其他原动机）输出的机械能转换为液体的压力能的能量转换装置
执行元件	把流体的压力能转换成机械能输出	液压缸	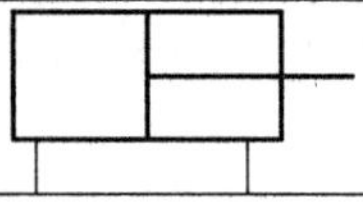	单杆活塞缸	液压缸的作用是将液压能转变成直线运动或摆动的机械能
		液压马达		一般符号	液压马达是把液压能转变为连续回转的机械能的元件
控制元件	对系统中流体压力、流量和流动方向进行控制或调节	单向阀		一般符号	单向阀是一种只允许流体沿一个方向通过，而反向流体则被截止的方向阀
		节流阀		可调节流阀	节流阀是借助于控制机构使阀芯相对于阀体孔运动，改变阀口过流面积的阀
		调速阀	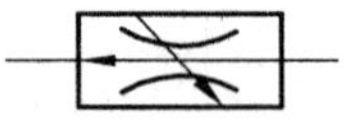	一般符号	调速阀是进行了压力补偿的节流阀，用来调节通过的流量
		换向阀	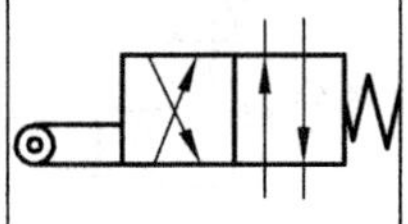	二位四通机动换向阀	换向阀是利用阀芯对阀体的相对运动，使油路接通、切断或变换油液的流动方向，从而实现液压执行元件及其驱动机构的启动、停止或变换运动方向
		溢流阀	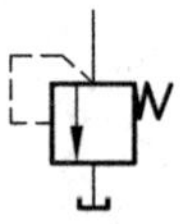	一般符号或直动型溢流阀	溢流阀是一种液压压力控制阀，在液压设备中主要起定压溢流、稳压、系统卸荷和安全保护作用
辅助元件	保障系统正常工作所需的其他元件	油箱	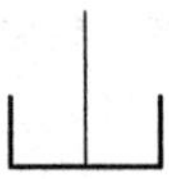	一般符号	油箱的主要作用是储存液压系统所需的足够油液，散发油液中的热量，分离油液中的气体及沉淀污物
		过滤器	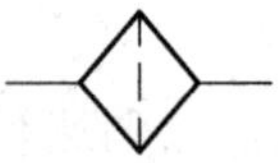	一般符号	过滤器的作用是滤去油液中的杂质，维护油液清洁，防止油液污染，保证液压系统正常工作

3. 知识点

（1）液压系统是以流动液体为传递介质的。

（2）调速阀控制进入系统液体的流量，以调节工作台的移动速度。

（3）换向阀改变系统油液流动方向，以调节工作台的移动方向。

（4）溢流阀调节系统最大工作压力，以保证工作台的安全移动。

（四）液压传动的特点

1. 优　点

（1）传动平稳，易于实现无级调速，负载变化时速度稳定；

（2）承载能力大，可自动实现过载保护，自行润滑；

（3）易于实现自动化控制（机电液一体化）；

（4）可实现标准化、系统化和通用化。

2. 缺　点

（1）实现定比传动困难；

（2）油液容易污染，受温度的影响大，有漏油困扰；

（3）不适宜远距离输送动力。

（五）液压传动的重要参数：压力和流量

1. 压　力

如图 7.1.7 所示，液体的压力是指流体或容器壁单位面积上所受的法向力，当面积一定时，压力随着负载的增加而增加，常用单位为 Pa（N/m^2）。

$$p=\frac{F}{A}\text{（压力由负载决定）}$$

式中　F——负载对液压缸的作用力，也是液压系统工作时，液压缸对工作对象产生的推力或拉力；

A——压力油作用在活塞上的有效面积。

单位转换：$1\ \text{MPa}=10^6\ \text{Pa}=10^6\ \text{N/m}^2$

$1\ \text{kg/cm}^2=10^5\ \text{Pa}$

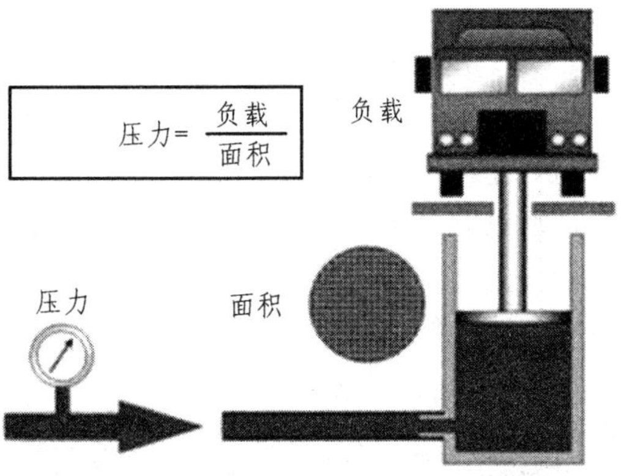

图 7.1.7　压力与负载的关系

2. 流　量

液体的流量是指单位时间内流过某一通道截面的液体体积，当面积一定时，速度随着流量的增加而增加，常用单位为 L/min。

（六）帕斯卡原理

若在处于密封容器中静止液体的部分边界面上施加外力，使其压力发生变化，只要液体仍保持其原来的静止状态不变，则液体中任一点的压力均将发生同样大小的变化。即在密封容器内，施加于静止液体的压力以等值同时传递到液体内的各点，也称静压传递原理。

这一定律是法国数学家、物理学家、哲学家布莱士·帕斯卡首先提出的。这个定律在生产技术中有很重要的应用，液压机就是帕斯卡原理的应用实例。液压传动是依据帕斯卡原理实现力的传递、放大和方向变换的。液压系统的压力完全决定于外负载。

（七）帕斯卡定理在千斤顶中的应用

由帕斯卡定理可知，密封容器中的静止流体，在一处受到压力作用时，这个压力可以等值地传递到连通的容器内的所有点上。如图 7.1.8 所示，用 100 kg 的推力可以顶起重 1 000 kg 的汽车，但在压力传递的整个过程中，管道各处的压力 P 相等，压力为 10 kg/cm^2=10^6 Pa=1 MPa。

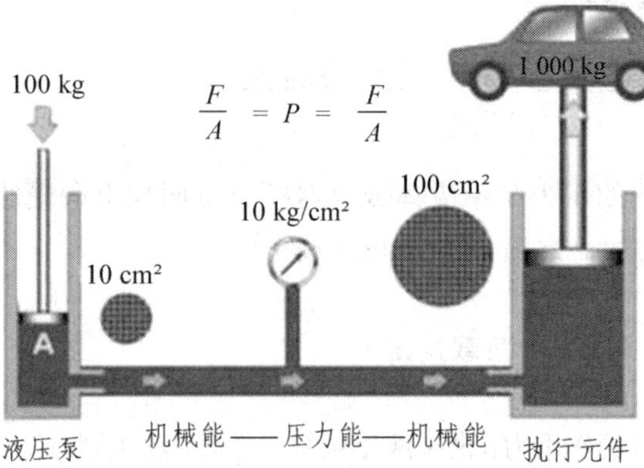

图 7.1.8　帕斯卡定理在千斤顶中的应用

四、课后练习

1. 填空题

（1）液压传动中，液压元件的制造精度要求________，其使用和维护的要求也较________。

（2）液压传动中，压力油通过管道传输，如果管道过长，则会造成______________。

（3）液压传动是用___________作为工作介质来传递_______和进行控制的传动方式。

（4）千斤顶的大、小活塞面积比为 20∶1，如果要抬起 2 000 N 的重物，则作用在小活塞上的作用力为___________。

（5）液压传动复杂的自动工作循环是通过控制液体的__________、________、__________，并与电气控制装置相结合来实现的。

2. 判断题

（1）液压传动装置本质上是一种能量转换装置。（　　）

（2）液压传动具有承载能力大、可实现大范围内无级变速和获得恒定的传动比的特点。（　　）

（3）液压传动与机械传动相比传动比较平稳，故广泛应用于要求传动平稳的机械上。（　　）

（4）由于液压元件已经实现标准化、系列化和通用化，故液压系统维修方便。（　　）

（5）液压油是液压传动的工作介质，它是不可压缩的。（　　）

（6）液压传动可以在各种环境温度下工作。（　　）

3. 选择题

（1）液压传动的特点有（　　）。

A. 可与其他传动方式联用，但不易实现远距离操纵和自动控制

B. 可以在运转过程中转向、变速，传动比准确

C. 可以在较大的速度、转矩范围内实现无级变速

（2）在静止的液体内部某个深度的某一点处，该点所受到的压力是（　　）。

A. 向上的压力大于向下的压力

B. 向下的压力大于向上的压力

C. 各个方向的压力都相等

（3）在千斤顶举重过程中，施加于千斤顶的作用力不变，而需举起更重的物体时，可增大（　　）。

A. 大小活塞的面积比

B. 小活塞的面积

C. 大活塞的面积

4. 读图题

根据图 7.1.9，回答下列问题：

（1）说出图中 1、2、3、4、5、6、7 在系统中作为何种元件使用（如 4 作为节流阀使用）。

（2）叙述图中 2、4 的用途。

（3）图中元件 1 在工作过程中需要密封吗？为什么？

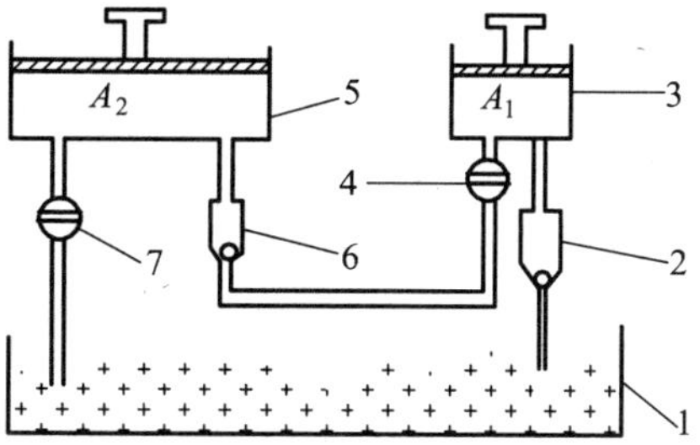

图 7.1.9　液压千斤顶模型

5. 思考题

（1）如果用同学们的液压千斤顶系统模型来顶讲桌之类的重物，会有什么状况发生？

（2）根据液压千斤顶的工作原理，你能分析自行车打气筒的工作原理吗？

（3）现代飞机的可收式起落架采用液压传动方式完成收放，通过今天的学习，请谈谈为什么起落架收放采用液压传动来驱动？

项目八　车床模型组装

任务一　组装车床模型

学习目标

- 能正确说出常用车床的主要结构。
- 能正确写出车床型号代表的含义。
- 能正确安装车床的各组成部件。
- 能正确说出车床常用附件的功用。
- 能正确判断车削方式并说出其特点。
- 能正确说出车床常用刀具名称及其用途。
- 安全文明生产。

学习重难点

▲ 常用车床的种类及加工范围。
▲ 车床型号代表的含义。
▲ 车床的主要组成部分及作用。
▲ 车床常用附件（卡盘、顶尖、刀架）的功用。
▲ 车床常用刀具名称及用途。
▲ 车削的方式。

学习准备

★ 教师准备：教案、任务书、慧鱼模型、多媒体课件。
★ 学生准备：工具箱、A4 绘图纸、《车工工艺》教材、课堂笔记本。

建议学时

建议学时：10 课时。

一、任务要求

（1）认识图 8.1.1 标出的车床各部分名称。

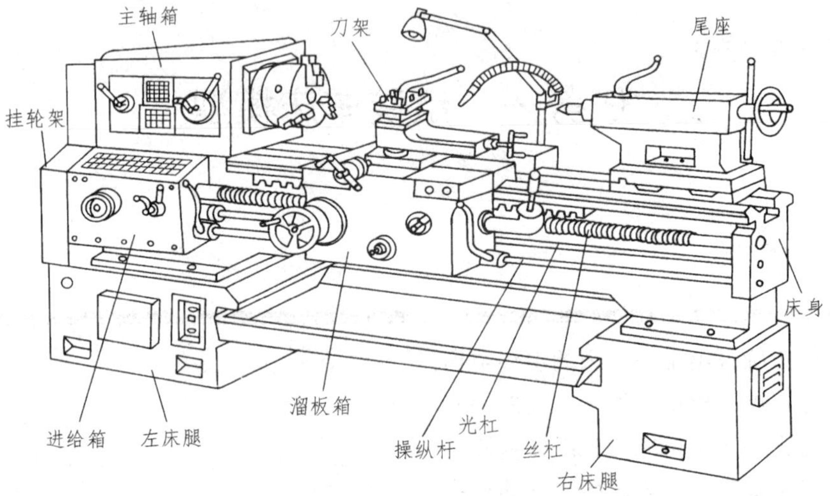

图 8.1.1 车床

（2）组装车床的模型并写出组装步骤，如图 8.1.2 所示（根据慧鱼模型说明书和车床结构图分工合作）。

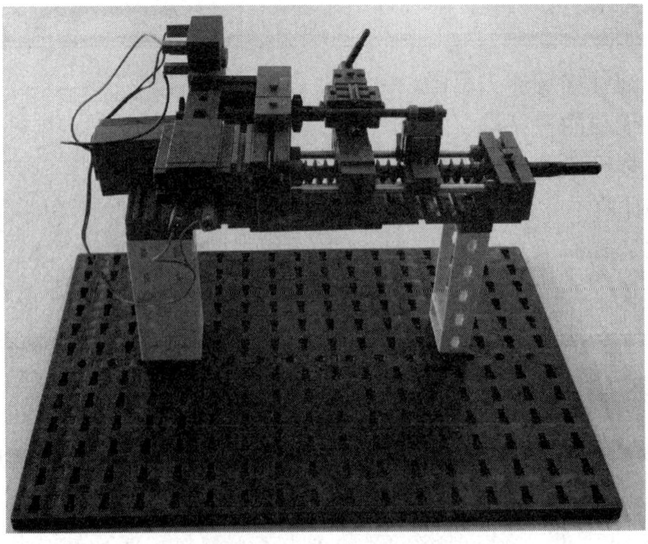

图 8.1.2 车床模型

二、学习引导

（1）车床类型很多，包括______、_____、_____、______等，图 8.1.1 所示为______车床。

（2）图 8.1.3 所示为_______车床。立式车床与卧式车床有很多相似的地方。

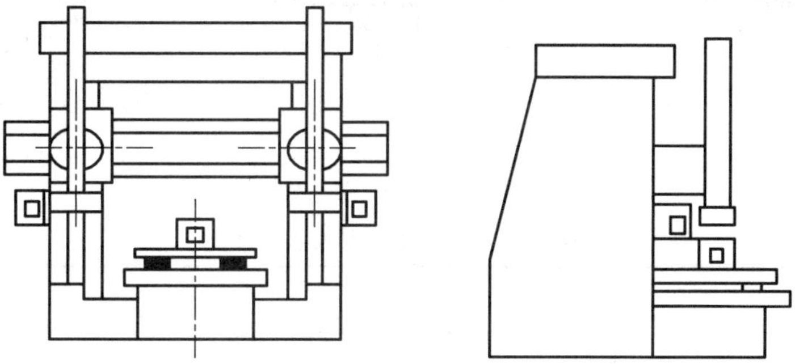

图 8.1.3　车床

（3）在图 8.1.4 中标注出各部件名称并写出其作用，填入表 8.1.1 中。

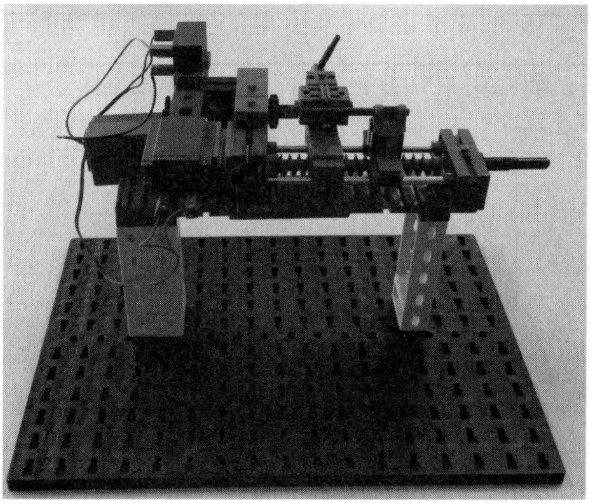

图 8.1.4　车床模型

表 8.1.1　车床部件名称及其作用

部件名称	作　用
主轴箱	
刀架	
丝杠	
光杠	
操纵杆	
床身	
溜板箱	
进给箱	
尾座	

（4）写出图 8.1.5 所示各部件的名称，并在表 8.1.2 中写出各部件的作用。

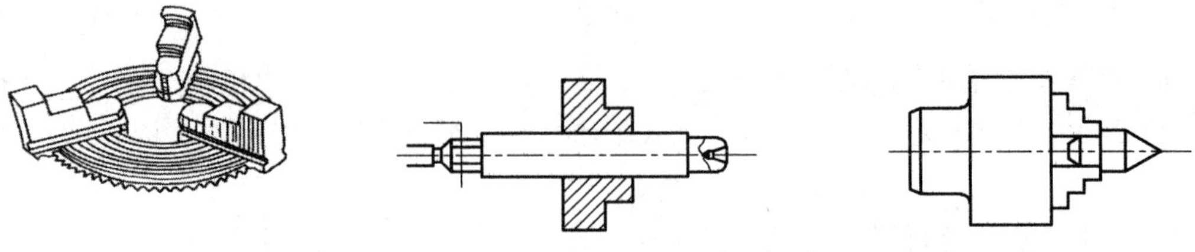

（a） （b） （c）

____________ ____________ ____________

图 8.1.5　车床部件

表 8.1.2　部件名称及其作用

部件名称	作　用
三爪卡盘	
四爪卡盘	
顶尖	
心轴	

（5）标出图 8.1.6 所示的车床型号及规格。

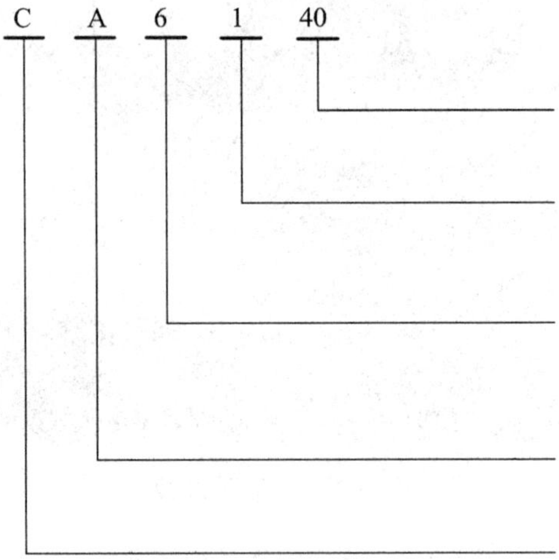

图 8.1.6　车床型号

（6）写出图 8.1.7 所示各部件的名称。

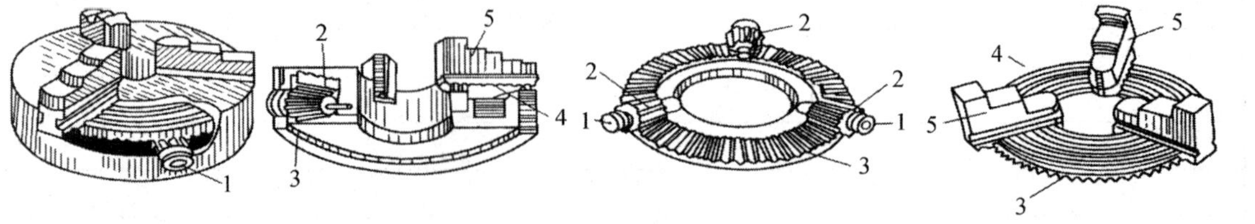

（a） （b） （c） （d）

① __________ ② __________ ③ __________ ④ __________ ⑤ __________

图 8.1.7　车床部件名称

（7）前顶尖与后顶尖在使用范围上有什么区别？

（8）车削加工过程中，车床通过工件的________ 和车刀________ 的相互配合来完成对工件的加工。

（9）车床主运动及进给运动的传动过程是怎样的？

（10）写出图 8.1.8 所示的车削类型。

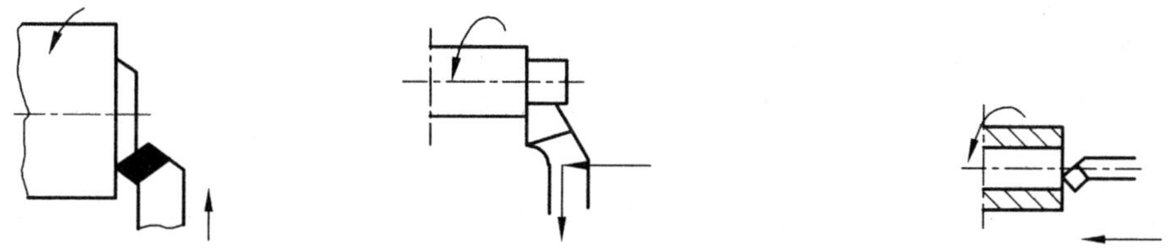

（a）________________ （b）________________ （c）________________

图 8.1.8 车削类型

（11）车削加工的范围很广，归纳起来，其加工的各类零件具有一个共同的特点——带有________。它可以车________、车________、切槽或________、钻________、钻孔、扩孔、铰孔、车________、车螺纹、车________、车________、滚花、车台阶和盘绕弹簧等。

（12）6S 是指什么？

三、知识链接

6S 是指整理、整顿、清扫、清洁、素养、安全。

整理：区分必需和非必需品，现场不放置非必需品，将混乱的状态收拾成井然有序的状态。整理是为了改善企业的体质。

整顿：能在 30 s 内找到要找的东西，将寻找必需品的时间减少为零，能迅速取出，能立即使用，处于能节约的状态。

清扫：将岗位保持在无垃圾、无灰尘、干净整洁的状态，清扫的对象包括地板、天花板、墙壁、工具架、橱柜、机器、工具、测量用具等。

清洁：将整理、整顿、清扫进行到底，并且制度化，管理公开化、透明化。

素养：对于规定了的事，大家都要认真地遵守执行。

安全：消除工作中的一切不安全因素，杜绝一切不安全现象。

（一）常用车床的种类及组成部分

1. 常用车床的种类

车床的种类很多，大致可分为卧式车床、立式车床、转塔车床、仿形车床、多刀车床、自动车床等。

2. 卧式车床的主要部件

卧式车床的主要部件如图 8.1.1 所示。

（二）CA6140 车床的结构简介

（1）主轴箱（床头箱）。主轴箱固定在床身的左上部，箱内装有齿轮、主轴等，组成变速传动机构。该变速机构将电机的旋转运动传递至主轴，通过改变箱外手柄位置，可使主轴实现多种转速的正、反旋转运动。

（2）进给箱（走刀箱）。进给箱固定在床身的左前下侧，是进给传动系统的变速机构。它通过挂轮把主轴的旋转运动传递给丝杠或光杠，可分别实现车削各种螺纹的运动及机动进给运动。

（3）溜板箱（拖板箱）。溜板箱固定在床鞍的前侧，随床鞍一起在床身导轨上做纵向往复运动。通过它把丝杠或光杠的旋转运动变为床鞍、中滑板的进给运动。变换箱外手柄位置，可以控制车刀的纵向或横向运动（运动方向、启动或停止）。

（4）挂轮箱。挂轮箱装在床身的左侧，其上装有变换齿轮（挂轮），它把主轴的旋转运动传递给进给箱。调整挂轮箱上的齿轮，并与进给箱内的变速机构相配合，可以车削出不同螺距的螺纹，并满足车削时对不同纵、横向进给量的需求。

（5）刀架部件。由两层滑板（中、小滑板）、床鞍与刀架体共同组成，用于安装车刀并带动车刀做纵向、横向或斜向运动。

（6）床身。床身是精度要求很高的带有导轨（山形导轨和平导轨）的一个大型基础部件，用以支承和连接车床的各个部件，并保证各部件在工作时有准确的相对位置。床身由纵向的床壁组成，床壁间有横向筋条，用以增加床身刚性。床身固定在左、右床腿上。

（7）床脚。前后两个床脚分别与床身前后两端下部连为一体，用以支撑安装在床身上的各个部件。同时，通过地脚螺栓和调整垫块使整台车床固定在工作场地上，通过调整，能使床身保持水平状态。

（8）尾座。尾座是由尾座体、底座、套筒等组成的。它安装在床身导轨上，并能沿此导轨做纵向移动，以调整其工作位置。尾座上的套筒锥孔内可安装顶尖、钻头、铰刀、丝锥等刀、辅具，用来支承工件、钻孔、铰孔、攻螺纹等。

（9）丝杠。丝杠主要用于车削螺纹。它能使拖板和车刀按要求的速比做很精确的直线移动。

（10）光杠。光杠将进给箱的运动传递给溜板箱，使床鞍、中滑板做纵向、横向自动进给。

（11）操纵杆。操纵杆是车床的控制机构的主要零件之一。在操纵杆的左端和溜板箱的右侧各装有一个操纵手柄，操作者可方便地操纵手柄以控制车床主轴的正转、反转或停车。

（12）冷却装置。冷却装置主要通过冷却泵将箱中的切削液加压后喷射到切削区域，降低切削温度，冲走切屑，润滑加工表面，以提高刀具的使用寿命和工件表面的加工质量。

(三) 车床的传动系统介绍

在车削加工过程中，车床通过工件的主运动和车刀进给运动的相互配合来完成对工件的加工，其运动传动过程如图 8.1.9 所示。

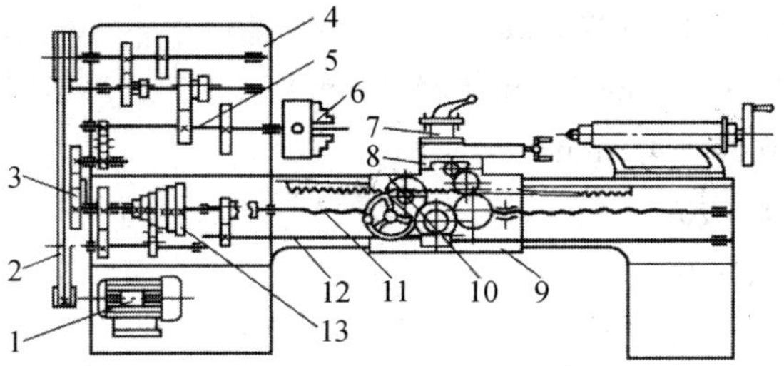

图 8.1.9　CA6140 传动系统示意图

主运动：主轴变速箱 4→主轴→卡盘 6→工件旋转。

进给运动：主轴变速箱 4→主轴变换齿轮箱 3→走刀箱 13→丝杠 11 或光杠 12→溜板箱 9→床鞍 10→滑板 8→刀架 7→车刀运动。

(四) 车床型号、规格及技术参数

1. 车床的型号及规格

CA6140 型号的含义如图 8.1.10 所示。

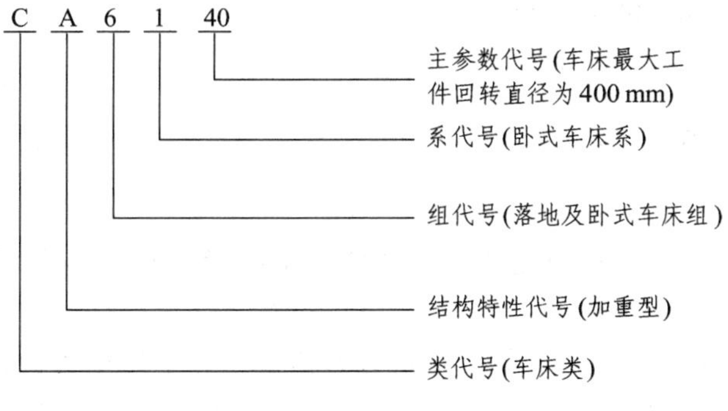

图 8.1.10　车床型号

2. 主要技术参数

车床的主要技术参数如下：

床身上最大工件回转直径：400 mm

刀架上最大工件回转直径：210 mm

最大工件长度（4 种）：750 mm、1 000 mm、1 500 mm、2 000 mm

中心高：205 mm

主轴孔能通过棒料的最大直径：48 mm

主轴孔锥度：莫氏 6 号

主轴转速：

（1）正转（24 级）：10～1 400 r/min

（2）反转（12 级）：14～1 580 r/min

车削螺纹范围：

（1）米制（44 种）：1～192 mm

（3）英制（20 种）：2～24 牙/ in（25.4 mm）

模数螺纹（39 种）：0.25～48 mm

径节螺纹（37 种）：1～96

进给量（纵、横各 64 种）：

（1）纵向：0.08～1.59 mm/r

（2）横向：0.04～0.795 mm/r

纵向快移速度：4 m/min

横向快移速度：2 m/min

刀架行程：

（1）最大纵向行程（4 种）：650 mm、900 mm、1 400 mm、1 900 mm

（2）最大横向行程：260 mm、295 mm

（3）小滑板最大行程：139 mm、165 mm

（4）主电动机功率：7.5 kW

机床工作精度：

（1）圆度：0.01 mm

（2）圆柱度：0.01 mm/100 mm

精车平面平面度：0.02 mm/400 mm

表面粗糙度：*Ra* 2.5～1.25 μm

(五) 车床的附件

1. 卡 盘

卡盘装在主轴前端，有三爪自定心卡盘和四爪单动卡盘两种。

（1）三爪自定心卡盘。

三爪自定心卡盘（见图 8.1.11）的卡爪可以装成正爪，实现由外向内夹紧；也可以装成反爪，实现由内向外夹紧，即撑夹（反夹）。正爪夹持工件时，直径不能太大，卡爪伸出卡盘外圆的长度不应超过卡爪长度的 1/3，以免发生事故。反爪可以夹持直径较大的工件。

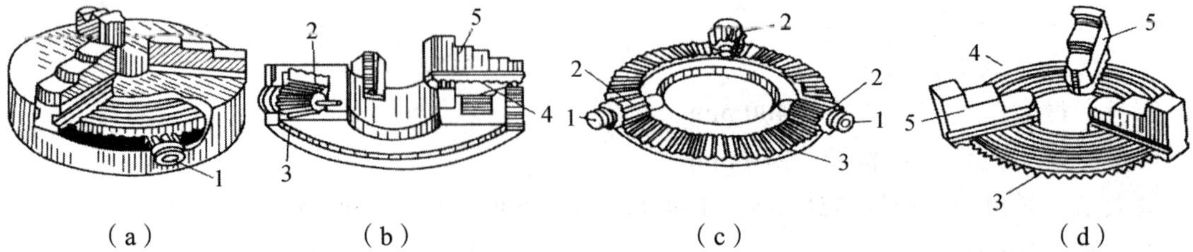

图 8.1.11 三爪自定心卡盘

1—方孔；2—小锥齿轮；3—大锥齿轮；4—平面螺纹；5—卡爪

（2）四爪单动卡盘。

四爪单动卡盘（见图 8.1.12）的四个卡爪能各自独立地径向移动，分别通过四个调整螺钉进行调整。其夹紧力较大，但校正工件较麻烦。四爪单动卡盘的卡爪也可装成正爪或反爪。

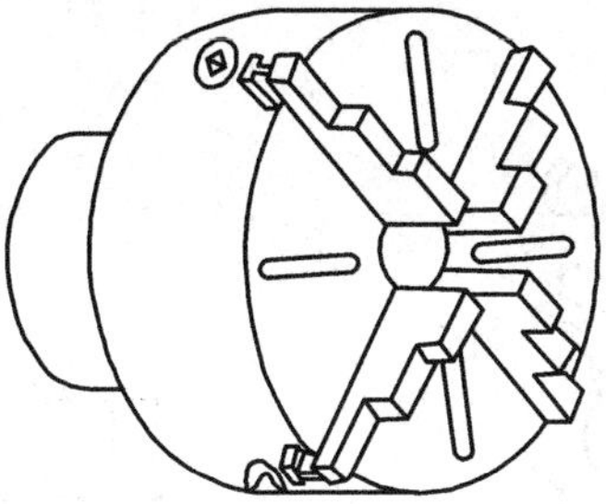

图 8.1.12　四爪单动卡盘

2. 顶　尖

顶尖有前顶尖和后顶尖之分。顶尖的头部带有 60º 锥形尖端。顶尖的作用是定位、支承工件并承受切削力。

（1）前顶尖。

前顶尖插在主轴锥孔内，与主轴一起旋转，前顶尖随工件一起转动，如图 8.1.13 所示。为了准确和方便，有时也可以将一段钢料直接夹在三爪自定心卡盘上车出锥角来代替前顶尖。

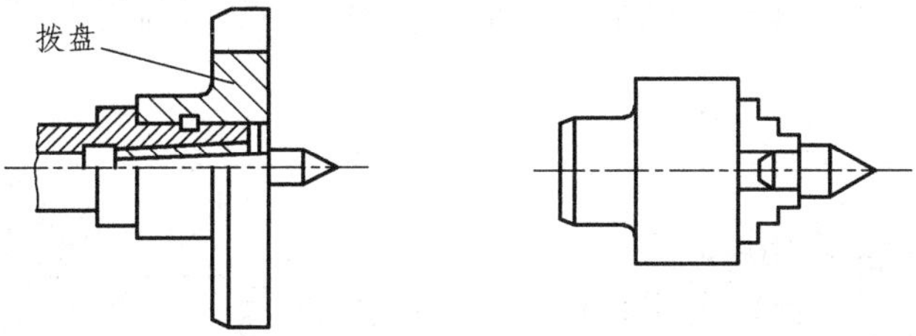

图 8.1.13　前顶尖

（2）后顶尖。

后顶尖插在车床尾座套筒内使用，分为死顶尖和活顶尖两种。常用的死顶尖有普通顶尖、镶硬质合金顶尖和反顶尖等。

3. 中心架与跟刀架

当轴类零件的长度与直径之比较大（$L/d>10$）时，即为细长轴。细长轴的刚性不足，为防止在切削力作用下轴产生弯曲变形，必须用中心架或跟刀架作为辅助支承，中心架与跟刀架的应用如图 8.1.14 所示。

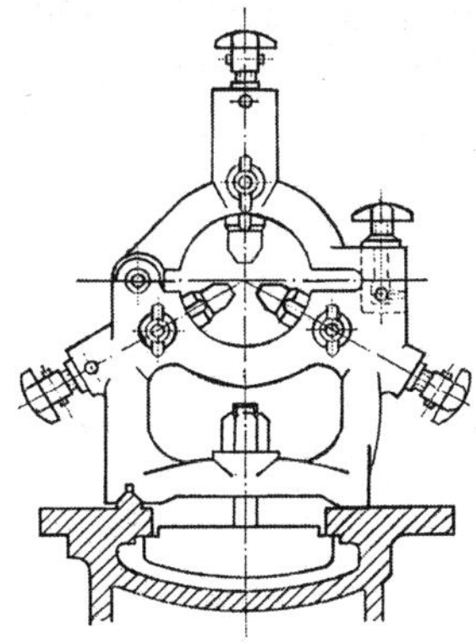

（a）中心架

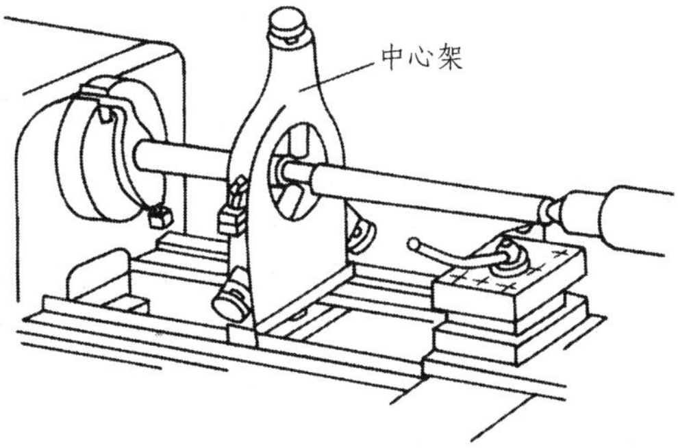

（b）中心架的应用

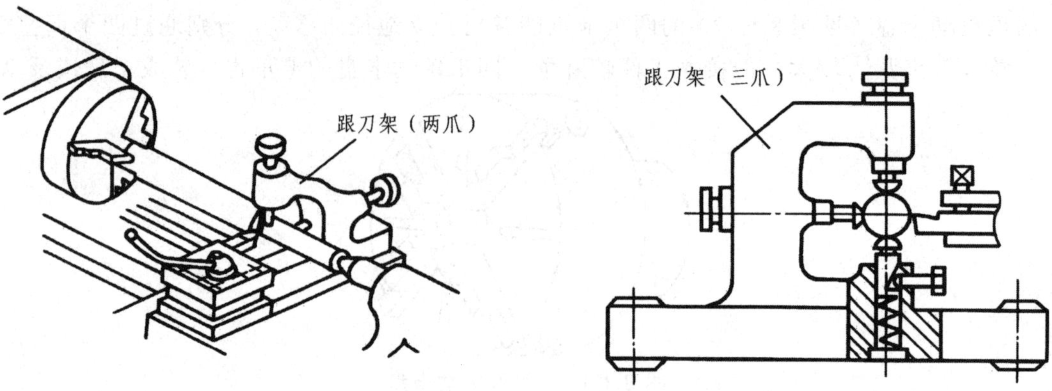

（c）跟刀架（两爪）　　（d）跟刀架（三爪）

图 8.1.14　跟刀架的应用

4. 心　轴

当工件的形状复杂或内外圆表面的位置精度要求较高时，可采用心轴安装进行加工，这有利于保证零件的外圆与内孔的同轴度及端面对孔的垂直度要求。

使用心轴装夹工件时，应将工件全部粗车完后，再将内孔精车好（IT7～IT9），然后以内孔为定位精基准，将工件安装在心轴上，再把心轴安装在前后顶尖之间，如图 8.1.15 所示。

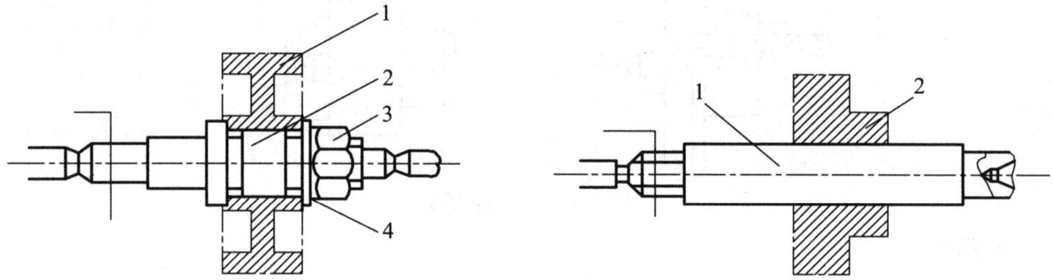

（a）　　（b）

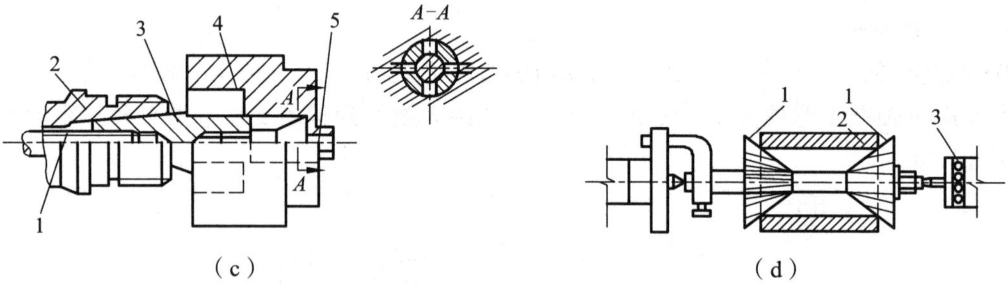

（c）　　（d）

图 8.1.15　心轴

(六) 车　刀

车刀按用途可分为外圆车刀、端面车刀、切断刀、成形车刀、螺纹车刀和车孔刀等，如图 8.1.16 所示。

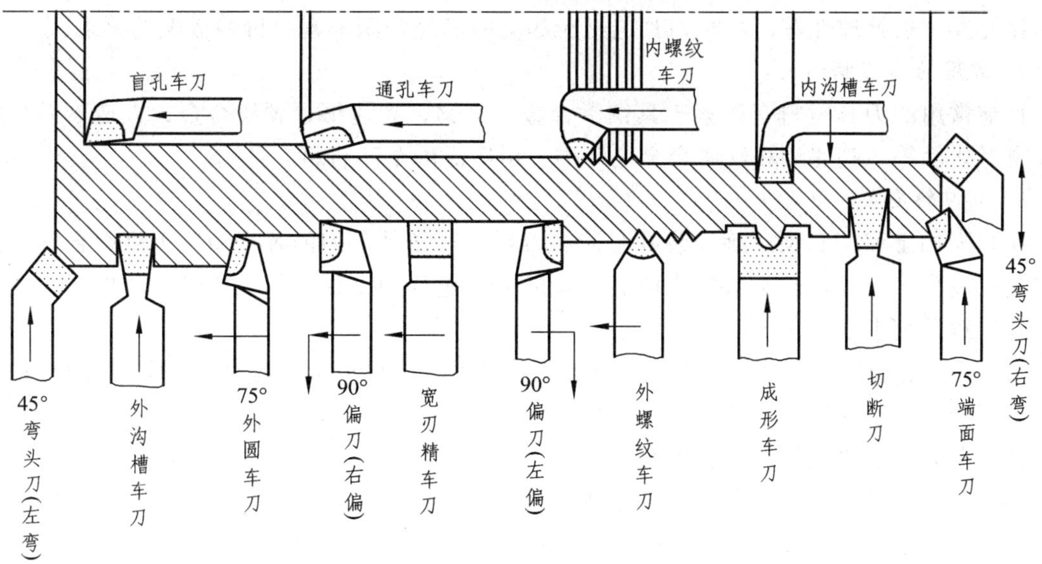

图 8.1.16　车刀类型

由于车刀是由刀头和刀体组成的，故按其结构车刀又可分为整体车刀、焊接车刀、机夹车刀、可转位车刀和成形车刀等，如图 8.1.17 所示。

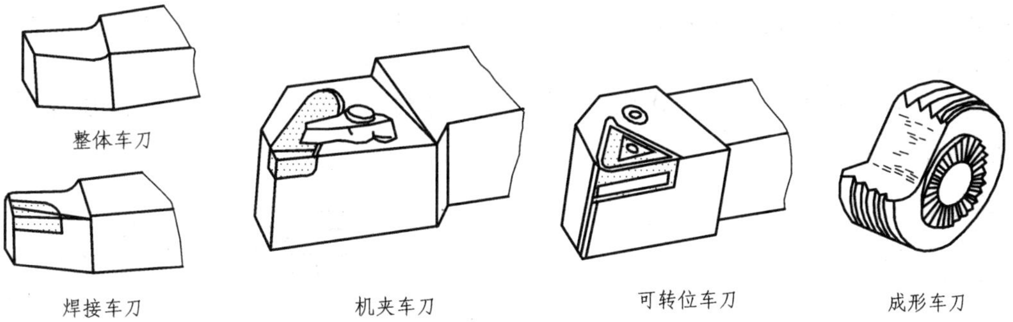

图 8.1.17　车刀的结构

刀头承担切削工作，刀杆是车刀的夹持部分，其主要作用是保证刀具切削部分有一个正确的工作位置。

1. 车刀的材料

对车刀材料的性能要求：

高硬度：刀具材料的硬度必须高于工件材料的硬度，常温硬度一般在 60 HRC 以上。

高强度（主要指抗弯强度）：刀具材料应能承受切削力和内应力，不致崩刃或断裂。

足够的韧性：刀具材料应能承受冲击和振动，不致因脆性而断裂或崩刃。

高耐磨性：刀具材料抵抗磨损的能力，它是刀具材料硬度、强度等因素的综合反映，一般刀具材料的硬度越高，耐磨性亦越好。

高耐热性：刀具材料在高温下保持较高的硬度、强度、韧性和耐磨性的性能。它是衡量刀具材料切削性能的重要指标。

良好工艺性及经济性：为了能方便地制造刀具，刀具材料应具备可加工性、可刃磨性、可焊接性及可热处理性等，同时刀具选材应尽可能满足资源丰富、价格低廉的要求。

2. 常用的车刀材料

目前常用的刀具材料有碳素工具钢、合金工具钢、高速钢、硬质合金、人造聚晶金刚石及立方氮化硼等。高速钢和硬质合金是两类应用广泛的车刀材料。

3. 车刀的安装

在车削加工前，必须正确安装好车刀，否则，即便是车刀的各个角度刃磨得合理，但其工作角度发生了改变，也会直接影响到切削的顺利进行和工件的加工质量。所以在安装车刀时，要注意下列事项：

（1）车刀的悬伸长度要尽量缩短，以增强其刚性。一般悬伸长度为车刀厚度的 1～1.5 倍，车刀下面的垫片要尽量少，且与刀架边缘对齐。

（2）车刀一定要夹紧，至少用两个螺钉平整压紧；否则车刀崩出，后果不堪设想。

（3）车刀刀尖应与工件旋转轴线等高，否则，将使车刀工作时的前角和后角发生改变。

（4）车刀刀杆中心线应与进给运动方向垂直。

（七）车削加工表面

车削加工是在车床上靠工件的旋转运动（主运动）和刀具的直线运动（进给运动）相组合，形成加工表面轨迹来加工工件的。车削加工的范围很广，归纳起来，其加工的各类零件具有一个共同的特点——带有旋转表面。它可以车外圆、车端面、切槽或切断、钻中心孔、钻孔、扩孔、铰孔、车内孔、车螺纹、车圆锥面、车特形面、滚花、车台阶和盘绕弹簧等，如图 8.1.18 所示。

如果在车床上装上其他附件和夹具，还可进行镗削、磨削、珩磨、抛光以及加工各种复杂形状零件的外圆、内孔等。

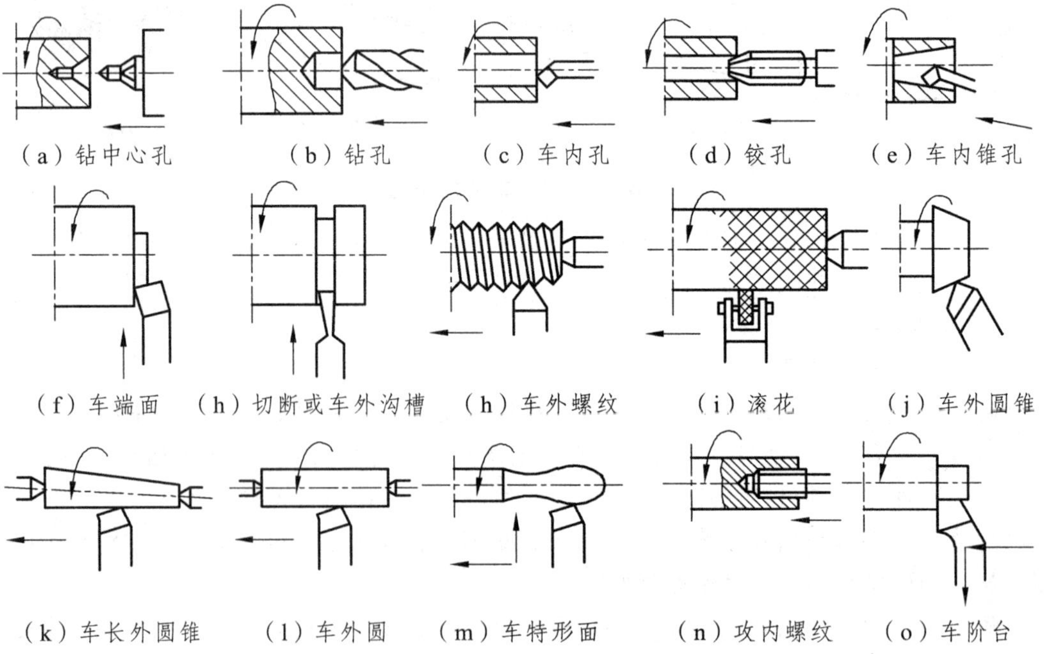

图 8.1.18　车床加工的典型表面

四、课后练习

1. 填空题

（1）车床床身是车床的大型（　　）部件，它有两条精度很高的（　　）导轨和（　　）导轨。

（2）车床刀架部分由（　　）、（　　）、（　　）和（　　）等组成。

（3）爪卡盘是车床上应用最广泛的（　　）夹具。

（4）根据用途不同，车刀可分为外圆车刀（　　）、（　　）、（　　）、（　　）和螺纹车刀等。

（5）车刀由（　　）和（　　）两部分组成。

2. 判断题

（1）车床溜板箱把交换齿轮箱传递过来的运动，经过变速后传递给丝杠或光杠。（　　）

（2）车削时，工件的旋转运动是主运动。（　　）

（3）车削时，进给运动是机床的主运动，它消耗机床的主要运动。（　　）

（4）为了提高工作效率，装夹车刀和测量工件时可以不用停车。（　　）

3. 简答题

（1）为坚持文明生产，每班工作完毕后应做哪些工作？

（2）试述车床从电机启动到完成机动进给的机械传动的过程。

（3）对车刀切削部分材料的要求是什么？

（4）车刀有哪些类型？

（5）简述心轴的作用以及用法。

（6）车刀的安装有哪些注意事项？

（7）简述顶尖的分类和各自的使用范围。

项目九　铣床模型组装

任务一　组装铣床模型

学习目标

- 能正确说出常用铣床的种类及加工范围。
- 能正确写出铣床型号代表的含义。
- 能正确指出铣床的各组成部件。
- 能正确说出铣床常用附件的功用。
- 能正确说出铣床常用刀具名称及其用途。
- 能正确说出普通铣床的传动过程。
- 能根据铣床的传动结构图，使用慧鱼模型组装立式铣床。
- 能说出铣削四要素。

学习重难点

▲ 建立对普通铣床组成的基础认识。
▲ 建立对普通铣床传动机构的基本认识。
▲ 建立对普通铣削过程的认知。
▲ 理解普通铣床的工作原理。

学习准备

◆ 教师：教案、学材、模型、多媒体课件、铣床传动系统结构图。
◆ 学生：工具箱、A4 绘图纸、《铣工工艺》教材、课堂练习本。

建议学时

建议学时：10 课时。

一、任务要求

（1）在图 9.1.1 中标出铣床各部分的名称。

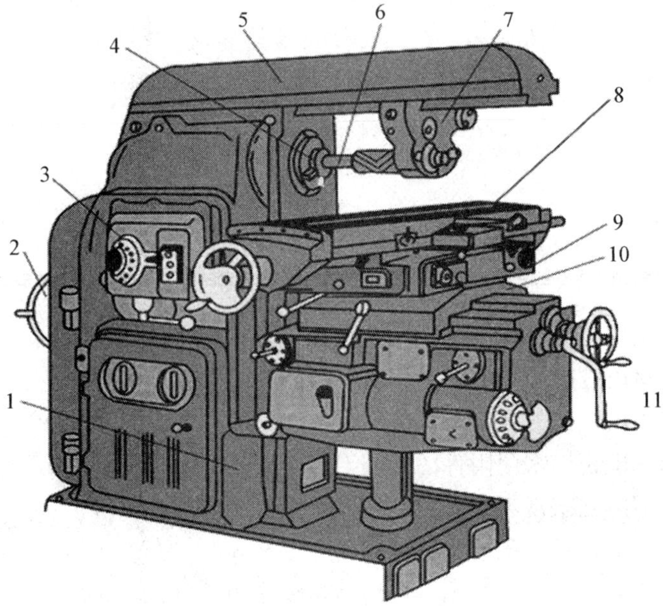

图 9.1.1 铣床

（2）组装铣床的模型，写出组装步骤（根据模型说明书和铣床结构图，分工合作），如图 9.1.2、图 9.1.3 所示，并根据组装过程完成表 9.1.1。

图 9.1.2 铣床模型

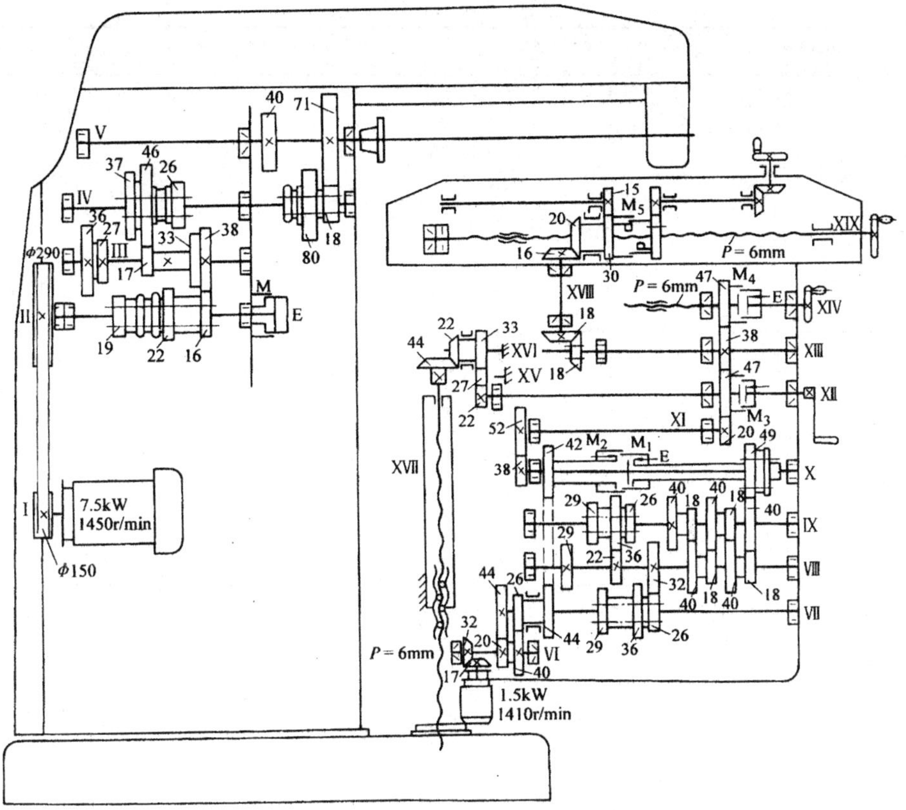

图 9.1.3　铣床结构图

表 9.1.1　组装步骤

序号	组装部件	选用工具及模型	组装步骤	操作人员
1			步骤： 组装结果：________	□合格 □不合格 签字：_____ 审核：_____ 日期：_____
2			步骤： 组装结果：________	□合格 □不合格 签字：_____ 审核：_____ 日期：_____

续表

序号	组装部件	选用工具及模型	组装步骤	操作人员
3			步骤： 组装结果：________	□合格 □不合格 签字：____ 审核：____ 日期：____
4			步骤： 组装结果：________	□合格 □不合格 签字：____ 审核：____ 日期：____
5			步骤： 组装结果：________	□合格 □不合格 签字：____ 审核：____ 日期：____

二、学习引导

（1）铣床类型很多，包括_____、______ 、______、_____等，图 9.1.1 所示为_____铣床。

（2）图 9.1.4 所示为______铣床。立式铣床与卧式铣床有很多相似的地方。不同的是：其床身无________，也无 ________，而其上部有一个________，其作用是安装________。

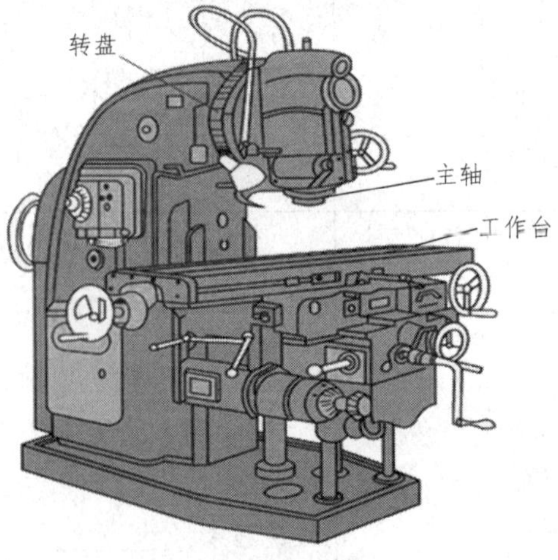

图 9.1.4 铣床

通常立式铣床在床身与立铣头之间还有 ________ ，可使主轴倾斜成一定角度，铣削斜面。立式铣床可用来镗孔。

（3）标出图 9.1.5 所示模型中各部件的名称，并在表 9.1.2 中写出各部件的作用。

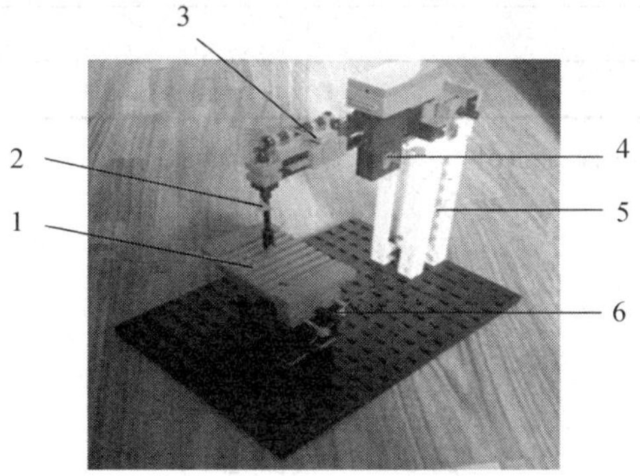

图 9.1.5　铣床模型

表 9.1.2　铣床部件名称及其作用

部件名称	作　用
床身	
横梁	
升降台	
纵向工作台	
横向工作台	
主轴	
底座	
吊架	
刀杆	

（4）写出图 9.1.6 所示模型的名称，并在表 9.1.3 中写出各附件的作用。

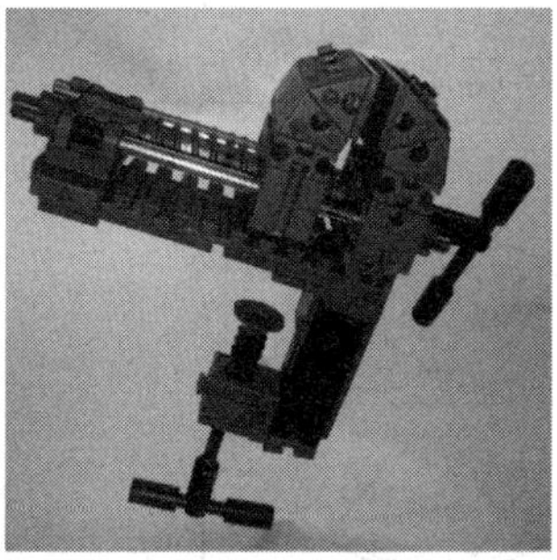

（a）____________________

（b）________________

（c）________________

图 9.1.6　模型名称

表 9.1.3　附件名称及其作用

附件名称	作　用
平口钳	
分度头	
万能铣头	
回转工作台	

（5）标出图 9.1.7 所示铣床的型号及规格。

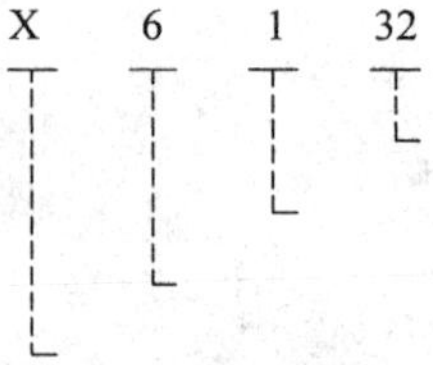

图 9.1.7　铣床型号

（6）铣削加工的范围很广，可以铣________、______、______、______、_______以及____等。

（7）写出图 9.1.8 所示铣床的铣削范围。

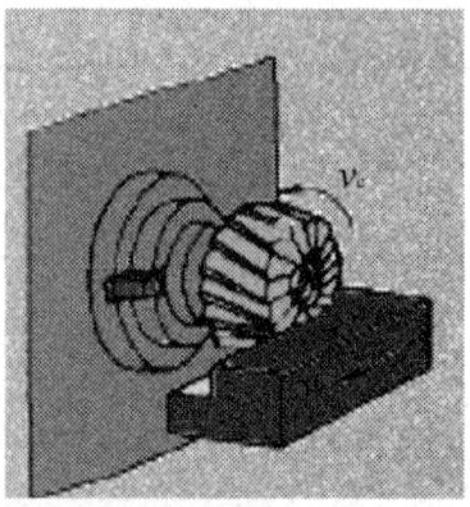

（a）______________

（b）________________

（c）______________

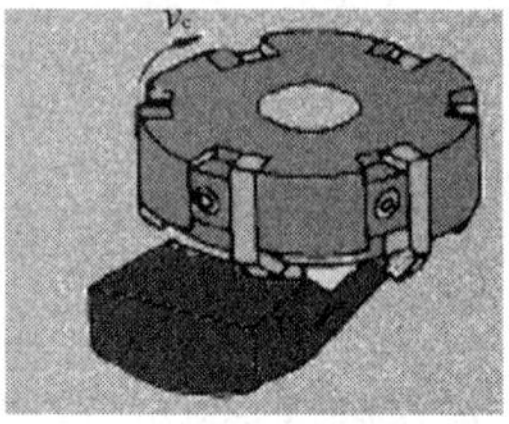

（d）______________

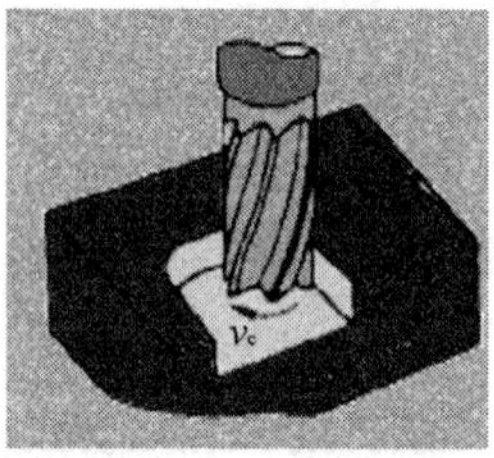

（e）________________

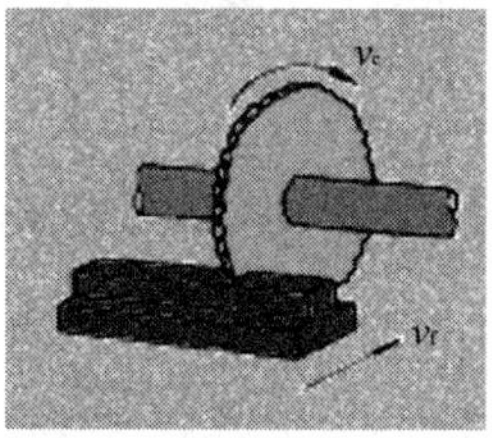

（f）______________

图 9.1.8　铣削范围

（8）铣削方式有__________铣和__________铣。

（9）铣刀旋转方向和工件的进给方向__________时称为顺铣；反之称为__________。

（10）写出图 9.1.9 所示的铣削方式。

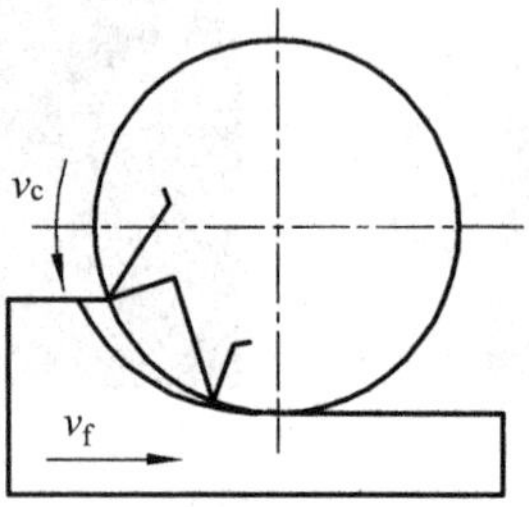

（a）__________________

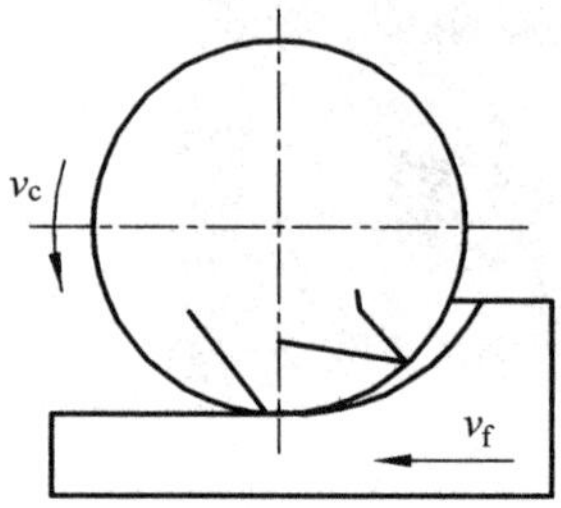

（b）__________________

图 9.1.9　铣削方式

（11）查阅资料，完成图 9.1.10。

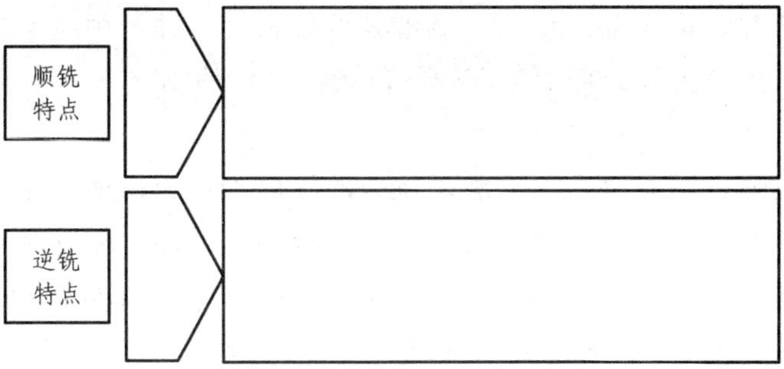

图 9.1.10 铣削特点

（12）铣刀按用途不同可分为________、________、________、________、________、________、________及________。

三、知识链接

（一）常用铣床的种类

铣床类型很多，常用的有卧式铣床、立式铣床、龙门铣床、工具铣床、键槽铣床等。

（二）卧式铣床的主要部件（见图 9.1.11）

1. 床 身

床身是机床的主体，大部分部件都安装在床身上，如主轴、主轴变速机构等装在床身的内部。床身的前壁有燕尾形的垂直导轨，供升降台上下移动用。床身的顶上有燕尾形的水平导轨，供横梁前后移动用。在床身的后面装有主电动机，通过安装在床身内部的变速机构，使主轴旋转。主轴转速的变换由一个手柄和一个刻度盘来实现，它们均装在床身的左上方。在变速时必须停车。在床身的左下方有电器柜。

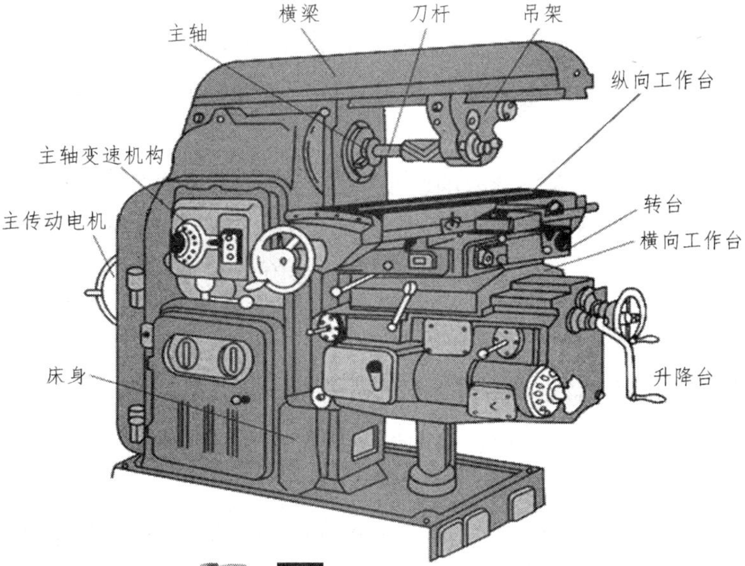

图 9.1.11 卧式铣床

2. 横　梁

横梁可以借助齿轮、齿条前后移动，调整其伸出长度，并可由两套偏心螺栓来夹紧。在横梁上安装着支架，用来支承刀杆的悬出端，以增强刀杆的刚性。

3. 升降台

它是工作台的支座，在升降台上安装着铣床的纵向工作台、横向工作台和转台。进给电动机和进给变速机构是一个独立部件，安装在升降台的左前侧，使升降台、纵向工作台和横向工作台移动。变换进给速度由一个蘑菇形手柄控制，允许在开车的情况下进行变速。升降台可以沿床身的垂直导轨移动。在升降台的下面有一根垂直丝杆，它不仅可使升降台升降，并且支撑着升降台。横向工作台和升降台的机动操纵靠装在升降台左侧的手柄来控制，操纵手柄有两个，是联动的。手柄有五个位置：向上、向下、向前、向后及停止。五个位置是互锁的。

4. 纵向工作台

纵向工作台用来安装工件或夹具，并带着工件做纵向进给运动。纵向工作台的上面有三条 T 形槽，用来安装压板螺栓（T 形螺栓）。这三条 T 形槽中，一条精度较高，其余两条精度较低。工作台前侧面有一条小 T 形槽，用来安装行程挡铁。

纵向工作台台面的宽度是标志铣床大小的主要规格。

5. 横向工作台

横向工作台位于纵向工作台的下面，用以带动纵向工作台做前后移动。有了纵向工作台、横向工作台和升降台，便可以使工件在三个互相垂直的坐标方向移动，以满足加工要求。

6. 转台（回转刻度盘）

万能铣床在纵向工作台和横向工作台之间，还有一层转台，其唯一作用是能将纵向工作台在水平面内回转一个正、反不超过 45°的角度，以便铣削螺旋槽。

有无转台是区分万能卧铣和一般卧铣的唯一标志。

转台可带动工作台在±45°范围内转一定的角度，用于铣削斜沟槽及螺旋表面。

7. 主　轴

用于安装或通过刀杆来安装铣刀，并带动铣刀旋转。主轴是一根空心轴，前端是锥度为 7∶24 的圆锥孔，用于装铣刀或铣刀杆，并用长螺栓穿过主轴通孔从后面将其紧固。

8. 底　座

底座是整个铣床的基础，承受铣床的全部质量，并用以盛放切削液。

此外，卧式铣床还有吊架、刀杆等附属装置。吊架是用来当铣刀主轴伸出端较长时，为提高刀杆的刚度，用于支承刀杆的悬伸端。托架内装有滑动的轴承，轴套与刀杆的间隙可手动调整。

（三）X6132 型铣床的传动系统（见图 9.1.3）

主运动传动链的作用：主轴变速、变向以及停止转动时的制动。

两端件：主电动机—主轴。

传动路线：主运动由主电动机（7.5 kW、1 450 r/min）驱动，经 V 带传至轴Ⅱ，再经轴Ⅱ—Ⅲ间和轴Ⅲ—Ⅳ间两组三联滑移齿轮变速组、轴Ⅳ—Ⅴ间双联滑移齿轮变速组，使主轴具有 18

级转速（30～1 500 r/min）。

主运动传动路线表达式：

旋转方向——　由电动机的变向实现。

制动——　由轴Ⅱ上的多片式电磁制动器 M 进行控制。

（四）铣床型号、规格及技术参数

1. 铣床的型号及规格（见图 9.1.12）

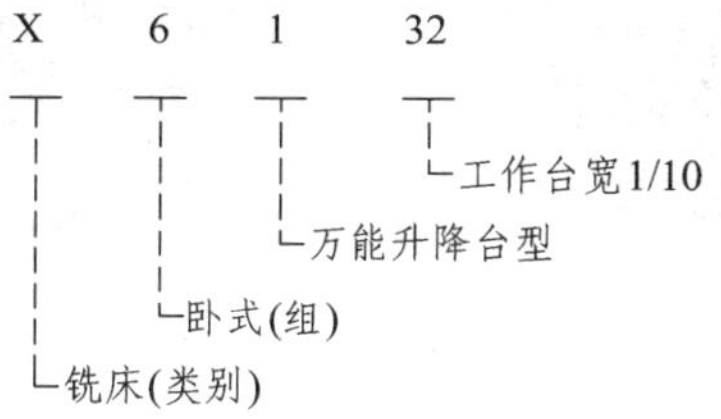

图 9.1.12　铣床型号

2. 主要技术参数

工作台的工作面积（宽×长）：320 mm×1 250 mm。

工作台的最大行程（手动）：纵向 700 mm，横向 255 mm，垂直 320 mm。

工作台的最大行程（机动）：纵向 680 mm，横向 240 mm，垂直 300 mm。

工作台的最大回转角度：±45°。

主轴轴心线到工作台台面的距离：30～350 mm。

主轴转速（18 级）：30～1 500 r/mim。

立式铣床（见图 9.1.13）与卧式铣床有很多相似的地方。不同的是：立式铣床床身无顶导轨，也无横梁，而其上部是一个立铣头，其作用是安装主轴和铣刀。

通常立式铣床在床身与立铣头之间还有转盘，可使主轴倾斜成一定角度，铣削斜面。立式铣床可用来镗孔。

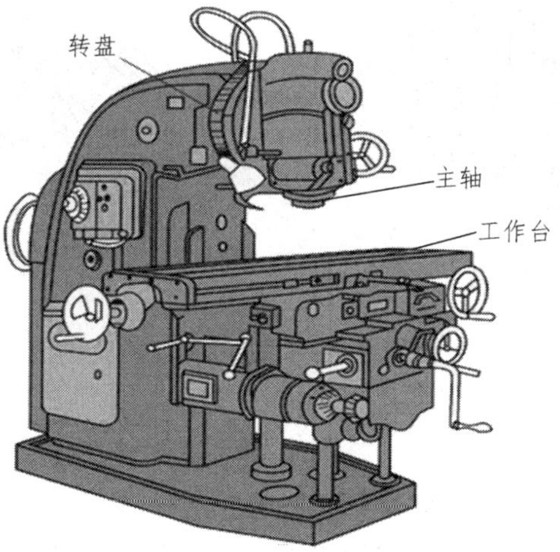

图 9.1.13　立式升降台铣床

（五）铣床的附件

1. 平口钳

平口钳又叫机用虎钳，用来装夹矩形和圆柱形一类的中小工件，应用相当广泛。具有回转刻度盘的称为回转式平口钳，可借助它来扳角度，如图 9.1.14、图 9.1.15 所示。

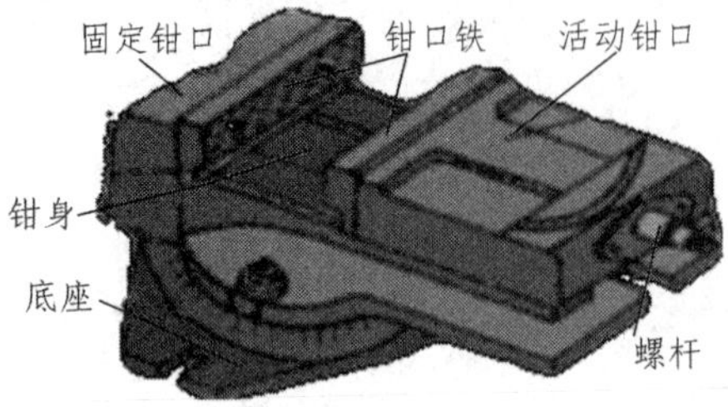

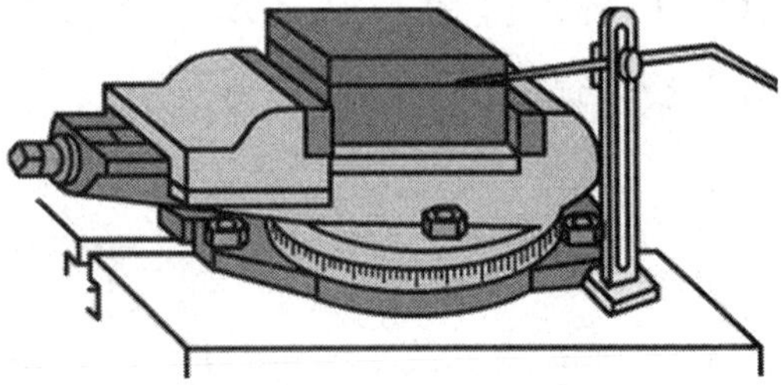

图 9.1.14　平口钳

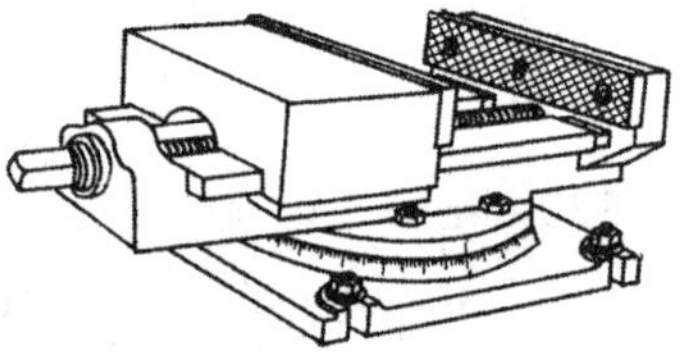

图 9.1.15　平口钳

小型和形状规则的工件多用此法安装。

2. 圆工作台

圆工作台用来装夹需要加工圆弧形表面的工件，借助它可以铣削比较规则的内外圆弧面，如图 9.1.16 所示。

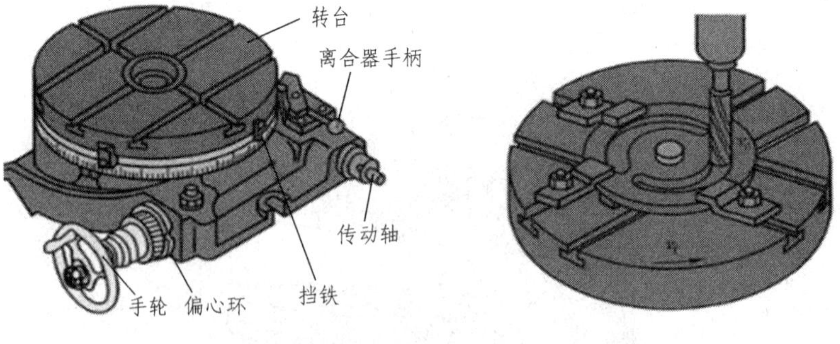

图 9.1.16　圆工作台

3. 万能铣头

万能铣头用来扩大卧式铣床的加工范围。在卧式铣床上装万能铣头，不仅可以完成各种立式铣床的工作，而且还可根据铣削需要，把铣刀轴扳至任意角度，如图 9.1.17 所示；但由于安装万能铣头很麻烦，装上后又使铣床的工作空间大为减小，因而限制了它的使用，如图 9.1.18 所示。

（a）　　（b）

图 9.1.17　转动立铣头铣斜面

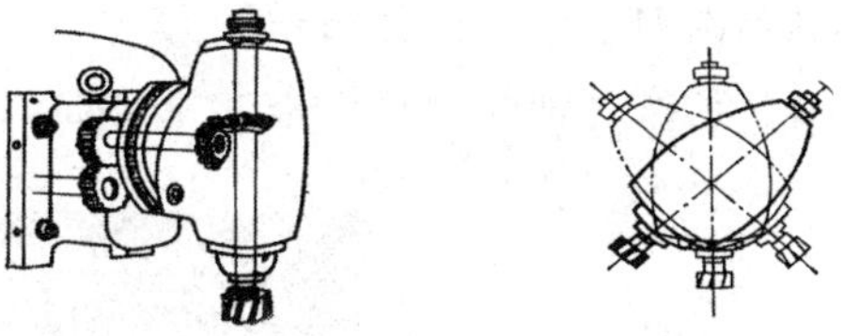

（a）　　（b）

图 9.1.18　立铣头结构示意图

4. 万能分度头

分度头的用途：分度头是铣床的重要附件之一。铣削六角螺钉头、花键、齿轮、多头螺旋槽等都需要利用分度头进行分度。通常在铣床上使用的分度头有简单分度头、万能分度头、自动分度头等，其中使用最多的是万能分度头。

（1）用各种分度方法（简单分度、复式分度、差动分度）进行各种分度工作。

（2）把工件安装成需要的角度，以便进行切削加工（如铣斜面等），如图 9.1.19 所示。

（3）铣螺旋槽时，将分度头挂轮轴与铣床纵向工作台丝杠用“交换齿轮”连接后，当工作台移动时，分度头上的工件即可获得螺旋运动，如图 9.1.20 所示。

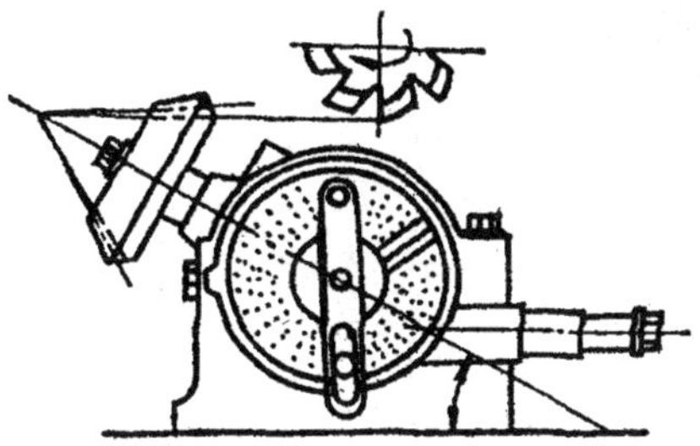

图 9.1.19　立铣头结构示意图

（a）铣螺纹　　（b）铣螺旋槽

图 9.1.20　铣螺纹和铣螺旋槽

（六）铣　刀

铣刀是多齿刀具，因结构复杂，一般由专业工厂生产。由于铣刀同时参与切削的齿数多，并能用较高的切削速度，故生产率较高。

铣刀种类很多，如图 9.1.21 所示，划分方式多样，主要有按用途划分、按组合方式划分、按齿背形状划分等。下面主要介绍按用途划分的方式。

按用途分，铣刀可分为以下几种：

1. 面铣刀（见图 9.1.22）

（1）用于在立式铣床上加工平面；

（2）面铣刀的每个刀齿与车刀相似，刀齿采用硬质合金制成；

（3）铣刀主切削刃分布在铣刀一端；

（4）工作时轴线垂直于被加工平面。

图 9.1.21　铣刀

图 9.1.22　面铣刀

2. 圆柱铣刀（见图 9.1.23）

它一般都是用高速钢制成整体，螺旋形切削刃分布在圆柱表面上，没有副切削刃，螺旋形的刀齿切削时是逐渐切入和脱离工件的，所以切削过程较平稳。

圆柱铣刀主要用于在卧式铣床上加工宽度小于铣刀长度的狭长平面。

图 9.1.23　圆柱铣刀

3. 盘形铣刀（见图 9.1.24）

盘形铣刀包括槽铣刀、两面刃铣刀、三面刃铣刀。其中，槽铣刀仅在圆柱表面上有刀齿，只能用于加工浅槽。

图 9.1.24　盘形铣刀

4. 键槽铣刀（见图 9.1.25）

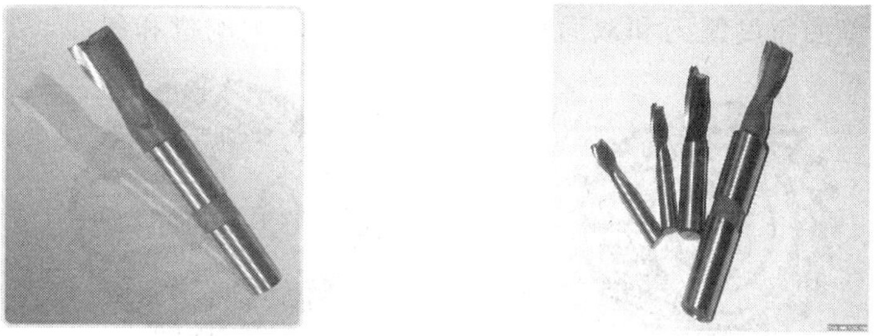

图 9.1.25　键槽铣刀

（1）铣键槽的专用刀具，仅有两个刃瓣；

（2）其圆周切削刃和端面切削刃都可作为主切削刃；

（3）使用时先轴向进给切入工件，后沿键槽方向铣出键槽；

（4）重磨时仅磨端面切削刃。

5. 立铣刀（见图 9.1.26）

立铣刀主要用在立式铣床上加工凹槽、阶台面，也可以利用靠模加工成形表面。立铣刀圆周上的切削刃是主切削刃，端面上的切削刃是副切削刃，故切削时一般不宜沿铣刀轴线方向进给。

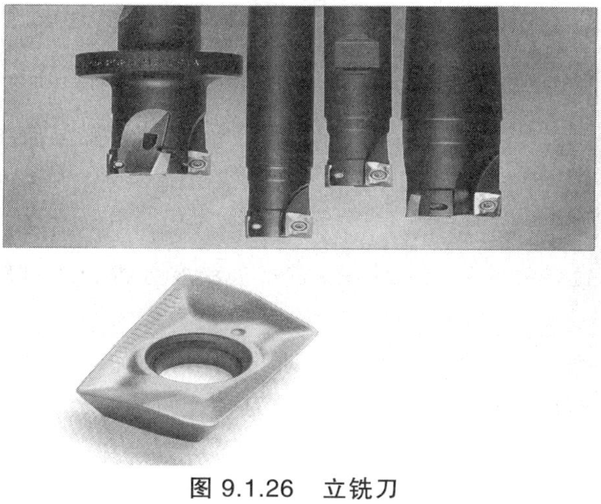

图 9.1.26　立铣刀

6. 麻花钻

麻花钻是最常用的孔加工刀具，如图 9.1.27 所示。

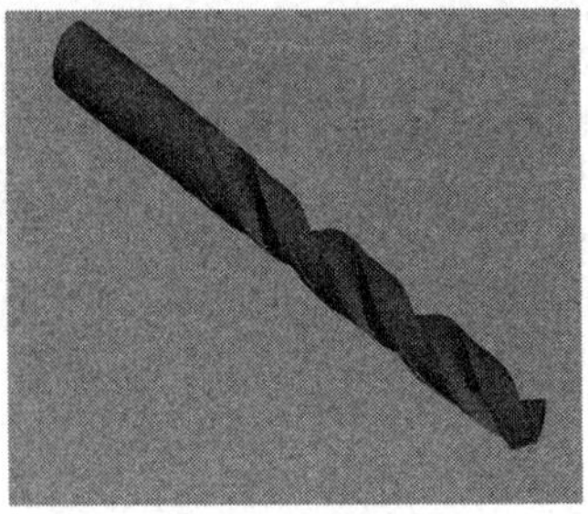

图 9.1.27 麻花钻

7. 角度铣刀

角度铣刀包括单面角度铣刀和双面角度铣刀，用于铣削沟槽和斜面，如图 9.1.28 所示。

（a）平面角度铣刀

（b）双面角度铣刀

图 9.1.28 角度铣刀

8. 成形铣刀

成形铣刀用于加工成形表面，刀齿廓形要根据被加工的零件表面廓形设计，如图 9.1.29 所示。

图 9.1.29 成形铣刀

四、知识拓展

1. 铣削范围

铣削是一种生产率比较高的加工方法，通常铣削精度可达 IT9～IT8，表面粗糙度 *Ra* 值可达 6.3～1.6 μm。

铣削的加工的范围很广，可以铣平面、台阶、沟槽、成形面、螺旋槽、齿轮齿面、切断以及刻线等。此外，在铣床上还可以安装孔加工刀具（如钻头、铰刀和镗刀杆）来加工工件上的孔。

2. 铣削方式

（1）铣削方式的类型。

铣削方式有逆铣与顺铣。铣刀旋转方向和工件的进给方向相同时称为顺铣，相反时称为逆铣。

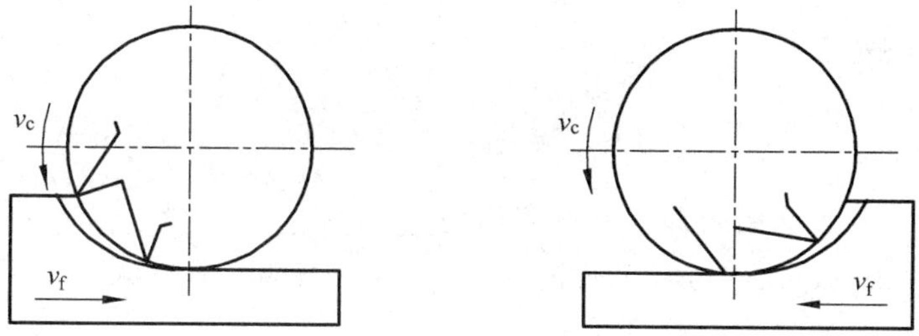

（a）顺铣法　　（b）逆铣法

图 9.1.30　铣削类型

（2）铣削方式的特点。

顺铣特点：铣屑开始厚，铣刀能耐用；
铣力压工件，稳定少振动；
机台有窜动，又怕有黑皮；
相对逆铣比，适合精加工。

逆铣特点：切屑厚度由薄到厚；
切初挤滑刀损加剧；
铣削力消除台窜动；
防台窜黑皮用逆铣。

3. 铣削要素（见图 9.1.31）

铣削四要素如下：

（1）铣削速度：

$$v=\frac{\pi \cdot d_0 \cdot n}{1\,000}(\mathrm{m/min})$$

（2）进给量 f：

每齿进给量 a_f、每转进给量 f、每分钟进给量 v_f 之间的关系如下：

$$v_f = f \cdot n = a_f \cdot z \cdot n \qquad (\mathrm{mm/min})$$

（3）铣削深度 a_p：

在平行于铣刀轴线方向上测得的铣削层尺寸。

（4）铣削宽度 a_e：

在垂直于铣刀轴线方向和工件进给方向上测得的铣削层尺寸。

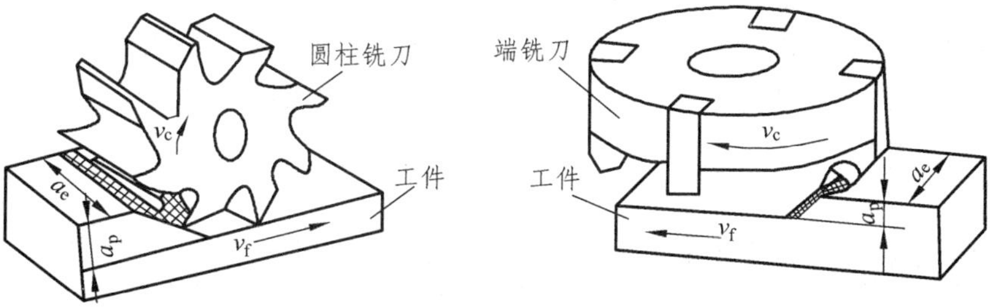

图 9.1.31　铣削要素

五、课后练习

1. 选择题

（1）主轴与工作台面垂直的升降台铣床称为________

A. 立式铣床　　B. 卧式铣床　　C. 万能工具铣床

（2）卧式万能铣床的工作台可以在水平面内板转________角度，以适应用盘形铣刀加工螺旋槽等工件。

A. ±35°　　B. ±90°　　C. ±45°

（3）铣刀每转过一分钟，工件相对于铣刀移动的距离称为（　　）。

A. 铣削速度　　B. 每齿进给量

C. 每转进给量　　D. 进给速度

（4）精铣时，限制进给量提高的主要因素是（　　）。

A. 切削力　　B. 表面粗糙度

C. 表面硬度　　D. 加工余量

（5）铣床上用的分度头和各种虎钳都是（　　）夹具。

A. 专用　　B. 通用　　C. 组合　　D. 特殊

（6）在加工较长的阶台时，虎钳的固定钳口或工件的侧面应校正到与（　　）平行。

A. 纵向进给方向　　B. 横向进给方向

C. 进给方向　　D. 工作台

（7）铣床的润滑对于其加工精度和（　　）影响极大。

A. 生产效率　　B. 切削功率

C. 使用寿命　　D. 机械性能

2. 判断题

（1）铣刀的旋转方向与工件进给方向相反时，称为顺铣。（　　）

（2）顺铣加工的特点：铣削平稳，刀刃耐用度高，工件表面质量也较好，但消耗在进给方向的功率较大。（　　）

（3）铣削带有斜面的工件时，应先加工斜面，然后再加工其他平面。（　　）

（4）平口钳钳口与工作台面不垂直或基准面与固定钳口未贴合均可造成工件垂直度超差。（　　）

（5）根据夹具的应用范围，可将铣床夹具分为万能夹具和专用夹具。（　　）

（6）铣刀切削部分常用材料应满足的基本要求是有足够的硬度韧性和强度。（　　）

（7）通常铣加工依靠划线来确定加工的最后尺寸，因而加工过程中不必测量，按线加工就能保证尺寸的准确性。（　　）

3. 填空题

（1）X6132 型铣床的主轴最高转速是____________r/min。

（2）图 9.1.32 是_______铣床。

（3）通常立式铣床在床身与立铣头之间还有________，可使主轴倾斜成一定角度，铣削斜面。

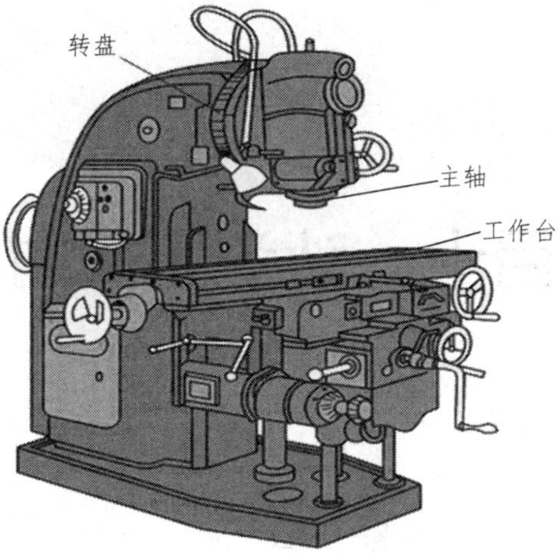

图 9.1.32　铣床

（4）铣刀旋转方向和工件的进给方向__________时称为顺铣。

（5）铣刀旋转方向和工件的进给方向__________时称为逆铣。

（6）铣削是__________做主运动。

（7）铣削是__________做进给运动。

4. 解释题

① 铣削深度——

② 铣削宽度——

③ 顺铣——

4. 问答题

（1）铣床的主要附件有哪些？

（2）铣刀分为哪些类型？

（3）铣削方法有几种？具有哪些特点？

（4）铣削四要素是什么？

项目十　认识金属材料

学习目标

（1）能正确解释金属力学性能各指标概念。

（2）能正确绘制低碳钢拉伸曲线并解释各段曲线的含义。

（3）能正确理解和解释各种钢的含义。

（4）能正确说出各种钢的分类。

（5）能正确说出各种常用钢的牌号和性能特点。

（6）能正确区别钢与铁。

学习任务

任务一　认识金属的力学性能

任务二　认识碳素钢

任务三　认识工具钢

学习准备

（1）教师准备：报废卡尺、锉刀、丝锥等手用刀具，生铁及各种金属材料（如铜丝、铁丝、铝丝、榔头、橡皮泥、小刀等），多媒体课件。

（2）学生准备：各种金属材料（如铜丝、铁丝、铝丝等）、《金属材料与热处理》教材、课堂笔记本。

建议学时

建议学时：8 课时。

任务一　认识金属的力学性能

学习目标

- 能正确阐述金属力学性能各指标概念。
- 能正确绘制低碳钢拉伸曲线图，并解释各段曲线的含义。

学习重难点

▲ 强度、塑性、硬度、冲击韧性以及疲劳强度的概念。
▲ 低碳钢拉伸曲线的绘制及曲线中各要点的含义。

学习准备

★ 教师准备：各种金属材料（如铜丝、铁丝、铝丝、榔头、橡皮泥、小刀等）、多媒体课件。
★ 学生准备：各种金属材料（如铜丝、铁丝、铝丝等）、《金属材料与热处理》教材、课堂笔记本。

建议学时

建议学时：4 课时。

一、任务要求

（1）通过弯、折、拉等方法来比较铜丝、铁丝、铝丝等金属材料是否相同。

（2）查询相关资料，了解什么是金属的力学性能。

（3）查询相关资料，掌握常用几种力学性能指标的概念，并对各种金属材料进行弯、折、拉来体验各种力学性能。

（4）根据低碳钢拉伸试验图（见图 10.1.1）深入了解“强度”这一力学性能。

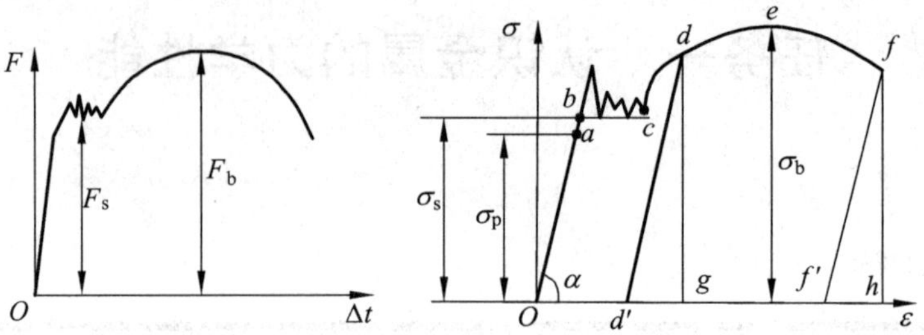

图 10.1.1 拉伸试验图

二、学习引导

（1）金属材料在受到外界载荷后都会产生变形，变形分为两种，分别是______、_______。载荷去除后仍不能恢复的变形称为__________变形。

（2）强度是指金属材料在______载荷作用下，抵抗_____和_____的能力。

（3）断裂前金属材料产生______的能力称为塑性。金属材料的_________和________的数值越大，表示材料的塑性越好。

（4）硬度是指金属材料表面抵抗______________________________的能力。

（5）金属材料抵抗___________作用而________的能力称为冲击韧性。

三、知识链接

金属的力学性能是指金属材料抵抗各种外加载荷的能力。

（一）弹性和刚度

1. 弹　性

弹性是指材料在去除外力后，能恢复其原来形状的性能。

2. 刚　度

材料抵抗弹性变形的能力称为刚度，用弹性模量 E 衡量。E 越大，刚度越大。刚度大小还取决于零件的几何形状。

（二）强度和塑性

材料在外力作用下抵抗变形与断裂的能力称为强度；强度包括抗拉强度、抗压强度、抗弯强度、抗剪强度、抗扭强度等。

1. 弹性变形与塑性变形

弹性变形：随着外力去除而消失的变形。

塑性变形：不随外力去除而消失的变形。

2. 屈服点

当外力不增加，而试样继续发生变形的现象称为屈服。

材料开始产生屈服时的最低应力 σ_s 称为屈服点。

$$\sigma_s=\frac{F_{eL}}{S_0}$$

式中 σ_s——材料开始产生屈服时的最低应力；

F_{eL}——开始屈服时的外力；

S_0——试样原始截面面积。

3. 抗拉强度

当试样截面出现缩颈现象时，其所对应的应力 σ_b 称为抗拉强度。

$$\sigma_b=\frac{F_m}{S_0}$$

式中 F_m——试样断裂前所受的最大外力。

屈服点和抗拉强度是金属材料的两个重要指标，是零件设计的依据。

（三）塑 性

1. 概 念

材料在外力作用下，产生永久变形而不破坏的性能称为塑性。

2. 指 标

衡量塑性变形的两个指标是：伸长率 δ 和断面收缩率 ψ。

（1）伸长率 δ。

$$\delta=\frac{L_u-L_0}{L_0}\times100\%$$

（2）断面收缩率 ψ。

$$\psi=\frac{S_0-S_u}{S_0}\times100\%$$

3. 在工程中的意义

塑性在工程技术中具有重要的实际意义，伸长率与断面收缩率越高，材料的塑性越好，金属就可以发生大量的塑性变形而不被破坏。

一般来说，δ=5%，ψ=10%就能满足大多数零件对塑性的要求了。

（四）硬 度

1. 概 念

材料抵抗更硬物体压入其表面的能力称为硬度。

2. 表示方法

（1）布氏硬度 HB；

（2）洛氏硬度 HR；

（3）维氏硬度 HV。

3. 几种硬度值比较

布氏硬度的优点是具有较高的测量精度，但不能测量高硬度的材料，一般用来测定灰铸铁、有色金属及经过退火、正火和调质处理的钢材。

洛氏硬度的优点是操作迅速、简便，可测较薄工件硬度；缺点是精度较差。目前应用广泛。维氏硬度的优点是可测定极软到极硬的各种材料和薄片金属；缺点是测量方法复杂。

（五）冲击韧度

金属材料抵抗冲击载荷而不破坏的能力称为冲击韧度。

（六）断裂韧度

断裂韧度是用来反映材料抵抗裂纹失稳扩张能力的性能指标。

（七）疲劳强度

金属抵抗疲劳破坏的能力称为疲劳强度。

四、课后练习

用低碳钢做拉伸试验，检验低碳钢强度的三个临界点，并记录相关数据。

任务二　认识碳素钢

学习目标

- 能正确解释碳素钢的含义。
- 能正确说出碳素钢的分类。
- 能正确区别铁与钢。
- 能正确说出常用碳素结构钢的牌号和性能特点。

学习重难点

▲ 碳素钢的含义，钢与铁的区别。

▲ 碳素钢的分类。

▲ 常用的碳素钢牌号与性能特点。

学习准备

★ 教师准备：报废卡尺、锉刀、丝锥等手用刀具，生铁，多媒体课件。

★ 学生准备：《金属材料与热处理》教材、课堂笔记本。

建议学时

建议学时：2 课时。

一、任务要求

（1）查询相关资料，掌握碳素钢的含义。

（2）查表 10.2.1，掌握常用碳素钢的分类及典型牌号。

（3）查表 10.2.2，正确理解常用碳素结构钢牌号的含义并掌握其相应的性能特点和使用范围。

（4）查表 10.2.3，了解常用优质碳素钢的牌号、力学性能及应用。

表 10.2.1 常用碳素钢的分类及典型牌号

分类		典型牌号	应用举例
结构钢	碳素结构钢	Q235、Q215	制造钢板和各种型材，用于制造厂房、桥梁等建筑结构或一些受力不大的机械零件，如铆钉、螺钉、螺母
	优质碳素结构钢	08F、10、20、25	08～25 钢主要用于制造冲压件、焊接结构件及强度要求不高的机械零件及渗碳件，如深冲器件、压力容器、小轴、销子、法兰盘、螺钉和垫圈等
		35、40、45、50	30～50 钢主要用于制造受力较大的机械零件，如连杆、曲轴、齿轮和联轴器等
		60、65Mn	60 钢主要用于制造具有较高强度、耐磨性和弹性的零件，如气门弹簧、弹簧垫圈、板簧和螺旋弹簧等弹性元件及耐磨件
铸造碳钢		ZG230-450 ZG270-500	主要用于制造形状复杂、性能要求高的重型机械零件，如轧钢机机架、水压机横梁、锻锤和砧座等

表 10.2.2 常用碳素结构钢的牌号、化学成分和用途

牌号	质量等级	化学成分/%			主要用途
		C	S≤	P≤	
Q195	—	0.06～0.12	0.05	0.045	用于制造承受荷载不大的工程结构件，如铁钉、铁丝、薄钢板、铆钉、垫圈及焊接件等
Q215	A	0.09～0.15	0.05	0.045	
	B		0.045		
Q235	A	0.14～0.22	0.05	0.045	应用最广，用于制造钢板、钢筋、型钢、螺母、地脚螺栓及拉杆等
	B	0.12～0.20	0.045		
	C	≤0.18	0.04	0.04	
	D	≤0.17	0.035	0.035	
Q255	A	0.18～0.28	0.05	0.045	用于制造承受中等荷载的普通零件，如键、销、转轴、链轮等
	B		0.045		
Q275	—	0.28～0.38	0.05	0.045	

表 10.2.3　常用优质碳素结构钢牌号、化学成分、力学性能和用途

牌号	化学成分/%			力学功能					应用举例
	C	Si	Mn	σ_s	σ_b	δ	ψ	A_k	
				MPa		%		J/cm^2	
				不小于					
08F	0.05～0.11	≤0.03	0.25～0.50	175	295	35	60	—	塑性高、焊接性好，宜制造冲压件、焊接件及强度要求不高的机械零件和渗碳件，如一般螺钉、铆钉、垫圈等
08	0.05～0.12	0.17～0.35	0.35～0.65	195	325	33	60	—	
10F	0.07～0.14	≤0.07	0.25～0.50	185	315	33	55	—	
10	0.07～0.14	0.17～0.37	0.35～0.65	205	335	31	55	—	
15F	0.12～0.19	≤0.07	0.25～0.50	205	355	29	55	—	
15	0.12～0.19	0.17～0.37	0.35～0.65	225	375	27	55	—	
20	0.17～0.24	0.17～0.37	0.35～0.65	245	410	25	55	—	
25	0.22～0.30	0.17～0.37	0.50～0.80	275	450	23	50	88.3	
30	0.27～0.35	0.17～0.37	0.50～0.80	295	490	21	50	78.5	优良的综合力学性能，宜制造受力较大的机械零件，如齿轮、连杆、活塞杆、轴类零件及联轴器等零件
35	0.32～0.40	0.17～0.37	0.50～0.80	315	530	20	45	68.5	
40	0.37～0.45	0.17～0.37	0.50～0.80	335	570	19	45	58.8	
45	0.42～0.50	0.17～0.37	0.50～0.80	355	600	16	40	49	
50	0.47～0.55	0.17～0.37	0.50～0.80	375	630	14	40	39.2	
55	0.52～0.60	0.17～0.37	0.50～0.80	380	645	13	35	—	
60	0.57～0.65	0.17～0.37	0.50～0.80	400	675	12	35	—	屈服点高，弹性好，宜制造弹性元件（如各种螺旋弹簧、板簧等）及耐磨零件
65	0.62～0.70	0.17～0.37	0.50～0.80	410	695	10	30	—	
70	0.67～0.75	0.17～0.37	0.50～0.80	420	715	9	30	—	
75	0.72～0.80	0.17～0.37	0.50～0.80	880	1 080	7	30	—	
80	0.77～0.85	0.17～0.37	0.50～0.80	930	1 080	6	30	—	
85	0.82～0.90	0.17～0.37	0.50～0.80	980	1 130	6	30	—	

碳素钢在生产生活中的应用如图 10.2.1、图 10.2.2 所示。

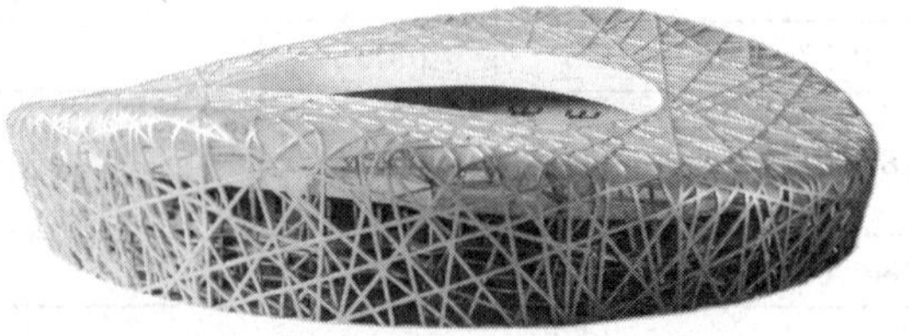

图 10.2.1　鸟巢

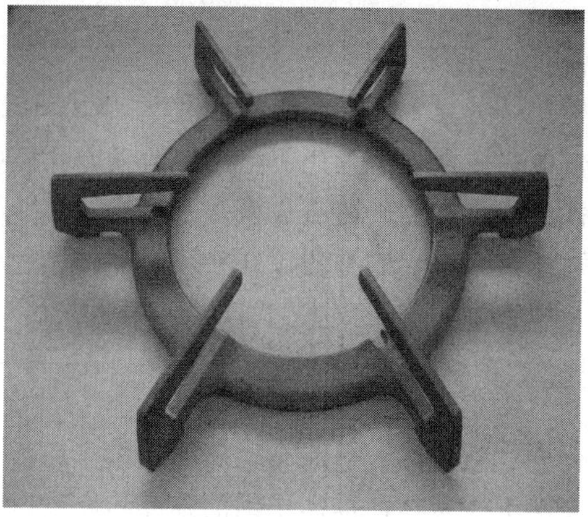

图 10.2.2　支架

二、学习引导

（1）钢与铁的区别是什么？

（2）钢的含碳量的范围是多少？

（3）碳素钢有哪几种分类方法？

（4）常用碳素结构钢的牌号有哪些？

（5）一般用什么材料制作钢筋、螺母、螺栓？

三、知识链接

（一）碳素钢

碳素钢简称碳钢，是最基本的铁碳合金，它是指含碳量大于0.0218%而小于2.11%，且冶炼时不特意加入合金元素的铁碳合金。它资源丰富，容易冶炼，价格便宜，具有较好的力学性能和优良的工艺性能，应用广泛。

钢中除铁以外的主要元素是碳，此外还含有一些其他元素，主要是硅、锰、硫、磷。它们对钢的性能有一定的影响。

1. 硅

来源：脱氧处理时残留在钢中。

影响：

（1）残余硅能溶于铁素体，使铁素体强化，提高钢的强度和硬度；

（2）使钢的液态流动性变好，有利于铸造成型。

含量：硅作为常存元素，其含量一般不超过 0.5%。

2. 锰

来源：生铁和脱氧剂。

影响：

（1）它能与钢中的硫化合成硫化锰，从而减轻硫的危害作用；

（2）残余的锰大部分能溶于铁素体，提高了钢的强度和硬度。

含量：一般小于 1%。

3. 硫

来源：生铁和燃料。

影响：对钢的危害很大。

（1）它不溶于铁，而以 FeS 的形式存在，FeS 与 Fe 形成低熔点（985 ℃）的共晶体，在钢件进行锻造、轧制等热加工时，削弱钢内部分子之间的结合力，导致开裂，称为“热脆”；

（2）硫还会使钢的强度和韧性降低；

（3）硫与锰化合成硫化锰，起断屑的作用，可改善切削性。

含量：应严格控制，一般应小于 0.05%。

4. 磷

来源：生铁。

影响：对钢的危害较大。

（1）能全部溶于铁素体，提高了钢的强度和硬度；

（2）使钢在低于 100 ℃时的塑性和韧性急剧下降，这种现象称为“冷脆”，含磷量越高，冷脆越严重；

（3）含量在 0.05%～0.15%，使铁素体脆化，可改善切削性。

（4）磷还会使钢的焊接性能变坏，在焊接时容易产生裂纹。

含量：一般应小于 0.045%。

5. 其他气体与非金属夹杂物

（1）氢：钢中的氢会造成氢脆、白点等缺陷。

（2）氮的时效：来不及逸出的氮，放置一段时间后，以氮化物的形式析出，使钢变脆。

（3）氧以氧化物的形式存在于钢中，形成非金属夹杂物，如 SiO_2、MnO、Al_2O_3 等，降低了钢的塑性、冲击韧性和疲劳强度等。

（二）钢的分类与编号

1. 钢的分类

（1）根据含碳量分。

碳素钢（非合金钢）：低碳钢（w_C<0.25%）、中碳钢（w_C=0.25%～0.6%）、高碳钢（w_C>0.6%）。

（2）按质量分。

① 普通质量钢：w_S=0.035%～0.055%；w_P=0.035%～0.045%。

② 优质钢：w_S、w_P≤0.035%

③ 高级优质钢：w_S≤0.020%～0.030%；w_P=0.025%～0.035%。

④ 特级优质钢：w_S≤0.015%；w_P≤0.025%。

（3）按用途分。

① 结构钢。

工程结构用钢：用于制造各种工程构件，如桥梁、船舶、建筑构件等。

机器零件用钢：渗碳钢、调质钢、弹簧钢、滚动轴承钢。

② 工具钢：用于制造各种刀具、量具、模具等，一般为高碳钢，在质量上都是优质钢或高级优质钢。

③ 特殊性能钢：具有某种特殊的物理或化学性能的钢种，用于有特殊要求的零件或结构，如不锈钢、耐热钢、高耐磨钢、磁钢等。

2. 碳钢的编号及用途

（1）普通碳素结构钢。

普通碳素结构钢主要保证机械性能，牌号体现机械性能。

编号用Q+数字表示，“Q”为屈服点“屈”汉语拼音首字母，数字表示屈服点数值。例如，Q275表示屈服点为275 MPa。若牌号后面标注字母A、B、C、D，则表示钢材质量等级不同，即S、P含量不同。A、B、C、D质量依次提高，“F”表示沸腾钢，“b”为半镇静钢，“Z”为镇静钢。例如，Q235AF表示屈服点为235 MPa的A级沸腾钢，Q235C表示屈服点为235 MPa的C级镇静钢。

普通碳素结构钢一般情况下都不经热处理，而是在供应状态下直接使用。通常Q195、Q215、Q235含碳量低，有一定强度，常扎制成薄板、钢筋、焊接钢管等，用于桥梁、建筑等钢结构，也可制造普通的铆钉、螺钉、螺母、垫圈、地脚螺栓、轴套、销轴等；Q255和Q275钢强度较高，塑性、韧性较好，可进行焊接，通常扎制成型钢、条钢和钢板作结构件以及制造连杆、键、销、简单机械上的齿轮、轴节等。

（2）优质碳素结构钢。

同时保证钢的化学成分和机械性能。其牌号是采用两位数字表示的，表示钢中平均含碳量的万分之几。例如，45钢表示钢中含碳量为0.45%；08钢表示钢中含碳量为0.08%。若钢中含锰量较高，则需将锰元素标出，如含碳量0.45%，含锰量0.70%～1.00%的钢即为45Mn。

优质碳素结构钢主要用于制造机械零件，一般都要经过热处理以提高机械性能，根据含碳量不同，有不同的用途：08、08F、10、10F钢的塑性、韧性好，具有优良的冷成型性能和焊接性能，常冷轧成薄板，用于制作仪表外壳和汽车、拖拉机上的冷冲压件，如汽车车身、拖拉机驾驶室等；15、20、25钢用于制作尺寸较小、负荷较轻、表面要求耐磨、心部强度要求不高的渗碳零件，如活塞钢、样板等；30、35、40、45、50钢经热处理（淬火+高温回火）后具有良好的综合机械性能，即具有较高的强度和较高的塑性、韧性，用于制作轴类零件；55、60、65钢热处理（淬火+高温回火）后具有高的弹性极限，常用作弹簧。

（3）碳素工具钢。

这类钢的牌号是用“碳”或“T”字后附数字表示，数字表示钢中平均含碳量的千分之几。T8、T10 分别表示钢中平均含碳量为 0.80%和 1.0%的碳素工具钢，若为高级优质碳素工具钢，则在钢号最后附以字母“A”，如 T12A。

碳素工具钢经热处理（淬火+低温回火）后具有高硬度，用于制造尺寸较小要求耐磨性的量具、刃具、模具等。

T7、T7A、T8、T8A、T8MnA 用于制造要求较高韧性、承受冲击负荷的工具，如小型冲头、凿子、锤子等。

T9、T9A、T10、T10A、T11、T11A 用于制造要求中韧性的工具，如钻头、丝锥、车刀、冲模、拉丝模、锯条等。

T12、T12A、T13、T13A 具有高硬度、高耐磨性，但韧性低，用于制造不受冲击的工具，如量规、塞规、样板、锉刀、刮刀、精车刀等。

（4）铸造碳钢。

牌号用“ZG”+两组数字组成：第一组数字代表屈服强度值，第二组数字代表抗拉强度值。

实际上这类钢属于结构钢，主要用于制造形状复杂、力学性能要求较高的零件，其含碳量一般在 0.20%～0.60%，如果含碳量过高，则塑性变差，铸造时产生裂纹。

（三）钢与铁的区别

钢是含碳量为 0.0218%～2.11%的铁碳合金。碳钢是最常用的普通钢，冶炼方便、加工容易、价格低廉，而且在多数情况下能满足使用要求，所以应用十分普遍。按含碳量不同，碳钢又分为低碳钢、中碳钢和高碳钢。随含碳量升高，碳钢的硬度增加、韧性下降。合金钢又叫特种钢，在碳钢的基础上加入一种或多种合金元素，使钢的组织结构和性能发生变化，从而具有一些特殊性能，如高硬度、高耐磨性、高韧性、耐腐蚀性等。

含碳量为 2%～4.3%的铁碳合金称为生铁。生铁硬而脆，但耐压耐磨。根据生铁中钢铁碳存在的形态不同又可分为白口铁、灰口铁和球墨铸铁。白口铁中碳以 Fe_3C 的形态分布，断口呈银白色，质硬而脆，不能进行机械加工，是炼钢的原料，故又称为炼钢生铁。碳以片状石墨形态分布的称为灰口铁，断口呈银灰色，易切削，易铸，耐磨；若碳以球状石墨分布则称为球墨铸铁，其机械性能、加工性能接近于钢。在铸铁中加入特种合金元素可得到特种铸铁，如加入 Cr，耐磨性可大幅度提高，在特种条件下有十分重要的应用。

四、课后练习

（1）Q235 属于什么类别？它的性能特点是什么？常用来制造什么？

（2）08F 属于什么类别？它的性能特点是什么？常用来制造什么？

（3）Q275 属于什么类别？它的性能特点是什么？常用来制造什么？

（4）45 钢属于什么类别？它的性能特点是什么？常用来制造什么？

任务三　认识工具钢

学习目标

- 能正确解释工具钢的含义。
- 能正确说出工具钢的分类。
- 能正确说出常用工具钢的牌号和性能特点。

学习重难点

▲常用工具钢的牌号和性能特点。

学习准备

★教师准备：报废卡尺、锉刀、丝锥等手用刀具，多媒体课件。
★学生准备：《金属材料与热处理》教材、课堂练习本。

建议学时

建议学时：2 课时。

一、任务要求

（1）查表 10.3.1，掌握工具钢的含义

（2）查表 10.3.1，掌握常用工具钢的分类后，将准备好的各种工具钢进行分类，并记录。

（3）查表 10.3.1，正确理解常用工具钢牌号的含义并掌握其相应的性能特点和使用范围。

表 10.3.1　常用碳素工具钢牌号

牌号	含碳量/%	硬度			用途
		退火状态	试样淬火		
		HBS 不大于	淬火温度/°C 冷却剂	HBC 不小于	
T7、T7A	0.65～0.74	187	800～820　水	62	淬火后常用于制造能承受振动、冲击的工具，如冲头、木工工具等
T8、T8A	0.75～0.84	187	780～800　水	62	淬火后常用于制造有较高硬度和耐磨性的工具，如剪刀、锯条等
T8Mn、T8MnA	0.80～0.90	187	780～800　水	62	
T9、T9A	0.85～0.94	192	760～780　水	62	用于制造一定硬度和韧性的工具，如冲模、冲头等
T10、T10A	0.95～1.04	197	760～780　水	62	用于制造耐磨性较高，不受剧烈振动影响，具有一定韧性及具有锋利刃口的各种工具，如刨刀、车刀、钻头、丝锥等工具
T11、T11A	1.05～1.14	207	760～780　水	62	
T12、T12A	1.15～1.24	207	760～780　水	62	用于制造不受冲击载荷影响，要求高硬度的各种工具，如丝锥、锉刀等
T13、T13A	1.25～1.35	217	760～780　水	62	用于制造不受振动影响，要求极高硬度的各种工具，如剃刀、刮刀、刻字刀等

工具钢在生产生活中的应用如图 10.3.1～10.3.3 所示。

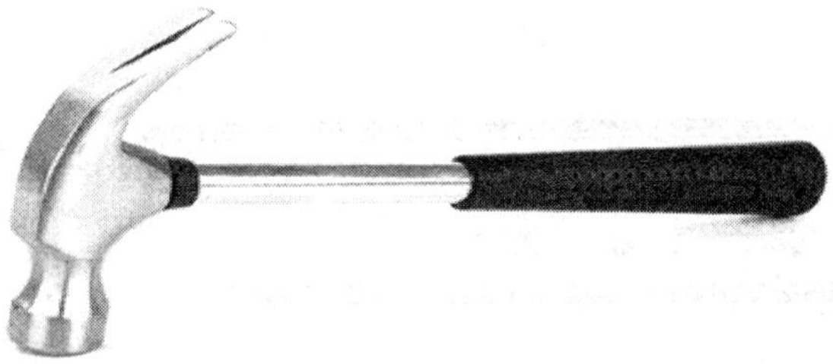

图 10.3.1　榔头

图 10.3.2　丝锥

图 10.3.3　锉刀

二、学习引导

（1）常用来制造__________、__________和__________的钢就叫工具钢。

（2）通常情况下碳素工具钢的含碳量为__________。

（3）工具钢一般分为优质碳素工具钢和__________。

（4）T13 常用于制造__________，它的含碳量为________。

（5）家里面用的螺丝刀一般采用__________制成。

（6）锉刀使用什么材料制成？

（7）机械加工常用的各种量具（如卡尺、外径千分尺）主要由什么材料制成？

三、知识链接

合金工具钢是在碳素工具钢基础上加入铬、钼、钨、钒等合金元素以提高淬透性、韧性、耐磨性和耐热性的一类钢种。它主要用于制造量具、刃具、耐冲击工具和冷、热模具及一些特殊用途的工具。

合金工具钢分为合金刃具钢、合金量具钢、合金模具钢。

（一）合金刃具钢

常用的合金刃具钢有低合金刃具钢和高速钢两种。

（1）低合金刃具钢是在碳素工具钢的基础上加入少量合金元素的钢。

（2）高速钢是在碳素工具钢的基础上加入钨、钼、铬、钒等合金元素总量大于 10%的高合金刃具钢，又叫白钢或者锋钢。

（二）合金量具钢

合金量具钢是用来制造各种量具的钢，如卡尺、千分尺、样板、块规等。它没有专用的钢种，碳素工具钢、合金工具钢、滚动轴承钢都可以用来制造量具。

（三）合金模具钢

模具钢是用来制造各种模具的工具钢，根据使用性能不同分为冷作模具钢、热作模具钢和塑料模具钢等。

（1）冷作模具钢是用来制造在冷态下使金属变形与分离的模具用钢，如拉丝模、冷冲模、冷镦模和冷挤压模等。

（2）热作模具钢是用来制造使热态金属（液态或固态）成型的模具用钢，如热锻模、热挤压模、压铸模等。

四、课后练习

（1）T12 这种工具钢属于什么类别？它的性能特点是什么？常用来制造什么？

（2）Cr12 这种工具钢属于什么类别？它的性能特点是什么？常用来制造什么？

（3）W18Cr4V 这种工具钢属于什么类别？它的性能特点是什么？常用来制造什么？

（4）T8 这种工具钢属于什么类别？它的性能特点是什么？常用来制造什么？

项目十一　认识金属热处理

学习目标

（1）能正确掌握金属热处理的作用和基本步骤。
（2）能正确掌握金属热处理常用的四种方法及各自特点和适用范围。

学习任务

任务一　认识金属热处理

学习准备

（1）教师：淬过火的 45 钢、正常的 45 钢、榔头、多媒体课件。
（2）学生：《金属材料与热处理》教材、课堂笔记本。

建议学时

建议学时：共 2 课时。

任务一　认识金属热处理

学习目标

- 能正确掌握金属热处理的作用和基本步骤。
- 能正确掌握金属热处理常用的四种方法及各自特点和适用范围。

学习重难点

▲金属热处理常用的四种方法及各自特点和适用范围。

学习准备

★教师准备：淬过火的 45 钢、正常的 45 钢、榔头、多媒体课件。
★学生准备：《金属材料与热处理》教材、课堂笔记本。

建议学时

建议学时：2 课时。

一、任务要求

（1）用榔头用力敲击淬过火的 45 钢和正常的 45 钢，然后比较两者在用力敲击后不同的物理变化。

（2）查询相关资料，了解金属热处理的作用、操作步骤及常用的四种热处理方法。

（3）查询相关资料，掌握四种常用热处理方法的各自特点和使用范围。

（4）能根据铁碳合金相图（见图 11.1.1）查询不同钢料在加热时的适当温度。

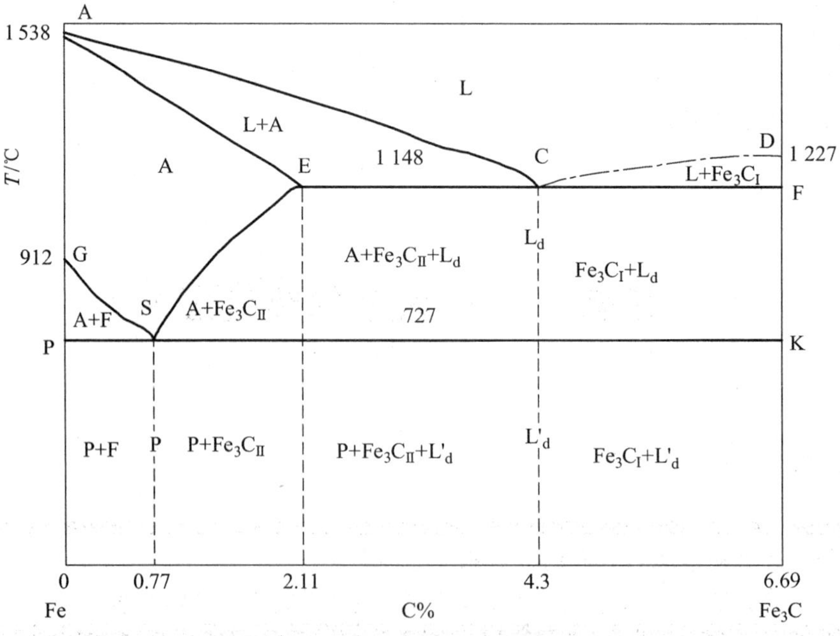

图 11.1.1 铁碳合金相图

热处理工艺曲线及热处理产品在生产生活中的应用如图 11.1.2、图 11.1.3 所示。

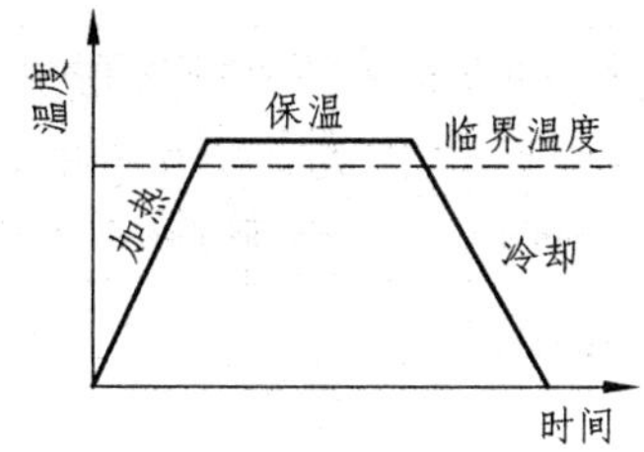

图 11.1.2　热处理工艺曲线

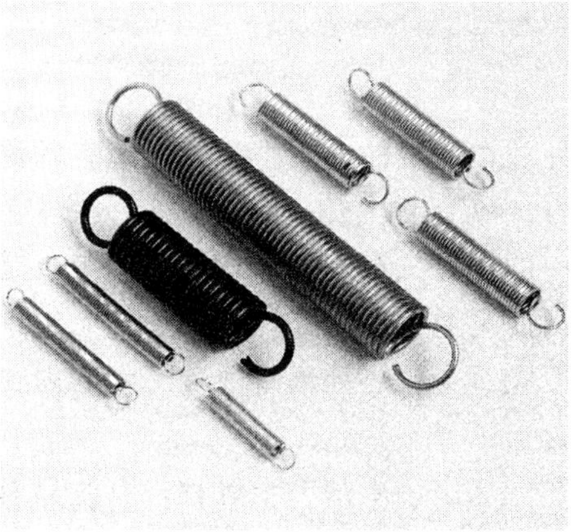

图 11.1.3　热处理产品

二、学习引导

（1）为什么影视剧里在制造一把宝剑的时候要先将钢料在火里加热后才反复锻打，然后突然在水里浸过之后才开始开刃完成加工？

（2）同样是 45 钢，经过热处理后它的力学性能还会一样吗？

（3）为什么要对金属材料进行热处理？

（4）四种热处理方法都是加热、保温后冷却，为什么每种热处理产生的效果都不一样？

（5）刚的热处理是将钢在固态下____________、__________和____________，改变其

整体或表面组织，从而获得所需性能的工艺。

（6）常用热处理法有____________、____________、____________、______________四种。

（7）热处理之所以能使钢的性能发生变化，其根本原因是____________________，是钢在加热和冷却过程中_____________与_____________发生变化的结果。

（8）热处理工艺中，常采用_____________冷却和____________冷却两种冷却方式。

（9）退火是指将钢加热到适当温度，___________一定时间，然后___________冷却的热处理方法。

（10）淬火的主要目的是为了获得_____________以提高钢的___________________ 。

（11）常用的回火方法有______________ 、_______________、___________________。

三、知识链接

金属热处理是将金属工件放在一定的介质中加热到适宜的温度，并在此温度中保持一定时间后，又以不同速度冷却的一种工艺方法。

金属热处理是机械制造中的重要工艺之一，与其他加工工艺相比，热处理一般不改变工件的形状和整体的化学成分，而是通过改变工件内部的显微组织，或改变工件表面的化学成分，赋予或改善工件的使用性能。金属热处理是改善工件的内在质量，而这一般不是肉眼所能看到的。

热处理工艺一般包括加热、保温、冷却三个过程，有时只有加热和冷却两个过程。这些过程互相衔接，不可间断。

加热是热处理的重要步骤之一。金属热处理的加热方法很多，最早是采用木炭和煤作为热源，进而应用液体和气体燃料。电的应用使加热易于控制，且无环境污染。利用这些热源可以直接加热，也可以通过熔融的盐或金属，利用浮动粒子进行间接加热。

冷却也是热处理工艺过程中不可缺少的步骤，冷却方法因工艺不同而不同，主要是控制冷却速度。一般退火的冷却速度最慢，正火的冷却速度较快，淬火的冷却速度更快，但还因钢种不同而有不同的要求。

金属热处理工艺大体可分为整体热处理、表面热处理、局部热处理和化学热处理等。根据加热介质、加热温度和冷却方法的不同，每一大类又可区分为若干不同的热处理工艺。同一种金属采用不同的热处理工艺，可获得不同的组织，从而具有不同的性能。钢铁是工业上应用最广的金属，而且钢铁显微组织也最为复杂，因此钢铁热处理工艺种类繁多。

整体热处理是对工件整体加热，然后以适当的速度冷却，以改变其整体力学性能的金属热处理工艺。钢铁整体热处理大致有退火、正火、淬火和回火四种基本工艺。

退火：将工件加热到适当温度，根据材料和工件尺寸采用不同的保温时间，然后进行缓慢冷却（冷却速度最慢），其目的是使金属内部组织达到或接近平衡状态，获得良好的工艺性能和使用性能，或者为进一步淬火作组织准备。

正火：将工件加热到适宜的温度后在空气中冷却，正火的效果与退火相似，只是得到的组织更细，常用于改善材料的切削性能，有时也用于对一些要求不高的零件作最终热处理。

淬火：将工件加热保温后，在水、油或其他无机盐、有机水溶液等淬冷介质中快速冷却。

淬火后钢件变硬，但同时变脆。

回火：为了降低钢件的脆性，将淬火后的钢件在高于室温而低于 710 ℃的某一适当温度进行长时间的保温，再进行冷却，这种工艺称为回火。

退火、正火、淬火、回火是整体热处理中的“四把火”，其中，淬火与回火关系密切，常常配合使用，缺一不可。

“四把火”随着加热温度和冷却方式的不同，又演变出不同的热处理工艺。为了获得一定的强度和韧性，把淬火和高温回火结合起来的工艺，称为调质。某些合金淬火形成过饱和固溶体后，将其置于室温或稍高的适当温度下保持较长时间，以提高合金的硬度、强度或电性磁性等，这样的热处理工艺称为时效处理。把压力加工形变与热处理有效而紧密地结合起来进行，使工件获得很好的强度、韧性配合的方法称为形变热处理。在负压气氛或真空中进行的热处理称为真空热处理，它不仅能使工件不氧化、不脱碳，保持处理后工件表面光洁，提高工件的性能，还可以通入渗剂进行化学热处理。

表面热处理是只加热工件表层，以改变其表层力学性能的金属热处理工艺。为了只加热工件表层而不使过多的热量传入工件内部，使用的热源需具有高的能量密度，即在单位面积的工件上给予较大的热能，使工件表层或局部能短时或瞬时达到高温。表面热处理的主要方法有激光热处理、火焰淬火和感应加热热处理，常用的热源有氧乙炔或氧丙烷等火焰、感应电流、激光和电子束等。

四、课后练习

（1）比较分析四种不同热处理方法的异同点。

（2）什么是退火？什么是正火？什么是淬火？什么是回火？

（3）什么是调制处理？

项目十二　测绘定位三角总成

学习目标

（1）学生能通过老师的指导和学习引导的帮助，在规定课时内完成测绘任务。

（2）能正确分析各零件结构，应用正确的表达方案表达零件；能正确进行测绘，并整理画出正式零件图。

（3）能正确选用量具测量零件各尺寸，经数据处理，合理标注。

（4）能正确分析定位三角总成装配结构，按学习引导提示完成装配图绘制。

（5）能按剖视图的形成、画法及标注来正确表达零件。

（6）能根据零件结构合理选用剖视图种类和剖切面种类。

（7）能正确标注给定的尺寸公差、形状和位置公差及表面粗糙度等技术要求。

（8）通过本项目学习能熟悉测绘零件的流程和方法。

学习任务

任务一　测绘镶件

任务二　测绘固定板

任务三　测绘活动件

任务四　测绘组合底座

任务五　测绘左右燕尾压板

任务六　绘制定位三角总成装配图

任务七　绘制装配体正等轴测图

学习准备

（1）教师准备：教材、定位三角总成装配体（见图 12.0.1）、量具、各零件图和装配图挂图。

（2）学生准备：教材、绘图工具、图纸和坐标纸。

说明：定位三角总成装配体和量具保证每 6 个学生一套。

建议学时

建议学时：30 课时。

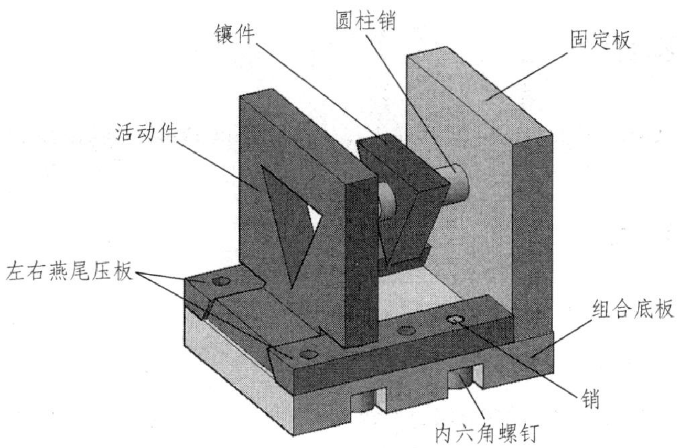

图 12.0.1　定位三角总成装配体

任务一　测绘镶件

学习目标

- 学生能通过老师的指导和引导文的帮助，用正确的测绘方法和步骤完成镶件测绘。
- 能正确分析镶件结构，用剖视图表达。
- 能正确选用量具测量镶件各尺寸，经数据处理，合理标注。

学习重难点

▲ 能按测绘零件方法和过程正确测绘。
▲ 能按剖视图画法表达镶件内部结构，并对剖视图进行合理标注。
▲ 能对镶件零件图进行尺寸标注。

学习准备

★ 教师准备：教材、课件、镶件零件若干（至少保证每组 1 个）、游标卡尺 0～150 mm（精度为 0.02，每组 2 把）、镶件零件图挂图。
★ 学生准备：教材、绘图工具、A4 图纸和坐标纸各一张。

建议学时

建议学时：4 课时。

一、任务要求

分析定位三角总成中的零件——镶件结构，勾画零件草图，测量标注尺寸，绘制零件图。

二、学习引导

1. 零件结构分析

镶件在定位三角总成装配体中与______________（直接填写零件名称）配合。镶件外观呈______________形，其正中有一个通孔，该通孔与__________（直接填写零件名称）配合。

2. 表达方案选择（见表 12.1.1）

表 12.1.1　镶件表达方案引导

方　案	示意图
主视图的选择： 根据零件的形体特征，主视图选择如右图摆放的目的是____________________ ______________________________。	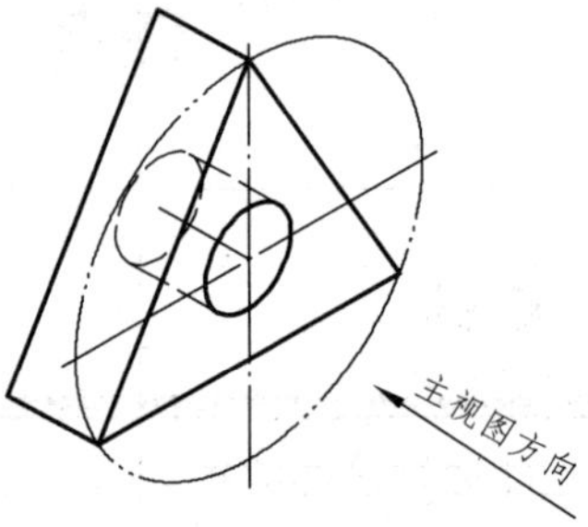
其余视图选择： （1）左视图采用全剖表达法的目的为 ______________________________。 （2）能否选择俯视图作为全剖？为什么？______________________________ ______________________________。	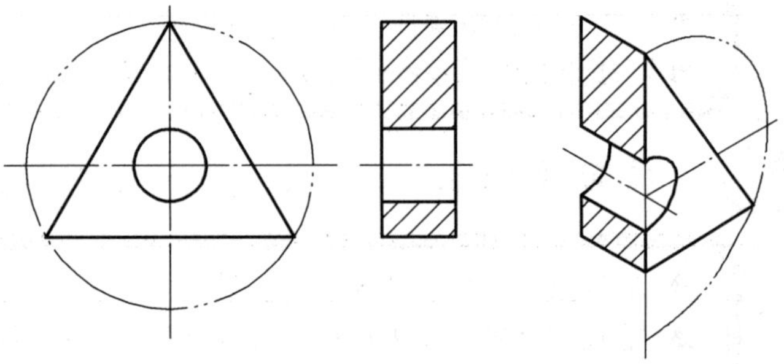

3. 徒手绘制镶件零件草图

4. 难点提示

（1）正三角形绘制方法，见表 12.1.2。

表 12.1.2　正三角形画法引导

步　骤	示意图
正三角完成图	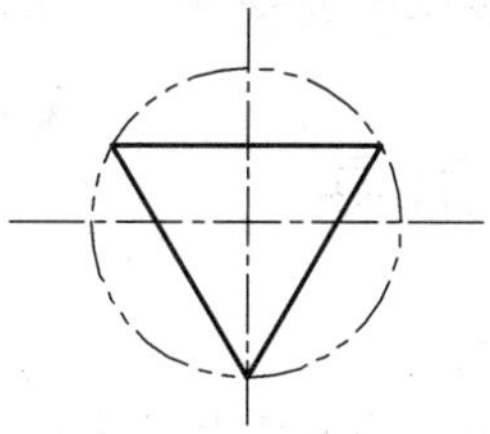
第一步： 请注释作图过程： 例如，以圆的半径 20 为半径，以圆的上象限点为圆心，画圆，与圆交于 2 个点	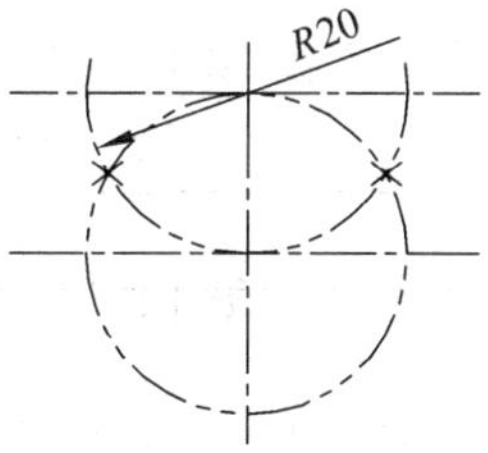
第二步： 请注释作图过程： ______ ______	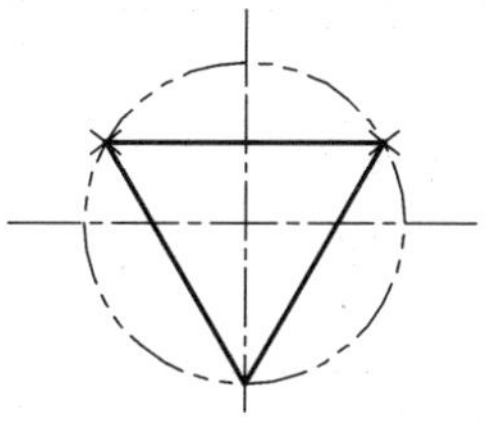

请你思考还有哪些绘制正三角形的方法？例如，给定边长，借助圆规，请在表 12.1.3 中注释作图过程，并完成作图。

表 12.1.3　正三角形其他画法

步　骤	第一步	第二步	第三步
示意图	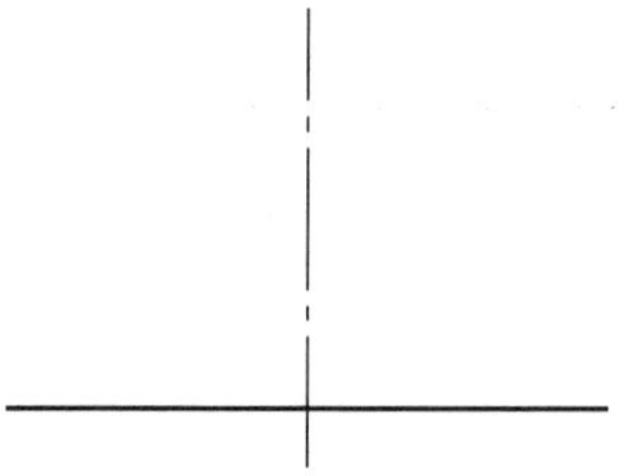		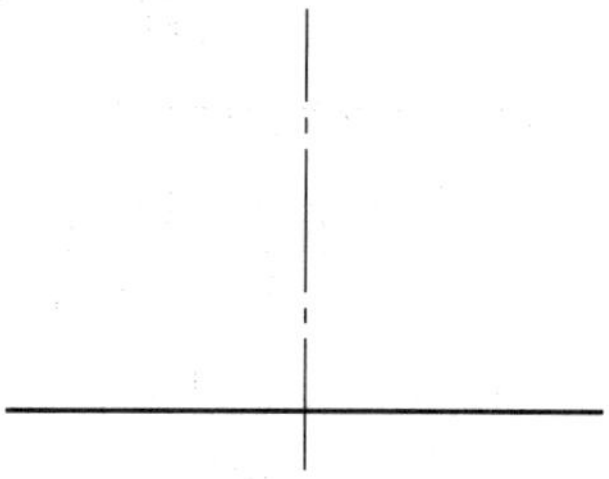
注释作图过程	第一步： ______ ______ ______	第二步： ______ ______ ______	第三步： ______ ______ ______

（2）计算外接圆直径。

在机械零件中，正三角形尺寸通常标注外接圆直径，如图 12.1.1 所示。

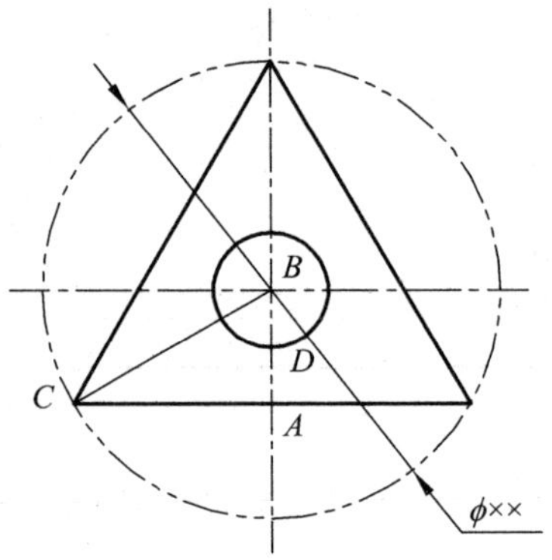

图 12.1.1　正三角形外接圆直径计算

外接圆直径无法直接测量，但可间接计算得到：

通过测量镶件，*AD*=________，*BD*=________（间接计算）。因此，外接圆直径=2*BC*=4（*AD*+*BD*）=________。

5. 确定零件图技术要求

（1）粗糙度要求：镶件配合面和加工面去除材料，单项上限值，算术平均偏差为 1.6 μm，16%规则；其余两面不允许去除材料，单项上限值，算术平均偏差为 6.3 μm，16%规则。

（2）中心孔与定位导向销采用基孔制配合，孔的公差带代号为 H7。

（3）正三角形各顶角由于要与零件——活动件配合，所以角度也要求有上下偏差，推荐为±2′。

（4）镶件各底边平面对于前面/后面有垂直度要求，公差值为 0.04 mm。

6. 抄画零件图

（1）作图步骤：

① 定图幅、比例。

② 画边框、标题栏。

③ 合理布图，画出作图基准线，确定图形位置。

④ 按照三等关系绘制图形底稿。

⑤ 标注尺寸和技术要求。

⑥ 检查、加深。

（2）注意本项目所有零件图都在 A4 图纸上完成，绘制图框、标题栏要求如下：

要求 A4 横幅，带装订边，请根据图 12.1.2 和表 12.1.4 查询 A4 横幅图纸图框、标题栏尺寸，其中 *a*=____，*c*=____。

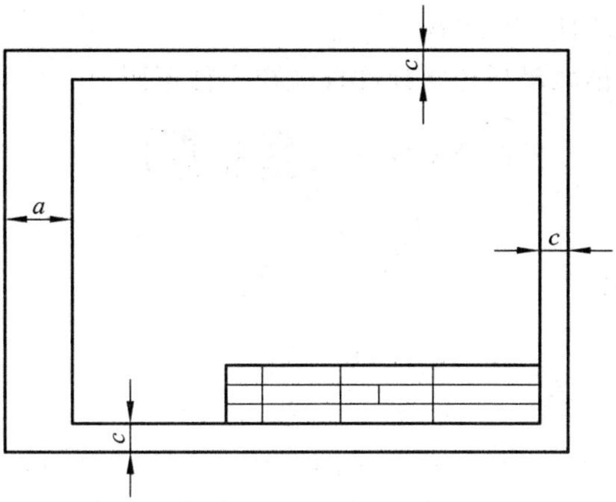

图 12.1.2　留装订边的横幅图框格式

表 12.1.4　图纸幅面及图框格式尺寸

幅面代号	幅面尺寸/mm	周边尺寸/mm		
	$B \times L$	a	c	e
A0	841×1 189			20
A1	594×841		10	
A2	420×594	25		
A3	297×420		5	10
A4	210×297			

绘制标题栏所用数据，如图 12.1.3 所示。

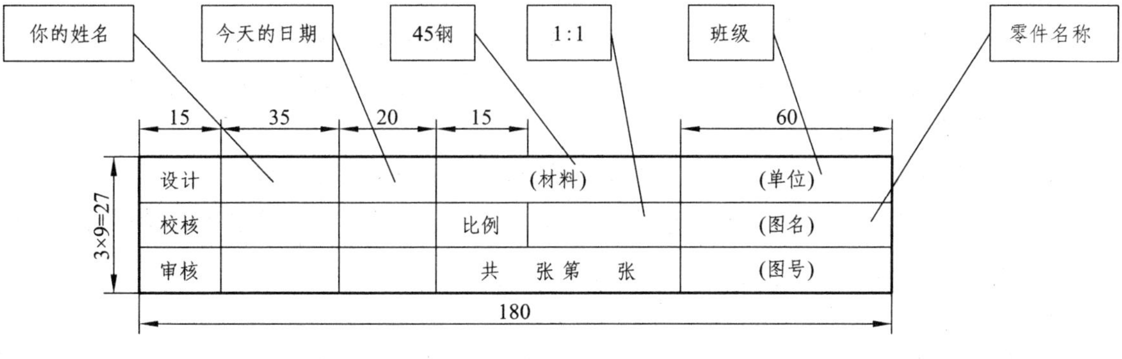

图 12.1.3　标题栏的尺寸与内容填写注释

三、任务实施（可选）

（1）在定位三角总成装配体中拆卸出镶件。

（2）分析镶件的结构特点和加工工艺。（教师抽问，由各组选派一位同学口头叙述）

（3）在教师的引导下根据镶件结构特点选择合理的表达方案。

（4）在坐标纸上勾画镶件零件草图。

（5）测量尺寸，经数据处理后，将尺寸标注在零件草图上。

（6）根据教材提示确定零件图技术要求。

四、知识链接

（一）零件测绘的概念

根据已有的零件，不用或只用简单的绘图工具，用较快的速度，徒手目测画出零件的视图，测量并标注尺寸及技术要求，得到零件草图；然后参考有关资料整理绘制出供生产使用的零件工作图。这个过程称为零件测绘。

零件测绘的作用：推广先进技术、改造现有设备、技术革新和修配零件。

（二）零件测绘工作过程

1. 分析零件

为了把被测零件准确完整地表达出来，应先对被测零件进行认真分析，了解零件的类型、在机器中的作用、所使用的材料及大致的加工方法。

2. 确定零件的视图表达方案

一个零件，其表达方案并非是唯一的，可多考虑几种方案，选择最佳方案。

3. 目测徒手画出零件草图

零件的表达方案确定后，便可按下列步骤画出零件草图：

（1）确定绘图比例：根据零件大小、视图数量、现有图纸大小，确定适当的比例。

（2）定位布局：根据所选比例，粗略确定各视图应占的图纸面积，在图纸上作出主要视图的作图基准线、中心线。

注意：留出标注尺寸和画其他补充视图的地方，如图 12.1.4（a）所示。

（3）详细画出零件的内外结构和形状，如图 12.1.4（b）所示。注意各部分结构之间的比例应协调。

（4）画剖面线，检查、加深有关图线。

（5）画尺寸界线、尺寸线。将应该标注尺寸的尺寸界线、尺寸线全部画出，如图 12.1.4（c）所示。

（6）集中测量、注写各个尺寸，如图 12.1.5 所示。每个尺寸至少测量三次，并取平均值或圆整。

注意：最好不要画一个、量一个、注写一个，这样不但费时，而且容易将某些尺寸遗漏或注错。

（7）确定并注写技术要求。根据实践经验或用样板比较，确定表面粗糙度；查阅有关资料，确定零件的材料、尺寸公差、形位公差及热处理等要求，如图 12.1.5 所示。

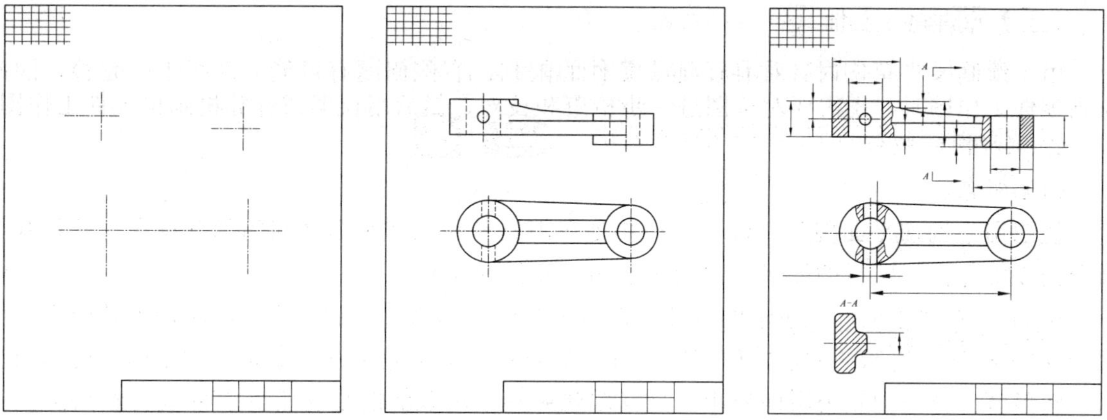

（a）　　　　（b）　　　　（c）

图 12.1.4　零件草图绘图步骤

（8）最后检查、修改全图，完成草图，如图 12.1.5 所示。

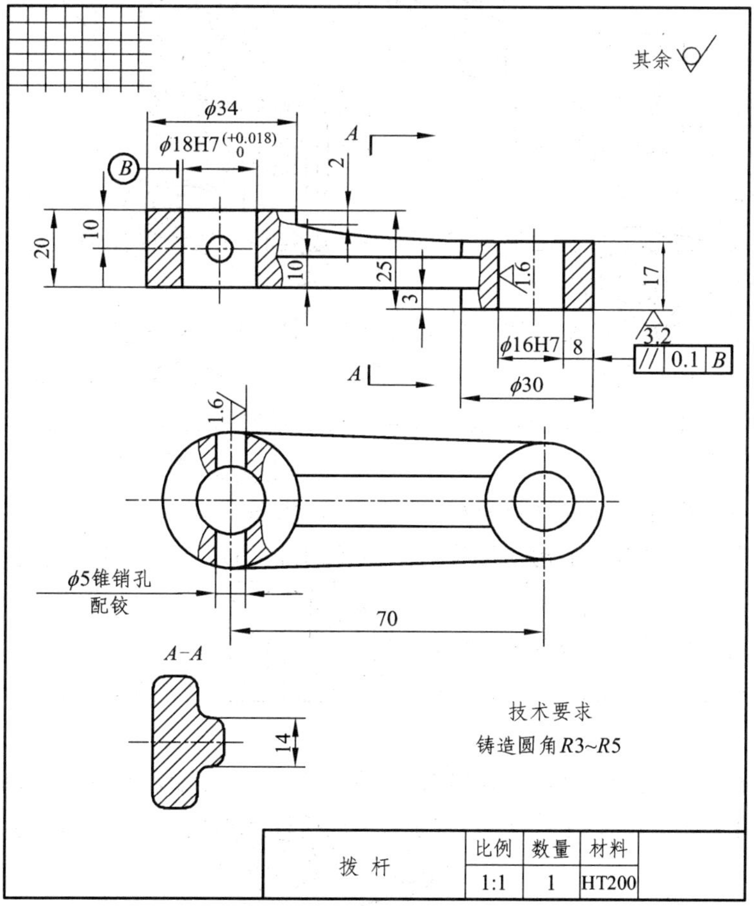

图 12.1.5　零件图

(三) 画零件工作图

由于绘制零件草图时，往往受地点条件的限制，有些问题有可能处理得不够完善，因此在画零件工作图时，还需要对草图进一步检查和校对，然后用仪器或计算机画出零件工作图。

1. 剖视图的概念

(1) 概念。

假想用一剖切平面剖开机件，然后将处在观察者和剖切平面之间的部分移去，而将其余部分向投影面投影所得的图形，称为剖视图（简称剖视）。

例如，图 12.1.6（a）所示的机件，在主视图中，用虚线表达其内部结构，不够清晰。按照图 12.1.6（b）所示的方法，假想沿机件前后对称平面把它剖开，拿走剖切平面前面的部分后，将后面部分再向正投影面投影，这样，就得到了一个剖视的主视图。图 12.1.6（c）所示为机件剖视图的画法。

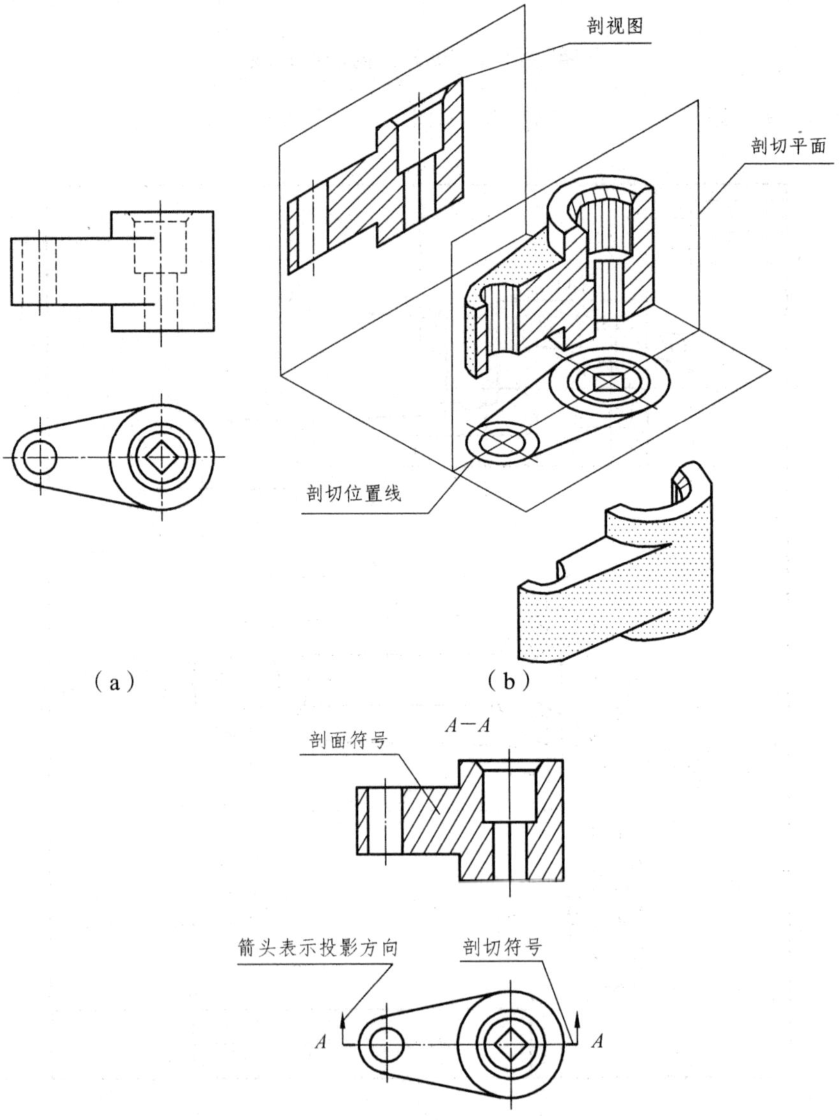

(c)

图 12.1.6　剖视图的形成及画法

（2）标注。

① 剖视图名称："X－X"（拉丁字母或阿拉伯数字）。

② 剖切符号：如图 12.1.6（c）所示。

③ 剖切线：表示剖切位置，粗实线，线宽 1～1.5*d*，线长 6～7 mm，尽量不与图形轮廓线相交。

④ 投射方向：箭头或粗短画，画在剖切线外端。

⑤ 剖切面名称：字母"X"注在剖切符号外侧。

2. 画剖视图应注意的问题

（1）"假想"剖开，取剖视后其他视图不受影响，仍为完整图形。

（2）剖切面一般通过物体的对称平面或基本对称平面（以保证图形内不出现不完整的要素），并平行或垂直某一投影面。

（3）将其余部分投影后，所有可见的线均画出，不能遗漏。

（4）剖视图与其他视图配合，结构形状已表达清楚时虚线不画。

（5）与剖切面接触的部分必须画剖面符号。

（6）同一物体的各视图剖面符号方向和间隔必须一致。

（7）金属及不指明材料剖面符号为 45°斜细实线。

五、课后练习

（1）图样中一般采用_______________表达机件的外部结构形状，而机件的内部结构形状则采用_______________图来表达。

（2）将图 12.1.7 所示图形主视图改画成全剖视图。

（3）补画图 12.1.8 所示图形主视图中的缺线。

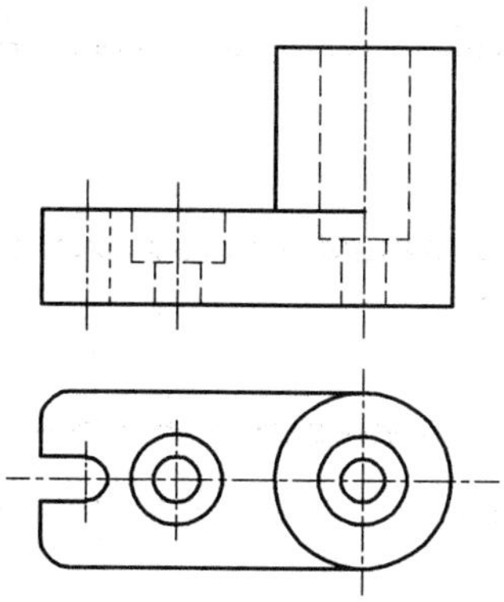

图 12.1.7　改画全剖视图

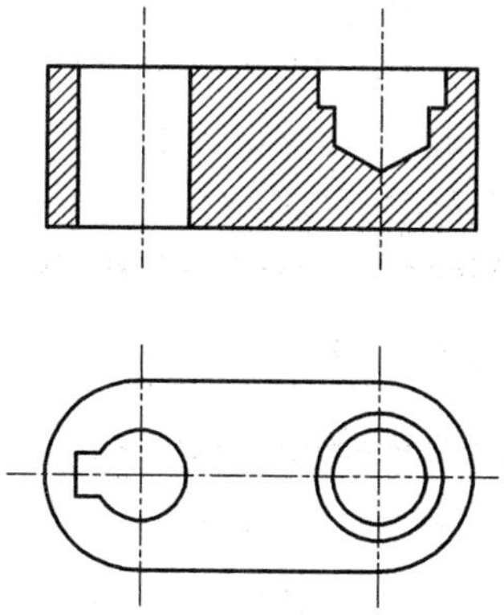

图 12.1.8　补画视图

（4）读绘制好的镶件零件图填空。

① 该零件名称为________________，若采用 A4 图纸绘制该零件，绘图比例选用__________较合适。

② ϕ10H7 表示：基本尺寸为______，标准公差等级为________级，基本偏差为_________，基________制配合的孔。

③ 该零件前后两表面是采用 __________________方法获得，而内孔表面粗糙度用______________方法获得，*Ra* 的上限值为_______________。

④ 解释下面形位公差的含义。

⊥	0.04	A

：

（5）将你在测绘此零件过程中遇到的问题和解决办法写下来。

任务二　测绘固定板

学习目标

- 学生能通过老师的指导和教材的帮助，用正确的测绘方法和步骤完成固定板测绘。
- 能正确分析固定板结构，用剖视图表达。
- 能正确选用量具测量固定板各尺寸，经数据处理，合理标注。
- 能解释图中所标注粗糙度符号的含义。

学习重难点

▲ 能按剖视图画法表达固定板内部结构，会合理标注。

▲ 能正确解释图中粗糙度符号的含义。

学习准备

★ 教师准备：教材、固定板零件若干（至少保证每组 1 个）、游标卡尺 0～150 mm（精度为 0.02，每组 2 把）、固定板零件图挂图。

★ 学生准备：教材、绘图工具、A4 图纸和坐标纸各一张。

建议学时

建议学时：4 课时。

一、任务要求

对定位三角总成中的零件——固定板进行测绘，最终形成完整的零件图。

二、学习引导

1. 零件结构分析

（1）固定板在定位三角总成装配体中与____________、____________（直接填写零件名称）配合。

（2）固定板正中有一___________与___________（直接填写零件名称）配合，下方有一U形槽，该U形槽主要用于与___________（直接填写零件名称）装配，并使其头部隐藏在该凹槽中。

2. 表达方案选择（见表12.2.1）

表 12.2.1　固定板视图选择

步　骤	示意图
主视图的选择： 根据零件的形体特征，主视图选择如右图摆放的目的是____________________ ____________________。	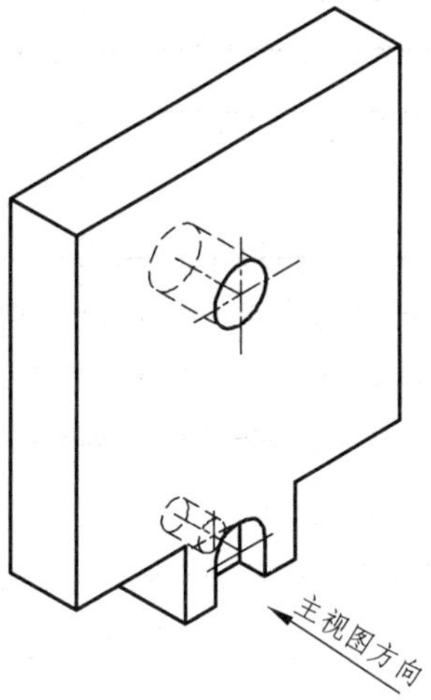
其余视图选择： （1）左视图采用全剖表达法的目的为____ ____________________。 （2）能否选择俯视图作为全剖表达？为什么？ ____________________ ____________________ ____________________。	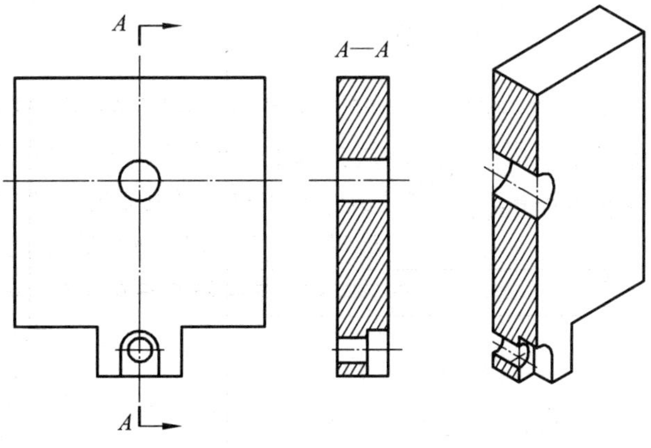

3. 绘制固定板零件草图（见表 12.2.2）

表 12.2.2　固定板画法提示

步　骤	示意图
第一步：请注释作图过程： 例如，绘制基准中心线	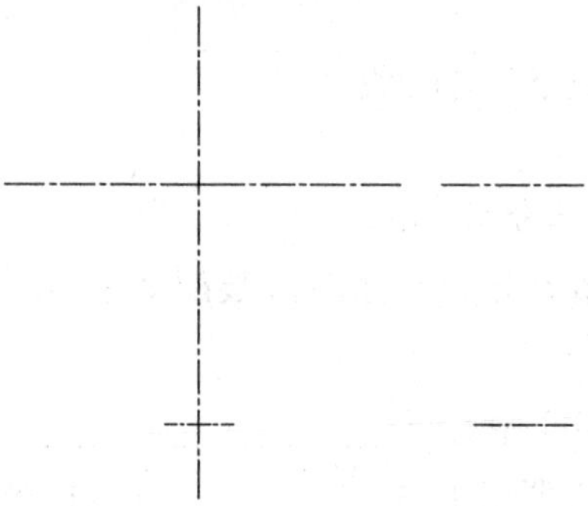
第二步： 请注释作图过程： ________________ ________________	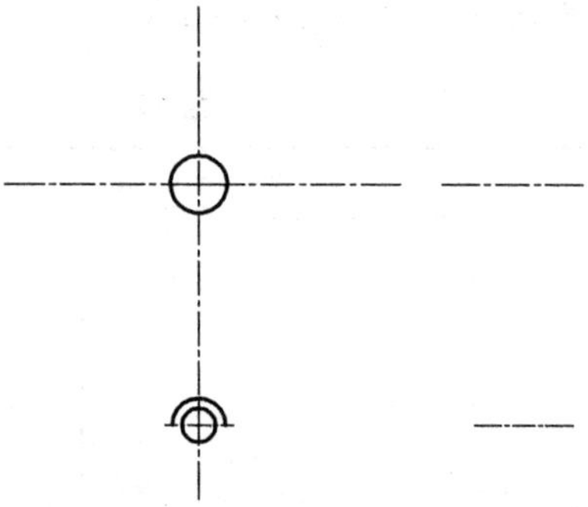
第三步： 请注释作图过程： ________________ ________________	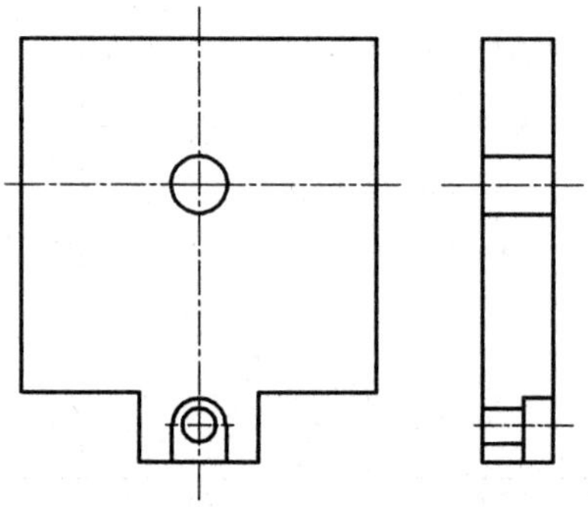
第四步： 请注释作图过程： ________________ ________________	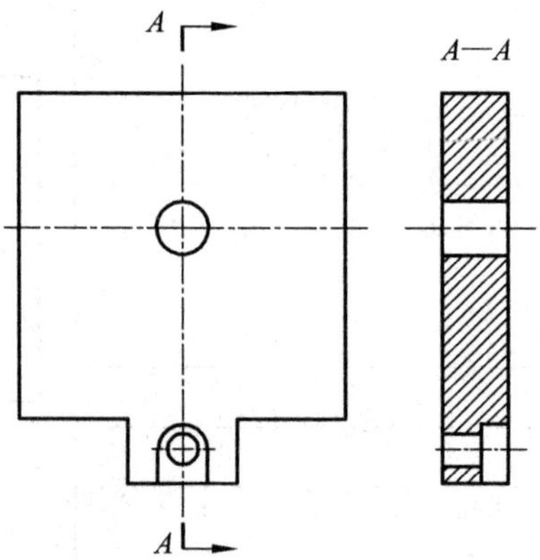

请思考：此处的剖视图标注能否省略？为什么？

____

____

____

____

____

4. 测量标注尺寸

（1）想一想，如何准确测得 U 形槽半圆半径？

____

____

____

____

____

（2）难点提示：

① 尺寸基准确定，见表 12.2.3。

表 12.2.3　固定板尺寸基准

示意图	尺寸基准
尺寸基准图 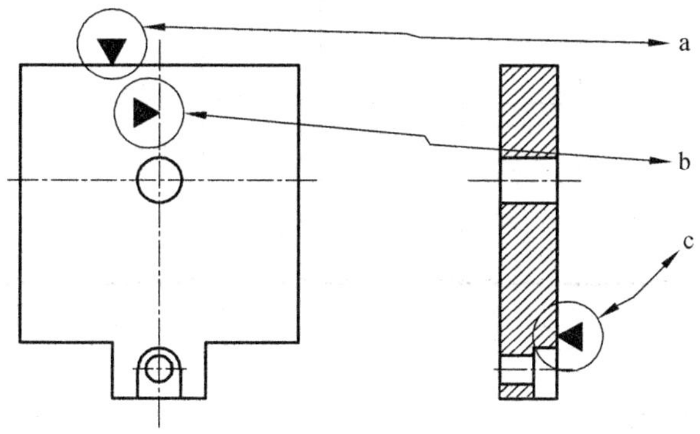 	根据图中所指填空： a. ______________度方向尺寸基准。 b. ______________度方向尺寸基准。 c. ______________度方向尺寸基准。 知识链接：尺寸基准即开始标注尺寸的地方。在平面图形中通常选择图形的对称线、中心线或某一轮廓线作为标注尺寸的起点

② 测量尺寸，见表 12.2.4。

表 12.2.4　固定板尺寸分析

序号	测量尺寸	实测尺寸				处理后尺寸
（1）定形尺寸	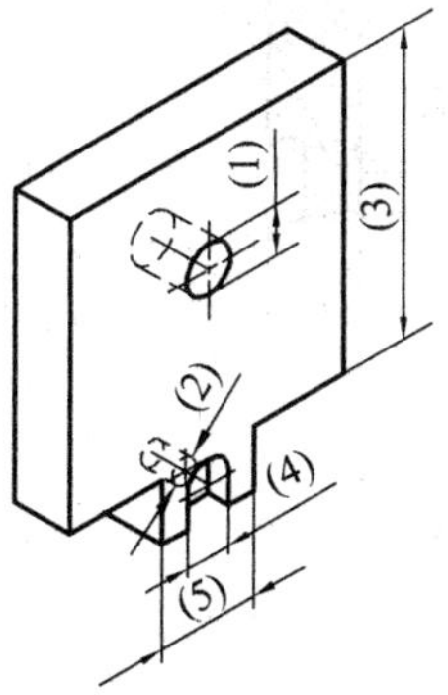 	（1）				
		（2）				
		（3）				
		（4）				
		（5）				

续表

序号	测量尺寸	实测尺寸				处理后尺寸
(2) 定位尺寸	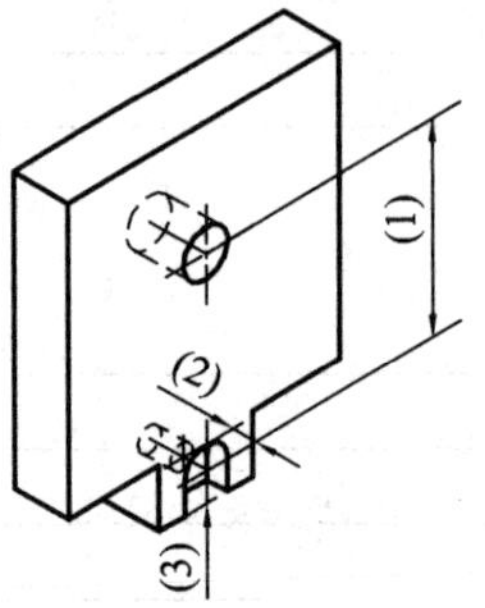	(1)				
		(2)				
		(3)				
(3) 总体尺寸	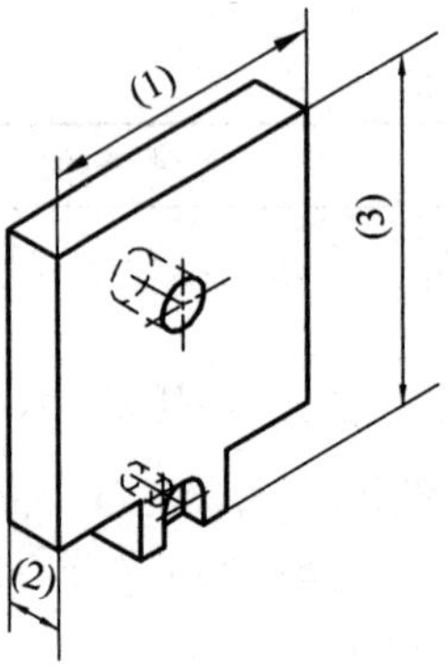	(1)				
		(2)				
		(3)				

(3) 整理标注尺寸，如图 12.2.1 所示。

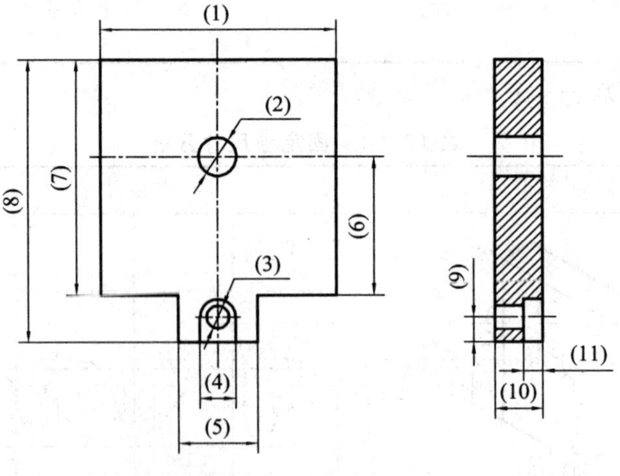

图 12.2.1 固定板尺寸标注

5. 确定零件图技术要求

(1) 粗糙度要求：固定板加工面去除材料，单项上限值，算术平均偏差为 1.6 μm，16%

规则；其余两面不允许去除材料，单项上限值，算术平均偏差为 6.3 μm，16%规则。

（2）中心孔与定位导向销采用基孔制配合，孔的公差带代号为 H7。

（3）固定板下方凸块对称面与上方总长对称面有对称度要求，推荐值为 0.04 mm。

6. 抄画零件图

作图步骤参见本项目任务一内容。

三、任务实施（可选）

（1）在定位三角总成装配体中拆卸出固定板。

（2）分析固定板的结构特点。（教师抽问，由各组选派一位同学口头叙述）

（3）根据固定板结构特点选择合理的表达方案。

（4）在坐标纸上勾画固定板零件草图。

（5）测量尺寸，经数据处理后，将尺寸标注在零件草图上。

（6）根据学习过程提示确定零件图技术要求。

（7）经教师核查无误后抄画零件图。

四、知识链接

（一）表面粗糙度的概念

表面粗糙度——表述零件表面峰谷的高低程度和间距状况的微观几何形状特性的术语。

（二）评定表面粗糙度的参数

Ra——轮廓算术平均偏差，如图 12.2.2 所示；

Rz——微观不平度十点高度；

Ry——轮廓最大高度。

优先选用轮廓算术平均偏差 *Ra* 作为评定参数：

$$Ra = \frac{1}{n}(Y_1 + Y_2 + \cdots + Y_n) \tag{12-1}$$

式中　Y_1、$Y_2 \cdots Y_n$——轮廓上各点至轮廓中线的距离。

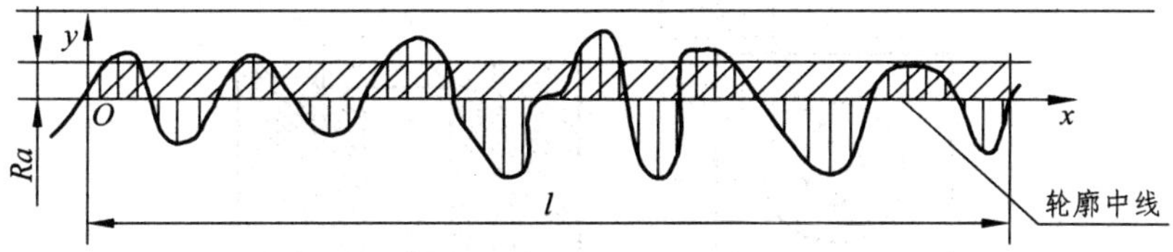

图 12.2.2　轮廓算术平均偏差 *Ra*

（三）表面粗糙度的符号（见表 12.2.5）

表 12.2.5　表面粗糙度符号的表示方法及说明

符号名称	符　号	含　义
基本图形符号	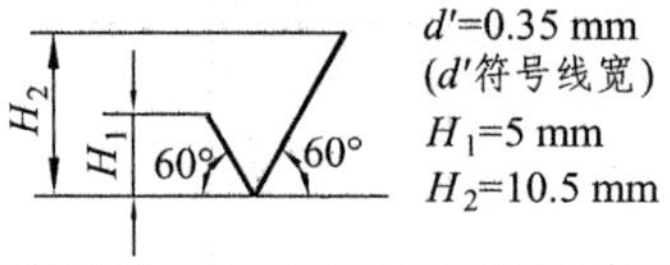	未指定工艺方法的表面，当通过一个注释解释时可单独使用
扩展图形符号	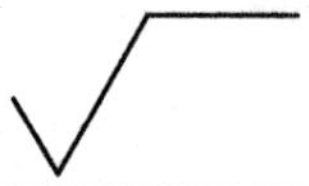	用去除材料的方法获得的表面，仅当其含义是“被加工表面”时可单独使用
		不去除材料的表面，也可用于保持上道工序形成的表面，不管这种状况是通过去除或不去除材料形成的
完整图形符号	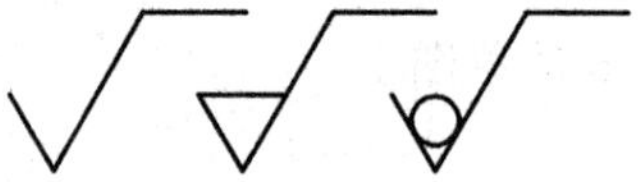	在以上各种符号的长边上加一横线，以便注写对表面结构的各种要求

（四）表面粗糙度在图样上的标注

表面粗糙度代（符）号一般注在可见轮廓线、尺寸界线或其延长线上，也可以注在引出线上。

符号的尖端必须从材料外指向零件表面。代号中数字及符号的注写方向应与尺寸数字方向一致，如图 12.2.3、图 12.2.4 所示。

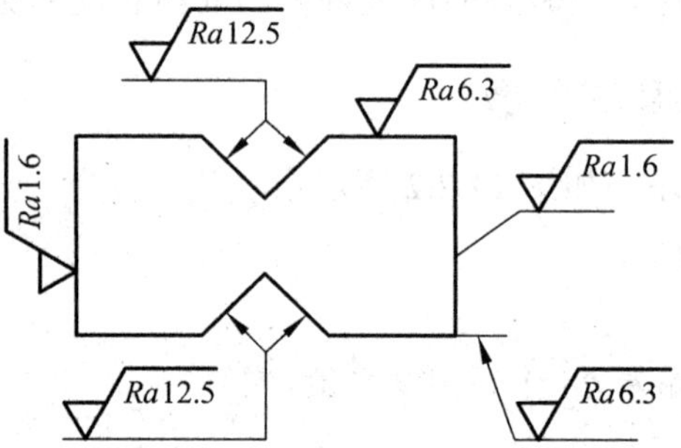

图 12.2.3　用指引线引出标注表面结构要求

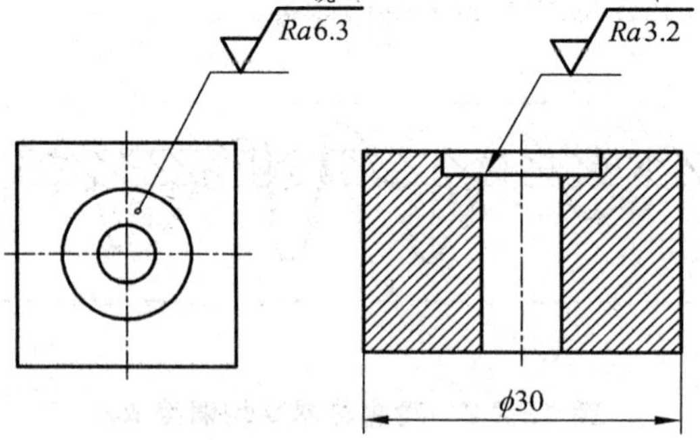

图 12.2.4　表面粗糙度要求在轮廓线上的标注

（五）常见表面粗糙度参数标注示例及含义（见表 12.2.6）

表 12.2.6　表面粗糙度参数标注示例及含义

代　号	意　义
 *Ra* max 3.2	用任何方法获得的表面粗糙度，*Ra* 最大值为 3.2 μm
 *Ra* max 3.2	用去除材料的方法获得的表面粗糙度，*Ra* 最大值为 3.2 μm
 *Ra* max 3.2	用不去除材料的方法获得的表面粗糙度，*Ra* 最大值为 3.2 μm

特别提示：标准规定，当代号上标注 max 时，表示参数中所有的实测值均不得超过规定值（最大规则）；当未标注 max 时，表示参数的实测值中允许少于总数 16%的实测值超过规定值（16%规则）。

五、课后练习

（1）根据图 12.2.5 所示各俯视图，选择正确的主视图。

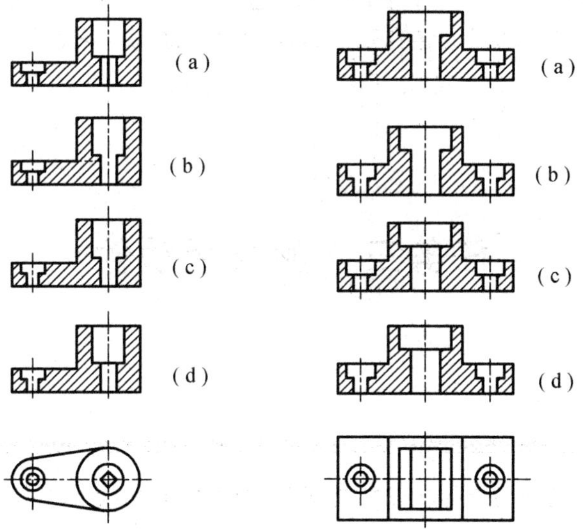

①　　②

图 12.2.5　练习题

（2）补画图 12.2.6 主视图中的缺线。

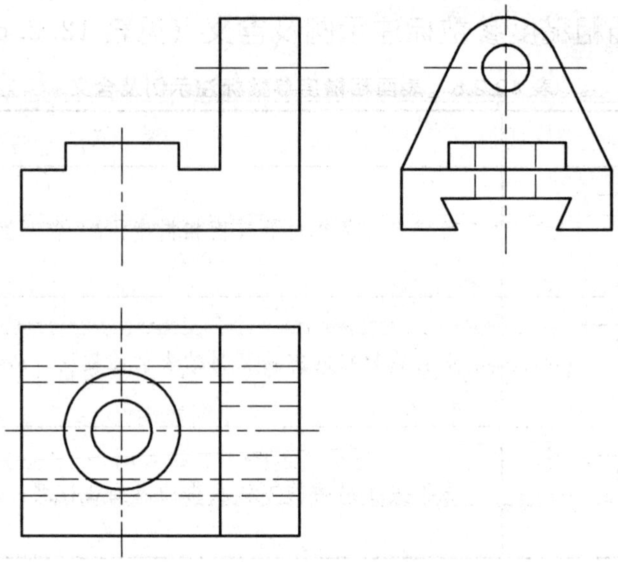

图 12.2.6　补画视图

（3）读绘制好的固定板零件图填空。

① 该零件图名称为__________，所采用的绘图比例为______。主要采用_____个基本视图表达，分别为 _________和____________，其中左视图采用________表达法。

② 该零件正下方有一沉孔，沉孔深度为_______，该沉孔主要与__________（直接填写零件名称）配合。

③ 该零件的总长、总宽、总高尺寸分别为 _______、_______、_______。ϕ10H7 孔的定位尺寸为______，该孔与________零件配合。

④ 该零件图中粗糙度上限值要求最高的是__________，最低的是__________。

（4）将你在测绘此零件过程中遇到的问题和解决办法写下来。

任务三　测绘活动件

学习目标

- 学生能通过老师的指导和教材的帮助，用正确的测绘方法和步骤完成活动件测绘。
- 能正确分析活动件的结构，选择合理的表达方案，在引导问题的提示下完成全剖视图的绘制。
- 能正确选用量具测量活动件各尺寸，经数据处理，合理标注。

学习重难点

▲ 能正确绘制全剖视图。
▲ 能合理标注尺寸。

学习准备

★ 教师准备：教材、活动件若干（至少保证每组 1 个）、游标卡尺 0～150 mm（精度为 0.02，每组 2 把）、零件图挂图。
★ 学生准备：教材、参考书、习题册、绘图工具、A4 图纸和坐标纸各一张。

建议学时

建议学时：4 课时。

一、任务要求

对定位三角总成中的零件——活动件进行测绘，勾画零件草图，测量标注尺寸，绘制零件图。

二、学习引导

（一）零件结构分析

活动件在定位三角总成装配体中与____________、____________和____________（直接填写零件名称）配合。对活动件进行形体分析可知，它下面是一个____________底座，上部是__________，零件中间有一个______形孔，与____________（直接填写零件名称）配合。

（二）表达方案选择（见表 12.3.1）

表 12.3.1　活动件表达方案选择

示意图	方　案
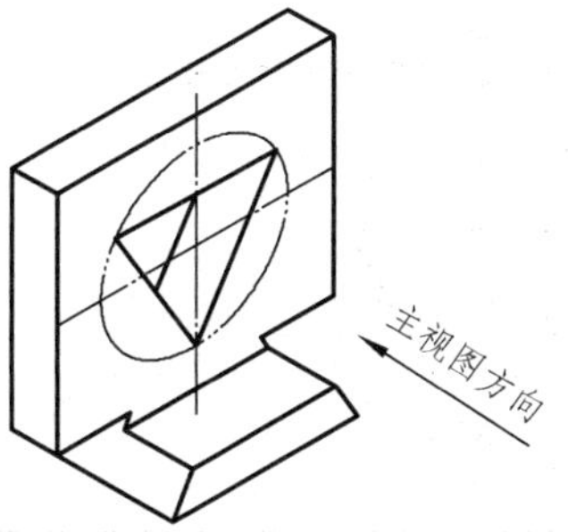	主视图的选择： 根据零件的形体特征，立正摆放零件，正对零件正面投影作为主视图，这样有什么好处？ ____________________ ____________________

续表

示意图	方　案
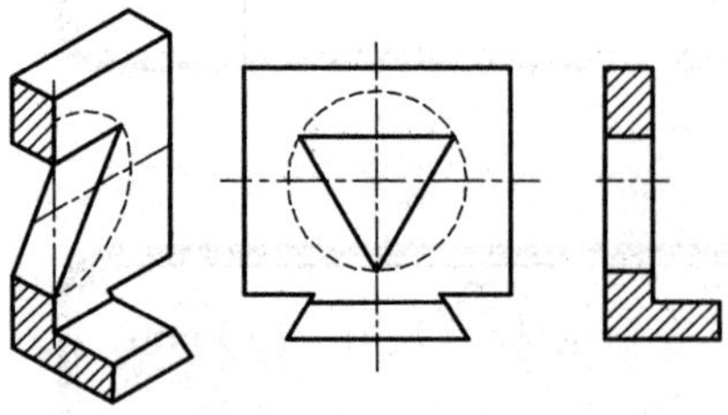	其他视图的选择：主视图+左视图（全剖视图）。 主视图是为了表达________________ 左视图（全剖视图）是为了表达____________ ________________________

（三）绘制活动件草图

1. 正三角形画法复习（见表 12.3.2）

表 12.3.2　正三角形画法复习

步　骤	示意图
正三角完成图	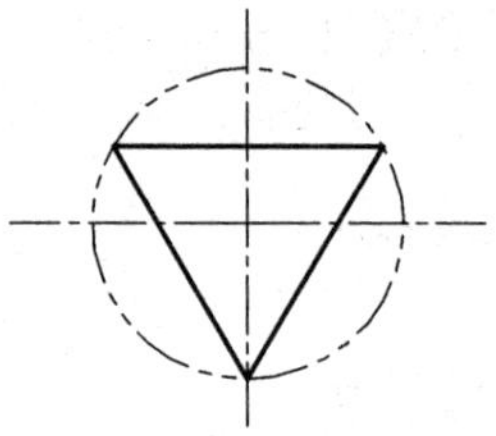
第一步： 请注释作图过程： ________________ ________________	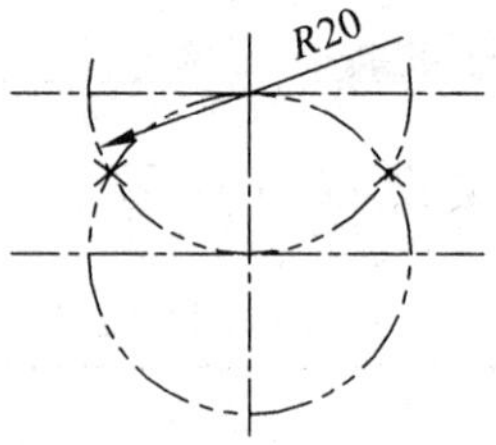
第二步： 请注释作图过程： ________________ ________________	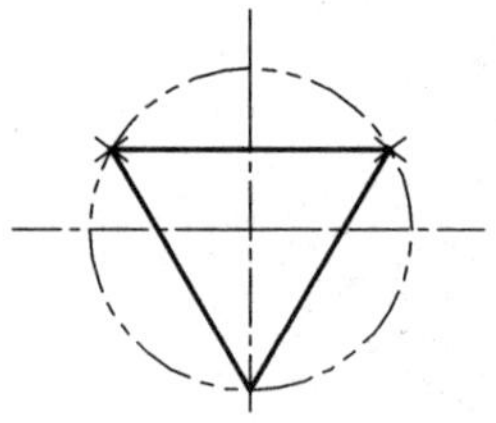

2. 剖视图画法提示（见表 12.3.3）

表 12.3.3　剖视图画法提示

剖视图画法
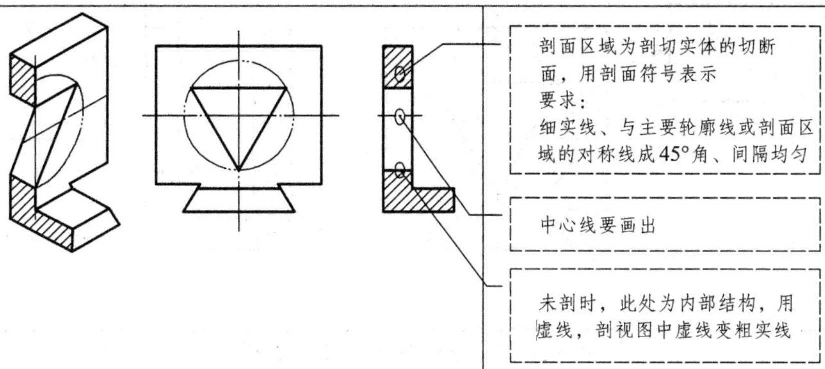
剖视图的标注
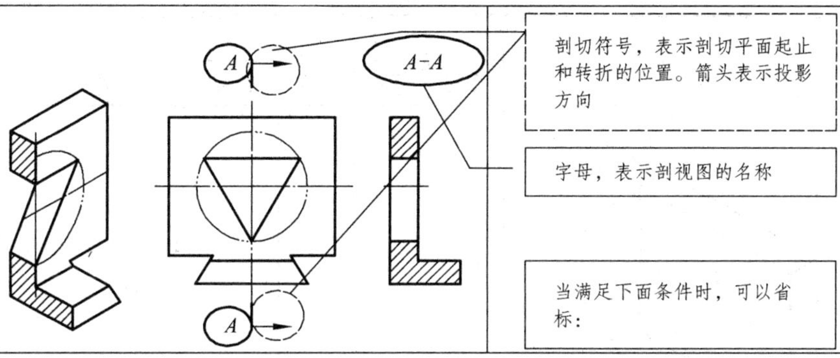
不标： （1）单一剖切平面通过机件的对称平面或基本对称平面剖切； （2）剖视图按投影关系配置； （3）剖视图与相应视图间没有其他图形隔开。 本次绘制的零件，刚好满足以上三个条件，因此可以不标注。 省标： （1）剖视图按投影关系配置； （2）剖视图与相应视图间没有其他图形隔开。 当满足不标条件的后两条时，可以省略表示投射方向的箭头，如下图所示： 

(四) 测量标注尺寸

1. 尺寸基准（见图 12.3.1）

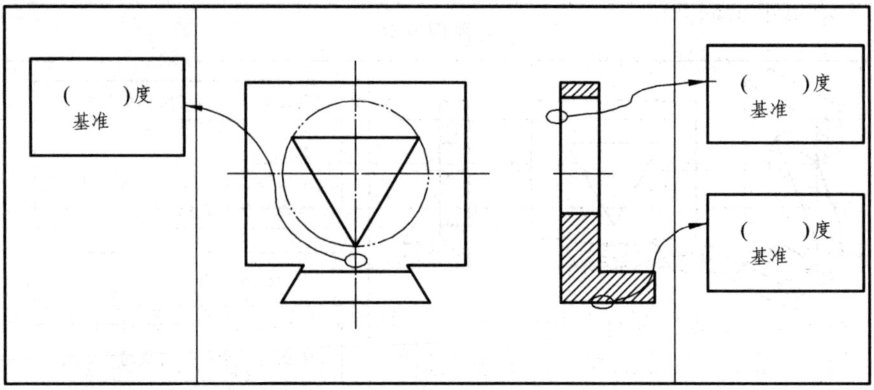

图 12.3.1　活动件尺寸基准选择

2. 尺寸分析（见表 12.3.4）

表 12.3.4　活动件尺寸分析

序号	形体分析	定形尺寸			定位尺寸		
		长度	宽度	高度	长度方向	宽度方向	高度方向
1	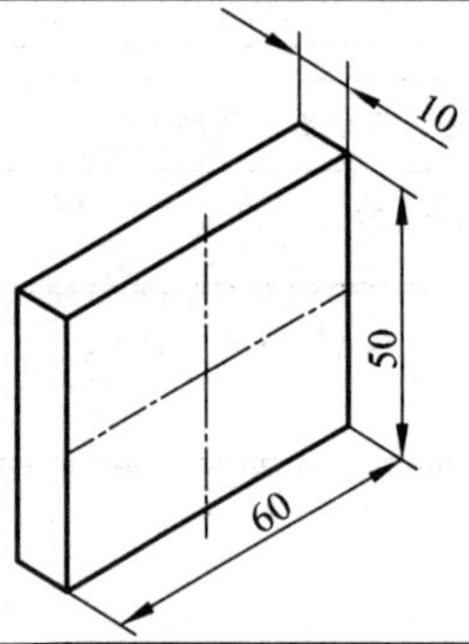						
2	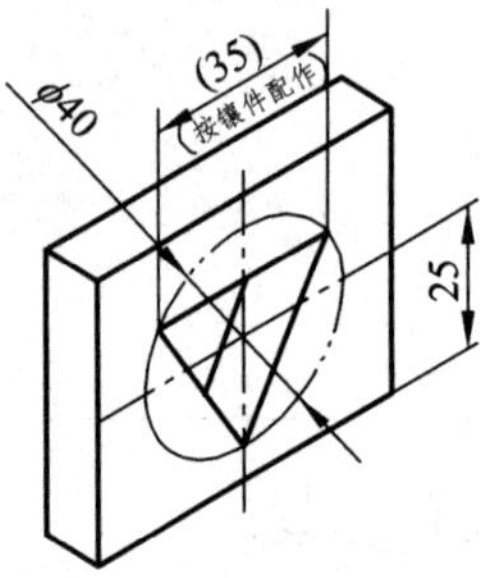						
3	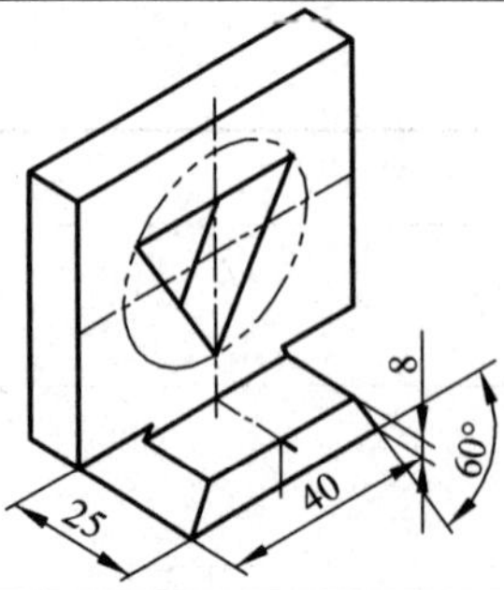						

3. 总体尺寸

零件的总体尺寸为长＝________，宽＝________，高＝________。三个尺寸前面标注都已经涉及，不用再单独标注。

请思考，为什么要标注零件的总体尺寸？

____

____

____

（五）确定零件图技术要求

（1）粗糙度要求：活动件配合面和加工面去除材料，单项上限值，算术平均偏差为 1.6 μm，16% 规则；其余两面不允许去除材料，单项上限值，算术平均偏差为 6.3 μm，16% 规则。

（2）与左、右燕尾压板配合的 60°斜面有上下偏差要求，推荐为±4′；同时两斜面底部宽度 40 有上下偏差要求，推荐值为±0.15。

（3）高度尺寸有上下偏差要求，推荐值为±0.25。

（4）在正三角形中间用文字注明“与镶件配作”。

（5）活动件下方 60°两斜面的对称面对于总长尺寸对称面有对称度要求，推荐值为 0.04 mm。

（六）绘制零件轴测图（选做，见表 12.3.5）

表 12.3.5　活动件正等轴测图画法提示

正等轴测图画法提示	
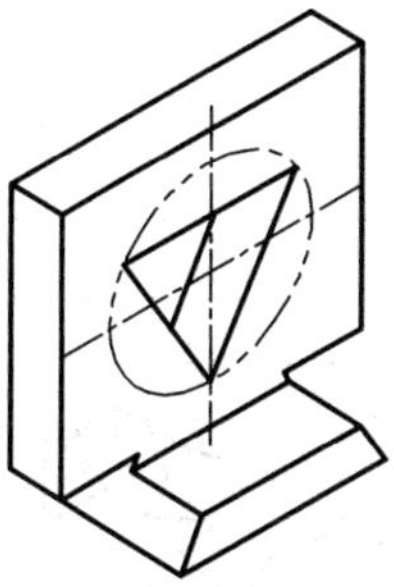	正等轴测图完成图
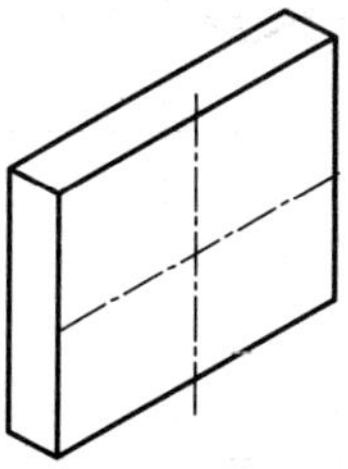	第一步： 请注释作图过程： ______________________ ______________________

续表

<table>
<tr><td colspan="2">正等轴测图画法提示</td></tr>
<tr><td>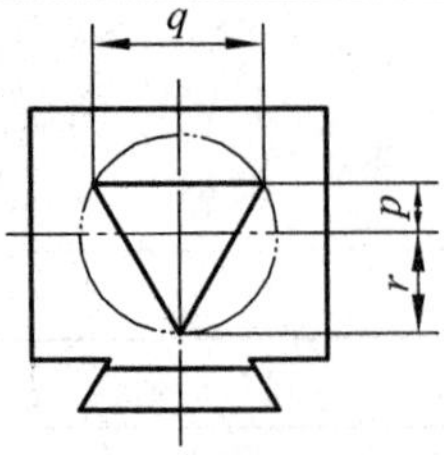
</td><td>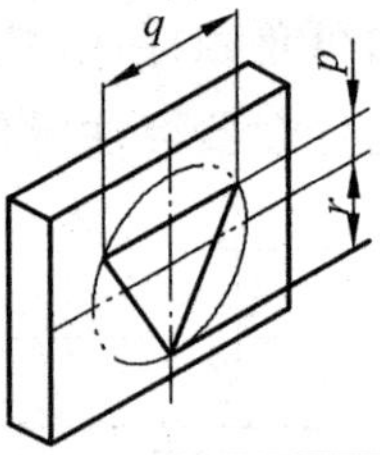
</td></tr>
<tr><td colspan="2">第二步：
请注释作图过程：
________________________________</td></tr>
<tr><td>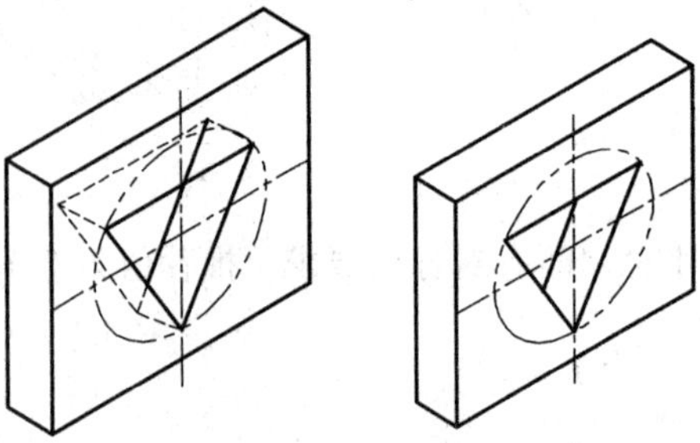</td><td>第三步：
请注释作图过程：
____
________________________________</td></tr>
<tr><td>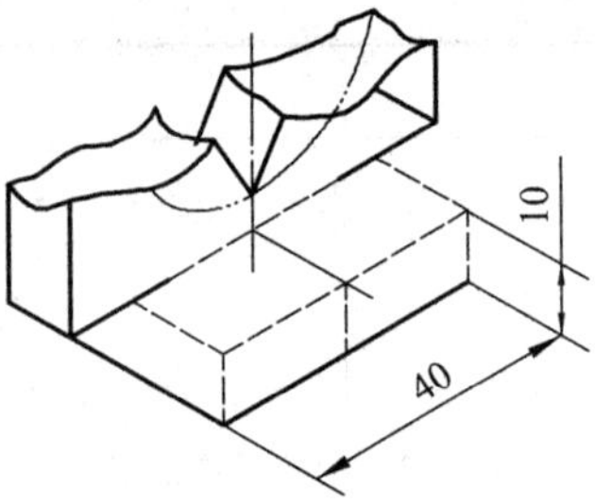
</td><td>第四步：
请注释作图过程：
____
________________________________</td></tr>
<tr><td>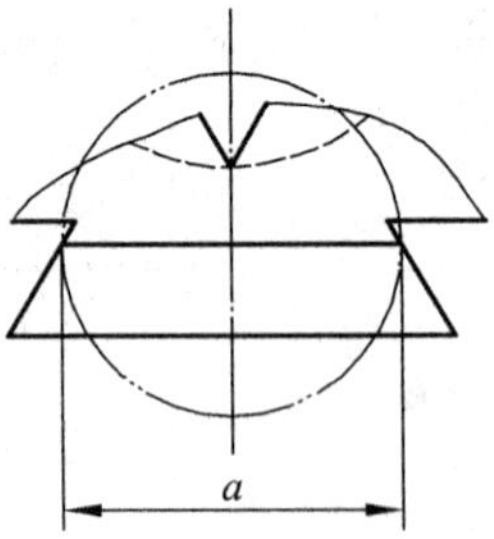
</td><td>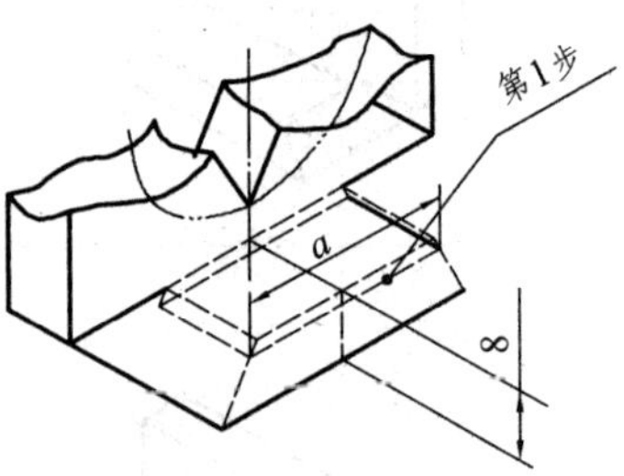
</td></tr>
<tr><td colspan="2">第五步：
请注释作图过程：
____
________________________________</td></tr>
</table>

续表

正等轴测图画法提示	
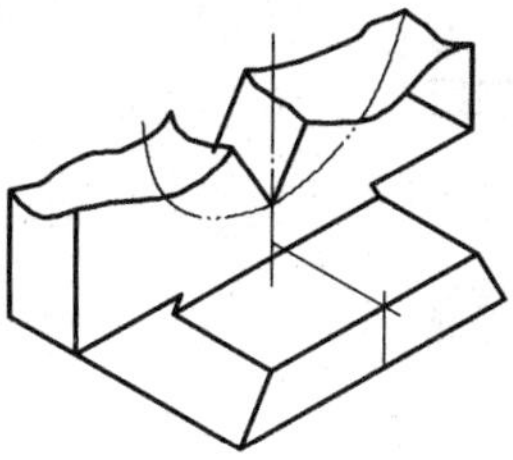	第六步： 请注释作图过程： ____________ ____________

三、任务实施（可选）

（1）在定位三角总成装配件中拆卸出活动件。
（2）分析活动件的结构特点。
（3）根据结构特点选择合理的表达方案。
（4）绘制活动件零件草图。
（5）测量尺寸，经数据处理后，标注在零件草图上。
（6）确定零件图技术要求。
（7）经教师核查无误后抄画零件图。

四、知识链接

（一）全剖视图

全剖视图：用剖切面完全剖开物体所得的剖视图，如图 12.3.2 所示。

（a） （b）

图 12.3.2 剖视图的形成

适用范围：外形较简单，内形较复杂，而图形又不对称时。

（二）半剖视图

如图 12.3.3 所示，采用全剖时，无法反映零件的外形，怎么办？采用半剖视图，以对称线为界，一半画视图，一半画剖视图。

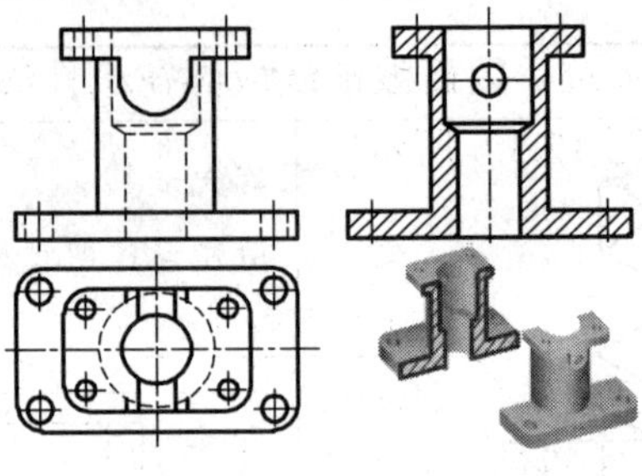

图 12.3.3　全剖视图

半剖视图的画法如图 12.3.4 所示。

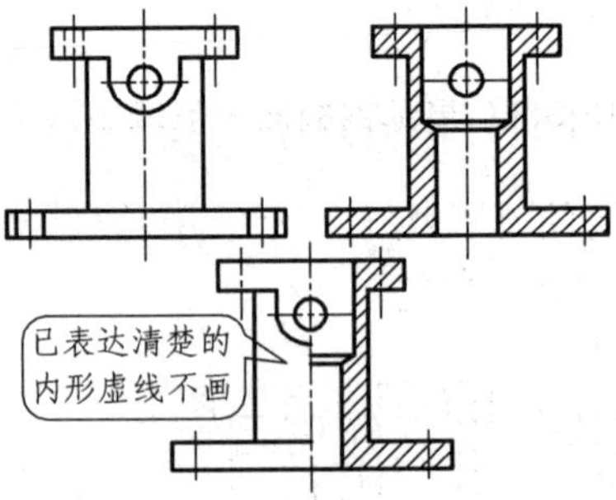

图 12.3.4　半剖视图

适用范围：内、外形都需要表达，而形状又对称或基本对称时。

注意事项：

（1）半个视图与半个剖视图的分界线用细点画线表示，而不能画成粗实线。

（2）机件的内部形状在半剖视图中应表达清楚，另一半视图表达外形，不画细虚线。

（三）局部剖视图

在图 12.3.5 中，圆孔需要表达内部结构怎么办？可以采用局部剖视图来表达。用剖切平面局部剖开机件所得的剖视图称为局部剖视图。

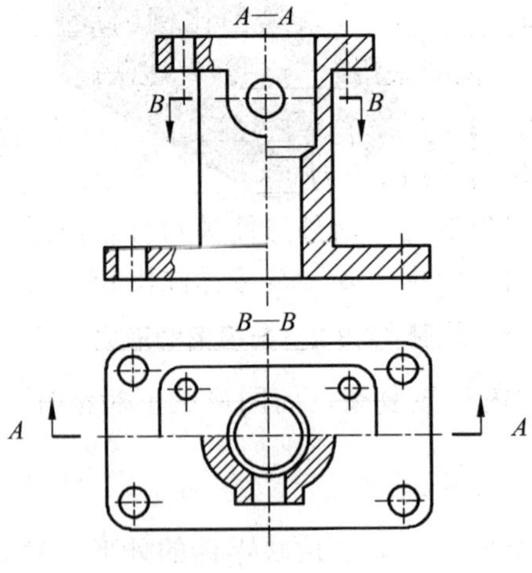

图 12.3.5　局部剖视图

局部剖视图注意事项：

（1）波浪线表示机件断裂痕迹，因而波浪线应画在机件的实体部分，不能超出视图之外，也不能画在机件的中空处，如图 12.3.6 所示。

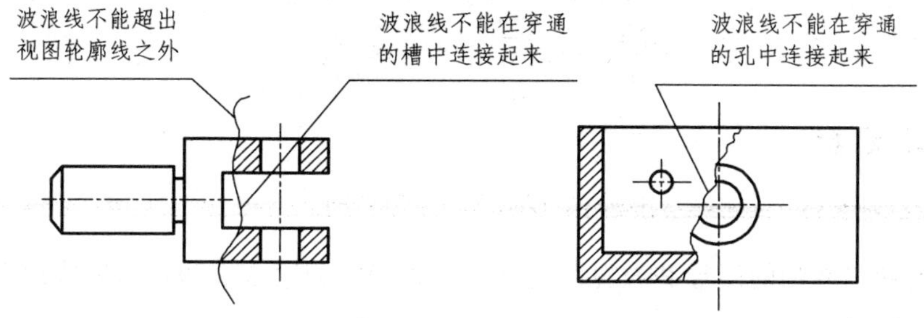

图 12.3.6　局部剖视图波浪线画法（一）

（2）波浪线不应画在轮廓线的延长线上，不能用轮廓线来代替，也不允许和图样上的其他图线重合，如图 12.3.7 所示。

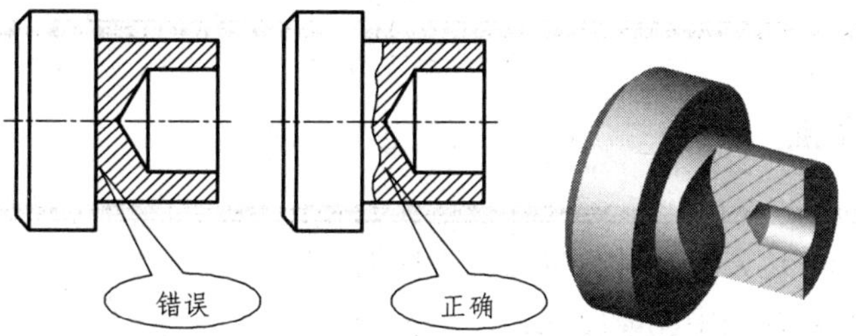

图 12.3.7　局部剖视图波浪线画法（二）

五、课后练习

根据绘制好的零件图填空：

（1）该零件名称为________________，绘图比例为________________。主视图表示零件的______________________，左视图采用______剖表达法。

（2）该零件图正中间的正三角形空腔与___________配作。

（3）根据剖切范围的大小，剖视图分为_________视图、_______视图和__________视图，本任务中的活动件内部有一三角形孔，而外形简单对称，所采用的表达法是________视图。

（4）分析尺寸基准，在图纸中用“▲”符号标注出长、宽、高三个方向的尺寸基准。

（5）该零件锉削表面粗糙度用______________________材料的方法获得，*Ra* 的上限值为_________；其余表面粗糙度用__________________________材料的方法获得，*Ra* 的上限值为_________。

（6）解释下面形位公差的含义。

⌯	0.04	A

：____。

任务四　测绘组合底板

学习目标

- 能通过老师的指导和教材的帮助，用正确的测绘方法和步骤完成组合底板测绘。
- 能正确分析组合底板的结构，选择合理的表达方案，并能用阶梯剖视图表达零件内部结构。
- 能正确绘制螺纹孔剖视图。
- 能正确选用量具测量组合底板各尺寸，经数据处理，合理标注。

学习重难点

▲ 能正确选择表达方案，并正确绘制阶梯剖视图。

▲ 能正确绘制剖视图中的螺纹孔。

▲ 能合理标注尺寸。

学习准备

★ 教师准备：教材、组合底板零件若干（至少保证每组 1 个）、游标卡尺 0～150 mm（精度为 0.02，每组 2 把）、零件图挂图。

★ 学生准备：《机械制图》教材、习题册、绘图工具、A4 图纸和坐标纸各一张。

建议学时

建议学时：4 课时。

一、任务要求

对定位三角总成中的零件——组合底板进行测绘，勾画草图，测量标注尺寸，绘制零件图。

二、学习引导

（一）零件结构分析

组合底板在定位三角总成装配体中与____________和____________（直接填写零件名称）配合。对组合底板进行形体分析可知，它属于______________，其一侧有一个__________，槽底部有一个__________，零件中还有______个销钉孔、______个U形槽、______个螺钉过孔。

（二）表达方案选择（见表12.4.1）

表12.4.1　组合底板表达方案选择

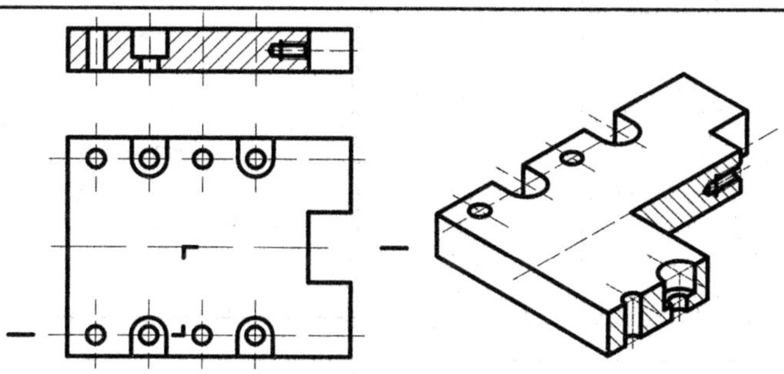
主视图的选择 根据零件的形体特征，U形槽朝上摆放零件，正对零件正面投影作为主视图，这样有什么好处？ ____ ____
其他视图的选择：主视图（阶梯剖）+俯视图。 主视图（阶梯剖）是为了表达____________________________ 俯视图是为了表达________________________________

（三）绘制组合底板草图

1. U形槽画法提示（见表12.4.2）

表12.4.2　U形槽画法提示

步　骤	示意图
U形槽完成图	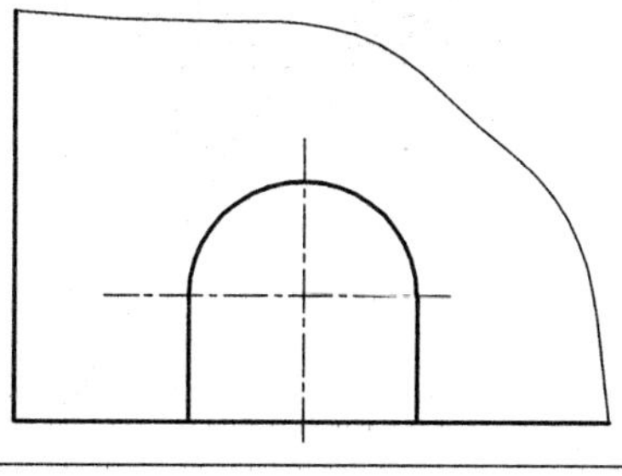

续表

步　骤	示意图
第一步： 请注释作图过程： 例如，绘制圆的中心线。 ________________	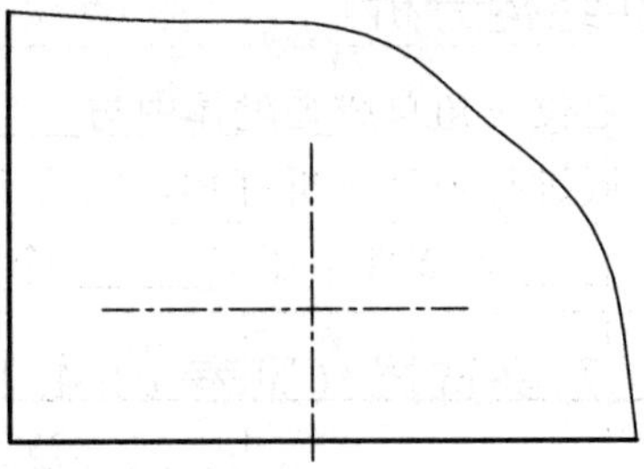
第二步： 请注释作图过程： ________________ ________________	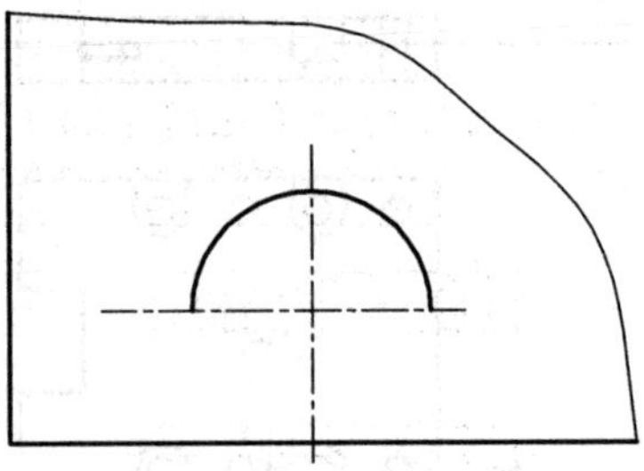
第三步： 请注释作图过程： ________________ ________________	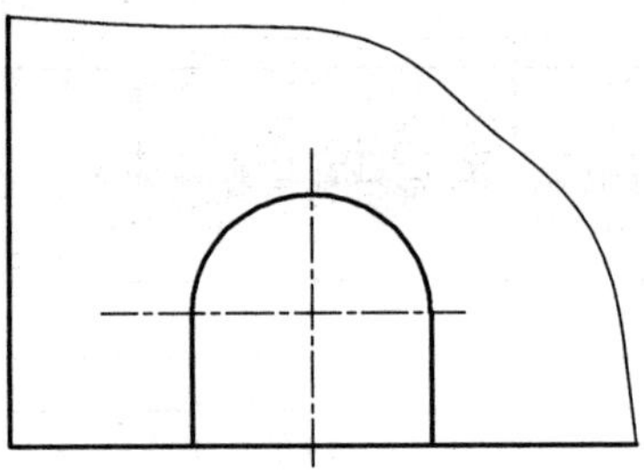

2. 内螺纹剖视图画法提示（见表 12.4.3）

表 12.4.3　内螺纹剖视图画法提示

内螺纹剖视图画法	
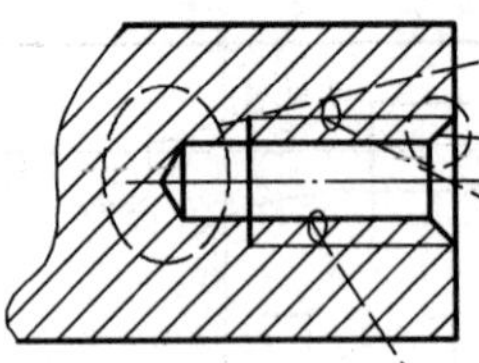	底孔底部 ______ 锥角。 倒斜角，$C1$。 螺纹牙底线用 ______________ 线表示，直径为 ____________ 。螺纹牙顶线用 __________ 线表示，直径查表12.4.4得 ____________ 。 其余各线用 ____________ 。 剖面线画至 ________ 线。

表 12.4.4 普通螺纹直径与螺距、基本尺寸（GB/T 193—2003 和 GB/T 196—2003）

公称直径 D、d/mm		螺距 P/mm		粗牙小径 D_1、d_1/mm
第一系列	第二系列	粗牙	细牙	
3		0.5	0.35	2.459
4		0.7	0.5	3.242
5		0.8		4.134
6		1	0.75	4.917
8		1.25	1、0.75	6.647
10		1.5	1.25、1、0.75	8.376

3. 阶梯剖视图的画法提示（见图 12.4.1）

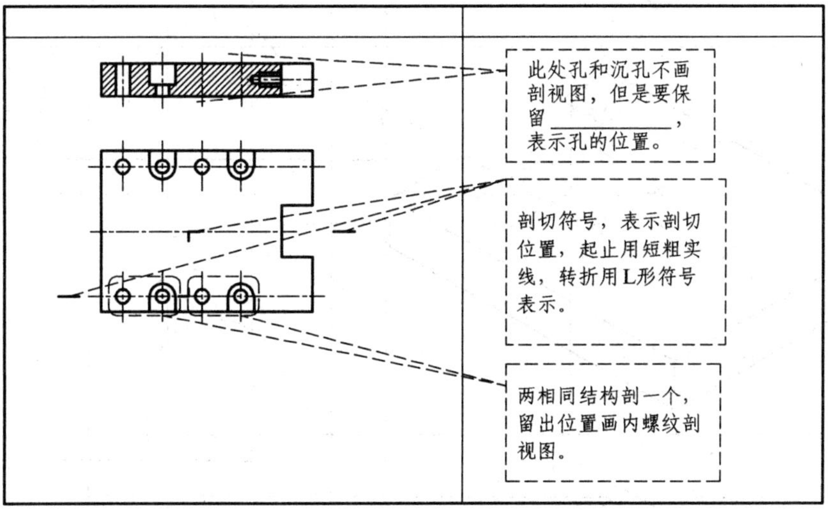

图 12.4.1 阶梯剖视图画法提示

（四）测量标注尺寸

1. 尺寸基准（见图 12.4.2）

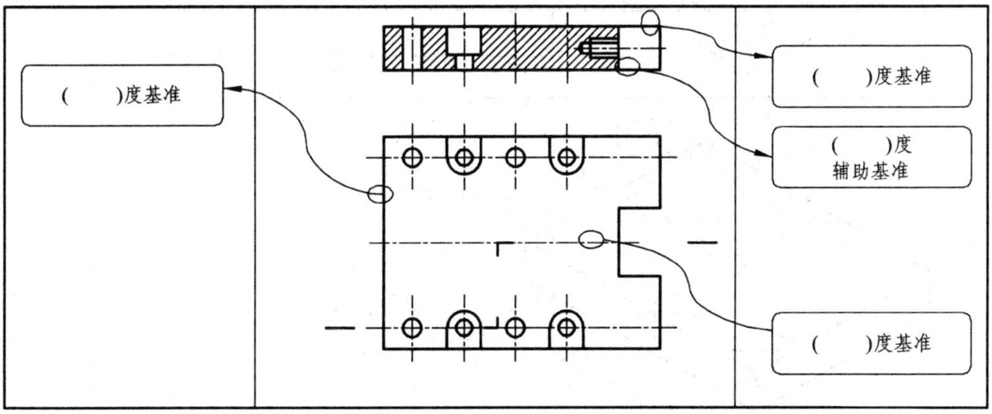

图 12.4.2 组合板尺寸基准

2. 尺寸分析（见表 12.4.5）

表 12.4.5　组合底板尺寸分析

<table>
<tr><th rowspan="2">编号</th><th rowspan="2">形体分析</th><th colspan="3">定形尺寸</th><th colspan="3">定位尺寸</th></tr>
<tr><th>长度</th><th>宽度</th><th>高度</th><th>长度方向</th><th>宽度方向</th><th>高度方向</th></tr>
<tr><td>1</td><td>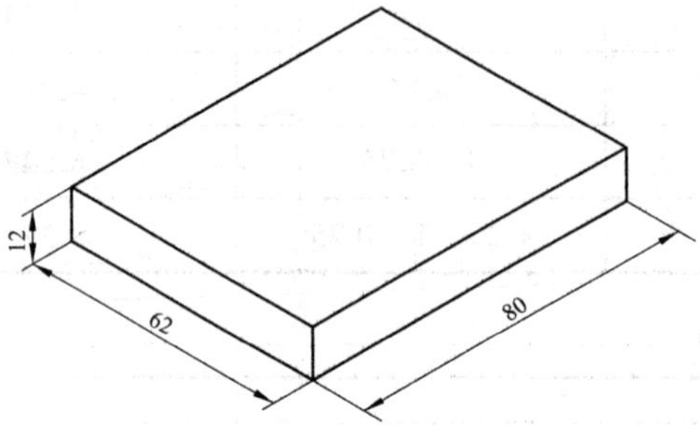</td><td></td><td></td><td></td><td></td><td></td><td></td></tr>
<tr><td>2</td><td>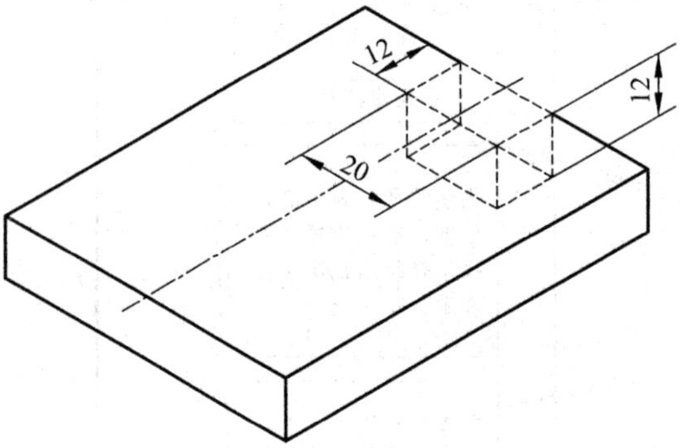</td><td></td><td></td><td></td><td></td><td></td><td></td></tr>
<tr><td>3</td><td>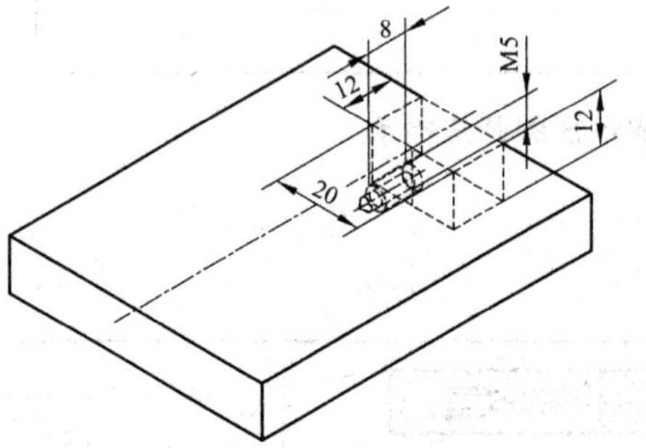</td><td></td><td></td><td></td><td></td><td></td><td></td></tr>
<tr><td>4</td><td>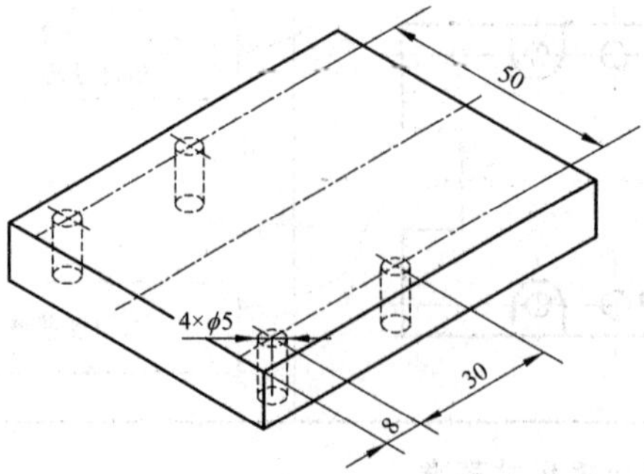</td><td></td><td></td><td></td><td></td><td></td><td></td></tr>
</table>

续表

编号	形体分析	定形尺寸			定位尺寸		
		长度	宽度	高度	长度方向	宽度方向	高度方向
5	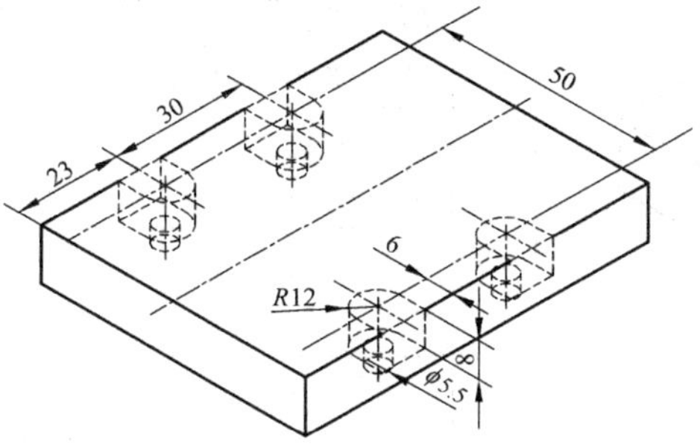						

3. 总体尺寸

零件的总体尺寸为长＝________，宽＝________，高＝________。三个尺寸前面标注都已经涉及，不用再单独标注。

（五）确定零件图技术要求

（1）粗糙度要求：组合底板配合面和加工面去除材料，单项上限值，算术平均偏差为 1.6 μm，16%规则；其余两面不允许去除材料，单项上限值，算术平均偏差为 6.3 μm，16%规则。

（2）底座上两定位销孔中心距有上下偏差要求，推荐值为±0.1。

（3）底座右端凹槽长度有上下偏差要求，推荐值为上偏差为+0.02，下偏差为 0。

（4）底座右端凹槽宽度有上下偏差要求，推荐值为上偏差为+0.02，下偏差为 0。

（5）底板螺孔、销孔与燕尾压板配钻、铰。

（六）绘制零件轴测图（选做，见表 12.4.6）

表 12.4.6　组合底板正等轴测图画法提示

正等轴测图画法提示	
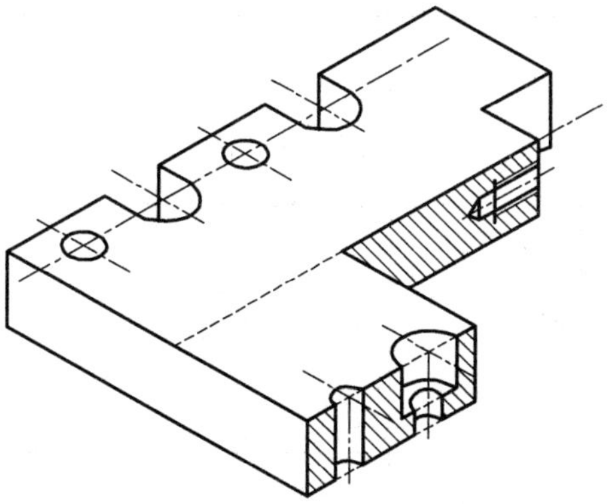	正等轴测图完成图

续表

正等轴测图画法提示	
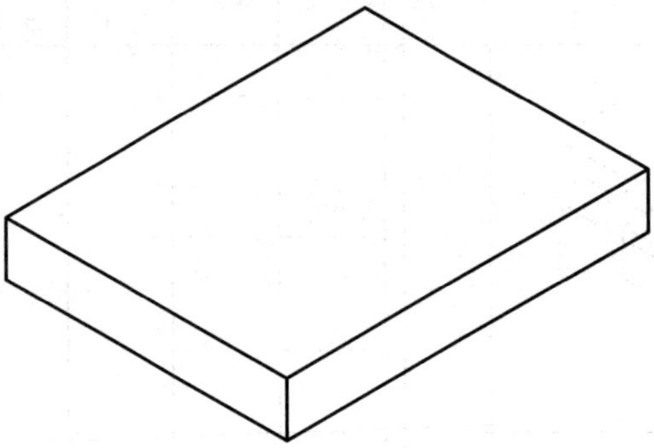	第一步： 请注释作图过程： ______ ______
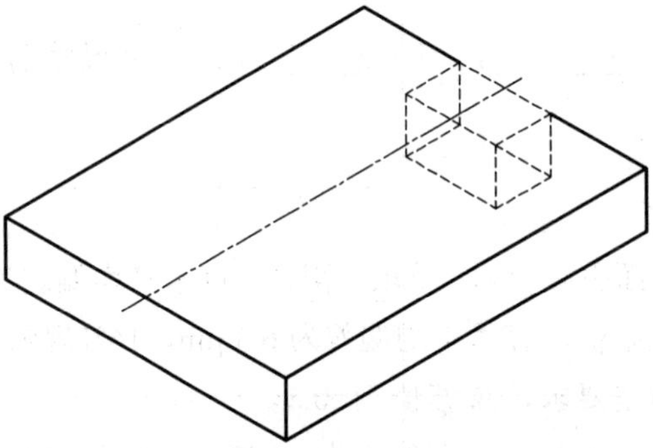	第二步： 请注释作图过程： ______ ______
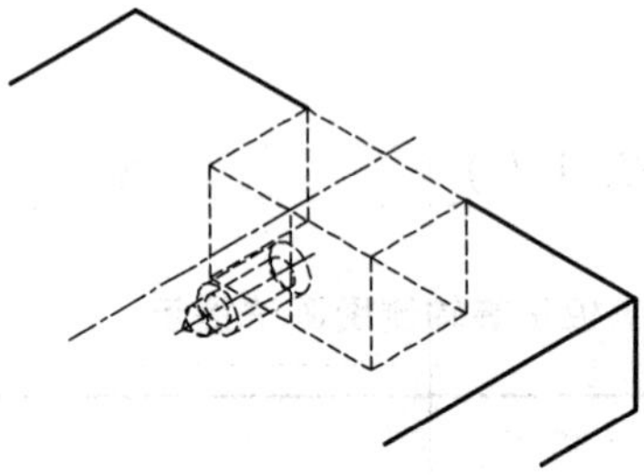	第三步： 请注释作图过程： ______ ______
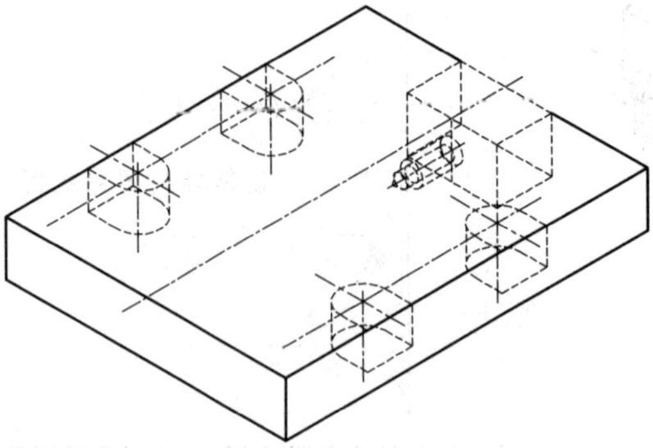	第四步： 请注释作图过程： ______ ______

续表

正等轴测图画法提示	
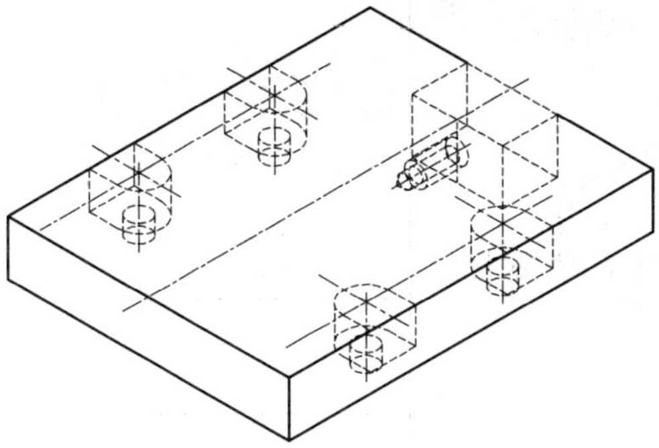	第五步： 请注释作图过程：
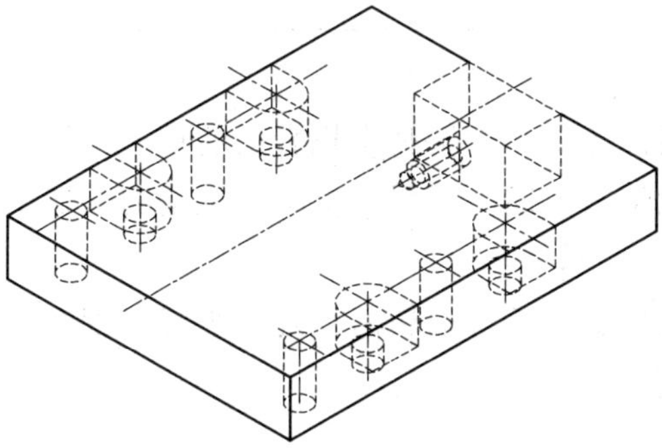	第六步： 请注释作图过程：
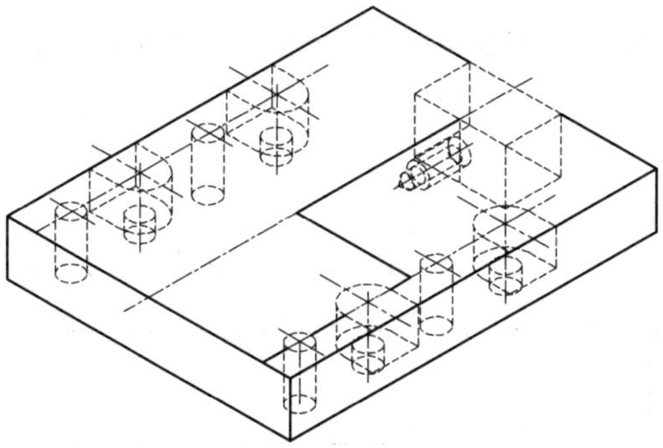	第七步： 请注释作图过程：
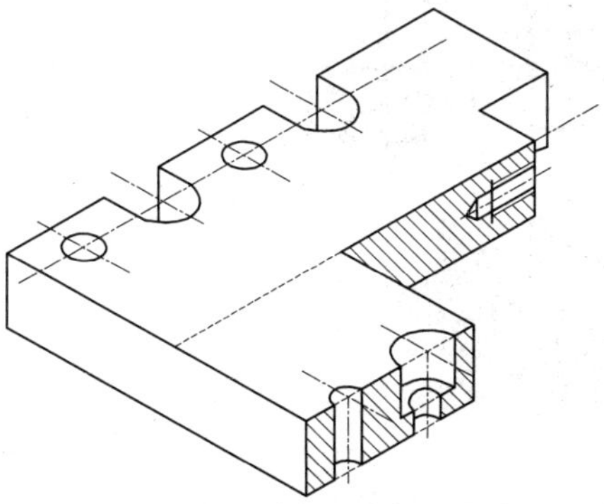	第八步： 请注释作图过程：

三、任务实施（可选）

（1）在定位三角总成装配件中拆卸出组合底板。
（2）分析组合底板的结构特点。
（3）根据结构特点选择合理的表达方案。
（4）绘制组合底板零件草图。
（5）测量尺寸，经数据处理后，标注在零件草图上。
（6）确定零件图技术要求。
（7）经教师核查无误后抄画零件图。

四、知识链接

前面讲的全剖、半剖和局部剖三种视图都是用平行于基本投影面的单一剖切平面剖切机件而得到的。当表达结构形状复杂多样的机件时，通常采用几个不同位置的剖切平面来剖开机件，以便清楚地表达机件的内部结构。

按照国家标准，可以选用的剖切面形式如下：单一剖切面、几个平行的剖切平面和几个相交的剖切面三种。

（一）单一剖切面

单一剖切面可以平行或者倾斜于基本投影面，前面讲过的全剖、半剖和局部剖都是采用单一剖切面。

（二）几个平行的剖切平面

当机件上的内部结构不全在某一个剖切面上，而处于相互平行的几个剖切平面上时，可以采用几个平行的剖切面剖开机件，以表达其内部结构。此时的剖视图又称为阶梯剖，如图12.4.3、图12.4.4所示。

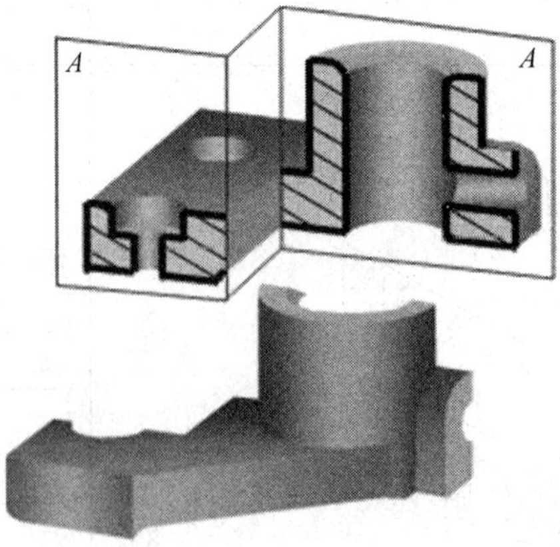

图12.4.3　用两个平行平面剖切零件时的剖视图（一）

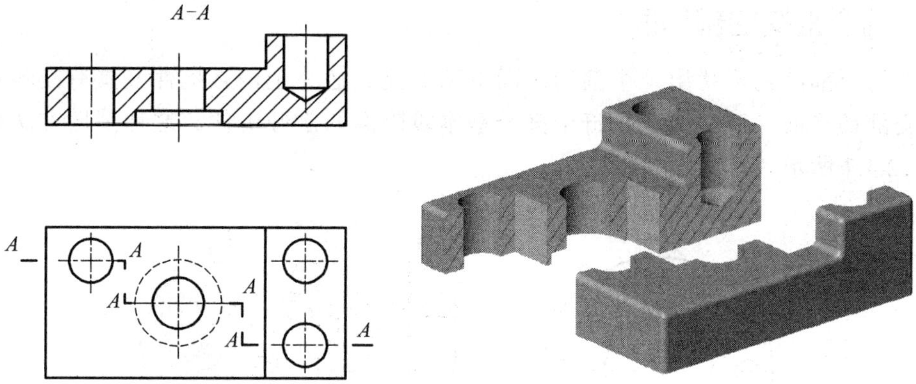

图 12.4.4　用两个平行平面剖切零件时的剖视图（二）

阶梯剖视图应注意以下问题（见图 12.4.5）：

（1）在画阶梯剖时，应把几个平行的剖切平面看作一个剖切平面，因此在剖视图中各剖切平面的分界处（转折处）不必画出。

（2）必须在相应视图上用剖切符号表示剖切位置，剖切符号不得与图形中的任何轮廓线重合，在剖切平面的起止和转折处注写相同字母。

（3）不应在图形中出现不完整要素。

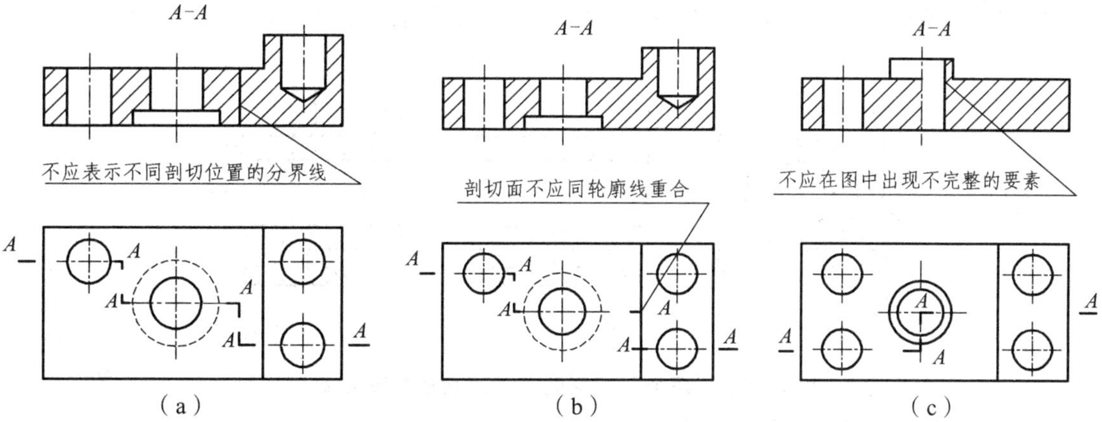

图 12.4.5　阶梯剖视图注意事项

（4）有公共对称中心线或轴线时，可以各画一半，如图 12.4.6 所示。

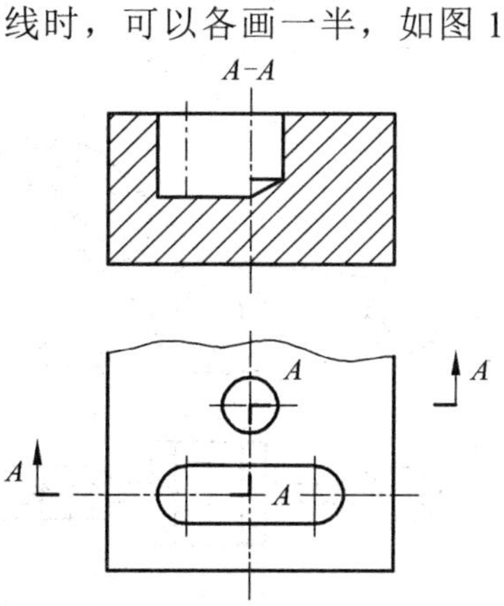

图 12.4.6　阶梯剖视的特例

（三）几个相交的剖切面

当机件的内部结构形状用一个剖切平面剖切不能表达完全，且机件又具有回转轴时，可采用两相交剖切平面（其交线应垂直于某一基本投影面）剖开机件。这种剖切方法称为旋转剖，如图 12.4.7 所示。

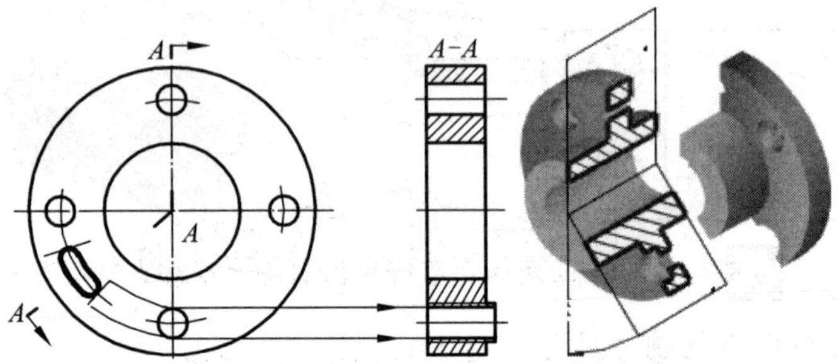

图 12.4.7　用两个相交剖切面剖切时的剖视图

采用这种方法画剖视图时，先假想按剖切位置剖开机件，然后将被剖切平面剖开的倾斜部分结构及其有关部分，绕回转中心（旋转轴）旋转到与选定的基本投影面平行后再投影。

旋转剖视图应注意：

（1）两剖切面的交线一般应与机件的轴线重合，如图 12.4.8 所示。

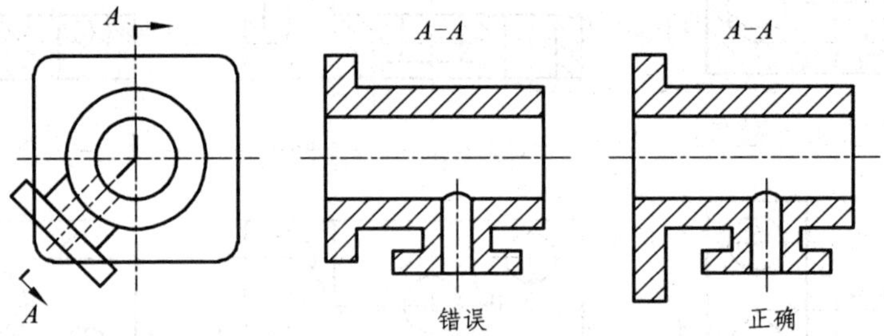

图 12.4.8　两个剖切面的交线应与机件轴线重合

（2）应按“先剖切后旋转”的方法绘制剖视图。

（3）位于剖切平面后且与所表达的结构关系不甚密切的结构，或一起旋转容易引起误解的结构，一般仍按原来的位置投射，如图 12.4.9 所示。

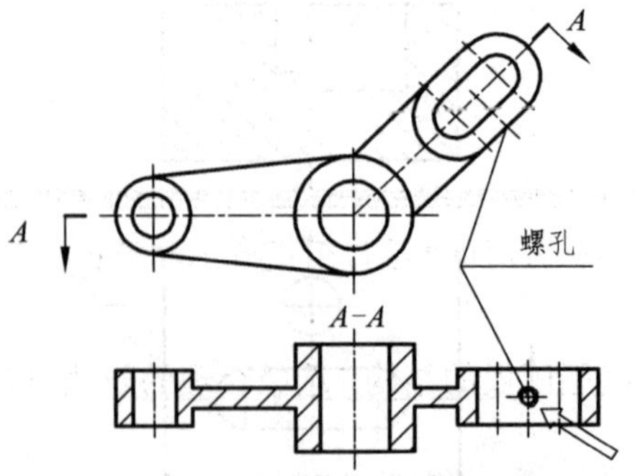

图 12.4.9　螺孔按原来位置投射

（4）位于剖切平面后，与被切结构有直接联系且密切相关的结构，或不一起旋转难以表达的结构，应“先旋转后投射”，如图 12.4.10 所示。

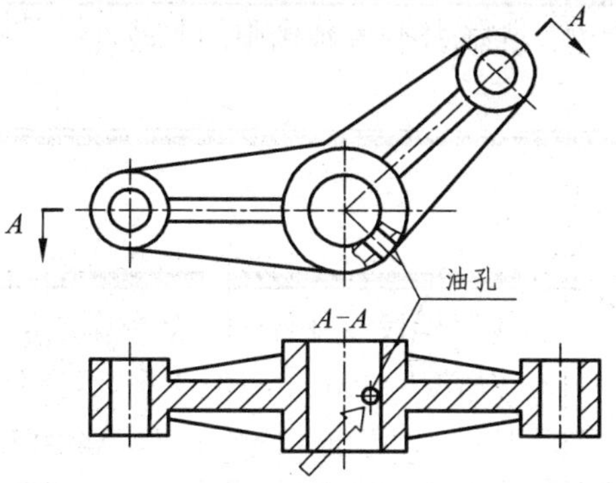

图 12.4.10　油孔“先旋转后投射”

五、课后练习

根据绘制好的零件图填空：

（1）该零件图名称为__________，所采用的绘图比例为_______。主要采用_____个基本视图表达，其中俯视图采用____________表达法。

（2）该视图中有_____个销孔，其直径为_______。有_____个螺纹沉头孔，在底板右端凹槽中心有一个________孔，其尺寸为 M5。

（3）该零件的总长、总宽、总高尺寸分别为__________、_________、__________。

（4）查表决定极限偏差：ϕ5H7，表示___________。

（5）找出该零件图中的配合尺寸：____。

任务五　测绘左右燕尾压板

学习目标

- 能通过老师的指导和教材的帮助，用正确的测绘方法和步骤完成左右燕尾压板测绘。
- 能正确分析左右燕尾压板的结构，选择合理的表达方案，并能用剖视图表达螺纹孔。
- 能正确选用量具测量左右燕尾压板各尺寸，经数据处理，合理标注。

学习重难点

▲ 能正确选择表达方案，正确绘制剖视图中的螺纹孔。
▲ 能合理标注尺寸。

学习准备

★ 教师准备：教材、左右燕尾压板零件若干（至少保证每组 1 个）、游标卡尺 0～150 mm（精度为 0.02，每组 2 把）、零件图挂图。
★ 学生准备：《机械制图》教材、习题册、绘图工具、A4 图纸纸和坐标纸各两张。

建议学时

建议学时：4 课时。

一、任务要求

分析定位三角总成中的零件——左右燕尾压板结构，勾画草图，测量标注尺寸，分别绘制两个零件图。

二、学习引导

（一）零件结构分析

左右燕尾在定位三角总成装配体中与__________、__________和__________（直接填写零件名称）配合。对左右燕尾进行形体分析可知，它是__________斜切一刀，零件上有 2 个________孔，2 个________孔，该零件是 1 对 2 个。

（二）表达方案选择（见表 12.5.1）

表 12.5.1　左右燕尾压板表达方案选择

零件摆放	表达方案
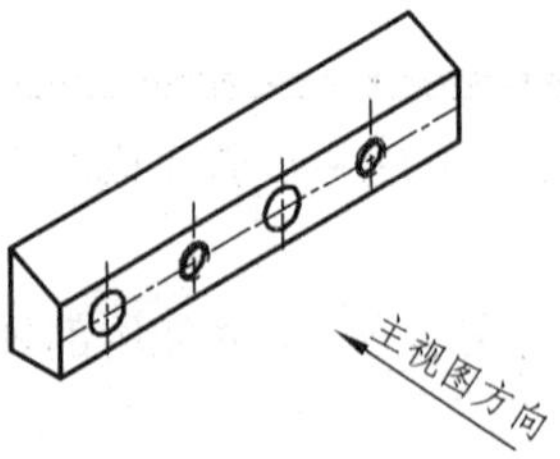	主视图的选择： 根据燕尾压板的形体特征，主视图方向平行于孔和螺纹孔轴线方向，这样有什么好处？ ____________________ ____________________

续表

零件摆放	表达方案
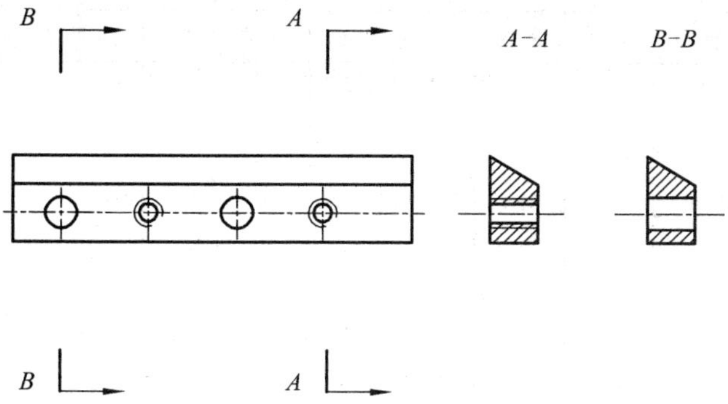	其他视图的选择：主视图+两个剖视图 主视图是为了表达________________ ________________________。 A—A 剖视图是为了表达____________ ________________________。 B—B 剖视图是为了表达____________ ________________________。 此处还需要俯视图吗？为什么？ ________________________

（三）绘制左右燕尾压板草图（见图 12.5.1）

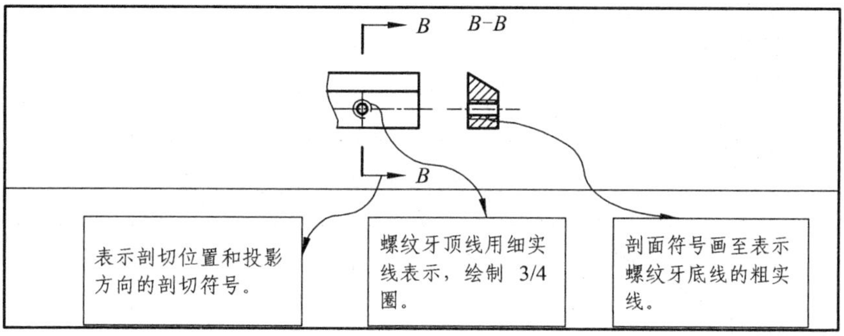

图 12.5.1　左右燕尾压板螺纹孔画法

（四）测量标注尺寸

1. 尺寸基准（见图 12.5.2）

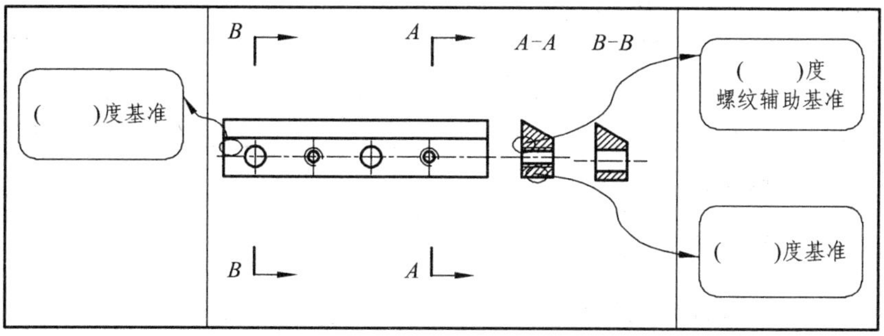

图 12.5.2　左右燕尾压板尺寸基准

2. 尺寸分析（见表 12.5.2）

表 12.5.2　左右燕尾压板尺寸分析

序号	形体分析	定形尺寸			定位尺寸		
		长度	宽度	高度	长度方向	宽度方向	高度方向
1	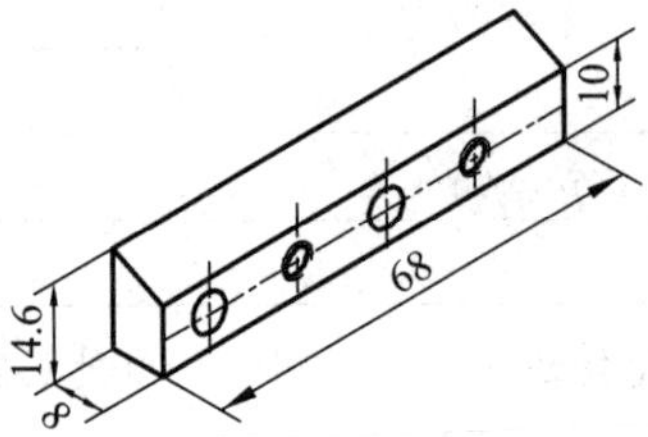						
2	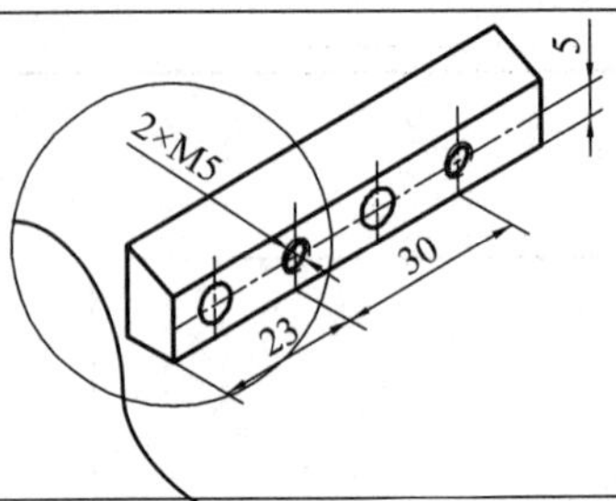						
	该尺寸可以标注在剖视图中，表达更明确						
3	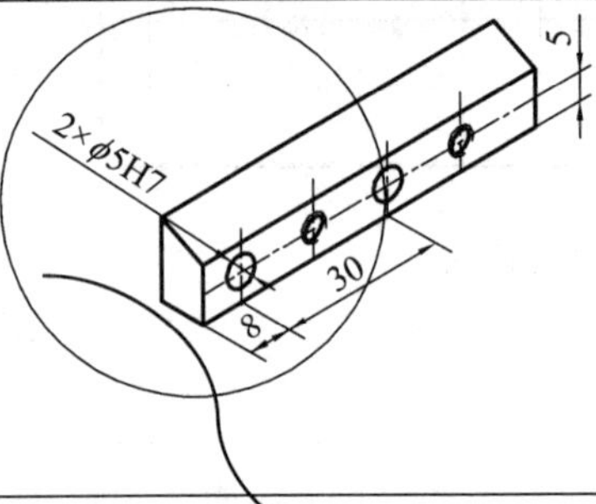						
	该尺寸可以标注在剖视图中，表达更明确						

3. 总体尺寸

零件的总体尺寸为长＝________，宽＝________，高＝________。三个尺寸前面标注都已经涉及，不用再单独标注。

（五）确定零件图技术要求

（1）燕尾压板上的所有销孔和螺纹孔均与组合底座配钻、铰。

（2）粗糙度要求：左右燕尾压板配合面和加工面去除材料，单项上限值，算术平均偏差为 1.6 μm，16%规则；其余两面不允许去除材料，单项上限值，算术平均偏差为 6.3 μm，16%规则。

（六）绘制零件轴测图（选做，见表 12.5.3）

表 12.5.3　左右燕尾压板正等轴测图画法提示

正等轴测图画法提示	
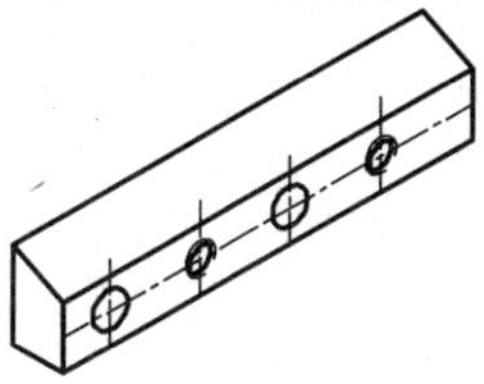	正等轴测图完成图
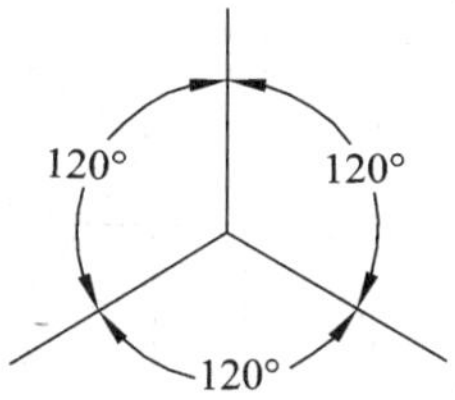	第一步： 请注释作图过程：
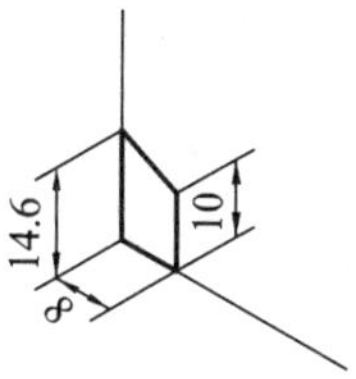	第二步： 请注释作图过程：
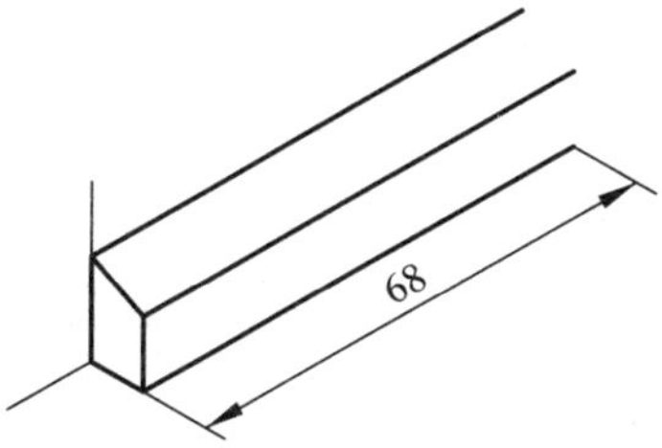	第三步： 请注释作图过程：
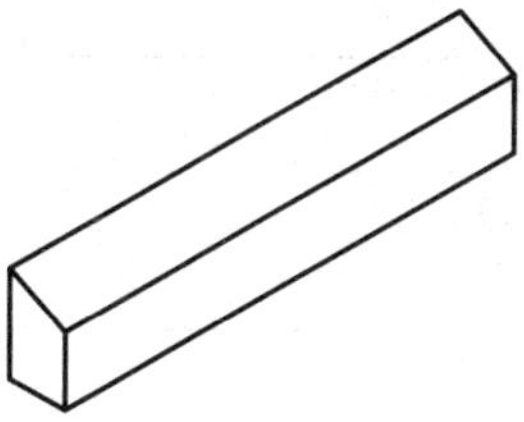	第四步： 请注释作图过程：
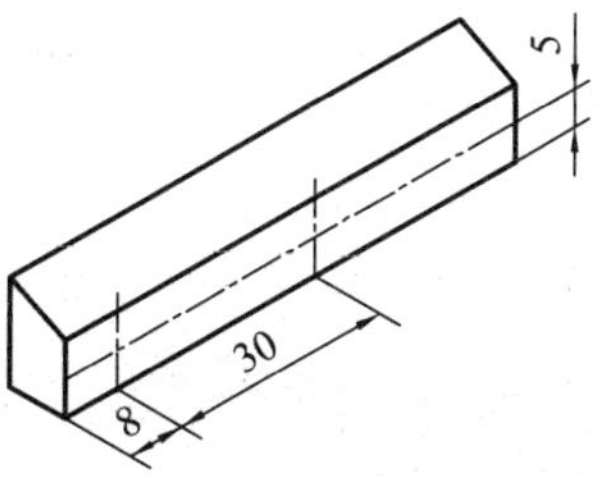	第五步： 请注释作图过程：

续表

正等轴测图画法提示	
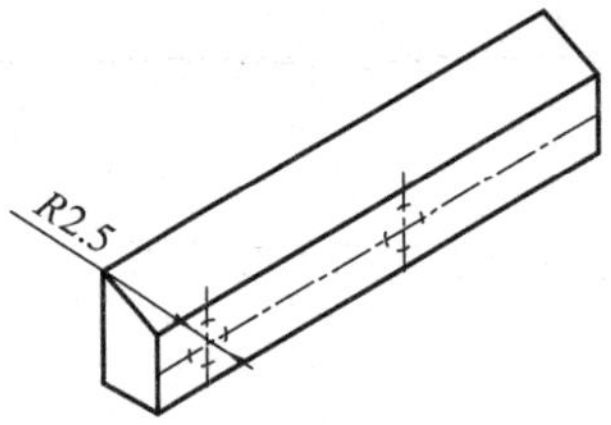	第六步： 请注释作图过程： ______ ______
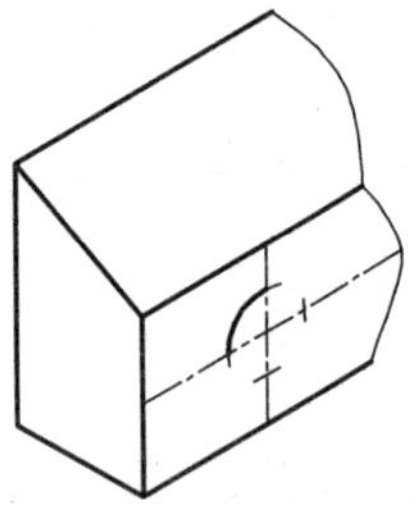 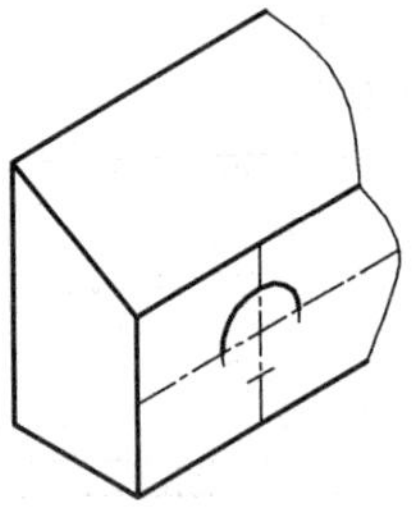	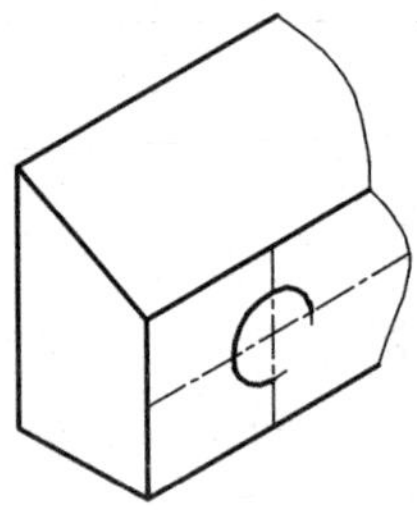 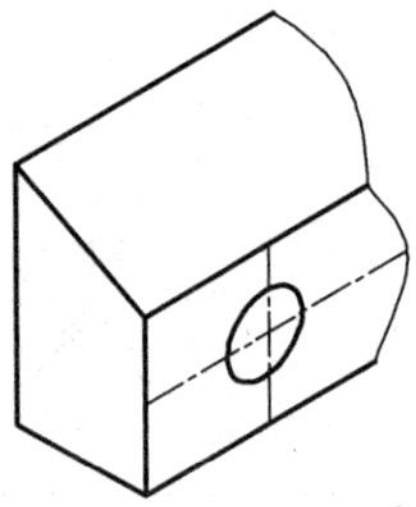
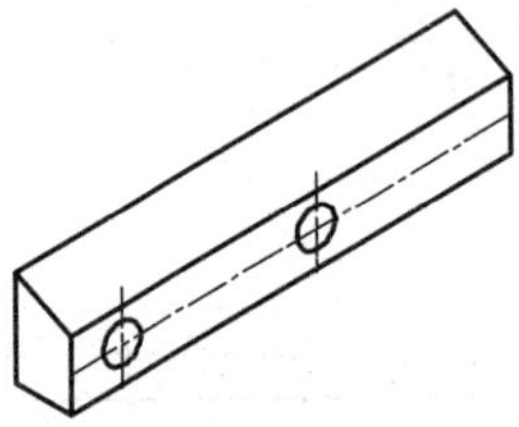	第七步： 请注释作图过程： ______ ______
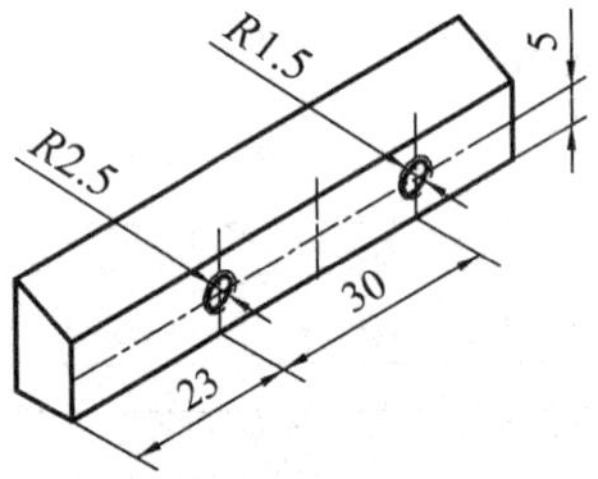	第八步： 请注释作图过程： ______ ______
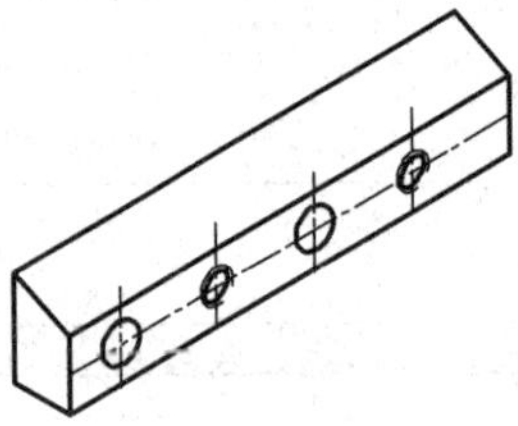	第九步： 请注释作图过程： ______ ______。

三、任务实施（可选）

（1）在定位三角总成装配件中拆卸出两个零件。

（2）分析左右燕尾压板的结构特点。

（3）根据结构特点选择合理的表达方案。

（4）分别绘制左右燕尾压板零件草图。

（5）测量尺寸，经数据处理标注在零件草图上。

（6）确定零件图技术要求。

（7）经教师核查无误后抄画零件图，左右燕尾压板各绘制一张零件图。

四、课后练习

根据绘制好的零件图填空：

（1）该零件名称为__________________，该零件材料为________________，绘图比例为__________。

（2）该零件图中共有______个螺纹孔，_______个销孔。其中，A—A 图采用_________表达______________，B—B 图采用___________表达______________。

（3）该零件的总长、总宽、总高尺寸分别为___________、__________、___________。

（4）请分别叙述零件上销孔和螺纹孔的加工过程。

____。

____。

任务六　绘制定位三角总成装配图

学习目标

- 学生能通过老师的指导和教材的帮助，用合理的表达方案表达定位三角总成。
- 能正确分析定位三角总成各零件的装配关系，区分装配体中的标准件和非标准件。
- 在完成装配图的同时，能灵活运用装配图中的特殊表达方法、装配图尺寸标注及局部剖视图画法。

学习重难点

▲ 能叙述装配图的作用和内容。

▲ 能根据教材提示正确完成装配图的绘制。

▲ 能灵活运用装配图中的特殊表达方法、装配图尺寸标注及局部剖视图画法。

学习准备

★ 教师准备：教材、定位三角总成装配体若干（至少保证每组 1 个）、课件。
★ 学生准备：教材、习题册、绘图工具、前面任务中绘制的所有零件图纸、A3 图纸和坐标纸各一张。

建议学时

建议学时：8 课时。

一、任务要求

对定位三角总成所有零件进行装配、分析，按要求完成装配图绘制。

二、学习引导

（一）装配体结构分析

（1）填写图 12.6.1 中指引线对应零件的名称，并回答左边方框中的问题。

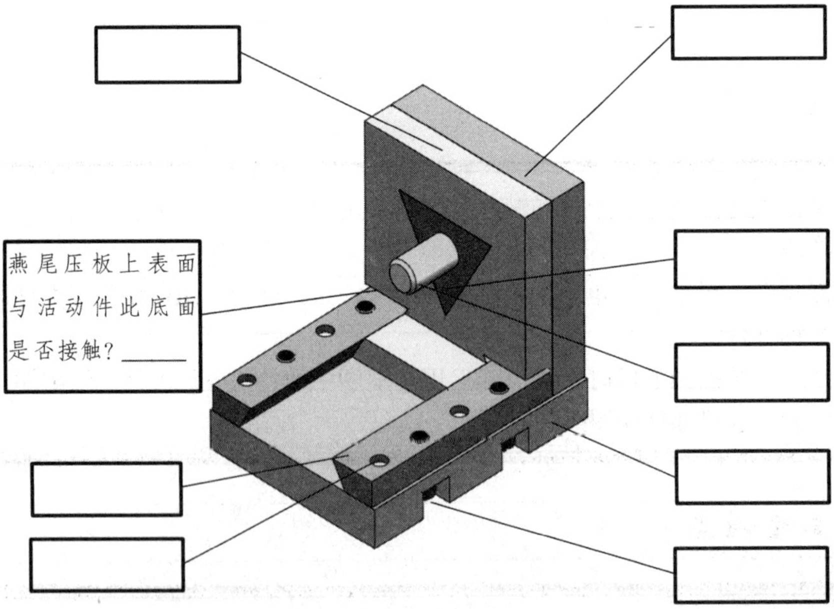

图 12.6.1　定位三角总成

（2）定位三角总成零件爆炸图如图 12.6.2 所示。

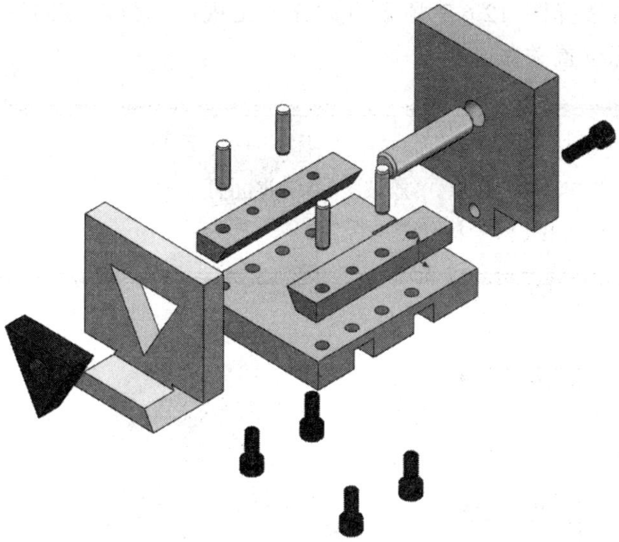

图 12.6.2　定位三角总成爆炸图

零件明细见表 12.6.1、表 12.6.2。

表 12.6.1　标准件明细

名　称	数　量	规　格
内六角螺钉	1	M5×16
内六角螺钉	4	M5×12
定位销	4	ϕ 5×18

表 12.6.2　非标准件

名　称	数　量
组合底座	1
左、右燕尾压板	各 1
定位导向销	1
镶件	1
活动件	1
固定板	1

（二）绘图步骤指导

1. 表达方案选择

主视图选择：按部件工作位置，并尽量反映部件的装配关系及零件间的相互位置。对定位三角总成装配体，可选择图 12.6.3 所示方向作为主视图的投射方向，俯视图和左视图补充表达各零件形状、装配位置关系。

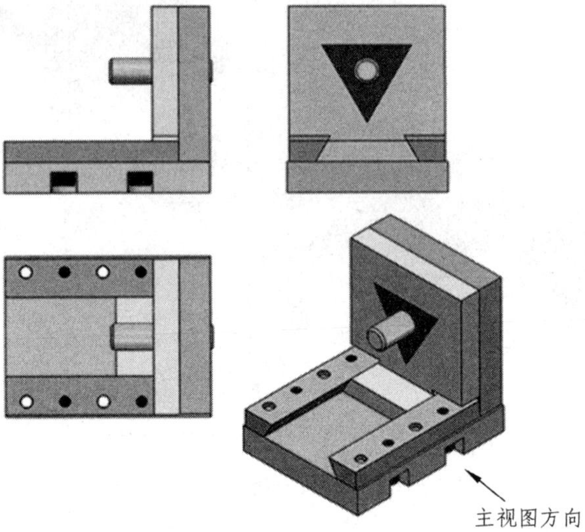

图 12.6.3　主视图选择

2. 绘图步骤指导（见表 12.6.3）

表 12.6.3　定位三角总成画法提示

A3 图幅，绘图比例：1∶1 提示：装配图中所有线条尺寸均应按照原有零件图所标注尺寸绘制	（1）绘制基准线。 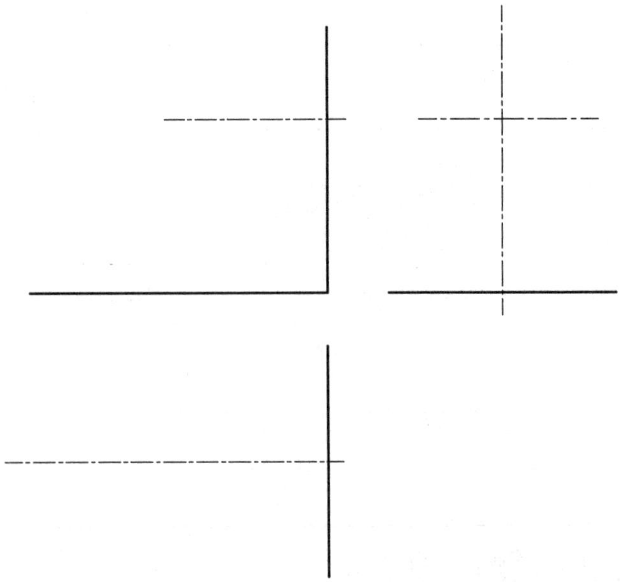

续表

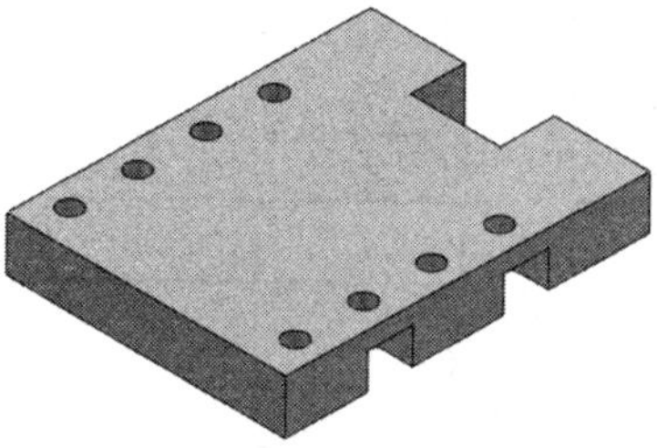	（2）绘制组合底座三视图。 提示：组合底座上的销孔、沉孔和凹槽可先不考虑绘制 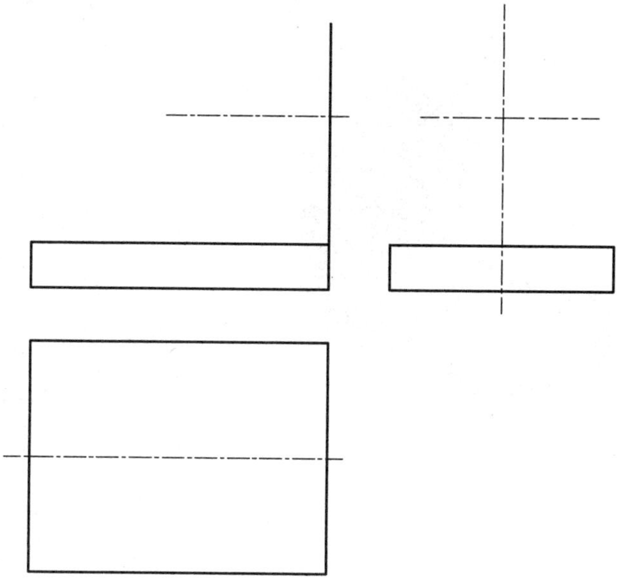
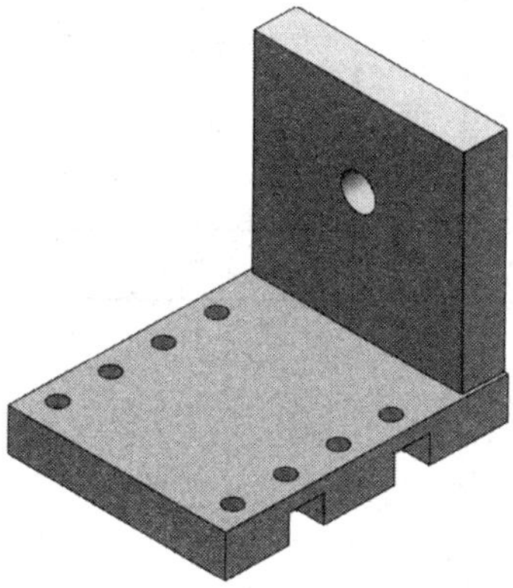	（3）将固定板装配上去后。 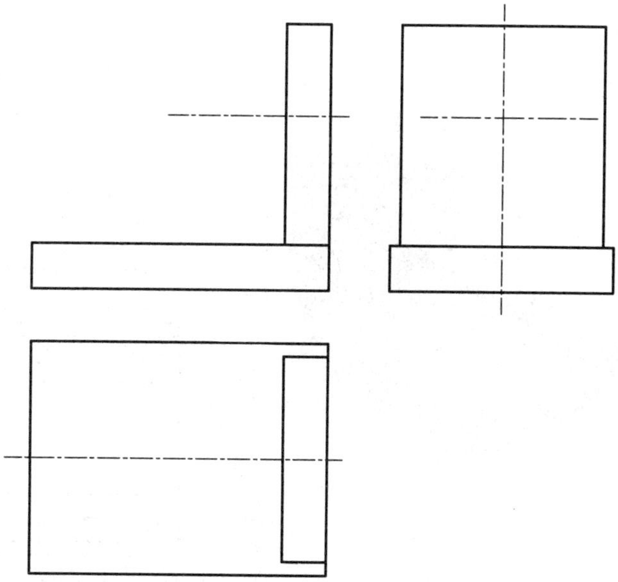

续表

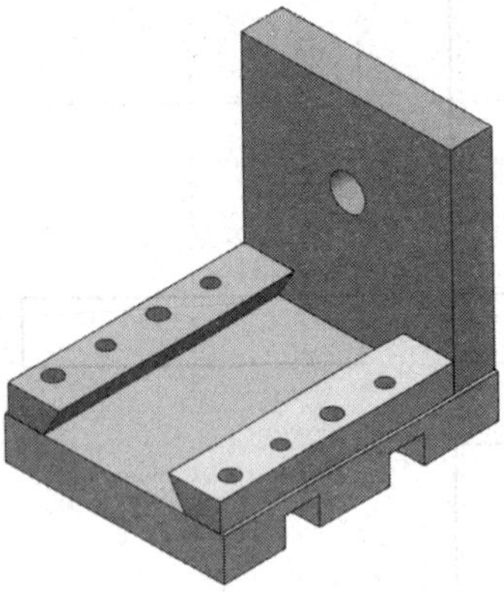	（4）将左、右燕尾压板装配上去后。 备注：由于左右燕尾压板上的销孔和螺纹孔需要剖切表达，所以以下主、左视图对应虚线暂时不绘制 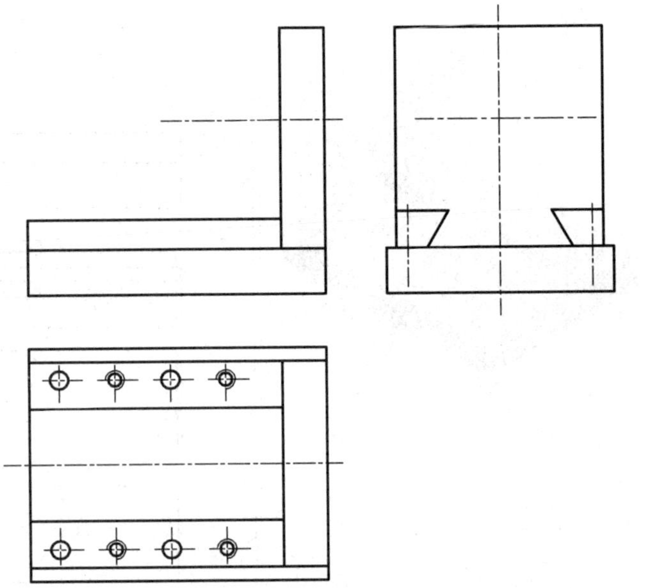
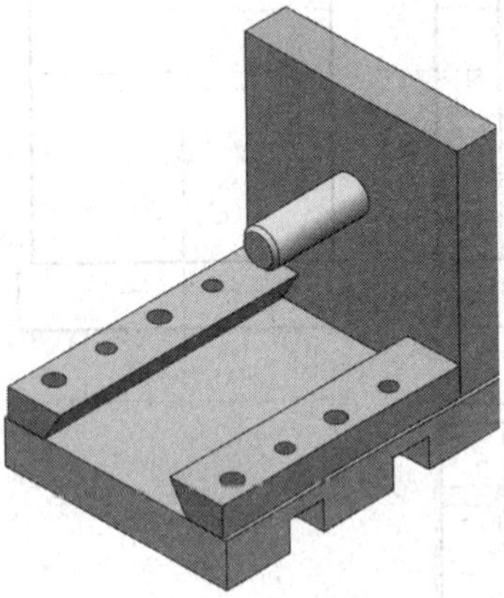	（5）将定位导向销装配上去后。 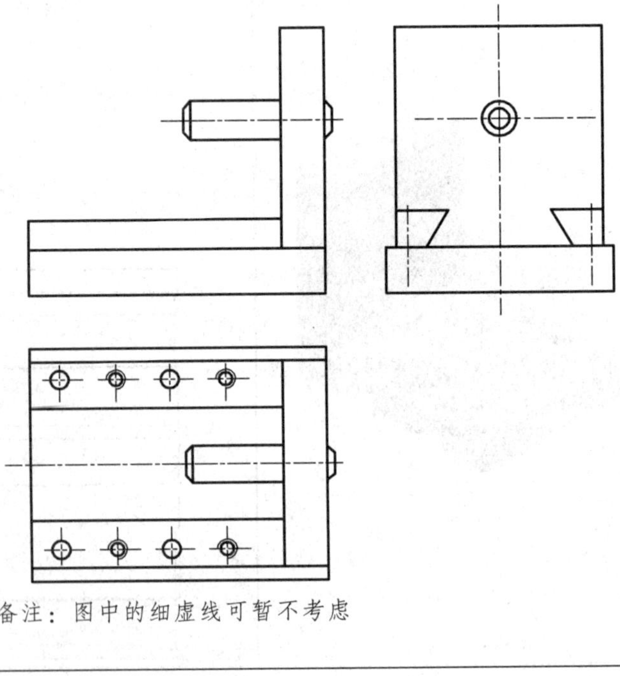 备注：图中的细虚线可暂不考虑

续表

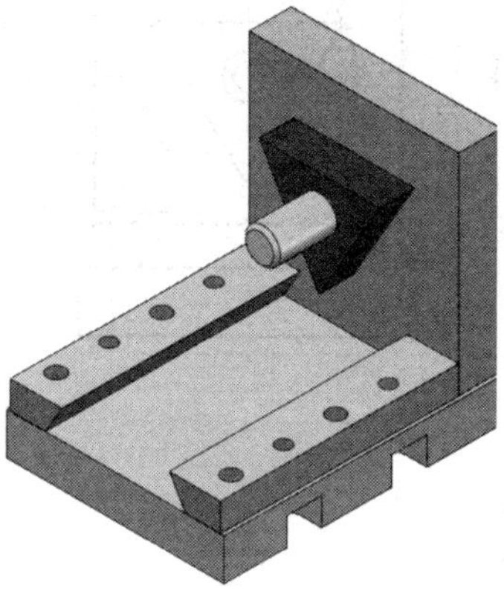	（6）将镶件装配上去后。 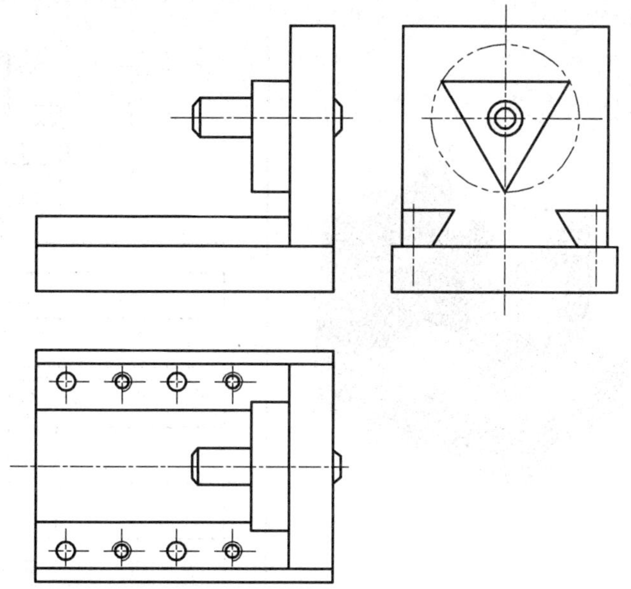 备注：图中的细虚线可暂不考虑
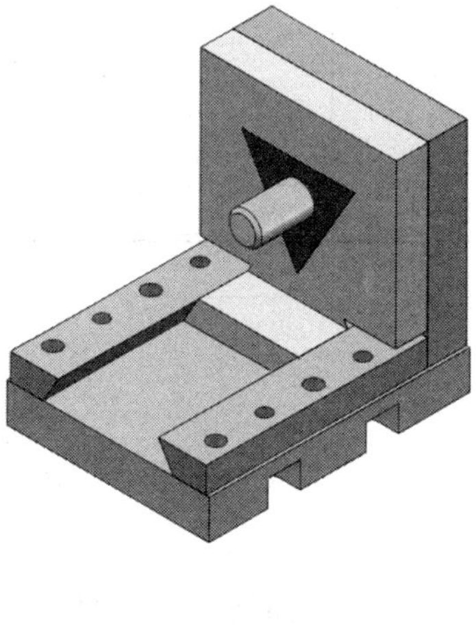	（7）将活动件装配上去后。 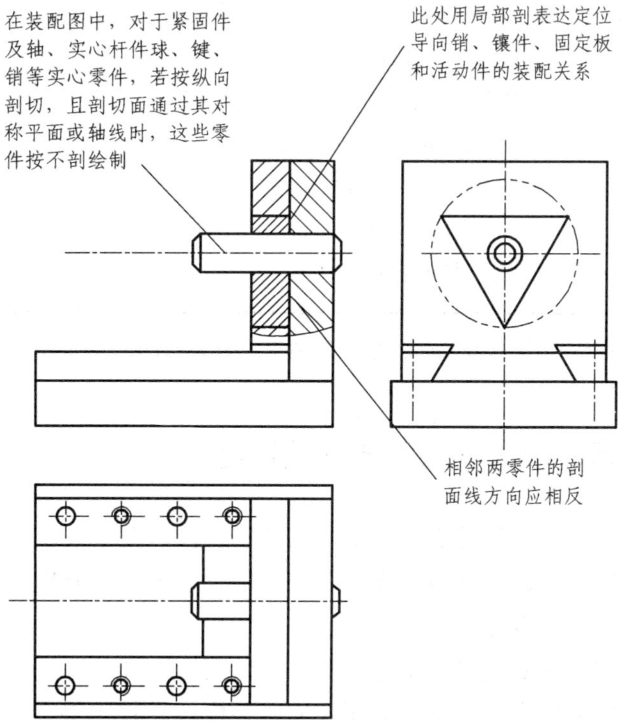

续表

<table>
<tr>
<td>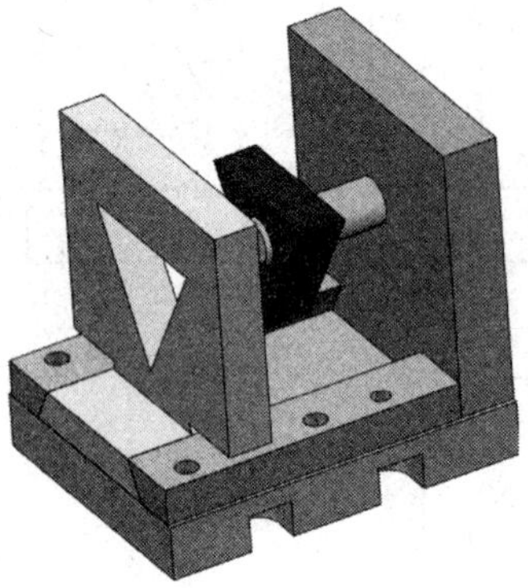</td>
<td>(8)采用假想画法将活动件、镶件的运动极限位置表达出来。按规定用细双点画线在主、俯视图上画出其轮廓线。
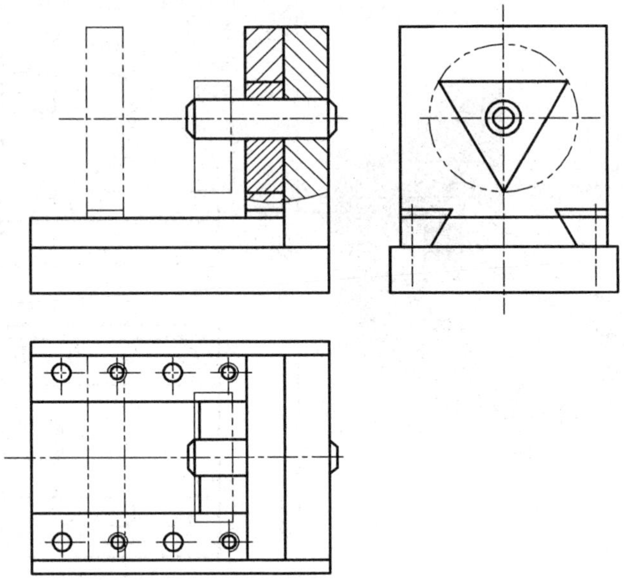</td>
</tr>
<tr>
<td colspan="2">(9)最后用局部剖将螺钉连接、销连接的内部结构表达清楚，见图 12.6.4。
(10)标注尺寸：
① 配合尺寸：ϕ10H7/h6
② 相对位置尺寸：47
③ 外形尺寸：80、62、72
④ 其他重要尺寸：ϕ40
(11)编写零部件序号。
(12)按照序号绘制明细栏</td>
</tr>
</table>

定位三角总成最终完成的装配图如图 12.6.4 所示。

三、任务实施（可选）

（1）在教师的引导下学习局部剖视图和基本装配知识。

（2）将定位三角总成所有零件进行装配，并分析其装配关系。（教师抽问，由各组选派一位同学口头叙述）

（3）按照教材提示分步骤完成装配图草图。

（4）经老师评讲、更正，完善装配图、技术要求、零部件序号和明细栏。

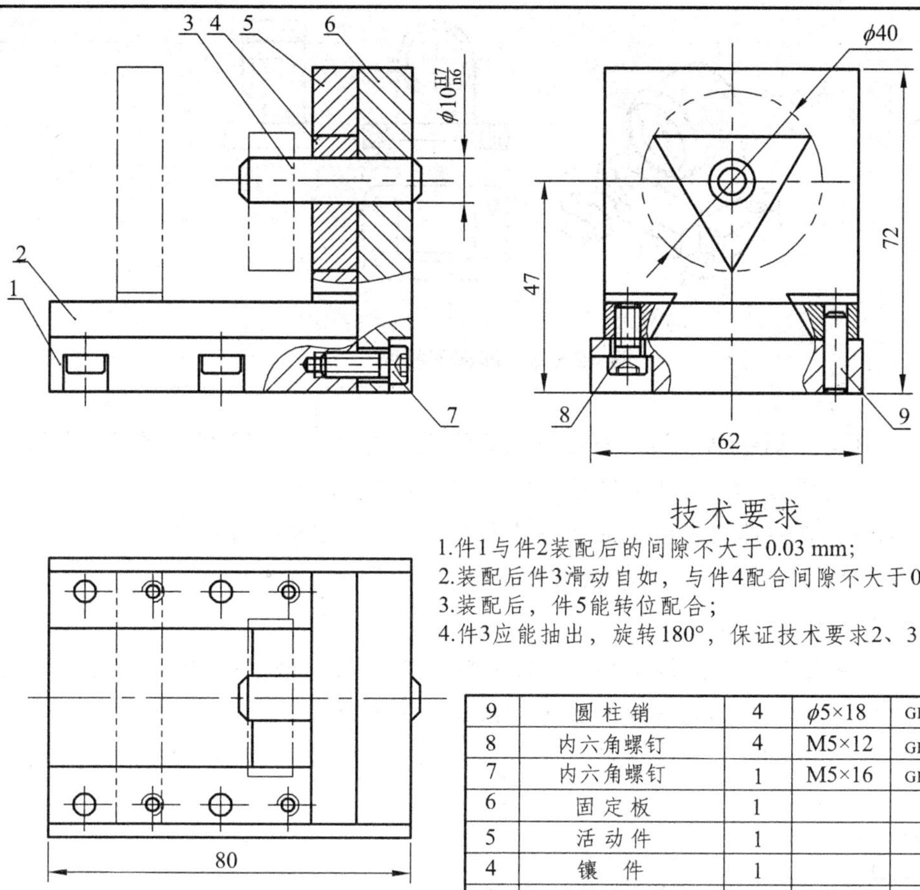

技术要求

1.件1与件2装配后的间隙不大于0.03 mm;
2.装配后件3滑动自如，与件4配合间隙不大于0.05 mm;
3.装配后，件5能转位配合;
4.件3应能抽出，旋转180°，保证技术要求2、3的项目要求。

序号	名　　称	数量	规　格	备　注
9	圆柱销	4	$\phi5\times18$	GB/T 119.1—2000
8	内六角螺钉	4	M5×12	GB/T 70.1—2000
7	内六角螺钉	1	M5×16	GB/T 70.1—2000
6	固定板	1		
5	活动件	1		
4	镶　件	1		
3	定位导向销	1	$\phi10\times40$	
2	燕尾压板	2		
1	组合底座	1		

定位三角总成		比例	1∶1	共　张
		质量		第　张
制图	（姓名）	（日期）	成都××学院	
设计				
审核				

图 12.6.4　定位三角总成装配图

四、知识链接

（一）局部剖视图

1. 概　念

将机件局部剖开后进行投影得到的剖视图称为局部剖视图。局部剖视图也是在同一视图上同时表达内外形状的方法，并且用波浪线作为剖视图与视图的界线。例如，图 12.6.5（b）所示三视图的主视图和左视图均采用了局部剖视图。

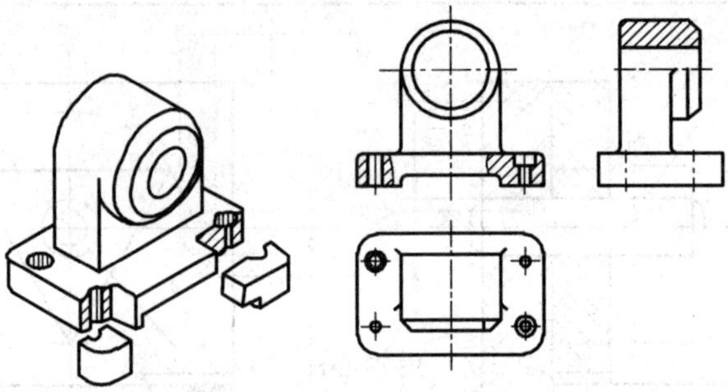

（a）　　　　　　　　（b）

图 12.6.5　局部剖视图

2. 应　用

从以上例子可知，局部剖视是一种比较灵活的表达方法，剖切范围根据实际需要决定。但使用时要考虑到看图方便，剖切不要过于零碎。它常用于下列两种情况：

（1）机件只有局部内形要表达，而又不必或不宜采用全剖视图时；

（2）不对称机件需要同时表达其内、外形状时，宜采用局部剖视图。

3. 波浪线的画法

表示视图与剖视范围的波浪线，可看作机件断裂痕迹的投影，波浪线的画法应注意以下几点：

（1）波浪线不能超出图形轮廓线，如图 12.6.6（a）所示。

（2）波浪线不能穿孔而过，如遇到孔、槽等结构时，波浪线必须断开，如图 12.6.6（a）所示。

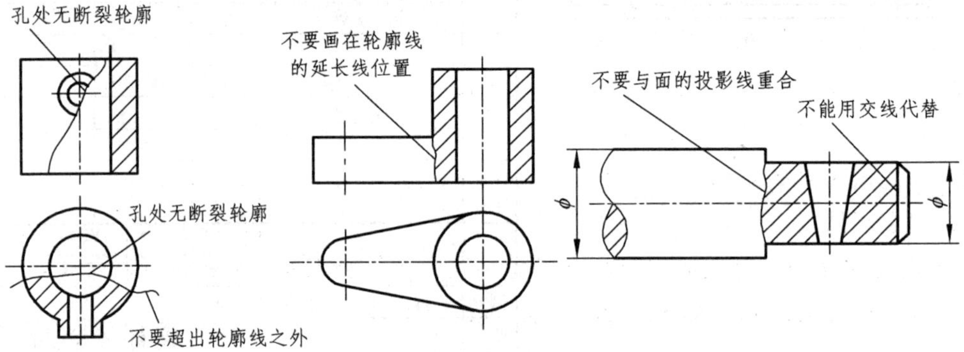

（a）　　　　　　（b）　　　　　　（c）

图 12.6.6　波浪线的错误画法

（3）波浪线不能与图形中任何图线重合，也不能用其他线代替或画在其他线的延长线上，如图 12.6.6（b）、（c）所示。

（4）当被剖切部位的局部结构为回转体时，允许将该结构的中心线作为局部剖视图与视图的分界线，如图 12.6.7 所示。

局部剖视图的标注方法和全剖视相同，但如局部剖视图的剖切位置非常明显，则可以不标注，如图 12.6.5 所示。

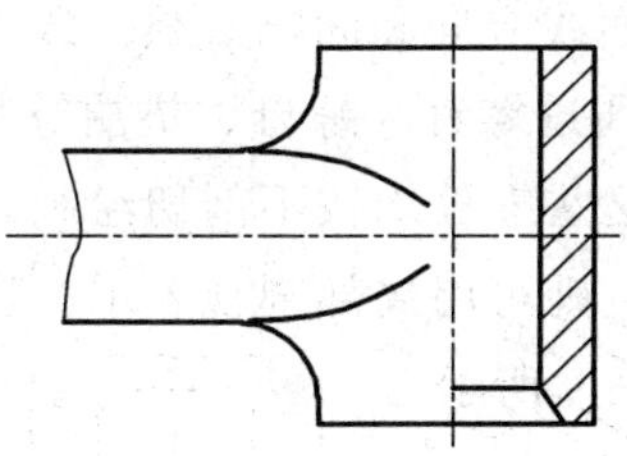

图 12.6.7　用中心线代替波浪线

(二) 装配图

1. 装配图的用途和作用

(1) 用途：设计——先画装配图，再根据装配图拆画零件图；生产——根据装配图将零件装配成部件或机器。

(2) 作用：表达机器或部件的工作原理、各零件之间的装配关系和位置关系。

2. 装配图一般应包括的内容

(1) 一组图形。表达出机器或部件的工作原理、零件之间的装配关系和主要结构形状。

(2) 必要的尺寸。主要是指与部件或机器有关的规格、装配、安装、外形等方面的尺寸。

(3) 技术要求。提出与部件或机器有关的性能、装配、检验、试验、使用等方面的要求。

(4) 编号和明细栏。说明部件或机器的组成情况，如零件的代号、名称、数量和材料等。

(5) 标题栏。填写图名、图号、设计单位、制图者、审核者、日期和比例等。

3. 装配图的规定画法和特殊画法

绘制零件图所采用的视图、剖视图、剖面图等表达方法，在绘制装配图时，仍可使用。装配图主要是表达各零件之间的装配关系、连接方法、相对位置、运动情况和零件的主要结构形状。为此，在绘制装配图时，还需采用一些规定画法和特殊表达方法。

(1) 规定画法。

① 两相邻零件的接触表面，只画一条轮廓线；不接触表面，应分别画出两条轮廓线，若间隙很小时，可夸大表示，如图 12.6.8 (a)、(b) 所示。

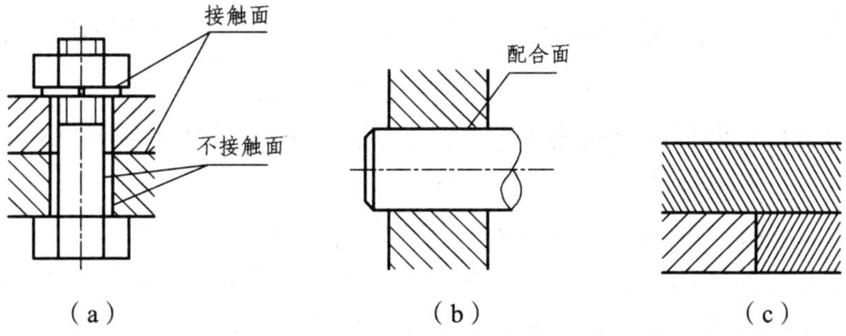

图 12.6.8　装配图规定画法

② 相邻的两个或两个以上金属零件，剖面线的倾斜方向应相反或间隔不同，如图 12.6.8 (a)、(c) 所示。

③ 同一零件在各视图上的剖面线方向和间隔必须一致。

④ 在装配图中，当剖切平面通过螺钉、螺母、垫圈等紧固件以及轴、连杆、球、钩子、键、销等实心零件的轴线时，则这些零件均按不剖切绘制。如需要特别表明这些零件上的局部结构，如凹槽、键槽、销孔等，则可用局部剖视表示。当剖切平面垂直于这些零件的轴线剖切时，需画出剖面线，如图 12.6.9 所示。

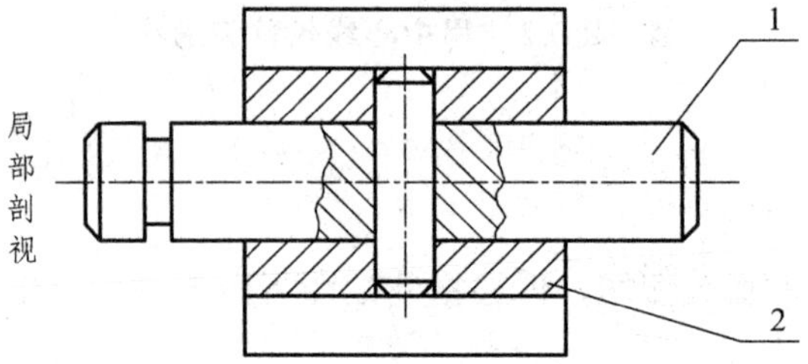

图 12.6.9 装配图规定画法

（2）假想画法。

为表达部件或零件与相邻的其他辅助零件部件的关系，可用双点画线画出这些辅助零件部件的轮廓线。

对于运动的零件，当需要表明其运动范围或运动的极限位置时，也用双点画线表示。如图 12.6.10 中的手柄，在一个极限位置处画出该零件，又在另一个极限位置处用双点画线画出其外形轮廓。

4. 装配图的视图选择

画装配图时，首先要分析部件的工作情况和装配结构特征，然后选择一组图形，把部件的工作原理、装配关系和零件的主要结构形状表达清楚。

（1）主视图的选择。选择主视图的原则是：尽量符合部件的工作位置和能表达主要装配关系或较多的装配关系及部件的工作原理。

（2）其他视图的选择。在选择主视图时，还应选用适当的其他视图及相应的表达方法，来补充主视图中未表达清楚的有关工作原理、装配关系和主要零件的结构形状等内容。选择每个视图或每种表达方法都应有明确的目的性。整个表达方案应力求简练、清晰、正确。

5. 尺寸注法

部件装配图所标注的尺寸，是为了进一步说明部件的性能、工作原理、装配关系和总装配时的安装要求。一般应标注出下列几种尺寸：

（1）规格尺寸：表示部件的性能和规格的尺寸。

（2）装配尺寸：零件之间的配合尺寸及影响其性能的重要相对位置尺寸。

（3）安装尺寸：将部件安装到机座上所需要的尺寸。

（4）外形尺寸：部件在长、宽、高三个方向上的最大尺寸。

（5）其他重要尺寸：如装配时需要加工的尺寸、保证设计性能的尺寸、某些重要的结构尺寸。

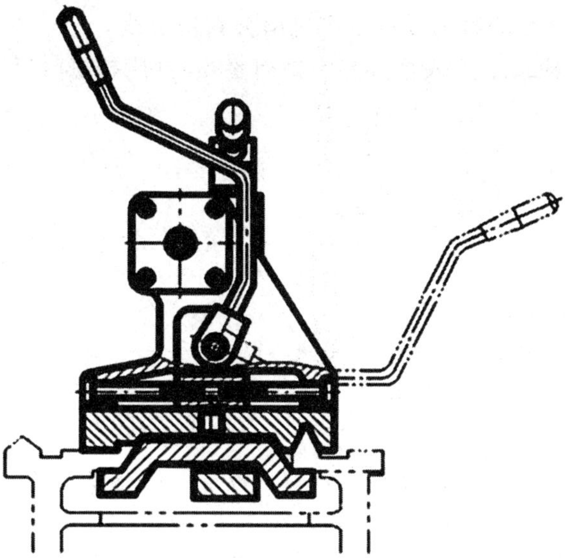

图 12.6.10 可动零件的极限位置表示方法

6. 技术要求

装配图上一般应注写以下几方面的技术要求：

（1）装配过程中的注意事项和装配后应满足的要求，如保证间隙、精度要求、润滑方法、密封要求等。

（2）检验、试验的条件和规范以及操作要求。

（3）部件的性能、规格参数、包装、运输、使用时的注意事项和涂饰要求等。

7. 装配图中零、部件序号

（1）零、部件序号。

装配图中所有零、部件都必须编号（序号或代号），以便读图时根据编号对照明细栏找出各零、部件的名称、材料以及在图上的位置，同时也为图样管理提供方便。

根据《机械制图》国家标准的规定：

① 在指引线的水平线（细实线）上方或圆（细实线）内注写序号，序号字高比图中尺寸数字高度大一号或两号，如图 12.6.11 所示。

② 相同的零、部件用一个序号，一般只标注一次。多次出现的相同的零、部件，必要时也可重复标注。

③ 指引线应自所指零件的可见轮廓内引出，并在末端画一圆点。若所指部分（很薄的零件或涂黑的剖面）不宜画圆点时，可在指引线的末端画出箭头，并指向该部分的轮廓。

指引线不允许相交。当通过有剖面线的区域时，指引线不应与剖面线平行。

指引线可画成折线，但只可曲折一次。

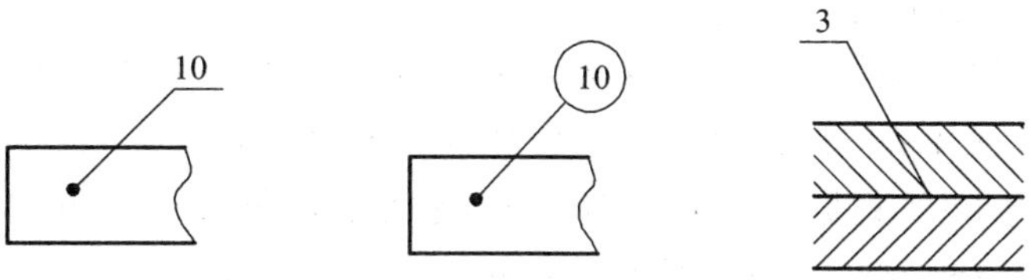

图 12.6.11 序号的表示方法

一组紧固件或装配关系清楚的零件组可采用公共指引线。

④ 装配图中的序号应按水平或垂直方向排列整齐，并应按顺时针或逆时针方向顺次排列，如图 12.6.12 所示。

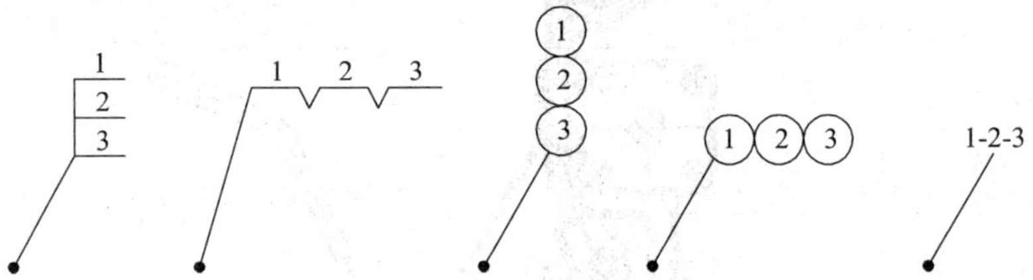

图 12.6.12　紧固件组的编号形式

（2）明细栏。

明细栏的内容有零部件序号、代号、名称、数量、材料以及备注等项目，也可按实际需要增加或减少。

明细栏是机器或部件中全部零件、部件的详细目录，是组织生产的重要资料。

明细栏填写的序号应与装配图上所编序号一致，各零件按序号自下而上的顺序填写。代号栏除填写零件的代号外，对标准件应填写“国标”代号，如×××—××；材料栏应填写零件材料的牌号，如 45、HT200、Q235 等。数量栏填写一个部件中所用该零件的数量，备注项内，可填写有关的工艺说明，如发蓝、渗碳等；也可注明该零、部件的来源，如外购件、借用件等；对齿轮一类的零件，还可注明必要的参数，如模数、齿数等。

明细栏一般配置在装配图中标题栏的上方，如标题栏上方位置不够时，可将明细栏的一部分放在主标题栏左方。有时明细栏可单独编写，作为装配图的附件。

明细栏的各部分尺寸与格式如图 12.6.13 所示。

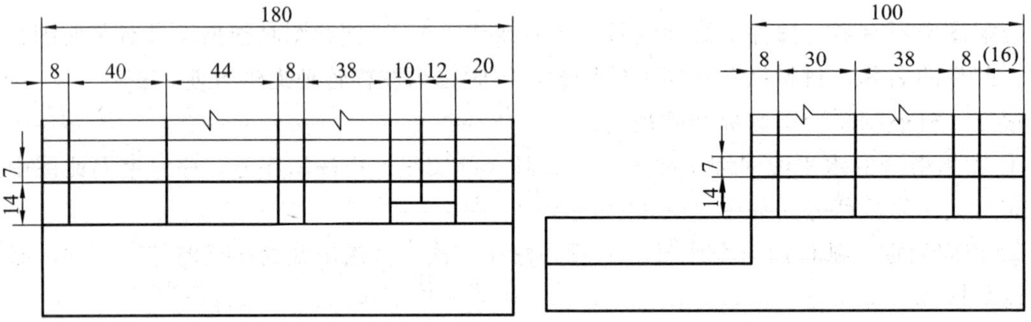

图 12.6.13　装配图标题栏

8. 画装配图的方法

（1）画装配图之前，必须先了解所画部件的用途、工作原理、结构特征、装配关系、主要零件的装配工艺和工作性能要求等。

（2）确定表达方案。根据已讲过的装配图的视图选择原则选好主视图，并同时选定其他图形和表达方案。经过分析比较，确定出合理的表达方案。

（3）确定比例和图幅。根据部件的大小、视图数量，决定用 1∶2 的比例。全面考虑图形、尺寸、编号、明细栏及标题栏等所需面积的大小，决定选用图号大小。

五、课后练习

（1）基础知识填空。

① 表示产品及其组成部分的 __________、____________关系的图样，称为装配图。

② 一张完整的装配图应包含以下四项内容：__________、__________、__________、__________。

③ 局部剖视图主要用于表达机件的__________形状结构，或不宜采用全剖视图或半剖视图的地方（如轴、连杆、螺钉等实心物体上的某些孔或槽等）。

（2）根据图 12.6.14 所示的俯视图选择正确的主视图。

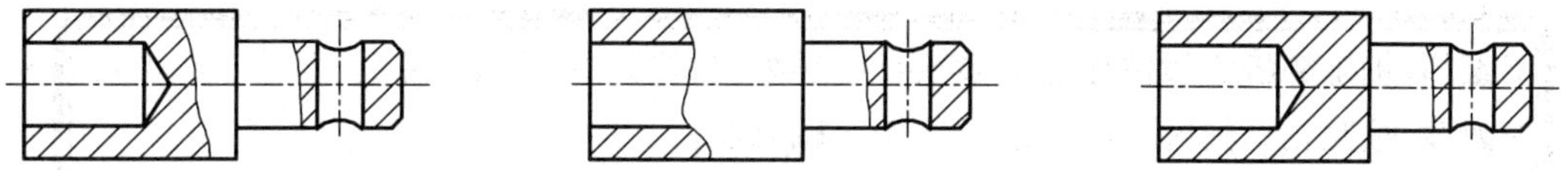

（a）　　（b）　　（c）

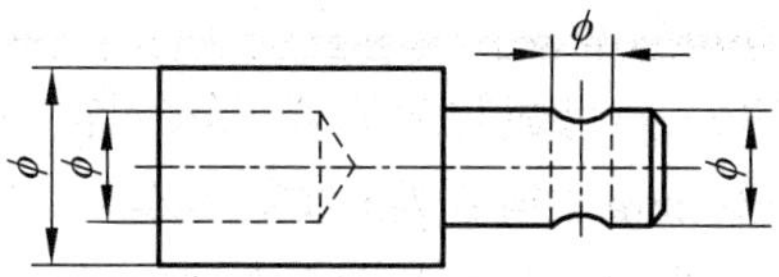

图 12.6.14　练习题

（3）读装配图填空。

① 该装配图名称为______________________，所采用的绘图比例为__________。

② 该装配图共用____个基本视图表达装配体，其中主视图采用_____处局部剖，分别为了表达__________和_________。左视图采用 2 处局部剖，为了表达______和_______。

③ 该装配体总长、总宽、总高尺寸分别为__________、__________、__________。

④ 该装配图中所出现的配合尺寸 ϕ10H7/n6 表示________与________采用________配合；ϕ10H7/h6 表示________与________采用________配合 。

⑤ 该装配图由_______种零件装配而成。其中，内六角螺钉有两种，其规格分别为______________、______________，在装配体中起__________作用。

（4）将你在测绘此零件中遇到的问题和解决办法写下来。

任务七　绘制装配体正等轴测图

学习目标

- 能通过老师的指导和教材的帮助，正确分析定位三角总成各零件的装配结构，按照正确的顺序绘制装配图正等轴测图。

学习重难点

▲ 能正确分析定位三角总成各零件的装配结构。
▲ 能按照正确的顺序绘制装配图正等轴测图。

学习准备

★ 教师准备：教材、定位三角总成装配体若干套（至少保证每组 1 套）、游标卡尺 0～150 mm（精度为 0.02，每组 2 把）、零件图挂图
★ 学生准备：教材《机械制图》《机械制图习题册》、绘图工具、A4 图纸一张。

建议学时

建议学时：4 课时。

一、任务要求

分析定位三角总成中各零件的装配结构，按照正确的顺序绘制装配图的正等轴测图。

二、学习引导

（一）装配图正等轴测图绘图顺序

你觉得绘制定位三角总成装配图的正等轴测图时，应该先画哪个零件？后画哪个零件？请你在表 12.7.1 中零件的后面标注绘制序号。

表 12.7.1　装配图正等轴测图绘图顺序

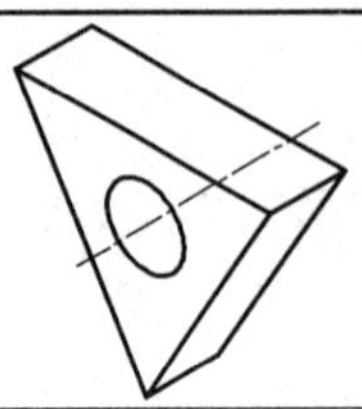	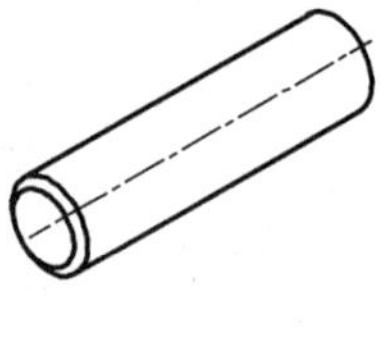
第______个绘制	第______个绘制

续表

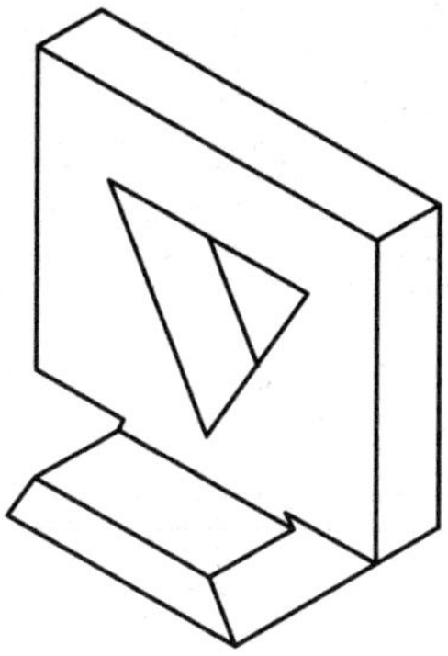	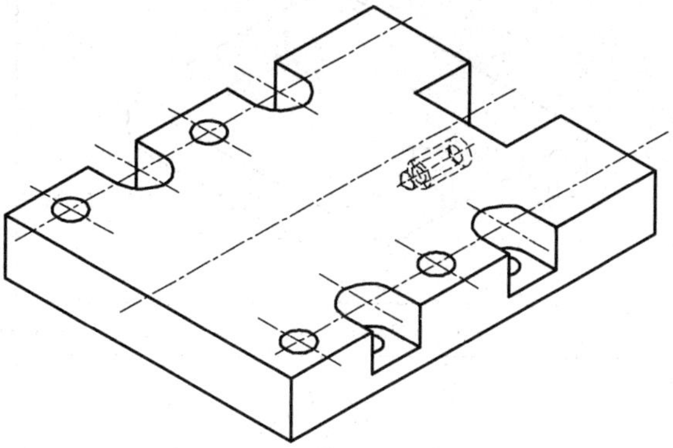
第______个绘制	第______个绘制
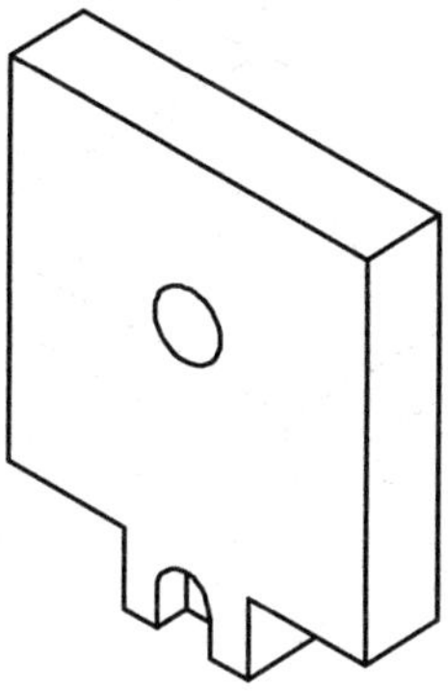	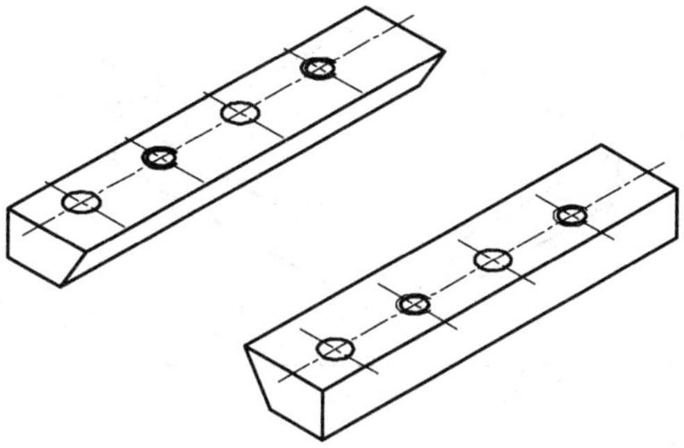
第______个绘制	第______个绘制

（二）装配图正等轴测图绘图学习引导（见表 12.7.2）

表 12.7.2　装配图正等轴测图学习引导

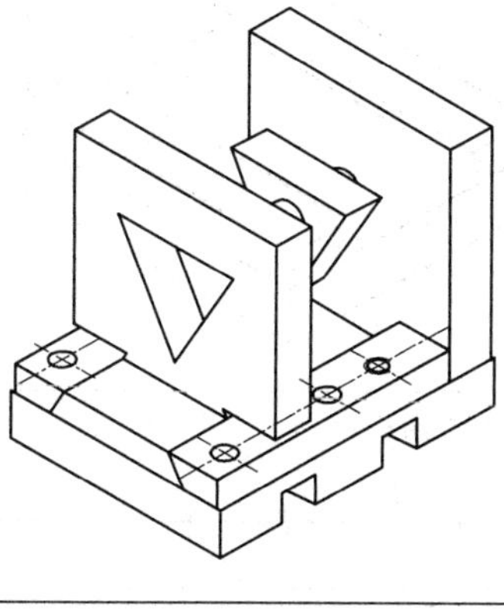	装配图正等轴测图完成图

续表

<table>
<tr><td>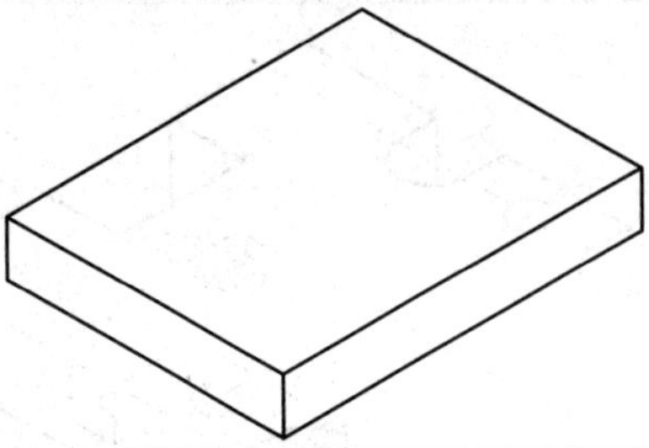</td><td>第一步：
请注释作图过程：
____
________________</td></tr>
<tr><td colspan="2">第二步：</td></tr>
<tr><td>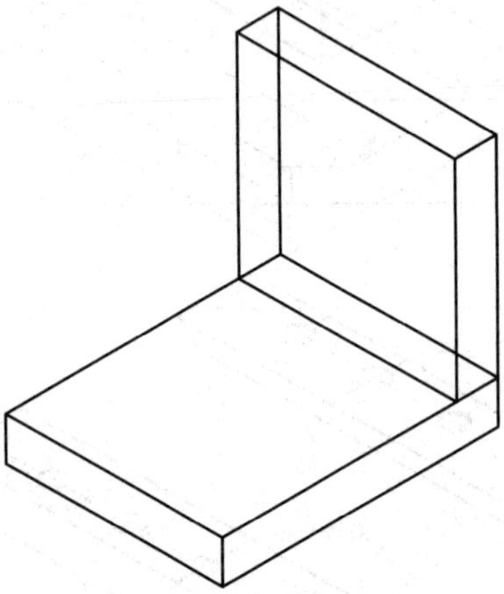</td><td>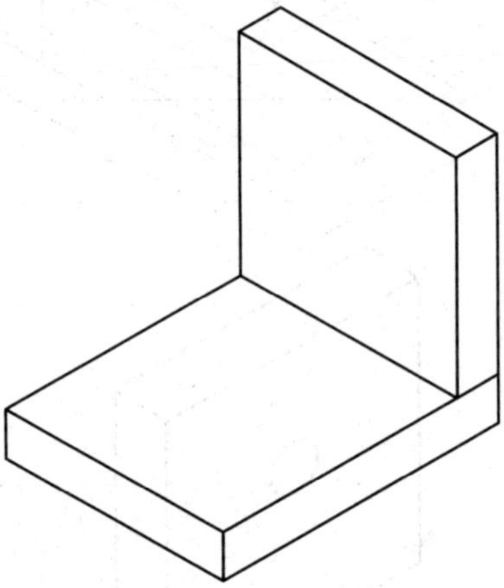</td></tr>
<tr><td>请注释作图过程：
____
________________</td><td>请注释作图过程：
____
________________</td></tr>
<tr><td colspan="2">第三步：</td></tr>
<tr><td>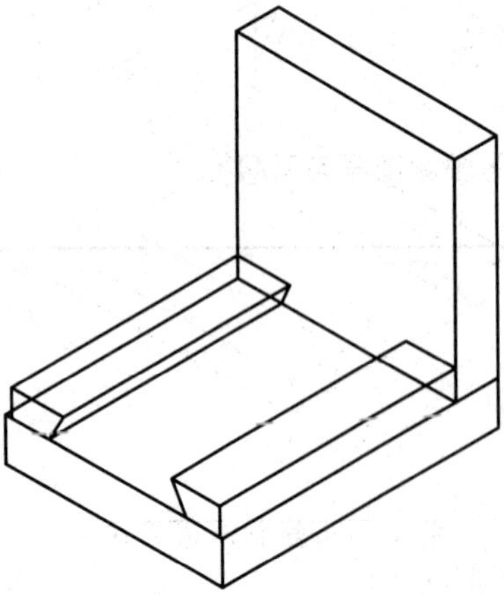</td><td>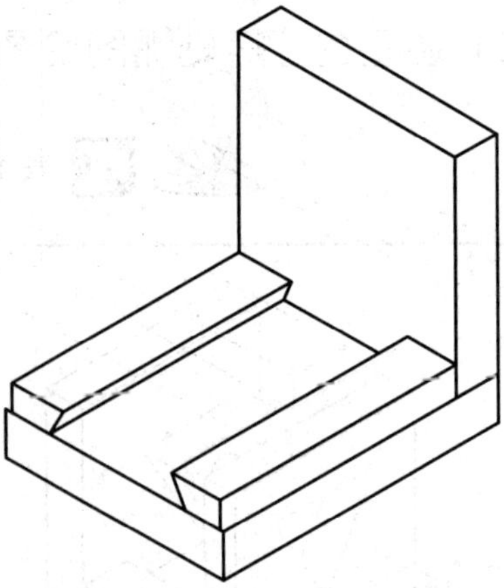</td></tr>
<tr><td>请注释作图过程：
____
________________</td><td>请注释作图过程：
____
________________</td></tr>
</table>

续表

第四步：（注意圆柱销长度只画装配到固定板后露出的长度）．	
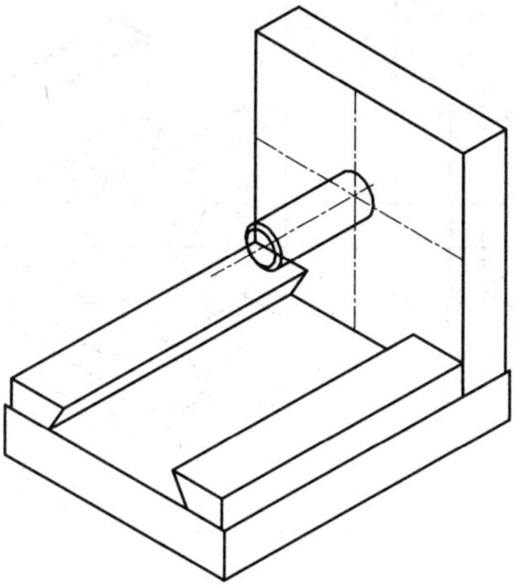	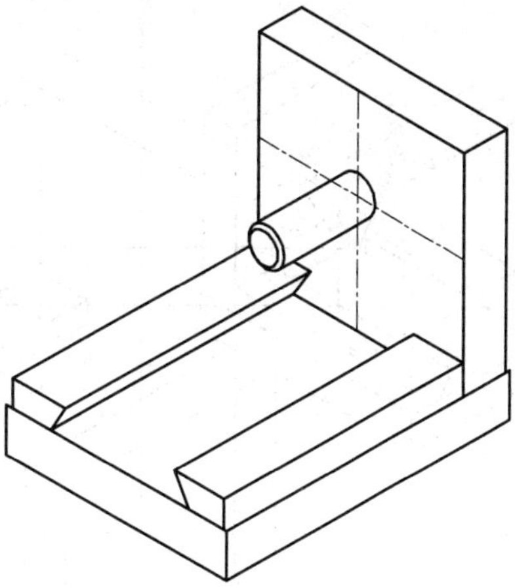
请注释作图过程： __________ __________	请注释作图过程： __________ __________
第五步：（注意镶件左端面距离圆柱销左端面 10 mm）	
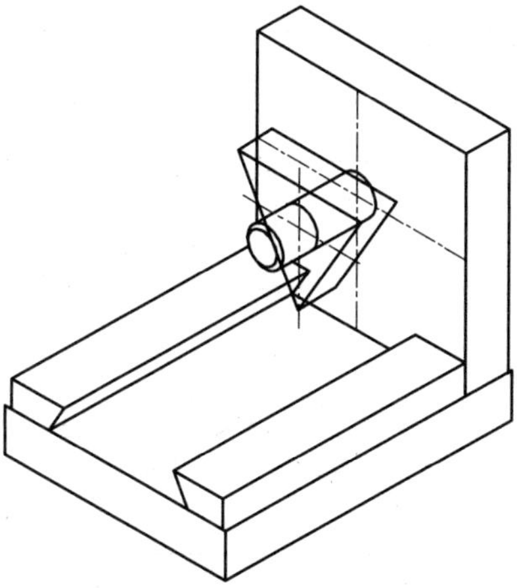	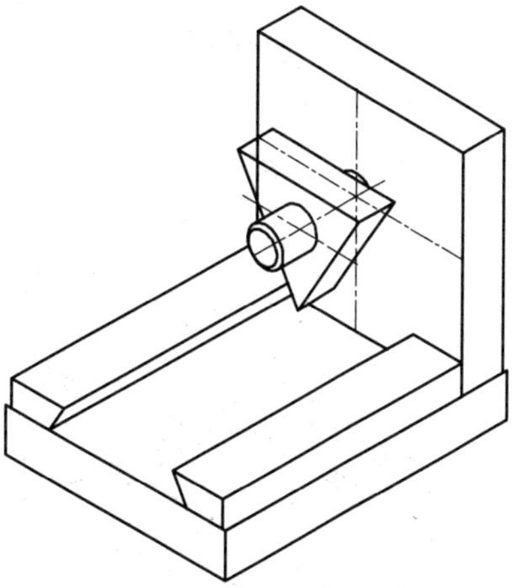
请注释作图过程： __________ __________	请注释作图过程： __________ __________

续表

第六步：		
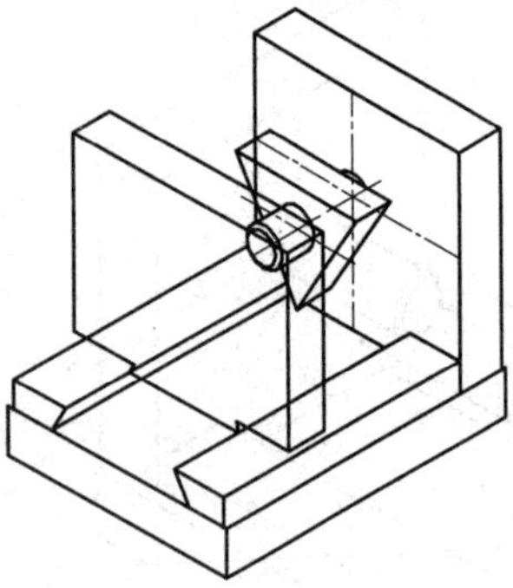	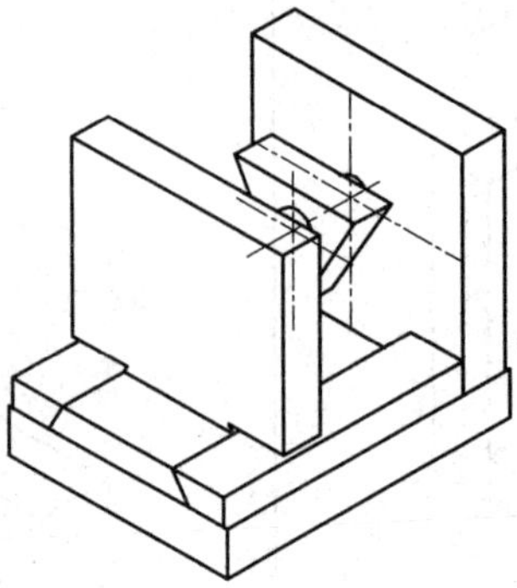	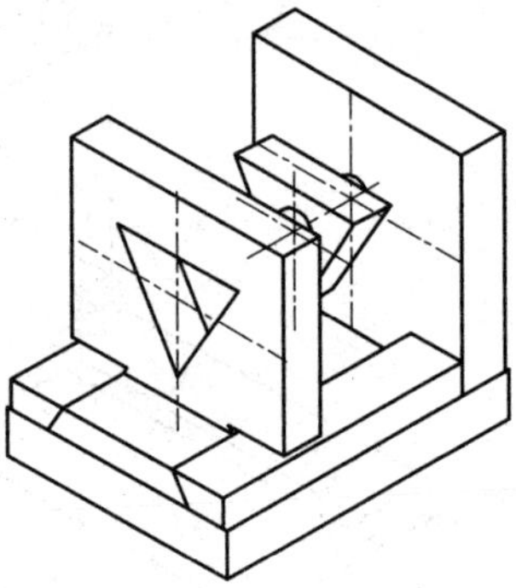

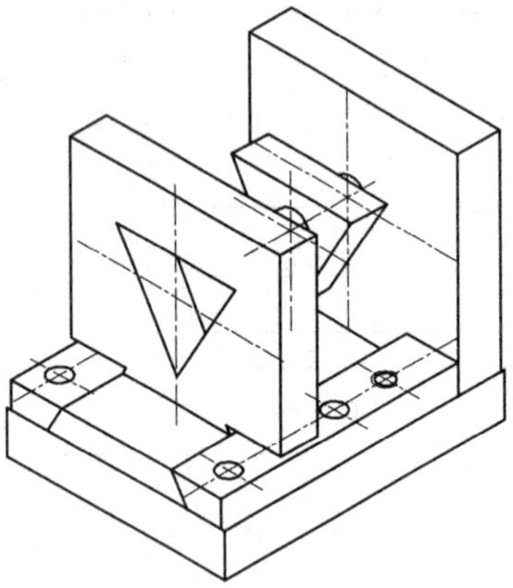	第七步： 请注释作图过程： ____________________ ____________________
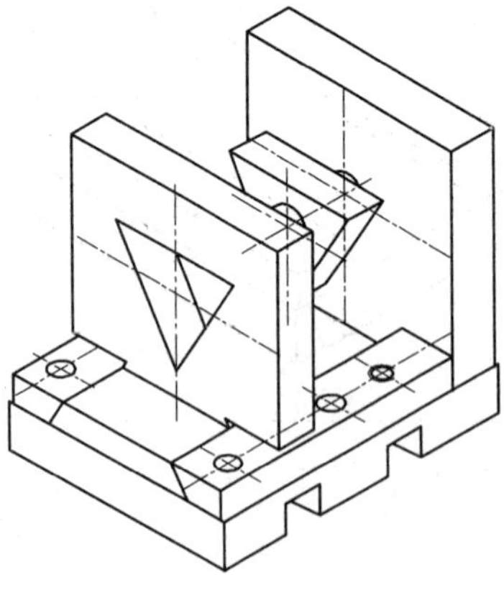	第八步： 请注释作图过程： ____________________ ____________________

续表

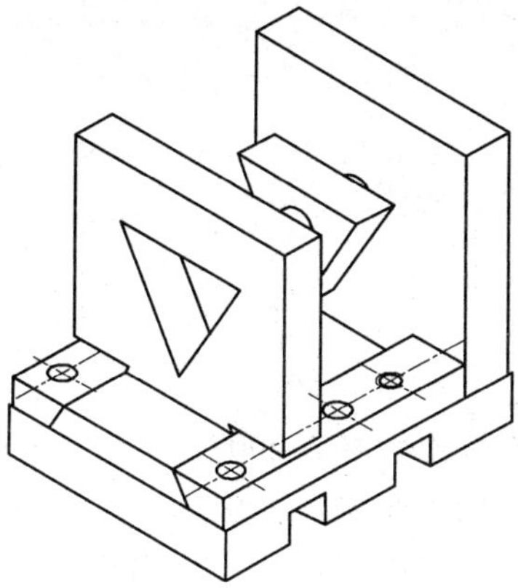	第九步： 请注释作图过程： ________________ ________________

参考文献

[1] 张立仁. 机械知识[M]. 4 版. 北京：中国劳动社会保障出版社，2007.
[2] 钱可强. 机械制图[M]. 5 版. 北京：中国劳动社会保障出版社，2007.
[3] 杨昌义. 极限配合与技术测量基础[M]. 3 版. 北京：中国劳动社会保障出版社，2007.
[4] 陈志毅. 金属材料与热处理[M]. 5 版. 北京：中国劳动社会保障出版社，2007.
[5] 刘魁敏. 机械制图[M]. 北京：机械工业出版社，2004.
[6] 乔元信. 公差配合与技术测量[M]. 北京：中国劳动社会保障出版社，2006.